Henning von Vieregge

Der Ruhestand kommt später

Wie Manager das Beste aus den silbernen Jahren machen

Henning von Vieregge

Der Ruhestand kommt später

Wie Manager das Beste aus den silbernen Jahren machen

Frankfurter Allgemeine Buch

Bibliografische Informationen Der Deutschen Nationalbibliothek
Die Deutsche Nationalbibliothek verzeichnet diese Publikation
in der Deutschen Nationalbibliografie; detaillierte bibliografische
Daten sind im Internet über http://dnb.ddb.de abrufbar.

Henning von Vieregge
Der Ruhestand kommt später
Wie Manager das Beste aus den silbernen Jahren machen

F.A.Z.-Institut für Management-,
Markt- und Medieninformationen GmbH
Mainzer Landstraße 199
60326 Frankfurt am Main
Geschäftsführung: Volker Sach und Dr. André Hülsbömer

Frankfurt am Main 2012

ISBN 978-3-89981-269-5

Frankfurter Allgemeine Buch

Gestaltung
Umschlag Anja Desch
Satz innen Jan Hofmann
Coverbild ©Noel Hendrickson/gettyimages
Druck CPI Moravia Books s.r.o., Brněnská 1024, CZ-691 23 Pohořelice

Printed in EU

myclimate neutral

Inhalt

Vorwort

In diesem Buch setzen sich Henning von Vieregge und seine Gesprächspartner mit einem der wichtigsten „Übergangsphänomene“ unserer Gesellschaft auseinander, dem Übergang von der Erwerbstätigkeit in die nachberufliche Phase. Wir stehen an einer Zeitenwende – der Zugewinn an Lebensjahren rückt immer deutlicher ins Bewusstsein der Bevölkerung. Von Vieregges Generation fragt zunehmend vehement, wie sich dieses Geschenk in Lebensqualität für den Einzelnen und in Gemeinwohl übersetzen lässt. Lebensqualität bedeutet allerdings nicht (nur) Freiheit von Arbeit. Aus wissenschaftlichen Untersuchungen wissen wir, dass die Bedeutung der Arbeit für das eigene Wohlbefinden unterschätzt wird, solange man noch arbeitet. Nach einer gewissen Phase des Genießens der neuen Freiheit wird bald deutlich, dass Urlaub und Freizeit an Wert stark verlieren, wenn sie sich nicht mit Phasen der Arbeit abwechseln.

Wir können aus der Verankerung in einem strukturierten Tagesablauf, bei dem wir uns sehr unter Druck, eingespannt und belastet fühlen, gar nicht antizipieren, was es bedeutet, auf Dauer diese Struktur und auch diese soziale Bedeutung nicht mehr zu haben. Man kann sich nicht vorstellen, was es bedeutet, „unsichtbar“ zu werden: aus dem Arbeitsleben auszuscheiden, ins Privatleben zurückzutreten und sich zurückzuziehen. Eine Alternative muss dann individuell aufgebaut werden. Das ist für viele Menschen eine zu große Herausforderung. Daher ist die Auseinandersetzung der Protagonisten in diesem Buch ein wichtiges Zeugnis dessen, was die geburtenstarken Jahrgänge, die bald aus dem Beruf in die Rente überwechseln werden, bewältigen müssen. Ich hoffe, dass sich der eine oder die andere in den Geschichten in diesem Buch wiederfindet und für die Neugestaltung der eigenen nachberuflichen Phase daraus Unterstützung und Inspiration gewinnt.

Es wird leichter, wenn man nicht erst mit 65 oder demnächst mit 67 damit beginnt, sich für Neues zu interessieren. Die klassische Dreiteilung des Lebenslaufs hat ausgedient, dennoch halten wir an ihr fest wie an einer liebgewonnenen Gewohnheit, anstatt das länger gewordene Leben neu zu gestalten, so dass sich Arbeits-, Lernphasen und Phasen des Privatlebens abwechseln. Mehr Abwechslung vermeidet Abnutzung, Routine, Erschöpfung und erhält die Lebensqualität. Neben klassischen Aufwärtskarrieren sollte es möglich sein, neue Tätigkeiten für sich zu erschließen, nicht unbedingt mit mehr Einkommen oder mit mehr Prestige, aber mit mehr Abwechslung und dadurch mit mehr Anreiz für die eigene Entwicklung. Ein längeres Leben bietet die Chance zu einer neuen Lebenszeitstruktur, die unserem Wohlergehen zuträglich wäre und der „Gesellschaft des längeren Lebens“ zugute käme.

In diesem Sinne wünsche ich dem Autor und seinem Buch eine breite Leserschaft, die angeregt wird, die eigene zweite Lebenshälfte zu gestalten und so neue Beispiele und Modelle prägt, die wichtig sind, um den notwendigen gesellschaftlichen Wandel herbeizuführen.

Ursula M. Staudinger

Gründungsdekanin des Jacobs Center on Lifelong Learning and Institutional Development, Jacobs University Bremen

Kapitel 1: Am Start

1.1 Am Anfang fehlt das Wort

Für das Neue zwischen Vollbeschäftigung und Ruhestand gibt es noch keinen Begriff, jedenfalls keinen, der sich durchgesetzt hat. Aber es gibt eine Vorstellung: Arbeit, bezahlt oder unbezahlt, bleibt ein zentraler Orientierungspunkt, aber die Arbeit soll weniger und sinnhafter sein. Das ist einer der wichtigen Befunde aus den Gesprächen, die ich mit Menschen meiner Generation, zumeist mit (ehemals) leitenden Angestellten, geführt habe.

Ich bin überzeugt: Auch wenn dieser Trend heute noch in den Anfängen steckt, ist es doch die Laufrichtung einer Generation, eine teilweise verwirklichte Vision vom erfüllten Leben. Es geht um das weitgehend frei bestimmte Leben im individuellen Mix aus Erwerbs- und Engagementarbeit und Freizeit (Familie, Sport, Weiterbildung, Liebhabereien). Karl Marx hat im „Kommunistischen Manifest" eine verlockende Beschreibung der klassenlosen Zukunft entworfen – daran erinnert die Vision. Sie kommt nicht wie der Kommunismus angeblich gesetzmäßig. Sie liefert keinen Vorwand zur Gewalt. Sie kommt freiwillig, wenn die Bürger sie wollen.

Es gibt erste prägende Vorbilder: Keines gleicht dem anderen. Ein Industriegeschäftsführer zieht aufs Land nach Mecklenburg und wird Land- und Forstwirt. Ein Medienmanager verstärkt mit seinem Geld und seiner vollen Arbeitskraft eine soziale Organisation; er hat einen Kollegen, ehemals CEO einer großen Holding, mit angeworben, der diese Tätigkeit mit Aufsichtsratsmandaten verknüpft. Ein ehemaliger Deutschland-CEO eines internationalen Mischkonzerns übernimmt neben bezahlten auch unbezahlte Aufsichtsratsmandate in seiner Heimatstadt. Ein Vierter war oberster IT-Verantwortlicher eines Global Players und nebenbei Honorarprofessor; jetzt ist er drei Tage in der Woche in der Universität und vertritt oft den Lehrstuhlinhaber, der zugleich Dekan ist – Bezahlung: null. Ein Chef einer Agentur gestaltet sich seinen Übergang selbst, indem er seinen Nachfolger sucht und trainiert und dann nach seinem Ausstieg dem Unternehmen für die wichtigsten Kunden als Berater zur Seite steht. Ein Banker, vorzeitig entlassen, findet eine Teilzeitverantwortung als Finanzberater eines Bauunternehmens; ehrenamtlich betreut er Schulprojekte in privater Trägerschaft in einem der neuen Bundesländer, in dem er zuvor lange tätig war. Ein anderer Banker, ehemals Controller, ist heute gesetzlicher Vertreter von älteren Menschen in seiner Heimatgemeinde, die alters- und gesundheitsbedingt ihre eigenen Interessen nicht mehr wahrnehmen können. Die ehemalige Geschäftsführerin einer großen Umweltorganisation setzt einen großen Teil ihrer Ressourcen in ihrer eigenen Nichtregierungsorganisation ein, hat aber auch eine Eventfirma gegründet und ist in internationalen Forschungsprojekten tätig. Ein Agenturmann wollte sich ganz zurückziehen, auf Mallorca das Haus ausbauen – da bekam er überraschend einen Spitzenjob angeboten; den übt er zwar heute nicht mehr aus, aber seine Absicht, sich zurückzuziehen, hat er revidiert. Er mischt wieder voll mit.

Einiges davon hatten meine Gesprächspartner geplant, manches angedacht; vieles hatte sich nach teilweise langwierigen Such- und Orientierungsprozessen ergeben, anderes war dem Zufall überlassen worden. Nicht alle Pläne ließen sich umsetzen. Es gab und gibt selbstgebaute und fremde Barrieren und somit ungenutzte Potentiale. Muss das so bleiben?

Erst kommt der aus dem vollen Erwerbsleben, dann der aus der Arbeit überhaupt, dann folgt der endgültige Abschied. Er hat zwei Gesichter, ganz nach Schlagersänger Wolfgang Petri: „Du bist ein Wunder, ein Wunder, ein wunder Punkt in meinem Leben." Denn: Abschied ist ein wunder Punkt. Abschied ist ein Wunder. Abschied ist irgendetwas dazwischen oder von beidem. Der Satz, der in den Vorgesprächen am häufigsten fiel, lautete: „Das ist bei jedem unterschiedlich." – „Das" steht für die Form des Ausscheidens, den Zeitpunkt, die Verarbeitung beim Betroffenen, bei seinen Angehörigen, die Reaktion der ehemaligen Kollegen usw. Wer wollte bestreiten, dass bei so vielen Aspekten jeder Abschied anders ist? Das gilt schließlich für alles. Jeder und jede von uns ist einzigartig, und also ist das, was geschieht und wie wir dies empfinden, verarbeiten, kommunizieren, einzigartig.

Aber andererseits gibt es idealtypisches Verhalten, es gibt Lebensmuster. Um diesen auf die Spur zu kommen, muss man clustern. Nur so kommt man zur Frage, was – auf das Ganze gesehen – richtig oder veränderungswürdig ist.

Immer wenn Veränderungen anstehen, ob individuell oder kollektiv, werden zwei Szenarien diskutiert: Glück und Erleichterung versus Schrecken und Beklemmung. Auch wer aus dem vollen Arbeitsleben in den vollen Ruhestand wechselt (freiwillig oder unfreiwillig), wird von Vorläufern, Generationsgenossen und Literatur auf beide Möglichkeiten eingestimmt. Manchmal aus einer Quelle auf beides. So erzählte mir ein Freund vor meinem Ausscheiden, ich würde dann merken, dies sei die beste Entscheidung meines Lebens. Als ich ihn Monate später wiedertraf – ich hatte mittlerweile meinen Arbeitsplatz geräumt –, sagte er mir, dass er drei Jahre gebraucht habe, um mit der neuen Situation klarzukommen. Das werde mir auch so gehen.

Ich – als Betroffener – wollte es genauer wissen und habe mit Generationsgenossen aus der Generation der Babyboomer/68er ausführlich gesprochen, zumeist mit Managern. Diese Interviews bilden das Herzstück dieses Buches.

1.2 „Nur sinnvoll weiterleben, wenn man neue Tätigkeiten findet"

Unsere Arbeit ist Teil unseres Lebens und hat mit der Verrentung oder Pensionierung ihr gewissermaßen natürliches Ende. Wirklich? In der Menschheitsgeschichte und heute noch in den meisten anderen Gesellschaften ist dies eine absurde Vorstellung. Hierzulande dagegen ist dies die gängige Auffassung, mit Widerlegung in der Praxis.

So spricht – als ein Beispiel für viele – der Philosoph Ernst Tugendhat, Jahrgang 1930, in einem Interview, das er im Jahr 2006 gab, über das Alter als „Herausforderung der Frustrationen" und unterscheidet dabei zwischen „frühem Alter", das „mit der Pensionierung, Aufhören der Arbeit beginnt", und einem „späten Alter, das vor allem mit Hinfälligkeiten verbunden wird".[1] Mit der Pensionierung beginne die Ersatzsuche. Viele Tätigkeiten könnten nicht mehr in gleicher Weise fortgesetzt werden, der Übergang von der Groß- zur Kleinfamilie verschütte weitere Möglichkeiten, man könne aber „nur sinnvoll weiterleben, wenn man neue Tätigkeiten findet [...], was natürlich auch wieder eine bestimmte Flexibilität erfordert". Man befürchte beim Alter, „dass die Flexibilität schwächer wird". Er befinde sich nach seiner Wahrnehmung, so sagt der damals 73-jährige Tugendhat, „in einem relativen Frühstadium", bezogen auf die Schwierigkeiten, die das Aufhören der aktiven Arbeit mit sich bringe.

Tugendhats Aussage, wonach „man eigentlich nur sinnvoll weiterleben kann, wenn man neue Tätigkeiten findet", kann als Leitsatz für den Paradigmenwechsel genommen werden, in dem wir uns befinden. Arbeit wird nicht länger als etwas empfunden, was mit dem Alter abgeschüttelt wird, sondern als etwas, was im Leben hält.

Das ganze Leben kann nicht einfach in die drei Phasen Aufwuchs mit Bildung, Arbeit und Alter eingeteilt werden. Die Phasen überschneiden sich. Eine Dreiteilung des Alters in eine frühe, eine mittlere und eine fortgeschrittene Phase – im groben Schema nach Jahren von ca. 55/60 bis 70/75, von 70/75 bis 85 und dann ab 85 – ist keine übertrieben differenzierte, sondern eine sinnvolle Unterteilung. In meinen Interviews habe ich mit den „jüngeren Alten“ gesprochen.

Niemand von uns agiert im luftleeren Raum. Deswegen interessierten mich in den Gesprächen die kohorten- (die Gruppe der Manager) und die generationsspezifischen (die Babyboomer oder 68er) Aspekte. Wenn man sich mit ihnen auseinandersetzt, versteht man die individuellen Handlungsweisen besser.

Jeder von uns erlebt, wie um ihn herum die Gesellschaft älter wird. Dazu eine kleine Geschichte: Vor kurzem war ich in einer Bilderausstellung. Ein befreundeter Professor wollte führen und kündigte an, einige Studenten von ihm würden noch zu unserer Gruppe hinzustoßen. Wir, die Generation der 68er, erwarteten mit Vorfreude eine Gruppe junger Leute. Wer kam? Eine Gruppe von Generationsgenossen, alle Studenten der Kunstgeschichte. Meine Generation also: die Inkarnation des demographischen Wandels. Grauköpfe.

Die aktuellen und prognostizierten Zahlen sind bekannt und müssen hier nicht wiederholt werden. Aber es stellt sich die Frage: Kann uns der Wandel zur Chance werden – „uns“: meiner Generation und den folgenden? Ich bin dieser Frage unter verschiedenen Aspekten nachgegangen. Zur Schönfärberei besteht kein Anlass, aber es gibt eine positive Entwicklung. Ob sie umfassend genug ist, möchte ich diskutieren. Wo die Reise hingehen kann (und sollte), schildere ich in Kapitel 5 „Ältere, Arbeitsmarkt und Zivilgesellschaft“. Wie weit wir heute schon sind, berichte ich anhand von Beispielen in den folgenden Kapiteln. Doch eines schon vorweg: So naiv, an einen Automatismus zum Besseren zu glauben, sollte man nicht sein.

1.3 Warum mit 65 der Ruhestand nicht beginnt

In Zeiten des Wandels sind die Wirklichkeit und die Bewältigung der Wirklichkeit selten deckungsgleich. So haben wir uns von dem folgenden Satz real schon längst verabschiedet, obwohl er sich durch jahrelangen Gebrauch fast unauslöschlich in unser Gedächtnis eingebrannt hat: „Mit dem Erreichen des 65. Lebensjahres endet für den abhängig Beschäftigten das Arbeitsleben, und der Ruhestand beginnt.“

Es gibt mindestens drei wichtige Argumente gegen die weitere Gültigkeit dieses Satzes:

1. Zwei Drittel der abhängig Beschäftigten scheiden vor dem 65. Lebensjahr aus der Festanstellung aus und finden auch keine neue mehr.

2. Die Entscheidung „Rente mit 67“ hat auf Individuen, Betriebe und Politik wie ein Weckruf gewirkt. Festgelegt wurde, die Pensionsgrenze ab 2012 bis 2029 in Monatsschritten je Jahrgang von 65 auf 67 Jahre anzuheben. Mein Jahrgang 1946 ist der letzte Jahrgang, für den exakt die 65er-Grenze gilt; der Jahrgang 1964 soll der erste sein, der volle zwei Jahre länger auf die Rente ohne Abschläge zu warten hat. Weitere Änderungen sind zu erwarten. Der Beginn der Rentenzahlung wird immer seltener mit dem Ende des Arbeitslebens zusammenfallen.
3. Die Grenzen zwischen bezahlter und unbezahlter Arbeit verschwimmen. Teilbezahlte Arbeit hat erheblich an Umfang gewonnen.

Vollbeschäftigung und Festanstellung sind nicht mehr die einzig vorstellbaren Formen von Erwerbsarbeit. Diese Erkenntnis setzt sich langsam durch. Noch länger dauert der Abschied von der Auffassung, nur Erwerbsarbeit sei Arbeit.

Wenn nur bezahlte Arbeit Arbeit ist, was sind dann Haus- und andere Familienarbeit wie familiäre Pflege? Freizeitvergnügen, Hobby, Privatsache? Eine abwegige Ansicht. Zwei Drittel der 2,3 Millionen Pflegebedürftigen werden von Angehörigen gepflegt, die teilweise über die Pflegeversicherung bezahlt werden. Es gibt auch Nachbarschaftshilfe, die die professionelle Unterstützung ergänzt. An dieser Stelle möchte ich entschieden dafür plädieren, all dies als Arbeit zu werten, und zwar unabhängig von der Bezahlung. Arbeit ist mehr als bezahlte Arbeit. Das Ende der Festanstellung, das sich – freiwillig oder ungewollt – immer mehr individualisiert, ist nicht das Ende des Arbeitslebens.

Ruhestand, Teilruhestand, Unruhestand

In Verabschiedungsreden aus der letzten Festanstellung wird der Realitätswandel bereits angesprochen. Noch wird er aber als individuelles Merkmal dessen, der verabschiedet wird, charakterisiert:

> „Heute verabschieden wir Sie, lieber verehrter Herr/liebe verehrte Frau XY in den wohlverdienten Ruhestand. In Ihrem besonderen Fall sollte man aber besser vom ‚Unruhestand‘ sprechen.“

Wenn diese Formel in, sagen wir, jedem zweiten Fall verwendet wird, ist die individuelle Zuschreibung fragwürdig. Viele individuelle Veränderungen ergeben eine kollektive. Eine solche kollektive Veränderung will auf den Begriff gebracht werden.

Meine Generation (erste Nachkriegsgeneration, Babyboomer, 68er) setzt sich im Ruhestand nicht zur Ruhe, jedenfalls nicht sofort und nicht vollständig. Es ist ein **Teilruhestand**, der, positiv betrachtet, Freiheit und Gelassenheit sichert. Er hat nichts zu tun mit Schläfrigkeit, Trandösigkeit und Ausstieg aus dem prallen Leben. Im Gegenteil: Wer seinen Teilruhestand, Weiterbildung eingeschlossen, richtig lebt, sichert sich damit seine Stärke für die anderen Lebensteile, nämlich nach Form und Ausmaß veränderte Erwerbsarbeit und intensivierte Engagementarbeit. Die jetzige Generation unterscheidet sich hierin nach eigener Einschätzung von vorherigen Generationen.

Silver Patchwork-Life

Bei den Arbeitsformen fällt zweierlei auf. Erstens wird die angestellte Tätigkeit zur Ausnahme und die freie Tätigkeit für verschiedene Auftraggeber zur häufigsten Form. Und zweitens sind die unbezahlte Arbeit, Familienarbeit nicht einbezogen, und die bezahlte Arbeit etwa gleich häufig vertreten. Ich möchte für beide Phänomene den Begriff „Silver Patchwork-Life" vorschlagen. „Patchwork" nennt man Erwerbsarbeit aus verschiedenen Bestandteilen, zum Beispiel Teilzeitarbeit plus Selbständigkeit plus Engagementarbeit. Ein „Patchwork-Life" ist ein Leben rund um verschiedene Bestandteile von Arbeit und Leben, die zu einem individuell passenden Ganzen zusammengesetzt werden. Das „Silver Patchwork-Life" ist eine Form davon, die nach der letzten Festanstellung beginnt. Patchwork-Life steht für eine bewusst herbeigeführte Balance zwischen Arbeit und allen anderen Lebensbestandteilen und ist somit zu unterscheiden von unfreiwilligen und in aller Regel als unerfreulich empfundenen, weil ungesicherten Arbeitsformen. Gleiches oder mindestens stark Ähnliches wird unterschiedlich interpretiert. Holm Friebe und Sascha Lobo nennen Patchwork-Life im Untertitel ihres Buches „Wir nennen es Arbeit" nicht unwitzig „Die digitale Boheme oder Intelligentes Leben jenseits der Festanstellung".[2] Der zweite Teil des Untertitels könnte in einer etwas anderen Bedeutung des Wörtchens „jenseits", nämlich auf der Zeitachse nach hinten geschoben, und in Frageform Untertitel dieses Buches sein: „Wie sieht intelligentes Leben jenseits der Festanstellung aus der Sicht von Managern aus?"

Der Trend zur ausgebauten Phase von Silver Patchwork-Life wird durch verschiedene Faktoren gebremst; es handelt sich dabei – ich werde dies noch näher erläutern – um eine Mischung aus Selbst- und Fremdbremsung. Es gibt aber auch Beschleunigungsfaktoren. Die neue Realität hat die alte nicht vollständig abgelöst. Realität, insbesondere kollektive, verändert sich nicht in harten Schnitten, sondern langsam. Neue

Realität formt schrittweise ihr Profil. Silver Patchwork-Life wäre als Lebensabschnittskonzept schon viel deutlicher hervorgetreten, gäbe es nicht gruppen- und generationsspezifische Merkmale, die sowohl der Profilierung in der Bezahlarbeit (zumeist als Selbständiger) als auch in der Engagementarbeit entgegenstehen. Die Generation hätte gern mehr Optionen für bezahlte und unbezahlte Arbeit, fühlt sich aber nicht stark und informiert genug, um sich diese zu besorgen.

Der Blick auf die 68er-Generation liefert durchaus widersprüchliche Befunde. Das Selbstbewusstsein der Generation ist durch Politisierung und Individualisierung ausgeprägt. Gleichzeitig kommen viele aus dieser Generation mit ihrem Ausscheiden aus der gewohnten beruflichen Erfolgshöhe nicht selten erstmals in ihrem Leben in eine Selbstverständniskrise. Hier treten – Stichwort „Status“ – spezifische Gruppenmerkmale hervor, besonders deutlich bei männlichen Führungsmanagern. Wer Position und Person im Berufsleben verwechselt hat – und wer ist davor gefeit? –, tut sich beim Übergang besonders schwer. Er möchte ankommen, weiß aber nicht, wo und wie. Der Weg zurück in die alte Herrlichkeit ist verstellt.

Silberjahre

Silver Patchwork-Life, das sind – weniger spezifisch ausgedrückt – „Silberjahre“, ein Lebensabschnitt, der, richtig angefasst, ein Gewinn sein kann. Die Silberjahre sind ein wesentlicher Teil der „gewonnenen Jahre“ des Alters insgesamt, von denen die Akademiegruppe Altern spricht.[3] Wie man die anschließenden beiden Phasen nennen soll, wird die Diskussion der nächsten Jahre ergeben.

Mit dem Begriff „Gewonnene Jahre“ soll ein Zeichen gegen im Zusammenhang mit dem demographischen Wandel verwendete negative Sprachschöpfungen wie „Rentnerflut“ und „Vollvergreisung“ gesetzt werden. Es soll zum Ausdruck gebracht werden, dass die Menschen dieser und der nächsten Generationen, die ja älter als ihre Großeltern und Eltern werden, genug Gründe haben, für sich selbst und auch die Gesellschaft insgesamt mit diesem Mehr an Jahren von „gewonnenen Jahren“ zu sprechen. Unter Voraussetzungen individueller und kollektiver Art freilich.

Silberjahre und Silver Patchwork-Life sind keine geschlossenen Konzepte. Sie bilden das Dach für viele verschiedene Lebensentwürfe. Am Dachfirst steht als gemeinsames Credo: „Arbeit, bezahlt und unbezahlt, bleibt ein Teil meines Lebens. Mein Ruhestand kommt später. Ich kann noch etwas bewirken.“ Es finden sich dazu Ermutigungssätze wie dieser des Hirnforschers Manfred Spitzer: „Ältere Menschen lernen zwar langsamer als junge, dafür haben sie jedoch sehr viel gelernt und können dieses Wissen dazu einsetzen, neues Wissen besser zu integrieren. Je mehr man schon weiß, desto besser kann man neue Inhalte mit bereits vorhandenem Wissen in Verbindung bringen.“[4]

Es gibt aber auch Irritationssätze. Der Feuilletonist Joachim Kaiser, mittlerweile über 80, hellwach und sarkastisch, beantwortete in einem Interview die Frage, woran man merke, dass man 60 ist, mit: „Andere merken es.“ Und woran merken sie es? „Man wird zum Gefangenen seiner Erfahrung.“ Das ist so ein Irritationssatz. Ich frage mich: Wie oft hat Kaiser recht, und ich merke es nicht?

Irgendwann wollen die Leute deine Erfahrung nicht mehr. Der Hinweis, dass sie ohne dich ansonsten vermeidbare Fehler machen werden, schreckt sie nicht. Verjüngung ist ein Wert an sich. Ein anderes Gesicht verkörpert die Chance, mit frischem unverbrauchtem Elan ans Werk gehen zu können. Und die alte Schuldentafel ist leer gewischt, es beginnt ein neues Spiel mit neuen Protagonisten. Ohne dich. Und dann fehlen die Vorbilder. Und niemand scheint sie zu vermissen.

So ist es aber nicht. Menschen haben Interesse an Orientierungsangeboten, aber wollen sich zugleich nicht bevormunden lassen. Wie kann man orientieren, ohne zu bevormunden? Ich zitiere meine Gesprächspartner im Folgenden ausgiebig. Die Zitate sprechen für sich. Man kann die vielfältigen und klugen Bemerkungen meiner Gesprächspartner als einen großen Steinbruch von Empfehlungen nutzen. Ich habe sie unter diesem Aspekt geordnet und aufgeschrieben. Erfahrungen sollen weitergegeben werden. Da sie aber untereinander nicht widerspruchsfrei sind, gibt es nicht „die“ Wahrheit und somit keine Besserwisserei. Es gibt aber eine Menge Anregungen, getreu dem schönen Wort von Karl-Heinrich Waggerl[5]: „Erfahrungen wären dann von Wert, wenn man sie hätte, bevor man sie machen müßte.“ Gleichzeitig ist jedes Zitat der Gesprächspartner ein Puzzlestein zum Bild der Gruppe – der Gruppe der Manager – und zum Bild ihrer Generation, der Babyboomer und 68er.

Cui bono?

Die folgenden Aussagen der Altgedienten sind Holzscheite im Diskussionsfeuer der Altgedienten selbst. Aber nicht nur für Generationsgenossen. Der demographische Wandel betrifft schließlich alle. Es geht um den Umbau von Staat, Wirtschaft, Unternehmen, Behörden und Nichtregierungsorganisationen (NGOs). Sie alle können zuhören, was ihnen die Altgedienten zu sagen haben. Und sich ihren Reim darauf machen. Oder Antworten auf Fragen wie diese suchen:

- Ist der Umgang mit Ausscheidenden so richtig?
- Sollte man sich in den Unternehmen auf eine längere Beschäftigungsdauer einstellen?
- Stimmt die Kultur der Verabschiedung?
- Kann man mit Altgedienten zum Nutzen des Betriebes mehr tun als heute üblich?
- Lassen sich Corporate-Responsibility-Aktivitäten mit den Interessen der Ausscheidenden verbinden?
- Kann man Altgediente als Berater stärker als bisher einsetzen?
- Rechnen sie mit mehr oder weniger Geld bei zeitweiliger Anstellung?
- Für welche Aufgaben sind sie gewinnbar?
- In welchem Umfang?
- Welche Rolle spielen Statusfragen?
- Hält die neue Technik diese Menschen im Leben oder grenzt sie sie aus?
- Spielen Statusfragen auch bei der Ansprache auf eine überwiegend oder vollständig ehrenamtliche Tätigkeit eine Rolle?
- In welcher Beziehung stehen bezahlte und nicht bezahlte Tätigkeit im Patchwork-Life-Mix?
- Wie reagieren die Partner auf die veränderte Lage?
- Fühlt diese Generation eine Verpflichtung, der Gesellschaft etwas von ihrem Erfolg zurückgeben zu sollen, oder findet sie überwiegend, sie hätte ihren Teil absolviert?
- Denkt sie in kurzen oder langen Linien?

Das sind nur einige der Fragen, die in den Interviews angesprochen wurden; der Leitfaden steht im Anhang, die Antworten im Text.

Wer die Lebensläufe der Interviewten anschaut, könnte einwenden, dies seien zumeist Führungsmanager mit gesicherter finanzieller Ausstattung und somit exotische Sonderfälle. Deren Vorstellungen vom Leben nach der Festanstellung seien nicht verallgemeinerbar, und was sie dann tatsächlich tun, sei auch nicht exemplarisch für die Generation der 50- bis 70-Jährigen.

Ich halte dagegen: Ich habe mir Gesprächspartner ausgesucht, die ich zumeist schon kannte und sie mich. Bei wenigen Ausnahmen gab es Empfehlungen durch Dritte. So gab es in allen Fällen einen Rahmen des Vertrauens. Die einzige Setzung zur Auswahl war, keinen Mix aus Unternehmern und Selbständigen einerseits und Angestellten andererseits anzustreben, sondern sich auf die Angestellten zu konzentrieren. Unternehmer und Selbständige können per se die Arbeit in aller Regel nach Gutdünken auslaufen lassen, sie können gewissermaßen ausatmend aufhören. Das ist ein wichtiger Unterschied zu abhängig Beschäftigten. Dass es möglicherweise nicht wenige Fälle gibt, teilweise spektakuläre, in denen Unternehmer lieber ihr Lebenswerk am Ende demontieren als loszulassen, steht auf einem anderen Blatt.

Sicherlich weisen meine so gefundenen Gesprächspartner einige Gruppenmerkmale auf, die sie unterscheidbar machen von anderen. Aber wie entscheidend sind diese Gruppenmerkmale gegenüber den Generationsmerkmalen und gegenüber den individuellen Ausprägungen? Dazu liefere ich Material zur Beurteilung. Diese Frage kann aber nur durch Anschluss- und Vergleichsforschung beantwortet werden. Das gilt auch für die Frage der Übertragbarkeit der hier gefundenen Ergebnisse in die ganze Breite. Die Feststellungen aus den Interviews können nach bewährtem Wissenschaftsverständnis so lange als richtig gelten, solange sie nicht widerlegt sind. Um sie zu widerlegen, müssten andere Gruppen dieser Generation in gleicher Weise befragt werden, und die Ergebnisse ließen sich dann auf Übereinstimmung und Unterschied hin überprüfen. Eine solche Vorgehensweise ist wünschenswert. Und wenn die Befunde so bestätigt würden? Silberjahre, insbesondere in der Form von Silver Patchwork-Life, wären dann als mehr und mehr bestimmendes Konzept von Arbeit und Leben zwischen Ende der Festanstellung und Ruhestand empirisch fundiert abgesichert.

In die Schlussbetrachtung einbezogen wird die Diskussion um die weitere Entwicklung sowohl der Arbeits- als auch der Zivilgesellschaft. Die Interdependenzen zwischen beiden Feldern sind, so schlussfolgere ich aus den Gesprächen, stärker als weithin reflektiert. Die Chancen, dass Nachfrage Angebot schafft, sind groß. Beide Märkte wachsen und können zudem entwickelt werden.

Die methodische Vorgehensweise wird im Anhang erläutert. Dort finden sich auch die Liste der Gesprächspartner, der Dank des Autors sowie Anmerkungen und Literaturhinweise.

Gegen den Hang zum Apokalyptischen

Der Wunsch nach Leserresonanz spräche für eine kräftige Untergangs- und Panikprophetie. Da schafft sich nicht nur Deutschland ab, sondern auch die Familie, das Glück, der Wohlstand und alles, was uns sonst lebenswert ist. In meiner Generation ist der Spruch weitverbreitet: „So gut wie wir werden es die nach uns nicht mehr haben." Ist ein solcher Pessimismus unserer Weisheit letzter Schluss? Ich wehre mich gegen diese Position. Ich teile die Ansicht des Zukunftsforschers Mathias Horx, es gäbe hierzulande „einen Hang zum Apokalyptischen". Horx nennt dafür drei Gründe: die historisch bedingte Traumatisierung der Deutschen (Inflationserfahrung etc.), die anthropologische Erklärung, wonach der Mensch Gefahren überproportional stark wahrnimmt, und eine medienbezogene Erklärung, nach der sich die Medien im Verdrängungswettbewerb im Dramatisieren von Nachrichten überbieten.[6]

Ich habe mich demgegenüber in der Auswertung bemüht, jenseits blauäugiger Positionen die optimistischen Elemente herauszuarbeiten. So habe ich mich, eine Idee von Peter Felixberger aufgreifend, gefragt: Was möchte ich zu meinem 100. Geburtstag meinen Freunden sagen? Daraus ist eine zugegeben optimistische „Vision 2046" geworden, die den Abschluss dieses Buches bildet. Damit verdeutliche ich mein Erkenntnisinteresse.

Der Einstieg in das Thema kam über die eigene Betroffenheit. Ich hatte meinen geliebten Job als Verbandsgeschäftsführer früher zu räumen, als ich es geplant hatte. Ich haderte deswegen mit dem Schicksal und spürte Statusunsicherheiten, ja: -ängste.

Mein Erkenntnisinteresse, das zunächst auf die Betroffenheitsfrage „Geht es anderen auch so wie dir in dieser Lebenssituation?" ausgerichtet war, hat sich im Laufe des Prozesses verändert. Gewissheit, dass es auch anderen so ging, erlangte ich aus Diskussionen im Anschluss an zwei Vorträge zum Thema Übergang, die ich vor Männergesellschaften älteren Zuschnitts hielt.

Ein wichtiger Anstoßgeber war Alain de Bottons Buch „StatusAngst"[7]. Diese Lektüre ermutigte mich, beim Thema „Abschied aus der Vollbeschäftigung" auch die emotionale Seite anzusprechen. Es geht beim Verlust von Arbeit, so habe ich de Botton verstanden, auch um verletzte Gefühle. Die Statussymbole, die Beschäftigte je nach ihrem Platz in der Arbeitshierarchie erhalten und erfreuen, fallen weg: Einladungen, Dienstwagen, Diensthandy, Garagenplatz usw. Entweder gleich oder nach einer Übergangszeit. Auf jeden Fall sind sie nicht zu halten. Aber das sei nicht so entscheidend. Was wirklich schmerze, so de Botton, und mit Liebesverlust gleichzusetzen sei, sei der Wegfall an wichtigen menschlichen Beziehungen.

Im Verarbeitungsprozess ändert sich der Blickwinkel. Meine persönliche Leitfrage lautete nun: „Was machst du, damit die gewonnenen Jahre für dich Realität werden?" Mein Projekt nannte ich jetzt „Nach dem Ruhestand: Statusangst oder gewonnene Jahre".

Was sind gewonnene Jahre? Oder: Was sind sie nicht? Ein Zitat aus den Interviews machte mich nachdenklich.

> „Vor einigen Tagen befragte ich einen Freund nach seiner Meinung zu diesem Thema. Er sagte mir, dass es auch für ihn in der Berufszeit verschüttete Sehnsüchte gebe, dass er diese aber ruhig unter der Erde schlummern lasse und sich lieber dem Genuss der heute gepflegten angenehmen Lebensgewohnheiten hingebe. Das ist natürlich auch ein akzeptabler Weg."
> (Ernst von Bismarck)

Ist es wirklich persönlich ratsam und gesellschaftlich akzeptabel, sich nach dem altersbegründeten Ausscheiden aus der Vollzeitbeschäftigung „dem Genuss der heute gepflegten angenehmen Lebensgewohnheiten" hinzugeben? Hat der Mann, der das sagt, sein gesellschaftliches Soll als Führungskraft im Land erfüllt? Wer seine Steuern nicht vollständig bezahlt hat, wird zur Kasse gebeten. Und was macht man bei einer Restschuld an Gemeinwohlverpflichtung?

Und die individuelle Sicht: Begibt sich einer nicht in die Gefahr, gegen seine ureigenen Interessen zu verstoßen und vorzeitig zu verkalken, wenn er sich nicht mehr der Unruhe aussetzen will?

Meine Generation hat Chancen wie keine vor ihr: Alter, materielle Ausstattung, Gesundheit, Bildung, offene Grenzen, Frieden, Freiheit. Aber auch die Herausforderungen sind gewaltig. Ich meine, dass man sich nicht mit der Aussage zufriedengeben kann: „Unsere Kinder werden es mal schwerer haben. Gut, dass ich das nicht mehr erlebe." So können wir doch wohl nicht abrücken. Es ist für uns zu früh, uns nur noch auf den Rückblick auszurichten. Es ist vielmehr Zeit zum Pläneschmieden und zum Anpacken.

Viel ist heutzutage davon die Rede, dass die Zeiten schlechter werden. Notgedrungen? Was muss getan werden, dass nicht nur diese Generation ihre Silberjahre leben kann, weitgehend selbstbestimmend und erfüllend? Nicht nur meine Generationskollegen sind gefordert, aber die habe ich hier vor allem im Visier. Von den 68ern wird mehr erwartet als stiller Abgang, denn sie haben den Ruf einer Aufbruchgeneration und sind eine der vom Schicksal am gnädigsten behandelten Generationen, die es je gab. Sie konnten sich besser einrichten als jede Generation vor ihnen.

Das Thema des Übergangs ist nicht rein privatistisch zu behandeln. Es gibt Partner, Familie, Freunde, die Sicht des bisherigen Arbeitgebers, die Aussichten der Beschäftigungsgesellschaft und die Vision der Bürger- und Zivilgesellschaft. Eine isolierte Betrachtungsweise ist immer eine verkürzte Sicht. Die ganz große Vision kann und will dieses Buch nicht liefern, aber eine Ahnung davon entsteht aus der Beleuchtung des Themas aus allen möglichst vielen Blickwinkeln. Die erstaunliche und ermutigende Erkenntnis dieses Vorgehens ist, dass Eigen- und Fremdinteressen besser zusammenzupassen scheinen, als uns häufig weisgemacht wird.

Verantwortliches engagiertes Handeln in der Arbeits- und Bürgergesellschaft und der Wunsch, sich nicht vorzeitig an den Rand des Lebens drängen zu lassen, lassen sich verbinden. Die Ergebnisse der Alternsforschung sprechen sich herum: Wer etwas für andere tut, hilft sich – und umgekehrt: wer etwas für sich tut, nützt den anderen. Man kann dies Empathie nennen oder sozialen Egoismus. Sozialer Egoismus wäre dann so etwas wie die individuelle Entsprechung der sozialen Marktwirtschaft. Die 68er-Generation könnte zur Avantgarde einer Zivil- und Bürgergesellschaft werden. Wächst nicht gerade eine Generation von Zeitmäzenaten heran, von individualistischen Freiwilligen? Könnten sie die intelligente Antwort auf die Herausforderungen des demographischen Wandels verkörpern und in breiter Nachahmung Lust machen auf die Welt von morgen, auf sich selbst zum Vorteil der Kinder, die in Zeiten von Patchwork-Familien und Leihgroßeltern auch gern die des Nachbarn sein dürfen?

Was wäre dafür zu tun? Handeln müssen die Generationsgenossen, die Unternehmen, die Akteure der Bürgergesellschaft und die Politik. „Silberjahre" stellen sich nicht von allein ein. Das Buch weist den Weg.

1.4 Einige Thesen für den ungeduldigen Leser

Im Vorgriff fasse ich für den schnellen Leser (Ungeduld ist die Zierde der Macher, wie jeder persönliche Fragebogen zeigt: „Was ist Ihre größte Schwäche?" – „Ungeduld.") einige Ergebnisse zusammen und stelle sie zur Diskussion:

1. Immer mehr Menschen verstehen die Ergebnisse der Alternsforschung: Sich regen bringt Segen. Was ich für den anderen tue, tue ich für mich. Richtiger Egoismus ist sozial, Nächstenliebe ist (auch) Eigenliebe.

2. Die Politik hat den Paradigmenwechsel vom Vorruhestand zum längeren Arbeitsleben eingeleitet und den Weg freigemacht, dass die Menschen sich vom eingeredeten Egoismus, der sie beschädigt, zum nützlichen Egoismus, der sie jung hält, bewegen.

3. Menschen wollen im Alter eine zweite Karriere, die sich von der ersten unterscheidet. Sie wollen keine bloße Fortschreibung ihres

Berufslebens. Ich nenne diese Lebens- und Arbeitsform „Patchwork-Life“. Es besteht aus teilweise bezahlter Arbeit, teilweise freiwilliger unbezahlter Arbeit, Weiterbildung und Privatem (Familie, Freunde, Sport, Reisen usw.). Das Einkommen ist niedriger als vorher, die Lebensqualität höher.

4. Patchwork-Life kann auch am Anfang beruflicher Tätigkeit oder mittendrin oder lebenslang Wunsch oder Realität sein. Patchwork-Life ist also eine freiwillig oder doch überwiegend freiwillig gewählte Lebensform, die nicht nur von älteren Arbeitnehmern zunehmend gewünscht wird. Ich beschäftige mich mit der „Silber-Version“.

5. Der Umbau zur Bürgergesellschaft sichert Lebensqualität unter den schwierigen demographischen Bedingungen der fortschreitenden Überalterung (inzwischen gern auch als „Unterjüngung“ bezeichnet). Ziel sollte eine Verdoppelung des gesellschaftlichen Engagements (von einem auf zwei Drittel aller Bürger) sein mit einem Schwerpunkt auf der Partizipation Älterer bei gleichzeitiger Steigerung der Effizienz und der Zufriedenheit durch Teilhabe in den kommenden zehn Jahren.

6. Effizienz und Teilhabe lassen sich steigern durch sorgfältige Auswahl und durch gezielten, auf die individuellen Kenntnisse und Fertigkeiten ausgerichteten Einsatz.

7. Die Generation der 68er und Babyboomer (Jahrgänge 1939 bis 1964) hat mit ihrem prononcierten Wunsch nach dieser Lebensform und durch die immer größere Zahl von Realisierungsbeispielen in großer thematischer Bandbreite eine wichtige Vorreiterrolle. Wir sind – weitgehend unbemerkt – mittendrin in der Transformation von der (Vor)Ruhestands- zur Silver-Patchwork-Life-Gesellschaft. Das Ansehen der Älteren steigt bei den Nachwachsenden. Gleichzeitig tut sich diese Generation, ironischerweise vor allem weil sie eine privilegierte Generation ist, oft schwer, den Weg ins Silver Patchwork-Life aktiv und energisch einzuschlagen. Diese Ambivalenz von Bereitschaft und Hemmung ist vermutlich bei den Führungsleuten dieser Generation besonders ausgeprägt.

Kapitel 2: Wie wir wurden

Die Menschen, die ich interviewt habe, sind Angehörige der gleichen Generation. Was verbindet uns? Wer sich daran macht, eine Generation auf einen Begriff zu bringen, vollführt einen Hochseilakt. Fällt die Generationsbeschreibung nämlich zu spezifisch aus, wird der Anspruch, eine ganze Generation unter ein Begriffsdach zu bringen, verfehlt. Wenn ich beispielsweise die Überschrift „68er" wähle und darunter studentenpolitische Aktivisten jener Zeit, womöglich nur der linken Provenienz, subsumiere, charakterisiere ich Wichtiges, aber bin mit diesem Verständnis zu eng. Ist die Generationsfüllung aber zu allgemein, sind also keine gegenüber früheren oder späteren Generationen unterscheidbaren Merkmale gefunden, hätte man sich die Definitionsmühe auch gut sparen können. Dazwischen liegt die Lösung.

Entschieden werden muss dreierlei: der Begriff, die Zeitspanne und der Zeitraum der Geltung. Herkömmlich geht es um eine Zeitspanne von 25 Jahren. Alle 25 Jahre, so war es über eine lange Zeit die Erfahrung, wird die nächste Generation geboren. Freilich werden Eltern in unseren Breiten aktuell nicht nur rarer, sondern auch älter. Da böte sich ein weiterer Generationsabstand an. Andererseits: Wenn so viel passiert wie im 20. Jahrhundert mit zwei Weltkriegen im Abstand von 21 Jahren, erscheinen einem 25 Jahre pro Generation sehr weit gespannt. In dieser Spanne lagen drei von vier Reichen: Kaiserreich, Weimarer Republik, Drittes Reich, Bonner Republik. Und wo anfangen, wo aufhören beim Zäsurensetzen? Es geht nicht ohne Willkür.

Man hat, wenn man die jetzt und in nächster Zeit aus dem sogenannten aktiven Berufsleben Ausscheidenden betrachten will, vor allem die Auswahl zwischen den Bezeichnungen „68er-Generation" oder „Babyboomer". Praktischerweise kommt man unter beiden Blickwinkeln, dem politischen und dem demographischen, zu ziemlich ähnlichen Setzungen, nämlich der Alterskohorte zwischen 50 und 70. Oder man muss addieren. Aus US-amerikanischem Blickwinkel beginnen nämlich die Babyboomer-Jahrgänge unmittelbar in der Nachkriegsgeneration, aus deutschem erst zehn Jahre später. Der Wendepunkt – markiert als Pillenknick – ist in beiden Fällen Mitte der 60er Jahre.

Ich möchte mich ausrichten an der Forschungsgruppe 50+ um den Osnabrücker Soziologen Dieter Otten, die 2008 als oberen Geburtsjahrgang das Jahr 1938, als unteren das Jahr 1958 definiert hat: 1938 „dürfte der erste Wertewandeljahrgang der Nachkriegsepoche gewesen sein", behauptet Otten[8]. Otten nennt Götz George mit seinem Schimanski „Archetyp dieser Generation", John Lennon, Jahrgang 1940, platziert er ihm zur Seite. Die Spitzenleute der 68er sind zumeist etwas jünger.

Daniel Cohn-Bendit ist Jahrgang 1945, KD Wolff ist Jahrgang 1943, Joschka Fischer Jahrgang 1948. Als unterer Jahrgang wurde der Jahrgang 1958 genommen, weil das 50. Lebensjahr eine „bisher relevante Zäsur, ein gefühlter Alters-Limes" sei.[9] Man hätte, räumt der Forscher ein, aber auch den Jahrgang 1963 nehmen können mit Blick auf den Pillenknick, der danach einsetzte. Von da an bis zum Jahr 1975 sanken die jährlichen Geburten um 42 Prozent (von 1,323 Millionen auf 767.000). Der eigentliche Babyboomer-Spitzenjahrgang ist freilich der Jahrgang 1964. Nimmt man ihn als untere Markierung, sind 2012 die jüngsten der Babyboomer-Jahrgänge 48 Jahre alt.

Ich habe mich entschieden, diese 25 Jahre Spannbreite, also zwischen den Jahrgängen 1938 und 1963/64, als Zuschreibungszeitraum für die Generation der Babyboomer und/oder 68er zu nehmen, auch wenn dabei die 68er in ihren jüngeren Jahrgängen sich selbst als Nach-68er bezeichnen würden und die Babyboomer, wie angemerkt, hierzulande eigentlich erst später einsetzten. Babyboomer Martin Rupps, Jahrgang 1964, schreibt schon auf dem Umschlag seines Buches: „Wir wurden zwischen 1959 und 1964 geboren. Wir sind 7,8 Millionen. Wir waren immer zu viele."[10] Das Lebensgefühl der Babyboomer lasse sich mit dem Spiel „Die Reise nach Jerusalem" beschreiben. Ich denke, der Begriff „Generation" wurde hier in Ermangelung eines ähnlich attraktiven Begriffs für kürzere Zeitläufe genommen. Vieles, was der Autor als „Babyboomer-Sozialisation" beschreibt, trifft auch auf die wenig älteren 68er zu. Ich fasse also beide zusammen.

Von dieser Setzung her lassen sich die Generationen darüber und darunter bestimmen und benennen.

2.1 Die Generationen darunter und darüber

Die nächstjüngere Generation sind die zwischen 1964 und 1989 Geborenen, die Nach-Babyboomer-Generation oder Nach-68er. Wie soll man sie bezeichnen? „Generation Golf" nach dem Roman von Florian Illies ist eine vielbenutzte Zuschreibung, aber doch eine sehr deutsche, zudem etwas mäkelige Bezeichnung, behauptet sie doch, jene Generation sei überwiegend materiell und unpolitisch ausgerichtet. Überdies greift sie nach meiner Setzung zu kurz; es geht Illies um die 1964 bis 1974 Geborenen.

Ich finde den Begriff „First Global Generation" treffender. Die Globalisierung ist ein Faktum geworden, das generationsweit (mindestens bezogen auf die akademische Führungsschicht) in die Biographien einwirkt, stärker als bei allen vorherigen Generationen.

Die „1990ff-Generation“ lässt sich aus heutiger Sicht dreifach charakterisieren: „Digital Natives“, „One World Generation“ (Ende der Ost-West-Teilung bei Fortbestehen oder Verschärfung des Nord-Süd-Konflikts mit all seinen Abstufungen) und vielleicht auch nach dem 11. September 2001 als „Cultural Clash Generation“. Alle drei Begriffe weisen darauf hin, dass in diesen Jahren tiefgreifende Umbrüche stattfanden. Ich bevorzuge den Begriff „Digital Natives“.[11]

Die Generation meiner Eltern, also die Jahrgänge 1912 bis 1937, nannte der Soziologe Helmut Schelsky 1957 „die skeptische Generation“. Andere (Martin Walser zum Beispiel) sprechen mit Blick auf die späten 1920er Jahrgänge von der „Flakhelfer-Generation“. Folgt man der Chronologie, ist bezogen auf die Frauen von der „Trümmerfrauen-Generation“ die Rede, dann mit Blick auf die Nachkriegszeit von der „Aufbau-Generation“. Die nationalsozialistische Herrschaft hat diese Generation durch Tod, Verwundung, Vertreibung, Mitschuld und enttäuschten Idealismus genarbt. Harald Martenstein beschreibt in seinem Roman „Heimweg“ das Lebensgefühl der Großeltern des Erzählers so[12]:

> „Für sie gab es eigentlich nur die Zeit vor dem Krieg, eine kurze Zeit, in der sie sehr jung waren, es gab den Krieg, und es gab die endlos lange Zeit danach, diese Zeit, die den weitaus größten Teil ihres Lebens ausmachte und die ihnen doch in manchen Momenten beinahe bedeutungslos vorkam, weil ihr Leben immer im Schatten der beiden früheren, kürzeren Episoden lag.“

Katja Thimm spricht von der „Generation der Kriegskinder“ zwischen 1929 und 1945, die früh gelernt hätten zu schweigen: „Achtzig Prozent der Kinder jenes Krieges haben nie von jener Zeit erzählt“, berichtet sie in dem bewegenden Spiegel-Essay „Vaters Zeit“ am Beispiel ihres demenzkranken Vaters[13].

Die Generation davor, also die 1886 bis 1911 Geborenen, ist zwar heute fast zur Gänze verstorben. Aber die mehrfache Verlusterfahrung der Generation meiner Großeltern (zwei Weltkriege, Kaiserreich, Weimarer Republik, Nationalsozialismus, BRD und DDR, Inflation, Weltwirtschaftskrise) ist an uns vererbt. Es ist die Generation, die vier Herrschaftsformen durchlebte, die Vier-Reiche-Generation.

So viel zu den langen Linien: vier Reiche, Trümmer und Aufbau, Babyboomer, „First Global“/„Digital Natives“. Man entkommt den langen Linien nicht.

2.2 Die glücklich Spätgeborenen

Was kennzeichnet die Babyboomer oder die 68er? Ich will die Antwort in Bruchstücken und Episoden in durchaus subjektiver Weise skizzieren. Es ist die Charakterisierung einer ungemein erfolgreichen und glücklichen Generation, die am Ende ihres Berufsweges auf überraschende Weise erschüttert wird.

Einer meiner Gesprächspartner meinte, diese Generation sei nach langer Zeit die erste deutsche, die sich nicht schuldig gemacht hat. Machen konnte, um es mit Helmut Kohl zu sagen. Er sprach, aus historisch-politischem Blickwinkel, von der „Gnade der späten Geburt".

Eine weitere Kennzeichnung ist der Aufstieg. Die Babyboomer konnten aufsteigen wie kaum eine Generation vor ihnen. Es war wieder Gründerzeit, wie hundert Jahre zuvor. Nur wurde dieses Mal fast jede und jeder auf dem Weg nach oben mitgenommen. Arbeitsplatzsicherheit war den 68ern in die Wiege gelegt, das Wirtschafts- und damit das Wohlstandswachstum schien ein ewiges Faktum zu sein.

Wertewandel, Ottens Stichwort, konnte sich diese Generation leisten, Aufsässigkeit war nicht karrierehinderlich, wie Götz Georges Duisburger Kommissar Horst Schimanski unwiderstehlich unter Beweis stellt. Er wurde kein Krimineller, sondern ein Kriminaler. Sein Lebenslauf hielt beide Möglichkeiten offen, aber wohlmeinende Menschen brachten ihn auf die rechte Bahn. „Zwar wird Schimanskis Gerechtigkeitssinn kanalisiert, doch die scheinbar unveränderlichen Macht- und Herrschaftsstrukturen unserer gesellschaftlichen Institutionen akzeptiert der Held deshalb noch lange nicht", heißt es im Wikipedia-Eintrag. Er begehrt als vermutlich beamtetes Mitglied des öffentlichen Dienstes auf, die Spielräume der auslebbaren Individualität sind groß.

Der Horst Schimanski der Grünen heißt Daniel Cohn-Bendit. Sein politisches Leben zwischen Paris und Frankfurt am Main symbolisiert, dass die 68er kein deutsches Phänomen waren, sondern als studentische Protestbewegung gegen den US-amerikanischen Vietnamkrieg ein westliches, zusammen mit der ungleich riskanteren osteuropäischen Ausprägung als Freiheitsbewegung im Kommunismus sogar ein weltweites in den sogenannten entwickelten Gesellschaften. Deutsch war die Empörung von Systemprotestanten, wenn ihnen nach ihrem Studium der Zutritt zum öffentlichen Dienst jenes Staates, den sie eben noch abschaffen wollten, mittels Radikalen-Erlass verwehrt wurde. Die Arbeitsgesellschaft stand kurz vor ihrer Kollektivverbeamtung mit 35 Stunden Wochenarbeitszeit als Leitgröße, dem Streikergebnis in der Metallindustrie 1984. Meinungsumfragen würden heute ergeben, dass sechs Wochen Urlaub einklagbares Bürgerrecht sind.

Es ist eine Generation, die nicht mit einem goldenen Löffel im Mund geboren wurde und doch erlebte, dass ihr im Leben kaum etwas missriet. Selbstbewusstsein, das sich aus Erfolgen speist, verhilft zu Lebensstabilität mit der Tendenz zu Selbstzufriedenheit und Selbstgefälligkeit. Die Neigung, Erfolge ausschließlich dem eigenen Können zuzuordnen und die Faktoren historisch günstige Rahmenbedingungen und Zufall auszublenden, ist verbreitet. Lebensbrüche sind bei den Erfolgsverwöhnten seltene Gäste. Das Improvisationstalent, das noch die unmittelbare Nachkriegsgeneration auszeichnete, und das hilft, Mängel direkt und erfolgreich anzugehen, ist den Babyboomern aus Mangel an Mängeln abhandengekommen. Wenn es welche gab, gab es staatliche und gesellschaftliche Instanzen, die Zuständigkeit reklamierten und den Bürger, der selbst beheben wollte, ermahnten, sich zurückzuhalten. So stießen Eltern, die den Klassenraum ihrer Kinder in Eigenarbeit tünchen wollten, nicht nur auf Verständnislosigkeit bei Lehrern, sondern ernteten auch Rüffel von Aufsichtsstellen: Wer von der Leiter falle, sei ohne Versicherungsschutz. Da hat sich etwas geändert. Der heutigen Elterngeneration wird Eigeninitiative geradezu staatlich verordnet. Die Gefahr, von der Leiter zu fallen, scheint mittlerweile durch den Mangel an Staatsgeld gebannt. Aber noch gilt: Wir wurden alle Mitglied beim ADAC und denken nun, wenn wir jemanden mit Panne sehen, wo bleibt der gelbe Engel? Früher hielten wir an.

Bis 1975 nur strammes Wachstum. Und Blockdenken. Es gab die Guten und die Bösen. Was aus heutiger Sicht ruhige Zeiten waren, erschien auch damals bewegt, beschleunigt und nahe an Trendwenden und Paradigmenwechseln. Offenbar ist uns nach den großen Umbrüchen im Gefolge der Weltkriege die Phantasie abhandengekommen, eine Zeit könnte ohne Umbrüche sein. Und aufgeregte Zeiten lassen sich in jedem Leben herstellen; diese individuelle Erfahrung lässt sich auf die Ebene des kollektiven Erlebens übertragen. Dazu ein Beispiel aus meinem Erfahrungsbereich: In der zweiten Hälfte der 70er Jahre des vorigen Jahrhunderts war die Unternehmerschaft zutiefst verunsichert. Die Studenten hatten seit 1968 Fragen aufgeworfen, die einige Jahrzehnte, nämlich während der nationalsozialistischen Herrschaft und in der Aufbauphase der Bonner Republik, nicht gestellt worden waren. Studenten und Intellektuelle argumentierten gern mit dem Instrumentarium des Neomarxismus und/oder der kritischen Theorie. Zur Verfügung standen sprachliche Versatzstücke einer Soziologensprache: Weltbild samt Vergangenheitserklärung und Zukunftsvision, Menschenbild, Wissenschaftstheorie, kurz: alles, was man braucht zur Systemkritik. Aus damaliger Sicht war die Zukunft Europas klar: Es würde, ausgehend von Staaten wie Griechenland, Portugal, Spanien und Italien, der Euro-Kommunismus siegen, also am Ende entweder der Ostblock oder ein dritter Weg.

Die Gegen-Welterklärung, die sich in der Systemdebatte schärfte, lieferten der Kritische Rationalismus für das Wissenschaftssystem, das Konzept der pluralen Demokratie für das politische System und das Konzept der sozialen Marktwirtschaft für das wirtschaftliche System. Karl Popper war der Leitphilosoph, sein Buch „Die offene Gesellschaft und ihre Feinde", erstmals 1958 auf Deutsch erschienen, lieferte die antitotalitäre Munition. Unternehmer mit Sinn für Theorie ließen sich mit Popper wieder aufrichten und gewannen Sprachfähigkeit zurück. Die politischen Umwälzungen im weichen südeuropäischen Unterleib verliefen dann anders, als die Linke hoffte und die Rechte befürchtete.

Die Generation der 68er oder der Babyboomer arbeitete sich an beiden Weltbildern, Demokratischer Sozialismus versus Offene Gesellschaft, ab und wurde somit eine wortgewaltige Generation, immer dialektisch gewitzt, den Kontrahenten – das galt dann auch für die eigenen Kinder, die nächste Generation – einen rhetorischen Kniff voraus zu sein.

Wir in Deutschland hatten unseren rheinischen Kapitalismus, und Bonn war die Bundeshauptstadt. Von der Wiedervereinigung träumten nur noch kalte Krieger wie Gerhard Löwenthal in seinem von 1969 bis 1988 ausgestrahlten „ZDF-Magazin". Kriege waren gestern, seitdem es die atomare Bedrohung gab. Der Sinn der Bundeswehr bestand in ihrer Untätigkeit. Staaten, die erodieren, konnten wir uns nicht vorstellen. Wir konnten uns vieles nicht vorstellen.

Ein Schlaglicht in der ersten Hälfte der 80er Jahre: Über Zukunft sollten wir, die Öffentlichkeitsverantwortlichen bei den Arbeitgeberverbänden von Gesamtmetall, in einem Szenario-Workshop so kühn wie uns irgend möglich nachdenken. Das Kühnste, was uns einfiel, war ein persönliches Missgeschick zu unseren Gunsten. Franz Steinkühler, der damalige mächtige und noch junge IG-Metall-Vorsitzende, fällt vom Pferd und kann seinen Job, aus dem heraus er die Arbeitgeber in Schrecken zu versetzen verstand, nicht mehr ausüben. Nun, Steinkühler fiel zwar nicht vom Pferd, musste aber 1993 wegen des Verdachts von Insidergeschäften tatsächlich zurücktreten. Das war aber auch unsere einzige Prognose, die zur Realität wurde. Wir fantasierten uns damals also weder an den Zusammenbruch des Kommunismus noch an die digitale Kommunikation heran.

Seit jener Erfahrung halte ich mich mit hämischen Bemerkungen über diejenigen Prognostiker des ausgehenden 19. Jahrhunderts zurück, die, heute gern zitiert, am Erfolg von Lokomotiven, Autos und Telefonen gezweifelt hatten. Wir waren und sind nicht hellsichtiger.

Die politischen und technischen Umbrüche erwischten uns unvorbereitet. Nach den Erschütterungen von 1953 (DDR), 1956 (Ungarn), 1968 (Prag) und 1981 (Polen) kippte 1989 der Kommunismus. Parallel dazu ging es technologisch Schlag auf Schlag: Computer, Laptop, Handy, Internet, Microsoft, Facebook, Xing, Google. Das Ende des Industrialismus eingeläutet? Parallelaktion von Globalisierung und Dezentralisierung! Ende des Wachstums?! Nachhaltigkeit ist nun kein Hobby von Spinnern mehr, Klima- und Geldkatastrophenstimmung lösen sich ab, Erdöl geht zu Ende, Atomkraftwerke sollen (zumindest hierzulande) nach dem Fukushima-Desaster ziemlich rigoros abgeschaltet werden. Bowling alone[14], Egoismus, Niedergang der Familie, der Nachbarschaft, der große Nanny-Staat, die sichere Rente, der Trend zum Angestellten, die Macht der Gewerkschaften – alles vorbei? 11. September 2001 – Ende der demokratischen Unschuld? Die Schuldenkrise seit 2009, Griechenland, Island, Irland, Portugal, Spanien, Italien – wer sind die nächsten Fast-Bankrottstaaten? (Die Liste ist nicht aktuell, sie wird fast täglich länger). Ende der ökonomischen Sicherheit? Nimmt man noch die beiden Stichworte Klimakatastrophe und demographischer Wandel in den Sündenkatalog des 68er/Babyboomers mit auf, dann verstärkt sich der Eindruck: Im letzten Drittel ihres Lebens ist diese Generation in einen gewaltigen Wirbelsturm der Veränderungen hineingeraten. Und dies kann erst der Anfang sein. Und was ist nun mit unserer makellosen Lebensbilanz?

2.3 Und heute?

Viele individuelle Antworten bündeln sich zu einer kollektiven. Wie sehen die individuellen Antworten aus? Mir geht dabei eine Geschichte durch den Kopf, die ein jüngerer Freund, einer aus der First-Global-Generation, Jahrgang 1966, erzählte: Seine Frau und er hätten unlängst seine und ihre Eltern, alle seit Kurzem im Ruhestand, sehr fidel und alle vier gern bei den Enkeln, gefragt, ob sie nicht ihre Häuser in Westdeutschland verkaufen und nach Berlin übersiedeln wollten. Mit dem Verkaufserlös von drei Häusern könnten sie doch in Berlin eine großzügige gemeinsame Behausung alle unter einem Dach oder Tür an Tür finden und sich so zur Mehrgenerationenfamilie fast alten Zuschnitts zusammenfinden. Beide Elternpaare hätten mit der Begründung abgesagt, sie wollten ihren Kindern nicht zur Last fallen. Das Argument hört man nicht selten. Man könnte meinen, die jetzt in den Ruhestand Wechselnden wollten Abbitte leisten. Sie wissen, dass sie es im Leben deutlich einfacher hatten als ihre Eltern, die, so die einhellige Meinung, verdientermaßen einen möglichst finanziell sorgenfreien Lebensabend haben sollten. Aber die jetzt und in den nächsten Jahren aus dem Berufsleben ausscheidende Generation? Das sind doch die braungebrannten Vorruheständler, die zwischen dem Mallorca-Trip und der Kreuzfahrt kaum Zeit haben, den Koffer umzupacken. Klischee? Vielleicht. Ich zitiere einen guten Bekannten, der gerade 65 geworden ist:

> „Gestern haben wir Kerstins* Geburtstag auf dem State Tower in Bangkok gefeiert – bei Windstärke 8 und mit einer Witwe Clicquot. Morgen ziehen wir dann definitiv in unser Winterquartier, das wir bis Anfang März gemietet haben. Kerstin hat genügend Golfplätze zur Auswahl, und ich gehe im Februar nach Burma tauchen. Wenn wir in Hua Hin gesettled sind, melde ich mich noch mal ausführlicher.
>
> Beste Grüße aus 32 Grad Luft und 28 Grad Wasser."
>
> (* Name geändert)

Nochmals: Meine Generation weiß, dass sie Schulden auf Kosten der nächsten Generation angehäuft hat, bei der Bankenkrise 2009 und der Euro-Staaten-Krise 2010/2011 nochmals kräftig oben drauf. Und ökologisch längst nicht das Menschenmögliche getan hat, um die Wohlstandsumweltzerstörung gering zu halten. Und beim Thema demographischer Wandel die Augen zugemacht hat.

Die Verantwortlichen in der Wirtschaft versuchen mitunter, für dieses Versäumnis die Politik an den Pranger zu stellen. Politiker würden immer so kurzschlüssig denken, weil sie ja nur auf den nächsten Wahltermin schielten. Dieser Vorwurf fällt in aller Regel auf die Kritiker zurück. Die Wirtschaft – mit Ausnahme der traditionsbewussten Familienunternehmen – denkt und handelt ebenfalls nicht langfristig. Wer an der Aktienkursentwicklung gemessen wird und zur Quartalsberichterstattung verpflichtet ist, richtet sein Handeln sogar deutlich kurzfristiger als die Politik aus. Wenn Zukunftsherausforderungen verschlafen wurden, dann gemeinsam. Es ist allerdings so, dass sich Triumphe und Versäumnisse derzeit eher an Politikern festmachen lassen, denn ihre Namen bleiben länger im kollektiven Gedächtnis haften als die von Wirtschaftsleuten.

Dazu drei Beispiele aus dem Versäumnisfeld demographischer Wandel:

Was hat sich Norbert Blüm als Sozialminister Helmut Kohls über seinen Parteifreund Kurt Biedenkopf aufgeregt, als dieser die Umstellung der Rentenabsicherung auf Versicherungsleistung anregte und vor der Einführung der Pflegeversicherung wiederum ohne persönliche Abdeckung warnte!

Was hat sich Blüms Vorgänger Herbert Ehrenberg, von Thilo Sarrazin, wie dieser berichtet[15], auf die Notwendigkeit hingewiesen, die Sozialsysteme grundsätzlich gegen die untergrabende Kraft des demographischen Wandels abzusichern, gewunden und am Ende gemeint, dass das mal die Nachfolger machen sollten. Ehrenberg zu Sarrazin: „Weißt du, Thilo, an der langfristigen Entwicklung kann ich ja sowieso nichts machen, und darum kümmere ich mich lieber um das, was heute möglich ist." Sarrazins Kommentar heute: Genauso hätten später auch Helmut Kohl oder Norbert Blüm reden können.

Das dritte Beispiel: Konrad Adenauer. Norbert Walter, der frühere Chefvolkswirt der Deutschen Bank, erinnert an dessen Fakten missachtenden Pragmatismus in dieser Frage, sieht aber das eigentliche Versagen bei den 68ern:

> **Henning von Vieregge**: Finanzdesaster, Umweltkrise, demographische Entwicklung – hat unsere Generation, die Babyboomer, 68er, heute zwischen 50 und 70 Jahre alt, versagt?
>
> **Norbert Walter**: Ja. Das konnte jeder mit offenen Augen Ende der 70er Jahre wahrnehmen. Meine Generation hat sich versündigt. Wir haben der Nachhaltigkeit komplett nicht entsprochen.
>
> **HvV**: Komplett?
>
> **NW**: Ja. An Nachhaltigkeit war, von der 68er-Generation aus betrachtet, in Bezug auf soziale Nachhaltigkeit oder ökonomische Nachhaltigkeit nie gedacht. Deren Antrieb war klar: Umwelt. Die beiden anderen Elemente, die aber in meinem Urteil zur Nachhaltigkeit essentiell dazugehören, hatten keinen Unterstützer. Für Demographie und die Stabilität einer Gesellschaft verantwortlich zu sein, das wurde von den 68ern nicht begriffen.
>
> **HvV**: Sind die nicht wie alle damals davon ausgegangen, dass diese Gesellschaft urstabil ist und dass man ihr alles zumuten kann?
>
> **NW**: Aber das glaube ich nicht mal, die waren komplett verblendet in ihrer Anti-Bürgerlichkeit. Sie haben das, was die Gesellschaft zusammenhält, demontiert.
>
> **HvV**: Aber ist jener Leichtsinn nicht angesichts der schier ewigen Wachstumsraten damals verständlich? War uns nicht allesamt die Fantasie verlorengegangen, dass es auch irgendwie andere Zeiten geben könnte?
>
> **NW**: Ich denke jetzt dauernd an den guten Konrad Adenauer, der denen, die 1957 bei der Rentenreform sagten: „Achtung, du musst hier ein Drei-Generationen-Modell bauen, du darfst nicht nur zwei

> Generationen umfassen", sagte: „Hört mir damit auf, Kinder kriegen die Leute immer!" Das hat er explizit gesagt.

Wer sind eigentlich die 68er? Man könnte locker von zwei Gruppen von politischen oder doch mindestens anpolitisierten 68ern sprechen. Es sind die beiden aus der grundsätzlich philosophischen Weggabelung hervorgekommenen Lager, die heute in historischer Glorifizierung zusammengewachsen sind. Das eine ist die linke Kerntruppe, die freilich auch schon buntscheckig genug war und damals von SDS bis Stamokap, von allen K-Gruppen bis ins linksliberale Studentenlager reichte. Die andere Gruppe sind deren damalige Antipoden, ebenfalls buntscheckig, von RCDS bis hin zur Deutschen Studenten Union DSU (später Sozialliberaler Hochschulverband SLH). Da es in jeder Hochschule in jeder Gruppierung Lagerkommandanten gab, die vom Trennenden profitierten, standen sich zumeist unversöhnlich ein linkes und ein rechtes Lager (das sich wie in der großen Politik lieber der Mitte zuordnete) gegenüber. Und wenn es pathetisch wurde – und das wurde es oft – fragten die vom linken die vom rechten Lager, wie es mir mal durch einen Heidelberger SDS-Führer geschah, als der einen Einwand von mir in einem Teach-in parieren wollte, ob ich denn überhaupt schon mein Blut in die Bewegung gegossen hätte. Sollte wohl heißen: einen Polizeiknüppel abbekommen habe, heroischer Demonstrant gewesen sei.

Die meisten 68er, ob nun als Schüler oder Student, standen freilich abseits. Aber alle, ob aktiv oder passiv, lassen sich doch als 68er charakterisieren, denn sie haben ähnliche Sozialisationserfahrungen. Und nichts ist stärker als der Kohortendruck, an ihm zerschellen die elterlichen Erziehungseinwirkungen. Das alles spricht für die Wirksamkeit der Generationssozialisation bis zum heutigen Tag und darüber hinaus.

Wie geht es nun weiter? Seit Jahrzehnten sind die demographischen Fakten kein Geheimnis, Schlussfolgerungen wurden und werden aber ungenügend gezogen. Jeder weiß doch, dass Deutschland (und nicht nur dieses Land) in eine gewaltige Überalterung hineinwächst, die auch nicht dadurch zu beheben ist, dass man sie „Unterjüngung" nennt, während die Weltbevölkerung weiter wächst, wenn auch aus verschiedenen Gründen nicht so explosionsartig wie zuletzt. Gegensteuern durch eine offene, durchdachte Einwanderungspolitik? Was im Fußball, Basketball oder Eishockey offensichtlich möglich und wünschenswert, weil leistungssteigernd ist, ist in der Gesamtnation noch lange nicht angekommen.

2.4 Der demographische Wandel

Menschheitsgeschichtlich ist die Lage neu. Ist die Lage damit neu chancenreich oder neu chancenlos? In den „Empfehlungen der Akademiegruppe Altern in Deutschland" heißt es: „Eine greisenhafte Erstarrung unserer Gesellschaft zeichnet sich ebenso wenig ab wie der oft beschworene Krieg der Generationen. Allerdings besteht Handlungsbedarf. Der demographische Wandel erhöht den ohnehin vorhandenen Veränderungsdruck auf die Einzelnen und die Kultur, auf Gesellschaft und Politik."[16]

Wollen die Wissenschaftler uns mit ihrem Fazit beruhigen oder beunruhigen? Werden wir Generationsgenossen uns für entrüsteten Stillstand wappnen oder uns daran machen, den Enkeln (den eigenen oder denen der Freunde und Nachbarn) eine bessere Welt zu bauen? Sind oder werden wir Wut- oder Mut-Bürger?

Mein alter Geschichtslehrer hatte zu uns Pennälern einst beim Anblick des Limes gesagt: „Als die Römer den Limes bauten, waren sie mit ihrem Weltreich am Arsch." Seine drastisch-merkbar formulierte Botschaft hieß: Wer sich nur noch verteidigt, wer erhalten statt gestalten will, ist schon auf der Verliererstraße. Lange hatte meine Generation Risiko beredet, aber nichts riskiert. Sie musste ja nicht. Andere, die Jüngeren, riskieren heute. Sie haben keine Wahl.

Lernen die Babyboomer und Alt-68er von den Jüngeren? Sie haben als Schüler und Studenten eine gemeinsame Erschütterung provoziert, erlebt, nachgeschmeckt. Sie haben Themen wie die Frauenfrage, die Gleichberechtigung unterschiedlicher sexueller Orientierungen und die ökologische Frage auf die Agenda gehievt, das Drei-Parteien-System geknackt, mehr Demokratiewagnis gefordert. Diese erfolgreiche, wortgewaltige, ehemals visionenstarke und selbstgerechte Generation, was bietet sie heute?

Der schon zitierte Martin Rupps hat, sicher stellvertretend für viele andere Nachrücker, den Anspruch an unsere Generation so formuliert: „Trotz enger geschnalltem Gürtel muss unser Alter nicht langweilig werden. Denn die Achtundsechziger gehen vor uns in die Rente und werden uns auch bei diesem Thema die Leitgeneration werden. Dass die Achtundsechziger so altern wie unsere Mütter und Väter, ist nicht zu erwarten. Dafür weicht schon ihr bisheriges Leben zu sehr von dem unserer Eltern ab."[17]

Werden wir diesen Anspruch einlösen? Henning Scherf, Jahrgang 1938, sagt ja, wir „prägen einen neuen Umgang mit dem Alter [...] Wir haben uns aus strukturierten, festgefahrenen, konservativen Milieus befreit und uns damit die Kompetenz erworben, konstruktiv mit unserem jetzigen Altern umzugehen [...] Wir heutigen Alten sind eine spannende Mischung, und die Chance ist groß, dass hieraus etwas Neues entsteht."[18] Scherfs Buch heißt „Grau ist bunt". Dieser Titel liest sich etwas angestrengt optimistisch. „Grau ist grau" wäre jedenfalls realistischer. Ist das Neue denn tatsächlich schon zu spüren?

Kapitel 3: Was wir sind

3.1 Vermessung

Für eine repräsentative quantitative Auswertung reicht die Zahl der Interviews, die ich geführt habe, nicht. Aufgezeichnet wurden 27 mehrstündige Interviews, darunter 20 mit Managern, alles Generationsgenossen. Anhand eines Katalogs von Leitfragen, die aus Hypothesen gebildet wurden – Näheres dazu im Anhang –, wollte ich wissen: Was kennzeichnet die Phase nach der letzten Festanstellung?

Genau zum Zeitpunkt der im Unternehmen geltenden Altersgrenze waren vier von 20 Gesprächspartnern ausgeschieden. Von den anderen 16 war nur einer über die festgelegte Altersgrenze hinaus geblieben, 15 waren früher gegangen, teilweise freiwillig, teilweise unfreiwillig, teilweise freiwillig-unfreiwillig. Ich schätze, dass ein Drittel der Gesprächspartner zu diesem Zeitpunkt oder prinzipiell gegen seinen Wunsch das Unternehmen zu verlassen hatte. Wie viele der Interviewten eine klare Vorstellung vom Leben danach hatten, ist nicht einfach zu beurteilen. Jeder Fall ist ein bisschen anders. Nicht jeder, der eine individuelle Regelung traf, hatte ein Ankommenskonzept; nicht jeder, der vorzeitig gehen musste, war gänzlich ohne Vorstellung.

Bezogen auf Arbeit lassen sich für „das Leben danach" vier Optionen unterscheiden, die später noch ausführlicher besprochen werden sollen:

1. Fortsetzung der bezahlten Arbeit im gleichen Unternehmen
2. Fortsetzung bezahlter Arbeit, aber nicht beim bisherigen Arbeitgeber in den Formen angestellt, freiberuflich und unternehmerisch
3. Arbeit überwiegend unbezahlt, auch unternehmerisch
4. nichts von alledem

Um mit der vierten Option anzufangen: Keiner der Interviewpartner hat nach seinem Ausscheiden aus der letzten Festanstellung sein Leben völlig arbeitsfrei eingerichtet. In einem Fall ist der Gesprächspartner erst seit kurzer Zeit ausgeschieden und sucht zu seinen ehrenamtlichen Verpflichtungen weitere. Zwei Gesprächspartner, die beide mit 55 bzw. 58 freiwillig bzw. unfreiwillig aus ihrem letzten Job ausschieden, befinden sich nun nach Zwischenbeschäftigungen aktuell in einer Phase, in der Arbeit keine entscheidende Rolle mehr spielt. Beide widmen sich mit Hingabe ihren Universitätsstudien, und beide treiben viel Sport und wollen bewusst viel Zeit mit ihren Partnerinnen verbringen. Beide schließen, nun Mitte 60, freilich nicht aus, sich bei gezielter Ansprache doch noch wieder bezahlt oder unbezahlt verpflichten zu lassen, suchen aber nicht aktiv. Dem einen reichen ehrenamtliche Funktionen im Golfclub und bei Rotary, der andere würde sich gern als Experte in Studienneuordnungs-Diskussionen stärker einbringen, wenn er die Gelegenheit bekäme. Er wäre, das hat er bewiesen, auch zu Lehrengagement bereit, bietet sich aber nicht offensiv an.

Es bleibt also festzuhalten: Der klassische Ruheständler ist – zumindest bezogen auf meine Interviewpartner – das mit Abstand seltenste Wesen. Er scheint, jedenfalls in der ersten Altersphase nach der letzten Festanstellung, vom Aussterben bedroht zu sein.

Ebenfalls rar sind diejenigen, die im gleichen Unternehmen eine weitere Beschäftigung haben (Option 1). Das sind von den 20 zwar mehr als ein Drittel (8), aber hier muss differenziert werden. Fünf Interviewte haben von sich aus aktiv den Ausstieg betrieben und ihn mit einem Beratungsangebot verknüpft. Einer hat sich aus gesundheitlichen Gründen aus dem bisherigen Partnerstatus zum Mitarbeiter herunterstufen lassen und ist auf Teilzeit gegangen, die später in freie Mitarbeit umgewandelt wurde. Zwei haben an ihren regulären Ausstieg ein weiteres Beratungsjahr angehängt. Zur in der Politik aktuell viel diskutierten Frage, was Unternehmen tun müssen, um ihre älteren Arbeitnehmer länger am Arbeitsplatz zu halten, ergeben sich, bezogen auf die Gruppe der Manager und Führungskräfte, aus der quantitativen Auswertung keine Hinweise. Hier hilft die qualitative Auswertung. Sie führt, wie ich weiter unten ausführen und begründen werde, zur Annahme, dass diese Gruppe auch in Zukunft nur in wenigen Ausnahmefällen länger im Unternehmen bleiben wird.

Die größte Gruppe mit 17 von 20 Interviewten sind diejenigen, die außerhalb des letzten Arbeitgebers bezahlte Arbeit anstrebten und gefunden haben (Option 2). Auch hier ist eine Differenzierung aufschlussreich: Einige haben zunächst noch beim alten Arbeitgeber eine Übergangsposition innegehabt, sind sozusagen über die Beratungsbrücke aus dem bisherigen Unternehmen getreten und haben dann in neuer Konstellation weiter gearbeitet, andere haben es sofort getan. Vier haben, teilweise zu ihrer Überraschung, Arbeit als Angestellte gefunden, teilweise in Kombination mit freier Tätigkeit. Fünf betätigen sich neu als Unternehmer. Bezahlte Arbeit wird also gesucht, und – jedenfalls teilweise – gefunden. Die Arbeitsbereitschaft sinkt offenbar nicht bei gesichertem Alterseinkommen: Alle Interviewten versichern, dass sie, schließt man ganz tiefe ökonomische Krisen aus, über ein gesichertes Alterseinkommen verfügen.

Von den Interviewten ist keiner prinzipiell gegen jede unbezahlte Tätigkeit. Aber zu registrieren sind, wie noch am Einzelfall darzulegen ist, Misstrauen und Verärgerung über Ausnutzungsversuche durch sich als gemeinnützig oder arm darstellende Organisationen. Prinzipiell wird die Überzeugung vertreten, Ehrenamt sei Ehrenamt und damit unbezahlt. Manche eigene ehrenamtliche Tätigkeit wird gar nicht als solche erkannt. Das gilt insbesondere für unbezahltes Arbeiten außerhalb von (Sozial-)Institutionen. Ungewöhnliche Formen wie die Gründung einer Nichtregierungsorganisation (NGO), die Mitwirkung und Teilfinanzierung einer NGO und die unentgeltliche Übernahme von Aufsichtsratsaufgaben in städtischen Gesellschaften haben vier der 20 Gesprächspartner gewählt. Parteipolitisch ist niemand mit Mandat aktiv.

Die Interviewten sind insgesamt in einem weit höheren Maße unentgeltlich tätig, als es ihre Altersgruppe ist. Das ist freilich nicht verwunderlich, sondern entspricht allen empirischen Erkenntnissen. Zugleich ist diese Gruppe aber auch in einem höheren Maße als die Altersgruppe insgesamt bezahlt aktiv. (Es fehlt an exakten Zahlen, da nur die Angestellten und Selbständigen, nicht aber die Nebenbei-Verdiener als Freiberufliche in den Statistiken erfasst sind.) Es stellt sich die Frage, ob es einen kausalen Zusammenhang gibt. Die Hypothese lautet: Wer länger arbeitet, ist auch länger in Ehrenämtern. Bei Verbänden stimmt das allemal, trifft aber dort nur in seltenen Ausnahmefällen auf Manager zu: Unternehmer führen Verbände unter Umständen bis ins hohe Alter. Gilt die Hypothese auch umgekehrt? Sie würde dann heißen: Wer länger im Ehrenamt ist, verlängert damit die Möglichkeit, an auch bezahlte Aufgaben zu kommen. Aus den vorliegenden Fakten lassen sich die Hypothesen nicht definitiv belegen, aber sie gewinnen an Plausibilität.

Die quantitative Betrachtung liefert immerhin einen Diskussionseinstieg, aber eben auch nicht mehr. Interessanter, weil differenzierend, widersprüchlich und vertiefend, wird es bei der qualitativen Auswertung. Und die beginnt vorn: beim Abschied. Abschied ist ein Prozess, anders als die Verabschiedung, und beginnt auch viel früher als diese. Er beginnt irgendwann im Job. Ein persönliches Schlaglicht: Ein schattiger Platz mit Bänken in einem Städtchen in der Toskana im Sommer. Auf den Bänken einheimische Alte beiderlei Geschlechts, ein Platz war frei. Ich setzte mich, weil ich spüren wollte, wie es ist, alt zu sein und aussortiert. Genauso fühlte es sich an, alles andere als angenehm. Ich bat meine Begleiterin, ein Foto zu machen. Ich spürte die Bedeutung für mich. Damals, in diesem Moment, fing ich an, mich mit meinem Ausstieg aus dem Vollzeitjob zu beschäftigen. Ich war 59, und wenn ich das Foto heute betrachte, bin ich mir nicht sicher, ob nicht mancher auf den Bänken in meinem Alter oder jünger war. Damals begann mein Abschied.

3.2 „Jetzt mach ich eine Schleife drum" – drei Erkenntnisse zur Verabschiedung

Auf der Zeitachse des Abschieds markiert die Verabschiedung selbst lediglich einen Einschnitt, mehr nicht. Sie geschieht an einem oder mehreren Tagen, zumeist mit Programm und festgelegten Personen. In größeren Unternehmen sind Ablauf und Kostenrahmen zumeist festgelegt und richten sich nach der „Flughöhe" des zu Verabschiedenden. Es gibt bei der Verabschiedung einen Anfang und ein Ende. Am Ende redet meistens der, der verabschiedet wird

Als Essenz aus den Interviews lassen sich drei Erkenntnisse formulieren.

Erkenntnis 1: Um die Verabschiedung muss man sich am wenigsten Sorgen machen. Wahrscheinlich wird sie gelingen.

Die Berichte variieren, so wie die Verabschiedungen ja auch variieren. Aber die Variationsbreite ist vergleichbar mit gelungener Beerdigung. Alle sind ihrer Rolle mit Bedeutsamkeit gerecht geworden, Person und Sache wurden geehrt, man fand gelungene Worte, der Rahmen hat gestimmt, die Veranstaltung war qualitativ und quantitativ gut besucht. Nur mit dem zugegeben gewichtigen Unterschied, dass die Hauptperson davon berichten kann. Es hat ihr gut getan.

Natürlich sind die Variationen nicht unbedeutend: Der Geschäftsführer eines Medienverlags vergaß in seiner Abschiedsrede, seinen übrigens nur kurzzeitigen Nachfolger zu erwähnen und meint, „vielleicht war es ein bisschen Freud". Ein Bankerkollege spricht von einem „schönen Ausstand mit wunderbarer Musik". Ihn habe gefreut, dass er den ganz normalen Altersausstieg geschafft habe mit 63, der für seinen Jahrgang eben nicht normal gewesen sei. Er sei der Vorletzte seines Jahrgangs gewesen, alle anderen hätte es früher erwischt. Eine Marketingverantwortliche in einem Großunternehmen freut sich, dass ihr zu Ehren auch alle früheren CEOs gekommen seien, auch der Ehrenvorsitzende mit fast 90. Mitarbeiter, die weinen, gehören auch nicht selten zum Abschiedsszenario, so auch hier. Er sei „unglaublich gefeiert worden", erinnert sich ein anderer Banker. Er sei zum Ergebnis gekommen, sie hätten das getan, nicht weil sie froh waren, ihn los zu sein, sondern weil sie ihn wirklich mochten. Dieser Hinweis auf Kollegen und Mitarbeiter taucht auch in der Beschreibung eines anderen Managers, Vorstandsmitglied in einem Medienunternehmen, auf. Er spricht von der „sehr engen Beziehung zu meinen leitenden Mitarbeitern", die diese an diesem Abend zum Ausdruck gebracht hätten. Ein Geschäftsführer sagt, die goldene Uhr, die ihm seine Mitgeschäftsführer geschenkt hätten, habe er erheblich eindrucksvoller gefunden als die Veranstaltung mit den Gesellschaftern.

Stellvertretend für viele berührende Berichte über die eigene Verabschiedung zitiere ich den Bericht eines Agenturmannes, Joachim Strate, der jahrelang das Düsseldorfer Büro der Werbeagentur Ogilvy & Mather geleitet hatte:

> „Es gab eine Abschiedsfeier, die mein Nachfolger organisiert hat. Nicht nur die Mitarbeiter waren alle da – es war ein Sommerfest, 30. Juni – am Unterbacher See, mit der hauseigenen Rockband, mit Reden, Geschenken. Alle Geschäftsführer Deutschlands waren mit dabei, der Chairman, der Nachfolger, meine Familie, einige besondere Gäste, sogar der Bürgermeister meiner Heimatstadt, meine ehemalige Kreativdirektorin aus Toronto aus meiner kanadischen Zeit, die zufälligerweise in Europa war. Es war sehr, sehr schön, sehr emotional. Es gab Videos. Ich glaube, jeder, der mit großer Bescheidenheit ausgestattet ist, dem wäre das sehr peinlich gewesen. Mir nicht, ich fand das großartig.
>
> Ich habe aber die emotionale Geschichte unterschätzt. An einigen Punkten war es schon so, dass 20, 30 Leute am Weinen waren und ich auch ein wenig. Einige Leute haben eben auch an der Person gehangen, und nicht nur am Manager, so sehr auch der Nachfolger entsprechend geschätzt wurde. Das Schönste war, was mein langjähriger Kreativpartner Rainer Maaß und mein Finanz-GF Helmut Hechler gemacht haben. Sie sind nach Schloss Touffou gefahren, wo David Ogilvy lebte und wo seine Witwe Herta noch heute wohnt. Sie haben sie interviewt und sie dazu bewegt, in einem langen Video Heike und mich dorthin einzuladen. Das mache ich jetzt im Herbst. In den 26 Jahren, in denen ich bei Ogilvy war, war ich noch nie auf dem Schloss."

Wenn sich Menschen bei einem Abschiedsgeschenk besondere Mühe geben, dann kann ein solches Abschiedsgeschenk auch als Anfangsgeschenk verstanden werden, wie der ehemalige Ratsvorsitzende der Evangelischen Kirche Deutschlands (EKD), Wolfgang Huber, erzählt:

> „Ich habe wunderbare Geschenke und Erinnerungen bekommen. Hier (Anm. des Autors: er zeigt ein Beispiel) eine unglaubliche Kostbarkeit: etwas über 300 Menschen haben jeweils einen ihnen wich-

> tigen Bibeltext abgeschrieben und erläutert, warum sie mir diesen Text zukommen lassen wollten. Ein Band Altes Testament, ein Band Neues Testament. Da haben sich viele Persönlichkeiten viele Gedanken gemacht. Es braucht viele Jahre, um damit umzugehen, und es ist für mich auch zu einem Symbol geworden, diesen Abschied als etwas zu verstehen, das in die Zukunft weist und einen nicht zu nostalgischem Nachdenken veranlasst."

Dass die Verabschiedungsart auch immer die Unternehmenskultur widerspiegelt, dürfte keine Überraschung sein, bestätigt sich aber in den Berichten.

Was von der Verabschiedung im positiven Fall (und der überwiegt, auch in den Fällen weniger friedlicher Trennung) vor allem bleibt, ist die Erinnerung an die soziale Komponente von Arbeit. Haben Erfolgsziffern über Umsatz- und Renditeentwicklung oft den Karriereweg gepflastert, so treten sie bereits im Moment der Verabschiedung in den Hintergrund. Umso deutlicher wird, was der Verlust der Arbeit für den Betroffenen bedeutet.

Erkenntnis 2: Notfalls sollte man seine Verabschiedung selbst in die Hand nehmen.

Wer im Streit geht, wird vielleicht nicht feierlich verabschiedet, aber wahrscheinlich ist, dass beide Seiten, der Arbeitgeber und der Arbeitnehmer, gute Miene zum zwischendurch bösen Spiel machen. Bei Differenzen ist die Wahrscheinlichkeit, dass die Verabschiedung erfreulich, der Abschied unerfreulich ist, höher als umgekehrt. Möglich ist aber auch, dass der Abschied unerfreulich ist und der zu Verabschiedende auf seine Verabschiedung dankend verzichtet. Auf diese Möglichkeit bin ich in insgesamt 21 Interviews zwei Mal gestoßen:

> „Mein Abschied war ja sehr aufregend. Wir haben uns so gestritten, dass wir nachts auseinandergegangen sind. Das war vor einer Aufsichtsratssitzung". (Hasso Kaempfe)

Eine unfriedliche Trennung gibt es unter Führungsleuten der Wirtschaft nicht eben selten, wenn auch selten vor den Augen der Öffentlichkeit. Dafür braucht man Beteiligte und vor allem öffentliche Aufmerksamkeit, die Position und Betroffener begründen. Dies war beim Ausscheiden des langjährigen Vorstandsvorsitzenden von Jägermeister, Hasso Kaempfe, im Jahr 2007 der Fall.

Es gab mit dem Aufsichtsrat einen Konflikt, der eskalierte. Der so Geschasste verzichtete unter diesen Umständen der Trennung auf den angebotenen Abschiedsempfang im Casino.

> „Ich komme nicht um halb sechs für ein Glas Prosecco, um mir ein paar zerquetschte Wörter anzuhören".

Er habe dann lieber den Abschied selbst organisiert:

> „Ich habe dann in der Folgezeit meine Führungsmannschaft in drei verschiedenen Tranchen in ein Restaurant eingeladen, um die Trennung zu erläutern und Abschied zu nehmen."

Er hat sich dann als Berater erfolgreich selbständig gemacht.

Dass ein bitterer Abschied ohne Verabschiedung schwerer zu verarbeiten ist als ein erwünschter Abschied mit großartig empfundener Verabschiedung, wird jeder nachvollziehen können. Die Wirklichkeit ist selten so simpel. Manchen bedeutetet die konkrete Verabschiedung viel, manchen weniger.

Ein Interviewpartner, Reinhard Behrens, war Partner einer großen Beratungsgesellschaft. Da ist der frühe Ausstieg programmiert. Er musste aus privaten Gründen einen unüblich früheren Abschied in Phasen nehmen. Als er als Partner ausstieg, sollte er verabschiedet werden. Er ging nicht hin. Das sei vielleicht nicht höflich gewesen, sagt er heute, aber er habe sein Ausscheiden auch nicht als normal erlebt, sondern als „langsames Rausschleichen". Es habe eben keinen richtigen Schlusspunkt gegeben.

> „Ich habe kontinuierlich ein paar Aktenordner in den Schredder gelegt."

Manchmal sind es auch die ehemaligen Kollegen und Mitarbeiter, die ihrem nicht im Frieden gegangenen Chef durch eine von ihnen organisierte Abschiedsfeier anzeigen, was er ihnen bedeutete. Was ist aus den Beispielen zu lernen? Gerade wenn der Ausstieg eher unter unfriedlichen Vorzeichen erfolgt, sollte man nicht die Tür vor denjenigen zuschlagen, die mit der Sache nichts zu tun haben, den Kollegen und Mitarbeitern. Wenn sie ihr Zeugnis ausstellen und dieses ehrlich und nicht negativ ist, dann hat dies eine wichtige Langzeitwirkung für den Betroffenen. Notfalls kann man sich das Schleifchen zum Abschied selbst organisieren

Erkenntnis 3: Die Verabschiedung ersetzt nicht den Abschied.

Dass Abschied und Abschiedsveranstaltung nicht das Gleiche sind, darauf wird in den Gesprächen immer wieder hingewiesen.

> „Das Ausscheiden aus dem Berufsleben ist ein Prozess, der sich über längere Zeit hinzieht und der sich an anderen Dingen festmacht als an abschiedlichen Festveranstaltungen." (Johann C. Lindenberg)

Die Verabschiedung ist ein Ausrufezeichen auf einer langen Linie, nicht mehr und auch nicht weniger. Ob dieses Ausrufezeichen auf dem Weg hilft oder nicht, das wird gegensätzlich beurteilt.

Ein Vorstandsmitglied eines Medienunternehmens schätzt für sich die Verabschiedung positiv für den Abschiedsprozess ein:

> „Es war so, dass psychologisch die Tage davor doch ein merkwürdiges Bauchgefühl produziert hatten. Auch stand mir diese Veranstaltung, die dann wirklich den Schnitt machte, noch bevor. Sie war aber eine wunderbare und emotionale Veranstaltung, und das hat mir sicherlich auch geholfen, dann den Weg zu gehen. Es war alles gut. Es ist alles friedlich und freundlich vonstattengegangen, es hat keine Härten gegeben." (Rolf Wickmann)

Kleines Fazit

Mit der Verabschiedung verabschiedet man sich aus der Arbeit, die nach Selbstwahrnehmung hochengagiert und mit großem Zeiteinsatz über Jahre geleistet wurde. Nun bricht die tägliche Agenda weg. Die Verplanung der Person, oft über Monate minutiös im Voraus, erscheint einem im Arbeitsleben zwar als ein Akt partieller Freiheitsberaubung – Scherf als Politiker spricht von einer „Art innerer Gefangenschaft" –, hat aber auch andererseits ihre struktursetzende, stabilisierende Wirkung.

Eine neue Struktur muss gefunden werden. Deren Abwesenheit schafft Unruhe und Unzufriedenheit. Die Tage drohen zu verläppern. Kein Wunder, dass die erste Reaktion nach dem Ausscheiden ist: möglichst business as usual. Den verbliebenen Arbeitsrest dehnen. Aber dann fehlen die gewohnten sozialen Beziehungen. Einige waren auf Augenhöhe, andere, wahrscheinlich die meisten, nicht. Wie lässt sich Ersatz schaffen?

Es geht um ein Knäuel von Erfahrungen, das hier, mitunter etwas künstlich geschieden, präsentiert wird. Da ist die Verabschiedung, der Abschiedsprozess, die Sache mit dem Status, vielleicht gibt es auch Gefühle des Ankommens. Zudem werden hier die Erfahrungen so ausgebreitet, dass sie Einsichten widerspiegeln, mitunter gegen die ursprüngliche Absicht sogar in handfeste Ratschläge münden.

Manches bricht einfach weg, manches verglimmt. Der Unruhestand ist die Suche nach Ersatz: Arbeit, Sozialkontakte, Status. Die Suche dauert. Sie kann auch immer wieder neu beginnen. Das Ankommen kennzeichnet die nächste Phase. Man hat sich nun dreingefunden. Diese Formulierung lässt eine große Ankommensbreite zu: zwischen angenommener Resignation und neuem Glück. Leben als Fortsetzung mit neuen Akzenten oder als neues Lebenskapitel, das dauern kann oder sich, geplant oder gelebt, als weitere Zwischenstation herausstellen wird.

3.3 Trennungsschmerz – oder: Abschied als Prozess

Das Stichwort „Abschied“ ist gewiss nicht exklusiv für den Abschied aus dem Berufsleben reserviert. Abschied gibt es aus allen Beziehungen. Der tiefste Einschnitt ist der Abschied vom Partner. Das Ende der Partnerschaft kann durch Tod oder Trennung gekennzeichnet sein, das „Auseinanderleben“ muss nun bewältigt werden, Trauerarbeit ist unumgänglich. Es gibt auch mildere Formen des Abschieds, zum Beispiel die zeitweilige Trennung vom Partner, in ihren Reaktionen zu beobachten an Bahn- und Flughäfen. Bei aller Unterschiedlichkeit in ihrer Intensität sind die Phasen der Verarbeitung einer Trennung prinzipiell ähnlich. Das gilt wohl in besonderem Maß für die Phase 1.

Exemplarisch zitiere ich aus einem Folder des Arbeitskreises Seelsorge und Beratung im Landkreis Cochem-Zell. Darin heißt es: „Trauer kann viele Gesichter haben: Sie sind vielleicht erschüttert, traurig, hilflos, fühlen sich stumpf und leer oder sind wütend und gereizt. Sie haben viele Fragen, die Sie nicht zur Ruhe kommen lassen.“ Es gibt zu diesem Thema sehr viele Literaturangebote. Ich zitiere wiederum beispielhaft Doris Wolf, die „Vier Phasen der Trennungserfahrung“ unterscheidet[19]

1. Nicht-wahrhaben-Wollen
2. Aufbrechende Gefühle
3. Neuorientierung
4. Neues Lebenskonzept

Es handele sich um den Weg aus dem „tiefsten dunklen Tal ... zum hellen Gipfel“, den nicht jeder, der in dieser Situation steckt, gehen könne oder wolle. „Einige werden in Hass oder Depression stecken bleiben. Sie werden ihren Blick nur in die Vergangenheit lenken, den Verlust betrauern oder ihr Leben damit verbringen, dem Partner Rache zu schwören oder ihn mit ‚Giftigkeiten‘ zu bombardieren.“ Aber, so verspricht die Autorin in bester Ratgebermanier und im Fettdruck hervorgehoben: „Sie können auf den Gipfel gelangen. Sie benötigen keine übermenschlichen Kräfte.“[20]

Gilt dies auch für das Abschiedsthema „Ende des Vollzeitjobs“? (Genauer gesagt müsste man „vermutliches Ende“ formulieren. Allein unter den 20 Interviewten sind fünf, die wieder für kürzere oder längere Zeit einen Vollzeitjob fanden und akzeptierten, davon drei zu ihrer eigenen Überraschung.) Einen Unterschied wollen wir hier schon herausstellen: Anders als in der Liebestrennung haben viele Gesprächspartner in der Arbeitstrennung ihren Partner an ihrer Seite. Das kann mühsam sein oder hilfreich, es gibt alle Varianten. Abschied, und das ist beiden Trennungen wieder gemeinsam, ist ein Prozess. Es gibt – im Gegensatz zur Verabschiedung – keinen klaren Anfang und kein klares Ende. Klar ist nur, es handelt sich um eine Veränderung, die von manchen sofort als Gewinn empfunden wird, von den meisten als Verlust. Es gilt aber, jedenfalls bei altersbedingtem Ausscheiden, als nicht schicklich, den Vorgang als Verlust zu bezeichnen. Das hieße, der Arbeit nachzuweinen. Widersprüchlich ist, dass dies auch für diejenigen gilt, denen der Arbeitgeber bis dahin attestiert hat, dass sie sich immer voll und ganz der Arbeit hingegeben haben. Auch deswegen ist der Verlustschmerz tabubehaftet.

„Das ist vor allem ein Männerproblem“, sagte eine Therapeutin. „Frauen gehen mit dem Thema anders um.“ Ich solle mich mal umhören. Das nahm ich mir vor.

Varianten des Ausstiegs

Man kann drei Varianten des Ausstiegs oder Übergangs unterscheiden: Du gehst in den sogenannten normalen Ruhestand, bisher mit 65, (bei Frauen mit 63), zukünftig in Schritten mit 67. Oder du wirst in einem Gespräch, für dich völlig überraschend, mit der Tatsache konfrontiert, dass du nach Hause geschickt wirst. Und zwar bald. Oder sogar gleich. Wie im Loriot-Film „Papa ante Portas“. Eben noch sehen wir Dr. Lohse im vollen Genuss seiner Macht grüßend den Flur herunterschreiten und mit seiner Sekretärin parlieren („Schaffen Sie da mal Ordnung!“ angesichts eines von ihm angerichteten Chaos). Da wird er zum Generaldirektor bestellt. Der erkundigt sich, für Lohse mehr als überraschend, nach dem Alter des Sohnes seines Mitarbeiters und spricht sich dann fürsorglich dafür aus, dass der Mitarbeiter mehr Zeit für diesen Sohn haben sollte. Dr. Lohse sitzt wie gelähmt im Sessel. Er begreift noch nicht das Faktum, aber ihm dämmert, dass ihm etwas geschieht. Er wird ausfallend. Schnitt. Er ist zu Hause, das bis dahin Undenkbare ist passiert.

Die dritte Möglichkeit ist der langsame Ablösevorgang. Als Betroffener merkst du irgendwann, wie sich etwas zusammenbraut. Am Ende heißt es meistens, du gehst freiwillig. Du hilfst mit, diese Version zu verbreiten.

Es gibt beim Abschied eine ganze Batterie von Tröstungsphrasen. Man wird in den Unruhestand verabschiedet. Dir wird versichert, man verliere sich nicht aus den Augen. Es fallen Sätze wie: „Man sieht sich.", „Ihr Rat wird noch gebraucht.", „Sie sind zu einem Kaffee immer willkommen." Du sagst als Betroffener schon kurze Zeit später, du wüsstest gar nicht, wie du früher noch Zeit zum Arbeiten gefunden habest.

Ich schrieb, als ich den Mitgliedern des Verbands meinen Abschied ankündigte, ich wäre nun, nachdem Verjüngung beschlossen worden sei, mit dem Beschluss im Einklang. Da hatte ich damals mehr Wunsch als Wirklichkeit formuliert. Ich hatte doch erst begonnen, mich auf „das Leben danach" vorzubereiten, hantierte noch mit Optionen und Illusionen. Manche starten früher. Ein ehemaliger Hauptgeschäftsführer einer Industrie- und Handelskammer erzählte, ihm habe die Bibliothekarin seines Hauses einmal ein Buch hingelegt, dessen Titel ihn elektrisiert habe: „Ruhestand beginnt mit 40". Er habe damals beschlossen, er wolle Herr seines Ausscheidens bleiben. Er wolle vorbereitet auf den Abschied und vorbereitet auf den neuen Lebensabschnitt sein. Er hat dieses Vorhaben konsequent umgesetzt.

Ein Damals-noch-Kollege sagte, durch mein Ausscheiden ins Grübeln gebracht, beim Gedanken an den Ruhestand sei er doch ziemlich erschrocken. Aber dann sei ihm eingefallen, dass er etwas machen könne, was er möge und wovon er folglich etwas verstehe, und dieser Gedanke habe ihn sehr beruhigt. Natürlich wollte ich wissen, was das ist. „Ich habe eine Geschäftsidee. Ich will einen Salon aufmachen, in dem man Wein trinken und Zigarren rauchen kann." Immerhin hatte er einen Plan. Wer einen Plan hat für den Fall des Falles, der fühlt sich vorbereitet.

Von den 20 Interviewten hat mindestens ein Drittel den Arbeitsplatz im Konflikt verlassen. Wie viele der Ausscheidenden zum Karriereende hin das Gefühl hatten, dass an ihrem Stuhl und somit an ihrer Leistung gesägt, gemobbt und lamentiert worden sei, kann nur geschätzt werden; hier gab es Grenzen der Offenherzigkeit im Gespräch. Meine Einschätzung ist aber, dass dies mindestens bei der Hälfte der Interviewten der Fall war. Und dies hat Auswirkungen auf die Verarbeitung des Abschieds. Gesundheit, Souveränität im Leben bröckeln, so fürchten wir. Wir stehen nicht über den Dingen, sondern die Dinge über uns.

Wer hoch steigt, fällt tief. Wer viele Schrammen im Leben erhalten hat, ist dagegen vorgewarnt. Auch wer vorgewarnt sein könnte, weil er ganz normal und somit als statistischer Ausnahmefall ausscheidet, gruselt sich. Auch wer regulär ausscheidet, findet sich im neuen Lebensabschnitt keineswegs automatisch und erfreut zurecht, wie ein Diplomat, dem ich von meinen Interviews erzählte, bestätigt:

> „Ich habe mich mit dem Thema schon länger beschäftigt, weil der Ruhestand 65plus von Berufsdiplomaten in der Regel besonders heftig empfunden wird (relativ hohe Selbstmordrate im Dienst, aber auch direkt nach Eintritt in den Ruhestand, was aber unter der Decke gehalten wird ...), ist man doch bis zur letzten Minute (meist als Leiter einer Auslandsvertretung oder in, dann in der Regel sehr hoher, Position in der Zentrale) sieben Tage an die 16 Stunden ‚im Dienst' und auch sehr gestaltend, sehr politisch tätig. Danach der Absturz in die totale Tätigkeits- und Bedeutungslosigkeit ... Bei so manchem, was ich tue, denke ich schon jetzt daran: Ließe sich später daraus mal was machen? Natürlich bleibt Diplomaten, ihre, Lebenserinnerungen' zu schreiben, sei es chronologisch, sei es thematisch."

Das Zitat steht für zweierlei. Erstens für die Vermutung, dass eine ähnliche Arbeit mit einer Befragung der Ministerialbürokratie wie diese über Führungsmanager höchstwahrscheinlich in vielen Punkten zu ähnlichen Ergebnissen kommt, und zweitens, dass die Vermutung, je höher das Austrittsalter, desto geringer die Übergangsprobleme, falsch sein dürfte. Es kommt vielmehr auf die Chance zum Ausatmen an. Wie mir der Zitatgeber im Nachhinein mitteilte, habe man im Auswärtigen Amt sich mittlerweile des Themas konstruktiv angenommen.

3.4 Zwei Abschiedsgeschichten und zehn Erkenntnisse

Ich möchte im Folgenden zwei Geschichten wiedergeben, die dieses Ringen um Fassung nach dem Ausscheiden und den langen Weg zum Ankommen eindrucksvoll veranschaulichen.

Erste Geschichte: Vier Phasen bis zum Neuanfang

Die erste Geschichte ist eine aus verschiedenen Quellen zusammengesetzte Geschichte (die Zitate sind alle authentisch). Sie schließt an die Phasen aus der Trauerliteratur an und macht deutlich, was Trennungen, insbesondere solche, die für den Betroffenen aus heiterem Himmel kommen, bedeuten und wie mühsam der Weg zum Ankommen ans neue Ufer verlaufen kann. Mit Glück, Energie und – in allen Fällen hier und deswegen eine offenbar fast notwendige Voraussetzung – mit einem solidarischen und eigenständigen Partner, meistens der Ehefrau, an der Seite gelang der Neuanfang. Stufe 1 ist dennoch unvermeidbar. Wie kommt einer, bei dem bis dahin, so ist es bei dieser Generation der 68er und Babyboomer eher die Regel als die Ausnahme, die berufliche Entwicklung bruchlos, zufriedenstellend und erfolgreich verlaufen war, mit der ihn völlig überraschenden Mitteilung zurecht, man benötige seine Dienste nicht länger? Zunächst überhaupt nicht. Ein Beispiel:

> „Wenn man über zehn Jahre eine solche Aufgabe mit voller Hingabe, Einsatz und Befriedigung gemacht hat, so darin aufgegangen ist, dass man alle Alternativen erst gar nicht geprüft hat, dann fühlt man sich von solch einer Nachricht im vollen Lauf getroffen. Ich war verletzt, fand mich ungerecht behandelt, meine Verdienste nicht gewürdigt und glaubte noch, die Entscheidung rückgängig machen zu können. Ich war damals sehr verunsichert, vor allem, was meine berufliche Zukunft anging. Wie würde ich ab jetzt meine Tage gestalten? Würden sich noch neue Herausforderungen ergeben, die mir ähnlich viel Freude machen würden?“

Man kann die erste Phase mit Fassungslosigkeit, Zorn und Verzweiflung überschreiben. Es gibt sicher unterschiedliche Wege, aus einer solchen Situation herauszukommen. Man steht in vielen Fällen vor der Frage, ob man über den Rechtsweg geht und so um den Arbeitsplatz oder mindestens die bestmöglichen finanziellen Ausstiegsbedingungen kämpft. Es geht dabei auch um Reputation und Stolz. Gegen einen solchen Schritt kann allerdings sprechen, dass man damit vielleicht die Möglichkeit einer gütlichen Einigung mit dem bisherigen Arbeitgeber verspielt und seine Chancen bei potentiellen Arbeitgebern auf diese Weise zumeist nicht verbessert. Und wenn man auf eine Neuanstellung im Operativen nicht mehr setzt? Auch für andere bezahlte Tätigkeiten sind Rechtsauseinandersetzungen zumeist keine Empfehlung, auch wenn man sich noch so sehr im Recht fühlt. Aber noch wichtiger zur Entscheidung, wie man aus der Situation herauskommt, ist die Beantwortung der Frage: Will ich mir das wirklich antun? Und wenn ein Lebenspartner beratend eine starke Rolle spielt, redet er (sie) bei der Beantwortung dieser Frage ein entscheidendes Wort mit, wie im nachfolgenden Beispielszitat:

> „Mein Mann hat mich davor bewahrt, mit der Geschäftsleitung zu streiten. Ich wollte ihnen eigentlich beweisen, dass sie eine Fehlentscheidung getroffen hatten. Da hat mein Mann mir am Abend vorher gesagt: ‚Vergiss den Streit. Andernfalls bin ich nicht an deiner Seite.' Ich habe dann am nächsten Morgen gar nicht mehr argumentiert. Ich sagte: ‚Ich habe mir das alles durch den Kopf gehen lassen. Die Entscheidung ist doch gefallen. Lassen Sie uns darüber reden, wie wir nach vorne gehen.'"

Ein solcher Überraschungsschritt der Konzilianz kann gelingen. Die Gegenseite kann sich nun ihrerseits leichter entgegenkommend zeigen. Die Bedingungen des Ausstiegs, die angeboten werden, wären in solchem Fall nicht schlechter als die, die maximal auf dem Rechtsweg erkämpft werden können, vielleicht sogar besser. Die Phase „Anerkennen der Realitäten" ist in jedem Fall nicht zu umgehen, will man sich selbst nicht in eine „Michael-Kohlhaas-Rolle" bugsieren.

Damit freilich ist der Bruch noch längst nicht verheilt. Die nächste, die dritte Phase, die nach aller Erfahrung der Gesprächspartner geradezu unabdingbar ist, um einen Neubeginn machen zu können, aber die in der Praxis oft übersprungen werden soll, heißt: „aufräumen, zu Atem kommen, Kraft sammeln." Wie das geht, ist individuell.

> „Ich folgte dem Rat eines guten Freundes, der sagte: ‚Setz dich an den Fluss und schau, was vorbeischwimmt.' Da schwamm dann der eine oder andere CEO vorbei, der in seinem Unternehmen gerade abgeschossen worden war, und noch manches andere war zu sehen, was meine Situation für mich nach und nach relativierte. Diese Haltung, sich mal zurückzuziehen, ruhig zu werden und auf den Fluss der Zeit zu schauen, das hat etwas von einem Indianerbild, das hat mich gestärkt."

Wer sich neu orientieren will nach einem Schicksalsschlag – und der Verlust eines guten Arbeitsplatzes ist ein Schicksalsschlag –, der muss vor der Neuorientierung erst wieder zu Kraft kommen. Die Methoden sind unterschiedlich: Einer läuft einen Pilgerweg, einer steigt auf einen Berg, den er schon immer besteigen wollte, einer kleidet den Dachboden seines Hauses vier Wochen lang mit einer Holzverkleidung aus, einer setzt sich an einen Fluss, ob der nun real ist oder imaginär. Auch ist die benötigte Zeit individuell unterschiedlich. Aber in keinem Fall darf der Start in die aktive Phase verpasst werden. Die Besinnung muss zur Loslösung führen, die Selbstbeschäftigung überwindend. Wieder gilt: Wer in solcher Situation jemanden an der Seite hat, der zur rechten Zeit die Impulse setzt, nicht zu früh und nicht zu spät, der hat großes Glück.

> „Und dann nach sieben, acht Wochen sagte mir meine Lebenspartnerin: ‚So, jetzt leg wieder los!‘ Das hieß, mein Kontaktnetzwerk in Gang setzen und nach Neuem Ausschau zu halten. Ich sprach mit Freunden, Beratern, Bankern, Ex-Kollegen über meine Situation. Ich trug meine Wünsche mit Nachdruck vor. Ich war offen für eine neue operative Aufgabe, Beratungsmandate oder einen Mix aus beidem.

Keiner meiner Gesprächspartner hat berichtet, dass er/sie nach einem solchen Einschnitt nicht wieder auf die Beine gekommen wäre. Die Chancen, beruflich erneut voll Fuß zu fassen, verschlechtern sich allerdings bei steigendem Alter. Diese Feststellung muss, wie ich später ausführen werde, aber nicht in die Zukunft hinein als festgeschrieben gelten. Wohl dem, der in der Rückschau sagen kann, es war keine schöne Zeit, aber nachdem sie durchschritten war, erwies sie sich als Brückenzeit in spannende neue Gefilde.

> „Die ungewollte Veränderung hat mir ungeahnte neue Horizonte eröffnet. Heute bin ich froh und dankbar, dass es so gekommen ist.“

Blendet man von der Mustergeschichte auf den Einzelfall herüber, wird die Geschichte farbiger und facettenreicher. Nils Abel, Banker, hatte nach längerem Hin und Her mit Mitte 50 einen Auflösungsvertrag unterschrieben. Er selbst hatte zuvor bei der Umstrukturierung von Unternehmensteilen und Beschäftigten der früheren DDR Erfahrungen im Aussieben und Freisetzen von Personal gesammelt, sich aber nicht vorstellen können, einmal vom Aktiven zum Passiven zu werden.

> „Man hat dafür gesorgt, dass die Jobs, die von den Alten gemacht wurden, durch eine neue Jobbeschreibung auch von Jüngeren gemacht werden konnten. Investmentbanking stand im Vordergrund. Dahinter stand die Überzeugung: die alten, teuren Leute raus und junge, leistungsfähige Leute rein. Weniger Wasserkopf, mehr PS auf die Straße. Ich glaube, bei 56-Jährigen gab sich die Bank nicht mehr so schrecklich viel Mühe. Vielleicht hatte sie zu viele davon.“

Die Bank, so betont er, habe sich am Ende ihm gegenüber in finanzieller Hinsicht fair verhalten, das konnte ihn aber – zunächst jedenfalls – nicht über den Verlust seiner Arbeit hinwegtrösten. Und dies ist seine Geschichte:

Zweite Geschichte: Kriechende Verzweiflung auf einem nächtlichen Parkplatz – oder: Vom Banker, der sich seinen Trennungsfrust von der Seele lief

> „Drei Tage nach meiner wirklich gelungenen Verabschiedung habe ich bei meiner Frau in ihrem Büro gesessen und gesagt, jetzt brauche ich auch ein Büro, nicht nur einen Schreibtisch, sondern ein richtiges Arbeitszimmer. Wir fuhren also zum Möbelhaus. Um halb neun am Abend kam das Personal von Ikea und sagte: ‚Jetzt müssen Sie aber langsam mal raus.' Ich antwortete: ‚Ich kriege meine Sachen mit einer Fuhre nicht heim.' Sagen die: ‚Dann müssen Sie draußen warten. ' So bin ich mit meinem ganzen restlichen Zeug nach draußen gegangen. Meine Frau schlug vor, die erste Fuhre nach Hause zu bringen und in einer Stunde wieder zurück zu sein. Gut, abgemacht, einer musste ja auf die Sachen aufpassen.
>
> Das Parkplatzlicht auf dem riesigen Gelände ging langsam aus, es war nur noch eine Restbeleuchtung da. Von drinnen gaben die Lampen ein bisschen Licht. Die wenigen Menschen, die zunächst noch da waren, verschwanden nach und nach.
>
> Es war nun das absolute Gegenteil von dem, was ich noch ein paar Tage vorher erlebt hatte. Mir wurde bewusst, was ich jetzt bin: Eigentlich gar nichts mehr. Meine Frau war schon weggefahren, und ich musste jetzt draußen bei Ikea auf meinen neuen Schreibtisch aufpassen. Auf diesem riesigen Parkplatz war ich allein. Vor einigen Tagen noch hatte ich diese wunderbare Verabschiedung im Rittersaal in Schwerin erlebt, in Gegenwart der Ministerin, des Leiters der Staatskanzlei und meiner Kunden, die mir viele Abschiedsgeschenke mitgebracht hatten, und heute stand ich da mit leeren Händen. Ich dachte, jetzt musst du dich wohl mal auf dich selbst besinnen.
>
> Aber das geht nicht so einfach. Es ist geliehene Macht, die man von einem Konzern bekommt. Man nimmt sie an, man unterscheidet aber nicht mehr. Ich glaube, Politikern geht es auch so, oder Managern, die von einem auf den nächsten Tag gehen und plötzlich feststellen müssen, wer sie wirklich sind.

Was ist eigentlich das Leben? Man wird zum großen Teil von seinem Beruf gelebt, ist ja auch herrlich einfach. Man weiß immer genau, was man zu tun hat als Mann. Gut, ich habe eine Familie, Kinder und eine Frau, die mir vieles abgenommen hat. Eigentlich aber sollte man früher verstehen, sich mehr zu Hause einzubringen. Ich habe meine Karriere in den Vordergrund geschoben, weil mir die Arbeit so unheimlich viel Spaß gemacht hat. Wie schön das Arbeiten war! Die Herausforderung, die man täglich bewältigen musste. Das ist ein so wichtiger Teil für ein erfülltes Leben.“

Einige Wochen nach der Ikea-Geschichte fasste Nils Abel einen Entschluss: „Ich laufe nach Santiago de Compostela.“ Er setzte seinen Entschluss in die Tat um – und findet danach die richtigen Worte für das, was er empfunden hat, was manchem Generationsgenossen (um nicht zu sagen: Leidensgenossen) allerdings nicht gelingt.

„Warum ich aufbrach? Psychologen können das viel besser erklären als ich. Ich war aus einem – rechnet man die lange An- und Abfahrt täglich hinzu – 13- oder 15-Stunden-Tag ausgestiegen. Wenn einem das Arbeiten Spaß macht, kann man das auch leisten. Und mir hat die Arbeit immer Spaß gemacht. Und mit einem Mal ist gar nichts mehr. Kein Schwein ruft mich an. Da habe ich überlegt, nun selbst auch mit meiner beruflichen Vergangenheit zu brechen. Dazu bietet sich der Jakobsweg an.

Viel Material habe ich mir über das Internet besorgt, und man kann sich Bücher kaufen. Dann bin ich im April 2006 – außer Dienst gestellt Anfang Februar 2006 – am Gründonnerstag aufgebrochen zum Jakobsweg. Es lagen zweieinhalb Monate dazwischen, dann hatte ich endlich wieder meine Herausforderung. Ich habe das Glück, eine Frau zu haben, die mich bei meinem Entschluss unterstützt hat. Sie hat zwar heimlich geweint, als ich losging; denn es war für sie sehr schwer, weil wir auch nicht regelmäßig telefonieren wollten, jedenfalls erst mal nicht, hinterher haben wir es dann doch getan. Sie hat mir den Rücken freigehalten. Sechs Wochen bin ich gewandert, fast 700 Kilometer, aber ich konnte nicht die volle Strecke durchgängig laufen, weil ich mir gegen Ende eine böse Blutvergiftung in beiden Hacken geholt hatte.

Mit wildfremden Leuten habe ich immer mal wieder gesprochen, und wir sind zusammen gewandert. Man trifft sich, und man verliert sich. Es gibt einen sogenannten Pilgertratsch, und so ist man immer informiert über das, was auf dem Camino passiert. Und dann diese unglaublichen Anstrengungen. Man muss ja über mehrere Gebirge. Das war für mich genau das Richtige. Das brauchte ich ganz dringend. Ich war von 125 Prozent bei der Bank mit einem Mal auf null runter gekommen und hatte zweieinhalb Monate Pause gemacht. Nun wollte ich wissen, ob ich das körperlich überhaupt durchstehe. Dass ich das noch kann, dass ich noch kein alter Mann bin. Das war das eine. Ich wollte auf der anderen Seite einen Strich unter mein Berufsleben machen. Man steht ja im Grunde genommen mit leeren Händen da. Man überlegt: Was mache ich jetzt eigentlich mit meinem Leben? Man ist doch noch nicht tot! Die Spiritualität war für mich sehr wichtig, die findet man geballt auf dem Jakobsweg. Und die hat mich auch sehr beflügelt und gestützt. Ich habe viele Selbstgespräche geführt, war sauer, enttäuscht und emotional, alles Mögliche durcheinander. Ich habe Leute getroffen, denen Ähnliches passiert ist. Man kann einen Lebensabschnitt mit so einer Wanderung beenden oder einen neuen beginnen, wie auch immer man das sieht.

Jeder Mensch hat Punkte, Geschichten, Gedanken, die er nicht zu Ende gedacht und bearbeitet hat. Insofern ist der Jakobsweg auch eine Katharsis. Man kann sagen, der Jakobsweg führt dazu, über das eine oder andere einmal richtig lange und intensiv nachzudenken, das habe ich getan. Im Alltag kommt man selten dazu, über bestimmte Dinge intensiver nachzudenken, weil man gelebt wird und weil man reagieren muss.

Man hat seinen Kopf voll mit Erinnerungen, die noch gar nicht richtig verarbeitet wurden. Keiner ruft an, keiner stört, wenn man sich nicht gerade mit anderen Pilgern unterhalten will. Man ist allein, auf sich selbst angewiesen und auf das, was man im Kopf hat. Diese Erfahrung ist wirklich bedeutend. Vieles löst sich dadurch auf, dass man es sich nun erklären kann. Und dazu hat man reichlich Gelegenheit. Man überlegt, wie es dazu kam. Man kommt auf Gedanken, die man früher nicht hatte. Man ist in einer Situation, wo man tief in Gedanken versunken seinen Jakobsweg wandert. Man hat das Gefühl: Halt, so habe ich das ja noch gar nicht gesehen. Das ist eine große Erfahrung, die man da macht. Dieses Verarbeiten, Verdauen und Ausleben innerer Konflikte, das richtige Einordnen von Emotionen, Gesprächen, Verhaltensweisen und Begegnungen, in der Familie und außerhalb. Das richtige Einordnen. Ich bin jemand, der seine Sachen einordnen muss, ich versuche, Struktur in mein Leben und in das, was ich denke und tun werde, zu bringen."

Kurze Zeit nach seiner Heimkehr fand er einen herausfordernden, attraktiven Teilzeitjob.

„Ich sitze als Beirat im Konzern-Leitungsgremium, habe dort Sitz und Stimme, bin eine von sechs Personen, die über Entwicklungen informiert werden, über Investitionen befinden etc. Maximal zwei Tage die Woche habe ich damit zu tun."

Nils Abel ist zudem ehrenamtlich in seiner alten Region Mecklenburg für die Johanniter tätig. Er hat seinen Lebensmix gefunden und Ende 2009 im großen Freundes- und Familienkreis seinen 60. Geburtstag gefeiert. Ob das alles so gekommen wäre, wenn er nicht aufgebrochen wäre? Manchmal, so sagt er, glaubt er, es habe sich so gefügt, weil er, Nils Abel, sich nicht fügen wollte.

Henning von Vieregge: Wenn Sie auf dem Stuhl zu Hause sitzen geblieben wären ...

Nils Abel: ... da wäre ich nie drauf gekommen. Weil man wieder mit alltäglichen Dingen konfrontiert worden wäre. Wenn man aber über ein Gebirge wandert und erwischt einen schönen Tag, hat man plötzlich einen wunderbaren neuen Blick.

HvV: Und wie ist es heute?

NA: Ich bin nicht mehr so verletzt, weiß nun, dass die Trennung damals gar nicht unbedingt nur mit mir selbst zu tun hatte. So eine Außer-Dienst-Stellung bezieht man ja erst mal auf sich selbst und sagt sich, du bist eben doch nicht so gut, wie du dich jahrelang selbst eingeschätzt hast. Die können nämlich auf dich verzichten, die wollen dich ja nicht mehr.

Ich habe eine interessante Erfahrung gemacht, die ich früher nie wahrhaben wollte: Wie sich auch gesellschaftlich das Leben verändert, wenn man seinen guten Posten los ist. Viele Leute haben sich verflüchtet. Nun haben wir Gott sei Dank noch einen größeren privaten Freundes- und Bekanntenkreis, aber es ist spürbar gewesen.

Soweit die beiden Geschichten zum Abschiedsprozess. Sie zeigen, welche tiefen Wunden der Verlust des Arbeitsplatzes verursachen kann. Die große Verabschiedung aus dem letzten Job hat durchaus, das zeigte die zweite Geschichte, eine ambivalente Wirkung. Sie macht stolz, tröstet vielleicht auch über die letzte Karrierestrecke hinweg, wenn diese holperig war, ist auch ein willkommener Schlussgong, aber sie rückt auch nachdrücklich ins Bewusstsein, was verlorenging.

Es gibt das Bild von der „Lame Duck". Ab dem Moment, in dem der Abschied von jemandem bestätigt wird, ist dieser in einer schlechteren Situation. Er wird behandelt, als ob er schon gegangen sei. In den

Gesprächen fand sich die Bestätigung: Ja, so ist es. Und das schärft seine Empfindlichkeit. Jemand, der (noch) nicht in vergleichbarer Lage war, macht sich dieses Maß an Empfindlichkeit nicht klar. Neben bewussten Provokationen gibt es viele witzig gemeinte Bemerkungen, die dem Betreffenden wehtun, und es ist dann nicht immer eindeutig, ob die Störung tatsächlich veränderten Reaktionen der anderen oder der gestiegenen eigenen Empfindlichkeit geschuldet ist. Die Geschwindigkeit, mit der Opportunisten reagieren, erstaunt und enttäuscht, selbst wenn man es sich vorher schon so ähnlich gedacht hatte. Nun kommt es auf die Reaktion des Ausscheidenden an. Wie vorbereitet kann man sein, selbst wenn die Fakten feststehen und eigentlich alles ganz turnusgemäß abläuft?

Erkenntnis 1: Wer sich verabschiedet, ist dünnhäutiger als üblich.

Bei Unilever ist die Verabschiedung der Spitzenmanager mit 60 normal. Was Deutschland-Chef Johann C. Lindenberg auffiel, war das veränderte Verhalten mancher Mitarbeiter nach Bekanntgabe des Nachfolgers. Man könne sich, sagt Lindenberg, auf vieles vorbereiten, aber auf das Emotionale des Abschiedprozesses nicht wirklich.

> „Ich bin mit 60 ausgeschieden, das ist bei uns üblich. Mein Nachfolger war schon einige Monate vorher da. Das war so gewollt. Drei Monate habe ich noch eine Funktion wahrgenommen (Chef der Holding), und er war schon für einen großen Teil der Geschäfte zuständig. Es ist eine Situation, auf die man sich zwar formal vorbereiten kann, aber nicht wirklich vorbereitet ist. Natürlich lässt sich das analytisch und vom Verstand her einigermaßen klar vorausdenken. Doch weil man ja vorher voll im Geschäft steht – und ich hatte wirklich eine Vielzahl von Verantwortungen und war voll beschäftigt –, hat man nicht die Zeit, sich damit auseinanderzusetzen, wie sich das eigentlich anfühlt. Das Entscheidende ist ja nicht nur das, was rational, sondern was emotional passiert in dieser Phase. Man könnte sich schon vorbereiten, nur man macht es nicht.
>
> Und das Emotionale wird natürlich ganz stark bestimmt durch die Reaktion der Umwelt. Ab dem Moment, wo der Abschied angekündigt ist, finden alle möglichen Gespräche statt mit den Kollegen. Man merkt eine sehr baldige Neuorientierung. Ich habe das auch bei anderen Kollegen erlebt, die das noch etwas emotionaler genommen haben, aber vorher ganz cool wirkten. Die sagten, hier trenne sich doch die Spreu vom Weizen in puncto Freunde und gute Kollegen, weil auch bei einigen, bei denen man das nicht erwartet habe, eine sehr schnelle Abwendung – nicht Ablehnung

> – stattgefunden habe. Früher seien die mindestens dreimal am Tag bei dir gewesen, nun habe sich das deutlich reduziert. Und gleichzeitig die Suche: Wer wird der Neue, und wie kann ich mich entsprechend bei dem anbiedern? Bei einigen wundert man sich nicht, weil man das erwartet hat, bei anderen ist man überrascht. Das Verhalten der Mitmenschen ist eigentlich das Interessante. Nun, man hat ja auch eine gewisse Lebenserfahrung, und meine Lebenserfahrung gibt mir ein bestimmtes Menschenbild, in dem ich nicht nur Helden gesehen habe, und das ist in dieser Phase bestärkt worden.“

Ebenfalls 60 ist das Regelausscheidungsalter im französischen Familienkonzern Sonepar, für den der Düsseldorfer Ernst von Bismarck als Geschäftsführer für Deutschland tätig war. Auch er wusste also, was auf ihn zukam. Fühlte er sich präpariert?

> „Ich war 60 Jahre, das ist in diesem Konzern für Topleute so festgelegt, da kann man nichts dran ändern. Ich habe danach dann, weil ich zu dem französischen Gesellschafter ein gutes Verhältnis habe, Beratungsaufgaben wahrgenommen. Aber ich bin zunächst ganz normal ausgeschieden. Das war lange absehbar, und deswegen war ich auch ganz gut präpariert. Andererseits habe ich, als es passiert war, doch gemerkt, dass es einige Zeit braucht, damit fertig zu werden. Das geht nicht so schnell. Ich hatte mir vorgenommen – wenn man das Glück hat, dann ein freier Mann zu sein –, in erster Linie meine Seele zu befragen, was sie denn jetzt tun möchte. Das Problem ist, dass die Seele ja nicht verbalisiert.“

Erkenntnis 2: Geplanter Ausstieg heißt nicht, dass die Ankunft planbar ist.

Die Botschaft ist widersprüchlich und damit glaubwürdig: Du kannst dich vorbereiten. Und du kannst es nicht. Bildlich gesprochen: Du kannst den Absprung planen, aber du weißt nicht, wie es dir geht, wenn du landest.

Einige Gesprächspartner erzählen, sie hätten weder Zeit noch Lust verspürt, den Ausstieg genau zu planen.

> „Man könnte sich schon vorbereiten, nur man macht es nicht. Ich bin ja immer noch so sehr mittendrin.“ (Luise Müller)

Aber wie viel nutzt die Präparierung? Es wird von neuen Erfahrungen berichtet, manche sehen sich durch eine Zeit der Unruhe in einem Findungsprozess.

„Man konnte dann auch erst durch Ausprobieren herausfinden, auf welchen Gebieten man denn die meiste Befriedigung empfindet. Da musste ich mich erst finden, und dieser Prozess läuft heute eigentlich immer noch. Eigentlich täglich, ich denke täglich darüber nach. In den zwei Jahren seit Ausscheiden.“ (Ernst von Bismarck)

Und so ist es wohl auch hier wie mit der Planung insgesamt: Wer keine hat, kann auf die Komplexität der Aufgaben oft nur aktionistisch reagieren. Wer eine hat und ihr sklavisch folgt, macht wahrscheinlich Dinge, die eben noch richtig waren, es nun aber nicht mehr sind. Wer mit der Bereitschaft plant, fortlaufend neu zu planen, liegt richtig.

Aber nun hat man „das Glück, ein freier Mann zu sein“. Ernst von Bismarck, der dies sagt, gibt der neuen Situation eine neue Überschrift. Seine Aussage, dass ihm, der sich als „ganz gut präpariert auf den Ausstieg“ bezeichnet, auch zwei Jahre später die neue Lage „eigentlich täglich“ Stoff zum Nachdenken gibt, ist mir öfters begegnet.

So viel steht schon mal fest: Mit dem Besuch eines Seminars, dem Lesen eines Ratgeberbuches oder dem guten Gespräch mit Partnerin oder Freund ist der Abschied nicht bewältigt. Das, was bereits beim Abschied im eigenen Unternehmen zu beobachten ist – nämlich die teilweise nicht eben förderliche Reaktion der Umwelt bei diesem Veränderungsprozess –, ist auch noch in der Zeit nach dem Ausscheiden zu beobachten, wie Aussagen der Interviewpartner verdeutlichen.

Erkenntnis 3: Lieber weniger verdienen als gar nicht arbeiten. Oder: Auch für die Erfüllung eines Lebenstraumes gibt es ein „Zu früh“.

Gewissermaßen links und rechts neben dem sogenannten normal altersbedingten Ausscheiden liegen zwei Möglichkeiten: der geplante Frühausstieg und der, aus Sicht des angestellten Managers, ungeplante erzwungene Frühausstieg. Wenden wir uns nun zunächst der zweiten Variante zu.

Wie verarbeiten Manager, die ihren Arbeitsplatz verlieren und allein schon aus Altersgründen wenig Aussicht auf einen neuen haben, diesen Sturz? Die Autorin Doris Wolf spricht im Zusammenhang mit Trennung, wie oben zitiert, vom tiefen Tal, das durchwandert, und vom hellen Berg, der erstiegen werden muss.

Wolfgang Fischer könnte, so vermute ich, mit diesem Bild etwas anfangen. Er könnte es auf jene Situation beziehen, die ihn im Jahr 2003 als Geschäftsführer beim Nachrichtensender n-tv traf, als dieser verkauft wurde und ein neues Management übernahm. Trennung, Verlust des Arbeitsplatzes nach jahrelangem Kampf um die Sicherung der Senderzukunft – eine bittere Stunde. Gefühlschaos. Das wurde durch das Wissen um finanzielle Absicherung nicht gemildert.

> „Also haben wir von heute auf morgen gesagt bekommen: Trennen wir uns. Du hast ja noch deinen Vertrag laufen und bist ja dann 60, wenn dein Vertrag zu Ende ist, du kannst dich doch ganz entspannt zurücklehnen. Unerfreulich! Wirtschaftlich war es überhaupt kein Thema, aber sonst äußerst unerfreulich. Man läuft rum wie Falschgeld, man hat zwar genügend Ideen, aber mit 59 – also nein!"

Auch bei ihm gab es dann ein inneres Signal, auch in Abstimmung mit seiner Frau: erst einmal Luft holen, sortieren. Dabei merkte er, dass er sich seinen Lebenstraum, Geschichte zu studieren, noch nicht erfüllen wollte.

> **Wolfgang Fischer**: Wir haben keine Kinder und können jetzt viel mehr gemeinsam machen. Auch wenn dann der Ehepartner sagt, prima, dass du aufhören musstest, jetzt haben wir endlich Zeit füreinander, so ist man doch nicht sofort dazu bereit. Nach ein paar Wochen fängt man an zu überlegen, was man jetzt eigentlich machen will. Man kennt ja einige Personalberater. Will ich mit einem von denen ein Gespräch aufnehmen? Oder will ich einfach jetzt schon mit der Uni anfangen (ein Lebenstraum von mir)? Aber dann kam doch erst einmal die neue Berufschance.
>
> **Henning von Vieregge**: Sie sagen, man muss auf jeden Fall ein bisschen anhalten?
>
> **WF**: Ja, man muss sich einfach fragen: Was will ich jetzt eigentlich? Da hörst du eines Abends, dass der Vertrag zwar noch ein Jahr läuft, aber du die Geschäftsführung eigentlich morgen abgibst. Das ist ja absurd.

Er hört erst beim zweiten Mal auf seine Frau. Jetzt wollte er noch arbeiten, notfalls für weniger Geld und an ungemütlicheren Orten. Wenn er nicht das weiter unten beschriebene Angebot erhalten hätte, sagt Fischer,

> „... hätte ich dann wahrscheinlich doch gesagt, ich bin noch ein Jahr bereit als Interimsmanager tätig zu werden, sei es über die Wirtschaftsprüfungsgesellschaft, sei es über die Personalberatungsgesellschaft. Da hätte es mich auch nicht gestört, in einer chaotischen Umgebung in Halle oder sonst wo aktiv zu werden. Das hätte ich dann schon angestrebt, einfach, weil ich noch was tun wollte.

> Nicht des Geldes wegen, ist zwar auch gut, dass man noch ein bisschen zusätzlich verdient, aber einfach, weil ich noch was tun wollte."

Worauf er innerlich wartete, war ein Signal. Wer in einer solchen Situation ein solches Signal sendet, hat das richtige Zeichen zum richtigen Zeitpunkt gesetzt. Auch NGOs könnten dies übrigens tun.

> „Tröstlich ist, wenn jemand auf einen zukommt und sagt, ich habe Bedarf an professioneller Unterstützung. Ich brauche dich. Oder: Du bist interessant für meine Firma."

Er hatte Glück, das Signal kam. Ein Finanzfachmann wurde benötigt, und der Personalberater schlug vor, zusätzlich zu den zwei Grauköpfen, die schon da waren, einen dritten zu suchen und keinen Jungspund zu nehmen. Was in der Theorie oft empfohlen wird, wurde bei der in Gründung befindlichen European School of Management and Technology (ESMT) in Berlin in die Praxis umgesetzt und war ausdrücklich gewollt.

> „Da habe ich dann sechs Wochen später (Anm. des Autors: nach dem Ende bei n-tv) die ESMT hier mit aufgebaut. Das ging im selben Jahr los. Das war eigentlich ein tolles Projekt. Es war eine Stiftung, die dahintersteht, Kollegen, die das gleiche Alter hatten. Die haben bewusst gesagt, ihr seid drei Grauköpfe: Wulff Plinke als deutscher Professor, Derek Abell als internationaler Wirtschaftswissenschaftler und ich. Wir haben das als Team aufgebaut. Ich hatte die Aufbau-Administration und das Projekt, das ehemalige Staatsratsgebäude in die Hochschule umzuwandeln und dabei mit dem Senat zu verhandeln. Die anderen beiden haben sich um den Studiengang gekümmert. War herrlich! Drei Jahre lief der Vertrag. Es gab die Überlegung, ob ich verlängere. Aber meine Frau hat gesagt, ich soll jetzt endlich aufhören zu arbeiten. Ich habe dann noch ein halbes Jahr drangehängt."

Danach war er offen für die Umsetzung seines Traums vom zweiten Studium. Nun wollte und konnte er in der nächsten Lebensphase ankommen. Dabei geht es nicht um das Stopfen existenzieller Löcher durch zufällige Angebote. Es sollte Geschichte sein, und es wurde Geschichte. Die Fischers wohnen nur wenige Schritte von der FU entfernt in Dahlem, er hat noch weitere Aufgaben, aber das Studium bildet jetzt den Mittelpunkt.

„Ich wusste genau, was ich hinterher mache. Das war toll! Ich wollte anschließend Geschichte studieren, mehr Sport machen, Reisen. Und ich habe Immobilien in Hamburg und Lauenburg und wollte mich intensiver darum kümmern. Da war ich 63,5."

Wenn man eine Metapher für diesen Abschieds-, Findungs- und Ankommensprozess finden wollte, würde einem vielleicht das Bild eines Reiters einfallen, der bei einem Hindernisrennen von seinem Pferd abgeworfen wird und beschließt, das Rennen an dieser Stelle nicht abzubrechen, sondern noch einmal aufzusteigen und – vielleicht etwas langsamer und vorsichtiger – den Parcours doch bis zum Ende zu durchlaufen. Um dann zu beschließen: Nun ist es gut. Nun mache ich etwas anderes, das ich schon seit langem machen wollte.

Erkenntnis 4: Angekommen ist man, wenn sich eine neue Struktur entwickelt hat.

Wodurch unterscheidet sich der Unruhestand von der sich anschließenden neuen Phase des Angekommenseins? Wer angekommen ist, hat eine Struktur im Leben entwickelt, die nun die Zeit rastert. Wer keine solche Struktur hat oder mit seiner Zeitverteilung nicht wirklich zufrieden ist, befindet sich noch im Übergang.

„Meine Woche ist eigentlich fast gerastert. Am Montag ist Rotary-Treffen, und der Montag dient der Vorbereitung auf Dienstag, weil ich Dienstag zwei Doppelstunden an der Uni höre, das heißt am Montagnachmittag gehe ich immer in die Institutsbibliothek. Und wenn ich schon in der Stadt bin, besuche ich meine hochbetagte Schwiegermutter im Altersheim in Mitte, bevor ich zu Rotary gehe. Dieser Tag ist also gelaufen. Wenn ich am späten Nachmittag aus der Unibibliothek gehe, bin ich müde, habe keine Lust mehr. Dienstag ist Uni, ab mittags bis 16 Uhr. Mittwochs ist im Sommer grundsätzlich Golf und donnerstags auch. Und ich bin zweimal im Monat in Hamburg, ich habe die Verwaltung unserer Eigentumswohnanlage übernommen, und in Lauenburg habe ich auch noch Mietwohnungen. Darum kümmere ich mich. Und um den Golfclub kümmere ich mich ehrenamtlich ein bisschen intensiver: Planungsgespräche, Jahresplanung und solche Sachen. Im Sommer sind wir oft in unserer Wohnung auf Sylt." (Wolfgang Fischer)

Die neue Lage als Realität wahrnehmen und dann erst einmal Luft holen, anhalten, sich an den Fluss setzen: Hier stimmt die Parallele zur Liebestrennungssituation. Einen entscheidenden Unterschied kann freilich die Hilfe durch den Lebenspartner ausmachen, sie spielte auch in diesem Beispiel eine zentrale Rolle.

Festhalten lässt sich, dass die wiedergegebenen Berichte für die Richtigkeit der ohnehin plausibel klingenden Vermutung „je tiefer die Verwundung beim Abschied, desto schwieriger die Erholung" sprechen. Wenn ein Manager aus seiner Position gedrängt wird, nagt an ihm der Zweifel, ob Selbst- und Fremdbild übereinstimmen oder ob er nicht zu positiv von sich dachte. Damit muss er fertig werden, zusätzlich zum fälligen Rollenwechsel mit allen Statusängsten. Es fällt aber noch etwas auf: In allen Fällen fand sich nach dem Trennungsschrecken ein von den Betroffenen als sehr zufriedenstellend eingestuftes Ankommen. In allen Fällen ist ein wesentlicher Bestandteil der Zufriedenheit die Möglichkeit einer zweiten Karriere. Die Gesprächspartner waren jeweils beim Arbeitsplatzverlust unter 60, in zwei Fällen unter 55.

Andere Gesprächspartner wollten schon immer früher gehen, die Zielzahl lag oft bei 55 Jahren. Sie haben es nicht alle zu diesem Zeitpunkt geschafft, aber vor oder um die 60 dann schon. Zwei Gesprächspartner, Rolf Homann und Joachim Strate, haben es ohne Rauswurf mit Mitte 50 erreicht, aus ihrem Vollzeitjob auszusteigen und in einer Mischung aus Beratung unter dem Dach des bisherigen Arbeitgebers und freier Beratung sowie einem deutlichen Mehr an Freizeitanteilen und Gemeinwohlaktivitäten geradezu zu Prototypen von Silver Patchwork-Life zu werden.

Erkenntnis 5: Man kann seinen Ausstieg einschließlich Nachfolgeregelung durchsetzen.

Immerhin in vier von 20 Fällen hat der Vorgänger seinen Nachfolger allein oder überwiegend ausgewählt und sich in zwei Fällen, über die nun zu berichten ist, sogar über den Ausstieg hinaus mit ihm verbunden. Beide Fälle haben sich in der Werbebranche ereignet, die nicht gerade im Ruf ausgeprägter Mitarbeiter-Karriereplanung steht. Hier ist eher der Wechsel zwischen Agenturen das Kontinuitätsmoment. Das Durchschnittsalter in den Agenturen liegt bei 33 Jahren, und der Stellenkegel dieser zumeist sehr kleinen Dienstleister ist extrem steil. Vielleicht kann es aber gerade in solchen Unternehmen von hoher Flexibilität und geringer Regelungsdichte, fern von Gewerkschaften und zumeist auch Betriebsräten, zu solchen Ungewöhnlichkeiten kommen.

Beide Männer verbindet mehr als der gemeinsame Beruf des Werbers. Einer war ursprünglich Kreativer, der zweite, jüngere, Berater. Am Schluss ihrer Karrieren waren beide Chefs von deutschen Büros internationaler Network-Agenturen. Der eine hatte seine größten Erfolge mit dem Kunden Beiersdorf, der andere mit dem Kunden Unilever. Beide wollten relativ früh aufhören, beide suchten sich ihren Nachfolger in der Agentur, und beide überzeugten ihre Arbeitgeber vom Ausstiegskonzept. Beide standen bzw. stehen ihrer Agentur und ihren Hauptkunden als Berater noch für eine Weile zur Verfügung, beide zogen nach ihrer Verabschiedung an einen neuen Wohnort im Süden, ins Badische bzw. an den Bodensee.

Der geplante Ausstieg – Beispiel 1

Ein Ausstiegsplan dieses Typus ist ehrgeizig: Man will finanziell abgesichert sein, auch über einen Anschlussvertrag als Berater, seinen Nachfolger installieren und die Agentur für die Kunden geräuschlos übergeben. Rolf Homann berichtet:

> „Ich habe mich zielstrebig, langfristig und systematisch auf meinen Abschied aus dem Berufsleben vorbereitet. Und ihn dann auch aktiv und selbstbestimmt herbeigeführt. Was zugegebenermaßen auch deshalb einfach war, weil ich nicht das Problem hatte, keinen Nachfolger zu haben und meinen ‚Obermuftis' in London bzw. New York präsentieren zu können. Im Gegenteil: Dieser Nachfolger befand sich bereits in der Agentur und ließ keine Gelegenheit ungenutzt, um auf sein Talent und Potential aufmerksam zu machen. Falsche Bescheidenheit gehörte nicht zu seinen herausragenden Tugenden. Wir haben dann sehr intensiv miteinander gearbeitet und ziemlich schnell einige bedeutende New Business Pitches gewonnen. Das war deshalb so wichtig, weil das in unserer Branche so was Ähnliches ist wie der Goldstandard.
>
> Was wir von Beginn an anders gemacht haben, um das auch deutlich sowohl nach innen als auch nach außen zu kommunizieren: Wir schufen eine spezielle Führungskultur. Ich habe darauf bestanden, dass wir ein gemeinsames Zimmer beziehen. Also saßen wir uns dort jahrein, jahraus gegenüber. So ein gemeinsames Zimmer wirkt Wunder und hat nachhaltige, manchmal auch unvorhergesehene Auswirkungen auf die Firmenkultur. Denn es reduziert die Möglichkeiten der Intriganten und Denunzianten beträchtlich. Was der eine zu sagen hatte oder zu hören bekam, blieb auch dem anderen nicht verborgen. Und in vielen Fällen gab es denn auch Entscheidungen „on the spot". Niemand von uns beiden konnte sich mit einem ‚Das hab' ich nicht gewusst!' rausreden."

Rolf Homanns Ehrgeiz war es, „kein Chaos zu hinterlassen", auch im Interesse des Kunden – eine eher selten formulierte Sicht.

„Ich wollte kein Chaos hinterlassen. Oder wie man in meiner Heimat sagt: Das Messer nicht in der Sau stecken lassen. Die Kunden wollen ja nicht, dass in einer Übergangszeit Brüche und Verwerfungen stattfinden. Und wenn es sich vermeiden lässt, wollen sie damit so wenig wie möglich behelligt werden."

Wer ein Konzept mit Nachfolger hat, bietet mit seinem Nachfolger etwas an, das im Normalfall als nicht zu schaffen gilt: Kontinuität und Wandel aus einem Guss. Normalerweise gilt das Bild von den Alphatieren, von denen nicht zwei auf die Lichtung passen. Dieses Bild ist mir immer wieder genannt worden. Daraus folgerten die Gesprächspartner in der überragenden Zahl der Fälle, dass der Vorgänger in jedem Fall und radikal zu weichen habe. Einzelheiten weiter unten. Hier bleibt aber festzuhalten: Das Konzept Rolf Homanns (und übrigens ebenso Joachim Strates) sah dieses Nebeneinander in gewissem Umfang vor. Und es funktionierte, jedenfalls eine Weile, in beiden Fällen. Allerdings haben beide, um im Bild zu bleiben, die Lichtung verlassen, und zwar nicht nur im übertragenen Sinne, indem sie dem Nachfolger voll und ganz die Führungsverantwortlichkeit übergaben, sondern auch im wörtlichen. Sie zogen weg.

Homann wollte ursprünglich in die USA übersiedeln, entschied dann aber relativ kurzfristig, doch in Deutschland zu bleiben, und zog in ein Dorf in der Nähe von Freiburg; für diese Region hatte er mal Werbung gemacht. (Ich weiß nicht, wie häufig es vorkommt, dass ein Werber seiner Werbung folgt.) Er meint, der Wegzug habe es ihm möglicherweise einfacher gemacht.

„Wenn wir in Hamburg geblieben wären, das wäre mit Sicherheit anders geworden, vielleicht auch schwieriger. In seiner angestammten Umgebung ist man plötzlich der Kaiser, der keine Klamotten mehr anhat."

Aber auch dem Nachfolger dürfte dieser Schritt die Übernahme erleichtert haben. Auch wenn dieser Abschied bis ins Detail geplant war, war das Ankommen doch eine Umstellung. Auch in diesem Fall gab es eine Phase des Innehaltens.

„Ich habe mich ein Jahr mit der Gegend vertraut gemacht. Sonst nichts. Spazieren, in die Weinberge, nach Freiburg, nach Basel, wir waren immer begeistert. Also ein Jahr nichts, außer wenn ich mal nach Hamburg musste. Dann kam Hachez, die sagten: ‚Damals hast du doch Lindt gemacht, kannste nicht mal?' Das war dann mein privates Unternehmen, die Rolf-Homann-Consulting."

Dennoch: Für ihn ist das Ganze ein Glücksfall. Wichtig war ihm das „Ausatmen“, das Verlassen des Jobs in Schritten bei gleichzeitiger Übernahme anderer Aufgaben und einem Anwachsen der Zeitanteile für Bildung und Sport.

> „Ich bin ganz allmählich vom Aggregatzustand des verantwortlichen Geschäftsführers in den des Privatiers geglitten. Denn Rentner war ich ja keiner.“

Der geplante Ausstieg – Beispiel 2

Auch Joachim Strate, lange Jahre Agenturchef der Network-Agentur Ogilvy & Mather in Düsseldorf, hatte das Ziel „Ausstieg mit 55“. Strate fand seinen Sehnsuchtsort am Bodensee, und er begann mit seiner Familie lange vor seinem Ausscheiden dort Wurzeln zu schlagen. Auch er hatte seinen Nachfolger im eigenen Unternehmen gefunden und sich dann mit einem aus seiner Sicht überzeugenden Personalvorschlag im Gepäck an seine Vorgesetzten gewandt.

> „Damals sagte ich mir, so Mitte 50 ist ein schönes Alter, da ist man noch jung genug, um noch viele schöne Jahre hier am See zu verleben; man ist aber auch alt genug, um in Ehren ausscheiden zu können. Das war aber nur so vage. Von da an sind wir jedes Jahr zwei- bis viermal hier in diesen Ort gefahren und haben uns im Laufe der Jahre immer mehr mit dem Ort angefreundet, haben Leute kennengelernt, ein soziales Netzwerk aufgebaut, nicht nur aus Einheimischen, sondern auch aus Leuten, die Ähnliches vorhatten, eine bunte Mischung aus Jung, Alt, Einheimischen und Zugezogenen. Das war über die Jahre eine Vorbereitung auf eine zweite Heimat. Die berufliche Seite hat sich in den letzten fünf Jahren ergeben.
>
> Etwa mit 50 habe ich angefangen, verschiedene Weichen zu stellen, um diesen Ausstieg möglich zu machen. Eine der Weichen war die Identifizierung eines potentiellen Nachfolgers. Der arbeitete zu diesem Zeitpunkt schon einige Jahre bei uns im Haus als einer meiner Geschäftsführer und qualifizierte sich da sehr gut als Kundenbetreuer usw. Ich hatte ihn seinerzeit in die Firma geholt, er war ‚one of my boys‘. Er ist genau zehn Jahre jünger als ich. Das war mir wichtig, ich wollte schon einen Generationswechsel haben, also jemanden, der deutlich jünger ist. Auf der anderen Seite wollte ich nicht jemanden, der sich erst qualifizieren muss, sondern der die Qualifikation schon mitbringt. Ich wollte keinen 30-Jährigen.

> Die zweite berufliche Vorbereitung war das aktive Gespräch mit meiner Firma, insbesondere mit meinen Vorgesetzten, die erst ungläubig waren, aber aufgrund der Penetranz der Wiederholungen langsam begriffen, dass es ernstgemeint war, und sich mit dem Gedanken anfreundeten. Das ist in einer so großen Firma, die viele formelle Prozesse hat, gar nicht so leicht.
>
> Der vorgeschlagene Nachfolger musste sich nicht nur persönlich vorstellen beim Europa-Chef, sondern er musste auch deutlich machen, dass er das Konstrukt des Ausstiegs, das wir wählen wollten, unterstützt."

Auch dieser Wechsel wurde nicht nur lange geplant, sondern auch vorab langfristig nach innen und außen kommuniziert, eigentlich in der Branche (und nicht nur dort) eine ungewöhnliche Sache. Aber da der Ausscheidende sein Ausscheiden selbst plante und mit ihm weiter zu rechnen war, wenn auch ohne Führungsverantwortung, war die Angst vor dem Lame-Duck-Syndrom unbegründet. Ein Vorstand, der wieder Ingenieur wird, ein Redaktionsleiter, der wieder Schreiber wird, ein Bischof, der wieder wie der Limburger Bischof Franz Kamphaus einfacher Seelsorger in einer kirchlichen Pflegeeinrichtung wird, das kann funktionieren.

> „Wir haben das alles sehr früh vor dem eigentlichen Ausstieg kommuniziert, nämlich fast ein Jahr vorher. Ich habe zehn Monate vorher auch ein großes Interview in ‚Horizont' gegeben, zusammen mit meinem Nachfolger. Das war Teil der Strategie. Da war es raus. Mir war das wichtig, dass das so langfristig war. Nachdem die Nachricht nun klar war, wussten alle, es gibt eine sehr lange Übergangszeit zwischen ihm und mir. Da fällt nichts vom Tisch, da ist Sicherheit gegeben, was die Kunden anbetrifft, was die Führung anbetrifft, was das Verhältnis zum Management anbetrifft, so dass letztendlich, als die Nachricht bekannt war, erst einmal alle wieder zur Tagesordnung übergegangen sind, weil ich ja immer noch Monate da war. Als es dann so weit war, hatte mein Nachfolger sich so weit persönlich etabliert, auch mit seiner Präsenz im Haus, dass es dann eine harmonische Angelegenheit war, als ich meine Sachen zusammengepackt habe."

Strate bleibt als Berater in Funktion. So war es auch im Parallelfall Homann. In beiden Fällen können die Berater auch weitere Mandate annehmen, soweit sie nicht in Konkurrenz stehen. Oder sie können ehrenamtlich tätig sein oder sich sonstigen Dingen widmen.

„Ich habe 30 Jahre Berufserfahrung. Das heißt, ich kann denen auch wirklich helfen, in vielerlei Hinsicht. Das ist eigentlich mein größter Erfolg, dass das so gekommen ist. Wie lange das geht, weiß ich nicht, das haben wir nicht festgelegt. Ich bin normal angestellt, habe eine Kündigungszeit von zwölf Monaten. Wir haben verabredet, wenn wir das Gefühl haben, jetzt ist Schluss, dann wird mit dieser Frist gekündigt."

Während der eine vor Ort an der Universität die Möglichkeit des Studierens für sich erst entdeckte und die nachlassende Inanspruchnahme als Berater mit dem Studium, das in einer veritablen Magisterarbeit gipfelte, auffüllte, sieht der andere eine Fülle an Beschäftigungsmöglichkeiten in der Intensivierung bisheriger Vorhaben. Interessanterweise unterstreichen beide, unabhängig voneinander, das Nicht-Exemplarische ihres Weges. Strate sagt:

„Es ist eine Lösung, die nur für mich galt. Das hat etwas mit meiner eigenen Biographie zu tun, das hat etwas mit dem Tod der ersten Ehefrau zu tun, mit den vielen Kindern, mit der Tatsache, dass ich mich anders als die meisten anderen Werber Zeit meines Lebens immer auch mit vielen anderen Dingen beschäftigt habe, die doch manchmal zu kurz kamen. Es ist bekannt, dass ich musikalisch so ein semiprofessionelles Ding mache. Ich schreibe. Es ist bekannt, dass ich mich seit zwei Jahren in einer politischen Angelegenheit, Bürgermeisterwahl, beschäftige. Es gibt bestimmt zehn Themen, die mich umtreiben, und dafür wollte ich mehr Zeit haben. Das ist eine der ersten Voraussetzungen, um so etwas überhaupt zu planen."

Erkenntnis 6: Es gibt (wenn auch noch selten) ein Comeback in den Beruf.

Manager wollen in der Mehrzahl keinen abrupten Ruhestand. Sie wollen weiterarbeiten, bezahlt und unbezahlt. Sie wollen nach dem Stress ihrer Karrierezeit weniger arbeiten, aber arbeiten. Wie viele dieser älteren Führungskräfte bei einem entsprechend attraktiven Angebot ihr Patchwork-Life in der Silberfassung mindestens für ein paar Jahre aufgeben würden, darüber können wir nur spekulieren. Es werden nicht wenige sein, vielleicht die Hälfte der Interviewten.

Am Beispiel von Manfred Schüller lässt sich zeigen, wie jemand vom Vorruheständler zum Vollzeitarbeiter zum Patchworker transformiert. Schüller hatte gemeint, dass der vollständige Rückzug aus dem Arbeitsstress mit Anfang 50 für ihn das Beste sei, merkte, dass er sich geirrt hatte, und griff beherzt zu, als er überraschend ein attraktives und Fulltime-Angebot erhielt. Heute ist er ein Paradefall eines Silver Patchworkers.

Manfred Schüller: Ich wollte erst mal ein Haus auf Mallorca bauen. Ich bin noch mal Vater geworden, wollte mich schon mehr um die Familie kümmern, wollte vielleicht zwei bis drei Aufsichtsratsmandate haben, vielleicht auch mal ein Beratungsmandat, ich wollte mehr reisen, meinen Hobbys nachgehen. Vor allen Dingen wollte ich selbstbestimmt sein, das bist du als CEO eines so großen Unternehmens null. Du wirst verplant ohne Ende, du hast zwar Status und alles ganz wichtig.

Henning von Vieregge: Man hört oft: „Ich wollte nicht mehr ins Hamsterrad."

MS: Genau! Ich wollte freier sein.

HvV: Und dann kam das Angebot von Publicis und ab ins Hamsterrad?

MS: Ehrlich gesagt, ich war völlig überrascht, dass ich einen Anruf bekam. Ich habe ihn nicht erwartet und wollte ihn auch nicht. Ich habe den Headhuntern, wenn denn mal einer kam, gesagt: „Nein, ich will aufhören, ich bin nicht auf dem Markt." Ich habe nicht unbedingt was für meine Werbung getan.

HvV: Aber dann wurden Sie CEO eines großen französischen Agenturnetzwerks in Deutschland.

MS: Ich bin froh, dass es so gekommen ist. Ich glaube, ich hätte nach ein paar Monaten festgestellt: Irgendwas muss ich noch machen. Gut, dann hätte man eine kleine Beratungsfirma gegründet oder sonst was. Meine Frau hat immer gesagt: „Du brauchst doch eine Art von Forum." Sie hat viel eher gespürt, dass ich in ein Loch fallen würde, wenn ich das nicht getan hätte. Das kann durchaus sein.

HvV: Sie hatten gemerkt, ich will noch gar nicht von der Bühne.

MS: Publicis hat mich zur Arbeit zurückgebracht. Ich habe gespürt, dass mir das guttut. Ich glaube ja auch, dass noch vieles in einem steckt. Ich glaube, ich könnte noch 'ne Menge machen. Ich wollte in jedem Fall noch etwas tun und will das auch jetzt noch. Ich weiß ja gar nicht, was ich dieses Jahr noch alles mache. Aber ich spüre ja bei solchen Gesprächen: Mein Gott, ist ja interessant, was kann man noch alles machen.

HvV: Jetzt sind Sie als zentraler Berater und Partner einer Tochteragentur bei der Hamburger Inhaberagentur Nordpol eingestiegen.

MS: Das sind junge Leute, die mich wirklich inspirieren, und die haben auch Respekt vor meiner Erfahrung und vor meinem Wissen. Ich glaube, dass wir noch eine Menge auf den Weg bringen werden. Ich habe nichts strategisch geplant. Ich wollte immer Werber werden oder Architekt. Ich hätte gern gebaut. Dann bin ich also Werber geworden. Und jetzt Nordpol. Irgendwie hat sich das alles – und da bin ich auch ein Glückskind – so hingedreht. Ich habe auch immer die richtigen Leute kennengelernt.

HvV: Was bedeutet es, wenn Leute Ihres Alters nach Hause geschickt werden?

MS: Da werden Ressourcen vernichtet ohne Ende.

Manfred Schüller ist seit Jahren auch ehrenamtlich in verschiedenen Institutionen, vom Fußballverein St. Pauli bis zur Stiftung Deutsche Schlaganfall-Hilfe, engagiert.

Sein Beispiel lässt einen fragen, wie viele Werber sich aus Mallorca oder (ein anderer bekannter Fall in der Branche, der schon einige Jahre zurückliegt) aus dem heimischen Rosenbeet auf die Kommandobrücke einer Agentur zurückholen ließen? Wie viele ehemalige Größen der Branchen bereuen ihren frühen Ausstieg? Diese Frage stellt sich sicher nicht nur für die Werbebranche. Sie stellt sich prinzipiell. Ausstieg mit klarem Konzept für Anschlusskarriere scheint empfehlenswert, Ausstieg vage ins Private ist nicht ohne persönliches Frustrisiko. Nicht jeder ist zum Privatier geboren oder schafft die Verwandlung zum Silver Patchworker. Wer eine Entscheidung in diesem Alter korrigieren will, braucht Fortune. Jedenfalls in der aktuellen Situation, in der ältere Manager nicht automatisch die erste Wahl sind, euphemistisch ausgedrückt.

Erkenntnis 7: Man kann den Abschied planen, aber es bleibt die Mühsal des Ankommens.

Es gibt die Abschiede, gegen die man sich wehrt und die einem guttun. Beispiele wurden präsentiert. Es gibt aber auch gewollte Abschiede, die guttun. Auch dazu wurden Beispiele genannt. Und dann gibt es die, die man will und die einem anschließend mehr und länger zu schaffen machen, als man es sich vorstellen konnte.

Abschied, sortieren, ankommen, das kann ganz schnell gehen und – wahrscheinlich eher die Ausnahme – nahezu schmerzfrei. Es können aber auch alle drei oder ein oder zwei Phasen schwerer fallen und dauern. Auch das ist Normalität.

Im Übergang – Beispiel 1

Mit unter 60 wollte Beiersdorf-Managerin Margret Buhse aussteigen. Sie wollte „Zeit für anderes" haben – wofür genau, war nicht festgelegt. Ihr ging es erst einmal ums „Durchatmen". Es ist kein kurzer Abschied geworden. Das Unternehmen ist ihr ans Herz gewachsen. Wir trafen uns zum Gespräch in einem Büro des Unternehmens; sie kam etwas später, denn sie hatte noch in ihrer alten Abteilung vorbeigeschaut.

> „Ich wollte nie zu lange arbeiten. Und habe also aufgehört mit 61, wollte eigentlich noch früher. Bei uns in der Firma ist es üblich, mit 63 zu gehen. Aber ich wollte noch Zeit für anderes haben.
>
> Ich glaube, dass ich mit meinem Ausscheiden ganz gut umgehen kann, weil ich mir das schon ganz lange überlegt und so oft mit meinem Mann besprochen hatte. Ich habe gar nicht so viele Pläne gemacht. Eigentlich wollte ich mehr Zeit haben, mich mit anderen interessanten Dingen beschäftigen zu können. Wir sind im ersten Jahr gleich viel gereist. Oder mit Freunden eine Stadtrundfahrt zu machen, am Tag, einfach so – das sind Kleinigkeiten, für die ich über Jahre keine Zeit hatte. Soviel mache ich eigentlich nicht. Okay, einige ehrenamtliche Tätigkeiten, aber ich stürze mich nicht wieder in ein neues volles Engagement, genau das wollte ich nicht. Vielleicht kommt das noch. Aber erst mal musste ich durchatmen. Das ist jetzt anderthalb Jahre her."

Sie hat eine berufsbegründete ehrenamtliche Position beibehalten, engagiert sich neu in der Universitätsgesellschaft ihrer Stadt und spielt Golf. Sie genießt die neue Freiheit, meint aber, sie müsse aufpassen, „nicht nur in den Tag hinein zu leben", was aber auch schön sei. Sie sieht sich noch nicht angekommen, spürt im noch ungewohnten Ruhestand den Unruhestand.

> „Ich sitze ca. anderthalb Stunden in meinem Büro, gucke die Mails durch. Dann das Universitätsengagement – ich bin im Beirat der Universitäts-Gesellschaft Hamburg und unterstütze einige Projekte –, von zu Hause aus und bei entsprechenden Treffen. Ich arbeite im Durchschnitt pro Tag ca. zwei Stunden. Und wenn schönes Wetter ist, gehe ich auch mal spontan Golf spielen. Wir haben Freunde, die auch alle nicht mehr arbeiten. Wir treffen uns manchmal, dann ist schnell ein Tag weg.

Was habe ich früher alles an einem Tag geschafft! Ich mache jetzt wegen meines Unfalls sehr viel Sport, gehe oft morgens schwimmen, dann komme ich nach Hause, und es ist schon halb zehn. Es ist ein bisschen mehr Dahinleben. Aber im Moment genieße ich es noch, einfach mal bummeln zu gehen, und dann Handwerker, Verabredungen, Konzerte, und dann ist schon wieder die nächste große Reise zu planen."

Im Übergang – Beispiel 2

Banker Michael Müller aus Frankfurt am Main erzählt, dass er seinen frühzeitigen Ausstieg geplant hatte. Ihm sei es um gute finanzielle Konditionen gegangen. Deswegen sei er mit 58 ausgeschieden, sei auf Abruf gewesen und habe dann ab 63 seine Firmenpension erhalten. Als sich seinerzeit die Chance zum günstigen Ausstieg bot, habe er ohne Zögern zugegriffen.

Michael Müller: So ein Ausstieg kommt plötzlich, da muss man sich entscheiden.

Henning von Vieregge: Sie sind gegangen. Hatten Sie einen Plan?

MM: Ich hatte zwar keinen Plan, aber eine Vorstellung. Und die ist genauso realisiert worden. Deswegen war es auch nicht ganz überraschend, sondern ich habe schon darauf hin gearbeitet. Ich war 58 Jahre alt.

Er wollte einen finanziell attraktiven Ausstiegszeitpunkt nutzen. Inhaltlich sah er sich durch sein Hobby, das schon lange einen großen Teil seiner Freizeit einnahm, gewissermaßen abgesichert. Er würde das Sammeln von Militaria und die Beschäftigung mit Kriegsgeschichte, ausbauen können:

„Ich habe ein Hobby, das füllt mich aus. Gut, es ist zwar immer dasselbe, aber im Beruf ist das ja auch so. Mit dem Hobby kann ich am Tag zehn Stunden verbringen. Mein Hobby sind Militaria, deutsche Geschichte zwischen 1740 und 1950. Ich beschäftige mich mit allem: Waffen, Uniformen, politischen Hintergründen. Das Interesse habe ich schon seit 50 Jahren."

Aber es ging dann doch nicht so reibungslos mit der neuen Freiheit, wie er eindrücklich beschreibt:

MM: Man braucht eine richtige Ordnung. Die hat man natürlich nicht, wenn man aus dem vollgepackten Berufsleben austritt. Dann

> ist man plötzlich sein freier Herr. Ich habe immer gesagt, jetzt weiß ich, wie sich die Schwarzen im Sezessionskrieg gefühlt haben, als sie befreit wurden. Die waren plötzlich frei und wussten mit ihrer Freiheit gar nichts anzufangen. So ähnlich geht es einem, wenn man aus dem Berufsleben in die Freiheit entlassen wird. Durch meine Sammelei musste ich eigentlich nur 50 Prozent neu organisieren.
>
> **HvV**: Was ist, wenn die Arbeit wegfällt?
>
> **MM**: Man muss rechtzeitig vorher eine Betätigung haben, die diese Lücke ausfüllt. Dass man nicht in ein Loch fällt, sondern tatsächlich gar nicht merkt, dass man nicht mehr im Beruf arbeitet, weil man nach wie vor weiter beschäftigt ist.

Da er auch im Urlaub immer was unternommen hat, „was arbeitsähnlich war: Städtereisen, Sprachkurs, so was“ sah er sich zusätzlich zum Hobby gut vorbereitet.

> **HvV**: Und als Sie sich dann sagten, ich geh jetzt mal und höre mit dem 14-Stunden-Tag auf, was war Ihre Vorstellung, bezogen auf Ihre Sammlung?
>
> **MM**: Gar keine. Mit der habe ich keine Ziele. Ich liebäugele allerdings mit dem Gedanken, ein kleines kriegsgeschichtliches Museum aufzubauen. Aber dazu brauche ich noch ein paar Jahre. Das geht auch in Form einer Stiftung. Ich müsste nicht mit einem bestehenden Museum kooperieren, das könnte ich selbst machen.

Halten wir fest: Auch wer zeit seines Lebens sich und sein Umfeld gut ordnen konnte und gern strukturiert antritt und mit einer inhaltlich und zeitlich ausfüllenden Beschäftigung, die Hobby zu nennen eine arge Untertreibung ist, ausgestattet ist, braucht eine Zeit der Sammlung und Sortierung.

> „Ich habe mich anfangs sortiert: Das Sortieren hat auch dazu geführt, dass ich mal ein Jahr Golf gespielt habe wie ein Weltmeister, von morgens bis abends war ich auf dem Golfplatz. Das war am Ende aber nicht das, was ich suchte. Danach habe ich eine Bauphase gehabt. In Aachen, meiner Heimat, ist mir ein Haus abgebrannt. Die Angelegenheit hat mich, die Klärung mit der Versicherung eingeschlossen, ein Jahr ziemlich stark beschäftigt.“

Mittlerweile ist die Struktur des Lebens gefestigt.

„Ich kann sagen: 75 Prozent Hobby und 25 Prozent soziale Aktivitäten, unabhängig von der Pflege der Familie, von Haus und Garten."

Und wie geht es weiter? Gibt es einen Plan für die kommenden Jahre?

HvV: Machen Sie Pläne?

MM: Eher weniger. Wir haben alles geregelt. Auch langfristig ist für Haus und Hof, Kind und Kegel vorgesorgt, da kann nichts passieren. Wir machen, was uns Spaß macht. Abgesehen von Urlaubsreisen und kulturellen Aktivitäten sind wir schön zu Hause und kümmern uns um Haus und Hof.

HvV: Was machen Sie mit Ihrer Sammlung?

MM: Ich bin jetzt 64. Wenn mein Sohn sich in fünf Jahren noch immer dafür so interessiert wie jetzt, dann hätte ich damit nichts zu regeln. Wenn das nicht der Fall ist, muss ich mir überlegen, was ich tue. Entweder Stiftung oder verkaufen.

HvV: Und die ehrenamtlichen Dinge – Sie sind eingesetzter gesetzlicher Vertreter älterer Menschen – machen Sie so lange, wie es Spaß macht?

MM: Ja. Dazu werde ich ja für jeden einzelnen Fall neu gefragt. Da kann ich nein sagen.

Ein Merkpunkt, der beim Thema „Bürgerengagement, unentgeltliches Arbeiten" eine größere Rolle spielt: die Selbstverpflichtung soll nach Möglichkeit reversibel sein.

Erkenntnis 8: Der Ausstieg kommt immer irgendwie überraschend.

Immer wieder stößt man bei den Beschreibungen des Abschieds auf eine eigentümliche Dialektik. Sie gilt für den ganz normalen Ausstiegsfall und erinnert an Schwangerschaft und Geburt. Neun Monate hat man als Eltern Zeit, sich auf diese Situation einzustellen. Jedes Paar bereitet sich vor, manche mehr, manche weniger. Sogar der Geburtstermin steht fest. Und gleichwohl ist dann kaum etwas überraschungsfrei. Man ist vorbereitet und überrascht zugleich.

„Mein Ausscheiden war langfristig vordiskutiert worden, so dass ich überhaupt nicht überrascht war. Das Ausscheiden schiebt man ein Stückchen vor sich her, und dann kommt es ja doch ein bisschen plötzlich, weil mir der Ausstieg, obwohl ich es wusste, trotzdem ein bisschen zu früh war.“ (Rolf Wickmann)

Während Paare nach der Kindsgeburt gern sagen, es habe sich nun ihr ganzes Leben verändert, sie seien in einer neuen Lebensphase, viel radikaler als vorgestellt, wird beim Ausstieg aus der Vollbeschäftigung eher die Kontinuität betont. Es habe sich etwas verändert, aber vergleichsweise wenig, und das sei auch gut so. Rolf Wickmann, viele Jahre Vorstand von Gruner + Jahr, erzählt:

Rolf Wickmann: Sie sagt: „Du hast ein bisschen mehr Zeit, du bist nicht in ganz so vielen Verpflichtungen drin.“ Aber so irrsinnig viel hat sich bisher noch nicht geändert. Ich gehe morgens aus dem Haus und komme abends wieder. Es passiert schon mal, dass ich tagsüber zu Hause erscheine. Es passiert auch schon mal, dass meine Tochter mich anruft mit der Bitte, den Kleinen vom Kindergarten abzuholen. Dafür verschiebe ich dann heute auch Termine. Das ist schon ein Stück zusätzliche Freiheit. Ich mache auch einmal im Jahr eine große Reise, meistens im November. Das hätte ich früher nicht gekonnt, im November hätte ich nie für zwei bis drei Wochen meine Firma verlassen können. Das sind Freiheitsgrade, die man sich schafft, die sind ganz toll und wertvoll. Meine Frau sagt, es ist ein bisschen anders, ein bisschen flexibler, aber im Grundsatz schon so wie früher und das findet sie auch gut so.

HvV: Können Sie es genießen, wenn Sie mal nichts tun, oder haben Sie immer noch ein schlechtes Gewissen?

RW: Nein, habe ich nicht. Aber das liegt auch daran, dass ich meine, ich arbeite immer noch genug.

Rolf Wickmann wollte weiter ins Büro gehen und gründete deshalb eine Bürogemeinschaft mit Karl Dietrich Seikel und Werner Funk, beide ebenfalls Führungsleute im Mediengeschäft. Einerseits genießt er die neuen „tollen und wertvollen Freiheitsgrade“, dieses „Stück zusätzliche Freiheit“, andererseits sind er und seine Frau zusammen offenbar nicht unfroh, dass es „im Grundsatz so ist wie früher“. Und dazu gehört zwingend ein externes Büro mit Sekretariat.

„Ich habe mir eine anregende Bürogemeinschaft aufgebaut, wo es auch ein gutes Sekretariat gibt, das natürlich nicht mehr die Dimension hat, wie das früher der Fall war. Für mich war und ist die Möglichkeit auf einen guten Büroservice und das Gespräch mit vertrauten Kollegen zurückgreifen zu können, ganz wichtig. Wenn ich von heute auf morgen allein an meinem Computer zu Hause gesessen hätte, wäre ich vielleicht doch mal ein bisschen schwermütig geworden."

Erkenntnis 9: Wer seine Flügel weiter aufspannt, landet weicher.

Mancher Gesprächspartner ist früher ausgestiegen, mancher wurde früher „rausgekickt", mancher erreichte das jeweilig geltende Ausstiegsalter. Mancher wollte wie Karl Dietrich Seikel eigentlich früher raus, hat es aber nicht geschafft.

> „An sich hatte ich gemeinsam mit einem Freund beschlossen, wir arbeiten bis 55 und dann machen wir noch mal was ganz eigenes. Ich habe mich immer damit beschäftigt, dass ich von dem, was man in einem langen Berufsleben ansammelt, noch mal Gebrauch machen will. Wir haben auch etwas zusammengemacht, nämlich einen Weinberg im Rheingau gekauft. Dabei ist es aber geblieben, denn den bestellt ein Winzer, wir tun da wenig. Aber wir haben immerhin diesen Betrieb gemeinsam und freuen uns jedes Jahr auf unsere Gesellschafterversammlung im Rheingau mit unseren Frauen und unserem Winzer."

Es spricht viel für die Vermutung, dass, wer viele Pläne macht und manches davon umsetzt, sich damit mehr Standfestigkeit zulegt als ein berufsmäßiger Einbeiner.

> „Da gab es immer einen Traum, etwas mit meinen drei Söhnen zu machen. Mir hatte mal ein Freund aus New York eine Postkarte geschickt, da stand drauf: ‚Seickel & Sons, Steam Pressing Machines'. Das hing immer in unserer Küche, und als ich dann meinen erwachsenen Söhnen gesagt habe, ich höre beim Spiegel-Verlag auf, sagten sie: ‚Toll, dann machen wir endlich unsere Firma.'"

Die Firma gibt es nun. Für alle Fälle.

Die Überschrift „Wer seine Flügel weiter aufspannt, landet weicher" lädt zu mehr Beispielen und mehr Reflexion ein, notiert die Lektorin des Textes an dieser Stelle. Sie hat Recht. Beides folgt, versprochen.

Erkenntnis 10: Wer einen Partner hat, auf den er hört, ist besser dran.

Es geht ja nun im „neuen" Leben nicht nur darum zu erproben, was man ist. Es geht auch darum, herauszufinden, was man nicht ist. Das lernt man, Loriots „Papa ante Portas" sei erneut gepriesen, nicht eben selten durch die Reaktion des Partners.

„Also, wir können zum Beispiel nicht zusammen auf den Markt gehen. Als wir es mal gemacht hatten, kam prompt eine Freundin von ihr und sagte: ‚Das hat mein Mann noch nie mit mir gemacht, wie schön du es hast, Barbara!' Am Ende des Marktgangs war ich mir darüber im Klaren, warum der Mann der Freundin es nicht macht: Vor jedem Marktstand gab es die Diskussion darüber, ob man das jetzt kaufen soll, ob das nicht zu teuer sei. Das sind Dinge, um die ich mich nie gekümmert habe. Da sind Konfliktpunkte. Deshalb dürfen wir das nicht zusammen machen. Es ist ja auch furchtbar für eine Frau, so einen Besserwisser hinter sich zu haben. Aber ich bin mir des Fehlers bewusst, werde also daran arbeiten." (Karl Dietrich Seikel)

Nicht nur bei Seikels, auch im Hause Lindenberg hat Loriot seinen tröstlichen Einfluss:

„Der Wechsel hat Auswirkungen in die Familie hinein. Das ist auch ein gradueller Prozess, man war vorher natürlich auch da und am Wochenende und abends, aber eben auch an vielen Abenden nicht. Aber ich war der Unterhaltsbeschaffer, auch wenn ich natürlich immer alles besprochen habe mit meiner Frau. Meine Frau hat meine Pensionierung durchaus mit ein wenig Argwohn betrachtet, und meine Kinder hatten schon mal ironische Bemerkungen drauf, ‚Papa ante portas' und so. Auch weil wir es ironisiert haben, ging es dann auch aber gut. Doch man ist stark davon abhängig, wie man von Frau und Familie aufgenommen wird. Die latenten Sorgen der Frau sind schon da: ‚Oh Gott, jetzt sitzt er den ganzen Tag zu Hause und fällt mir hier auf den Wecker!' Während sie in jungen Jahren die zu geringe gemeinsame Zeit beklagte, hat sie sich nun längst an die langen Abwesenheitszeiten ihres Mannes gewöhnt und ihr Leben eigenständig eingerichtet, und jetzt fängt der womöglich an zu stören. Das hat sich bei uns allerdings allein deswegen nicht so ergeben, weil ich zügig eine Vielfalt von Tätigkeiten aufgenommen habe. Meine Frau hat das mit Zustimmung begleitet." (Johann C. Lindenberg)

Was alles in der Paarbeziehung beim Übergang aus der Vollzeitbeschäftigung passiert, ist von Bettina von Kleist[21] materialreich beschrieben worden. Aber auch in diesem Text finden sich immer wieder Verweise auf die wichtige Rolle des Partners an Lebensweichen und -abgründen.

Kleines Fazit

Es sind die Passagen aus den Gesprächen, die die Lichtpunkte setzen. Sie können helfen, den eigenen Fall (der Doppelsinn des Wortes ist mir erst beim Schreiben aufgefallen) mit größerer Gelassenheit anzusehen.

Ich bin in diese Gespräche mit der Vermutung gegangen, die Manager hätten sich selbst für die Abschiedsproblematik nur unzureichend gerüstet. Dass die Unternehmen dazu keine Angebote unterbreiten, habe ich stillschweigend unterstellt. Die Berichte bestätigen diese Annahme. Ich muss gleichwohl festhalten, dass die Hypothese differenziert werden muss. Es gibt Ausnahmen. Unter denen, die ihr eigenes vorzeitiges Ausscheiden betreiben, gibt es solche mit einem Gesamtkonzept einschließlich bereits erprobter neuer Wohnorte und solche, die nur geplant haben, zu möglichst guten Konditionen aus dem Hamsterrad zu wollen, und die erst danach in die Planung der neuen Lebensphase einsteigen. Angesprochen wurde die Grauzone einvernehmlichen Auseinandergehens, in die viele Trennungen platziert werden, weil Gesichtswahrung wichtig ist. Sie unterscheiden sich von Trennungen, die nachdrücklich und systematisch eingefädelt und betrieben werden.

Abschied hat Konsequenzen für Partnerschaft und Familie. Abschied verändert im Kleinen und im Großen. Die negativen Folgen treffen diejenigen, die die Herausforderung nicht konstruktiv annehmen.

Fassen wir das bisher Gesagte zusammen:

- Das Klischee, dass viele Frauen froh sind, wenn sich bei ihren Männern nicht allzu viel verändert, wird bemüht. Hilft es den Männern? Hilft es beiden? Wie sich gezeigt hat, sind Frauen kluge Ratgeberinnen.
- Die erste Hürde besteht in der Nichtanerkennung der neuen Lage. Gerade im Konfliktfall wächst die Gefahr, dass man sich verkämpft. Vertraute Dritte – vielleicht sollten sie keine Experten in der Sache sein – können helfen.
- Abschied braucht eine Verabschiedung. Notfalls sollte man sie selbst machen.
- Wer nicht ausatmet, findet nicht aus seiner Atemnot. Das Bild vom Sitzen am Fluss, in dem andere vorbeitreiben, ist hilfreich.
- Wer eine körperliche Herausforderung spürt, soll sie annehmen. Wenn sich diese mit einer spirituellen koppeln lässt, so ist das für manchen umso besser.
- Es ist normal, dass Trennungen dauern. Es ist wie bei einem Trauerjahr: In solchen Zeitangaben steckt Erfahrung. Abkürzungen kön-

nen Umwege sein. Vermeintliche Abkürzungen sind „Abverlängerungen“[22].

- Pläne mögen gut sein, sie schützen nicht vor Neuplanungen.
- Wer den „großen“ frühzeitigen Ausstieg will, braucht einen langen Atem. Niemand wartet auf ein solches Konzept. Umstände müssen sich glücklich fügen. Dann kann er gelingen.
- Wer damit rechnet, dass Familie und Kollegen, Mitarbeiter und Vorgesetzte, auch Generationskollegen und Nachbarn den Übergang immer hilfreich und konstruktiv begleiten, wird sich verrechnen. Wer in Erwartung von Aufmunterung in den Spiegel blickt, muss mit Zerrspiegeleien klarkommen.
- Der Abschied aus der angestellten Vollbeschäftigung ist für den Führungsmanager im Normalfall ein Abschied von den Hebeln der Macht. Es ist der Rollenwechsel vom Kanzler zum Bundespräsidenten. Den hat bisher noch keiner vollzogen. Auch Konrad Adenauer mochte sich, obschon zu diesem Zeitpunkt in den Achtzigern, zu einem solchen Wechsel nicht entschließen. Dem normalen Manager, der im Business bleiben will, bleibt keine Wahl. Das fällt schwer.

3.5 Vom Ankommen im Patchwork-Life

Der Abschied, der Unruhestand, wo soll das enden? Neuorientierung, neues Lebenskonzept oder neuer Wein in alten Schläuchen? Oder völliger Stillstand? Auch das gibt es. Ein Beispiel: Eine ältere weitläufige Bekannte erzählt, sie besuche jeden Tag ihren Mann und bespreche alles mit ihm. Der Mann ist seit elf Jahren tot, und der Besprechungsort ist folglich der Friedhof. Sie ist eine Trauernde, die nicht aus ihrer Trauer herausfindet. Auch bei den Arbeitsverlierern gibt es solche Schicksale, Menschen, die absolut nicht aus dem Trauerloch herauskommen. Aber das sind die Ausnahmen. Normal ist ein Prozess vom Abschied zum Ankommen. Es gibt drei Gründe dafür, dass es sich als recht schwierig erweist, diesen Prozess transparent zu machen.

Ankommen ist immer auch subjektiv: Man weiß doch. Dass zwei Personen ein und denselben Vorgang unterschiedlich erleben, wenn nicht sogar gegensätzlich. Das können eine Krankheit, ein Lottogewinn, die Trennung von einem Partner, der Umzug in eine andere Stadt oder auch, wie hier im Mittelpunkt des Interesses, der Abschied aus der angestellten Vollbeschäftigung sein. Die erste sagt: „Es hat sich prinzipiell in meinem Leben durch dieses Ereignis nichts geändert.“ Die zweite sagt: „Es hat sich alles geändert.“ Beides ist subjektive Realität. Nochmals: Verabschiedungen und Abschiedsprozesse verlaufen unterschiedlich, von außen betrachtet und im Erleben des Betroffenen. Das gilt auch für den nicht nur, aber auch durch Statusfragen bestimmten Unruhestand und auch für das, was näher beleuchtet werden soll, das Ankommen.

Die Kommunikation über das Ankommen macht Vergleichbares unterschiedlich: Wir können annehmen, dass selbst für den unwahrscheinlichen Fall, zwei Menschen würden ihren Abschied, ihren Unruhestand oder ihr Ankommen gleich erleben, es wiederum höchst unwahrscheinlich ist, dass dieses gleiche Erleben von beiden auch gleich kommuniziert wird. Das zusammen macht es aus, dass auf der Bühne des Lebens nicht ein Stück dem anderen gleicht. Es ist die Aufgabe der Sozialwissenschaften, Unterschiedliches so zu clustern, so dass gleichwohl Muster erkennbar werden, ohne dass Komplexes unbrauchbar versimpelt wird.

Die Gesprächspartner sind unterschiedlich lange unterwegs: Nehmen wir das Ankommen. Wer sich von einem Ort verabschiedet, kommt an einem anderen an. Hat sich für den Reisenden auf der Reise des Lebens etwas verändert? Die Veränderung hat drei große Aspekte. Sie kann sich auf den Unterschied in der bezahlten oder in der unbezahlten Arbeit, auf Weiterbildung oder auf das Private beziehen. Dabei – und dies macht den Quervergleich, der ja zu einem konkreten Zeitpunkt stattfindet, nicht unproblematisch – befinden sich die Gesprächspartner auf der Zeitschiene an verschiedenen Punkten in ihrem Leben. Zum Zeitpunkt des Interviews waren sie zwischen einer Woche und fünf Jahren aus ihrem letzten Angestelltenjob ausgeschieden. Ihre Verabschiedung lag also unterschiedlich lange zurück, und die Distanz zum Abschied war und ist auch in der Selbstwahrnehmung unterschiedlich ausgeprägt. Ob einer angekommen ist? Mancher behauptet es heute und wird in zwei Jahren woanders stehen und es wieder behaupten.

Sortieren vor dem Ausatmen: Gerade am Beginn – Beispiel 1

Der Berliner Banker Marc-Aurel von Dewitz schied im Sommer 2009 mit 63 aus, bei seinem Arbeitgeber ein Methusalem-Alter für Führungsleute. Als wir das Gespräch führten, lag die Verabschiedung gerade wenige Tage zurück. „Da wird bei mir noch was nachklingen", ist die eine Linie, „ich will auch wirklich mit der Bank Schluss machen", die andere. Es ist das Sortieren vor dem Ausatmen.

> „Noch ist der Computer nicht da, ich schreibe mit der Hand. Diese Leiden kommen ja erst, da kann ich heute noch nicht drüber berichten. Ein bisschen Statusdenken habe ich natürlich auch. Und in Berlin – oder generell: wenn man Geschäftsleitung Deutsche Bank

> ist –, öffnet sich jede Tür. Das ist natürlich auch ein Status, der ist phantastisch. Da wird bei mir noch ein bisschen was nachklingen. Die Erfahrung, dass du von gewissen Leuten, Kunden inklusive, fallengelassen wirst wie eine heiße Kartoffel, habe ich schon hinter mir.
>
> Ich will auch wirklich mit der Bank Schluss machen. Ich möchte noch ein bisschen was Neues machen. Ich bin noch jung genug, das eine oder andere zu tun. Nach 35 Jahren als Banker habe ich Nachholbedarf, ich brauche relativ lange, um zum Lesen zu kommen. Ich muss richtig runterschalten in den ersten Gang. Ich brauche dafür Zeit. Meine Frau hat es immer geschafft."

Wir wissen: Der Abschiedsprozess setzt vor der Verabschiedung ein und setzt sich dann fort in den Übergang, in den Unruhestand hinein. Was im Moment der Verabschiedung mit tröstlichen Worten überspielt wird („Wir verlieren uns nicht aus den Augen. Ihr Rat bleibt uns wichtig. Wir sehen uns."), setzt ein, ob man sich nun gewappnet fühlt oder nicht: die emotionale Seite der Statusveränderung schmerzt, es muss verändert, vielleicht kompensiert werden, der Rollenwechsel beginnt. Noch drückt die Unruhe und beginnt die Sehnsucht nach Ruhe zu unterminieren. Wohin geht die Reise?

„Inhaltlich geben kann ich ein Leben lang": Gerade am Beginn – Beispiel 2

Auch Luise Müller aus Bonn steht zum Zeitpunkt unseres Interviews der Übergang noch bevor. Sie war wenige Wochen zuvor als Geschäftsführerin des Spezialtourismusunternehmens Studien-Kontakt-Reisen SKR (Leitspruch „Urlaub mit Sinn") verabschiedet worden. Da war sie 70. Sie fühlt sich dem Unternehmen, das sie im Jahr 1968 mit ihrem Mann Joachim Müller gegründet hat, nach wie vor verbunden, sucht aber neue Herausforderungen. Dabei geht sie vor wie bisher im Unternehmen.

> „Es ist eine Lebensaufgabe, die wir haben, dass wir den Menschen, die uns brauchen, etwas geben."

Auch wenn Manager angehalten werden, das Unternehmen, das sie führen, wie ihr eigenes zu führen, so zeigt sich der Unterschied spätestens beim Abschied. Das gilt jedenfalls dann, wenn das Unternehmen nicht an einen Dritten verkauft, sondern innerhalb der Familie übergeben wird.

> „Es geht überhaupt nicht um mich, es geht auch nicht um ihn (Anm. des Autors: ihren Sohn). Es geht um die Firma, um die Aufgaben, und das ist eine Lebensaufgabe, und die hört nicht einfach auf. Bei uns hängen 150 Kursleiter – freiberufliche Mitarbeiter – dran, die von uns teilweise leben. Dann haben wir 80 kleine Hoteliers weltweit, die auch von uns leben. Und da sind die Beduinen in Sinai, der ganze Stamm lebt von uns. Oder ein kleines Hotel in Sinai am Meer, die haben 20 Mitarbeiter, die hängen nur von uns ab. Da kann ich nicht einfach sagen, ich kümmere mich nicht mehr drum. Das ist der Unterschied zu einem Angestellten, wo der große Konzern aufpassen muss."

Sie beschäftigt sich mit der Frage, was sie bei nachlassendem Engagement im Unternehmen zukünftig tun will. Sie hat ein großes Haus in Bad Godesberg, in dem jetzt schon einige Weiterbildungskurse für Erwachsene stattfinden. Das, so überlegt sie, könnte sie ausbauen. Vom „Urlaub mit Sinn" zum „Leben mit Sinn" ist der Weg kurz, das eine ist eine Unterform vom anderen.

> „Inhaltlich geben kann ich ein Leben lang. Das kann jeder Mensch. Jeder Mensch hat seine Talente und Begabungen, die verliert man nicht mit einer Pensionierung. Im Gegenteil. Da gibt es so viele Möglichkeiten, etwas zu tun. Ich habe vor, einen Kreis zu bilden: interessante Menschen begegnen sich. Dieses große Haus ist nicht für uns allein, es ist auch für andere Menschen da. Das öffne ich auch für einige Tage, und da könnte man aus allen Berufen Leute zusammenbringen, und jeder bringt etwas ein. Man könnte einen Beirat gründen, der andere wieder berät. Eine offene Beratung in vielen Fragen."

Im Gespräch sprudeln weitere Ideen. Sie ist auf der Suche. Ihr Lebenserfolg hat sie gelehrt, dass sie organisieren kann, weil sie Dinge konsequent vollendet und dabei Menschen begeistert.

> „Man muss andere begeistern. Ich organisiere gern, ich bin gern mit Menschen zusammen, ich mag Menschen, ich habe ein soziales Gefühl für Leute. Wenn man kinderreich ist, hat man 1946/47/48 auch die Not noch gesehen und die Freude, aus nichts etwas zu machen. Niemals habe ich nach Geld gefragt. Es muss alles von sich aus gehen, ich glaube, das muss in einem sein. Ich habe Sachen nicht unterbrochen. Ich habe nie gesagt, damit höre ich jetzt auf, das ist mir zu viel. Nie!"

Sie weiß, auf welchem Untergrund sie startet, was ihr Kraft gibt. Sie kennt ihr Vorgehen. Die Prioritätenbildung steht aber noch aus.

> „Ich lese gern Psalmen, die geben auch Kraft. Man braucht beides: die Dinge für den Geist und fürs Herz. Das Herz ist das, was man den Menschen gibt . Für den Geist: Ich lese sehr viel, und ich vertue meine Zeit nicht. Eigentlich habe ich immer Zeit gehabt, wenn mich jemand angerufen hat, so ein Gefühl war das. Wenn es mich interessiert, habe ich Zeit."

Vier Optionen für „das Leben danach"

Aus anderen Abschieden im Leben wissen wir, dass sich Abschied und Ankommen erheblich überschneiden können: Man kann noch im Abschied stecken und dennoch beim Ankommen weit fortgeschritten sein. Manche kommen, wenigstens äußerlich, an, noch bevor sie Abschied genommen haben. Eine Momentaufnahme beim Verstehen, Einordnen und Bewerten soll uns gleichwohl Erkenntnisse liefern.

Was lässt sich, allen Differenzierungen zum Trotz, festhalten? Unterscheidbar sind unter den Interviewten vier Realitäten, wie wir sie im Kapitel „Vermessung" bereits vorgestellt haben. Sie seien an dieser Stelle nochmals aufgeführt.

Für „das Leben danach" lassen sich demnach vier Optionen unterscheiden.

1. Fortsetzung der bezahlten Arbeit im gleichen Unternehmen
2. Fortsetzung bezahlter Arbeit außerhalb des bisherigen Arbeitgebers in den Formen angestellt, freiberuflich und unternehmerisch
3. Arbeit überwiegend unbezahlt, auch unternehmerisch
4. nichts von alledem

Natürlich passt sich die Wirklichkeit nicht diesem vergleichsweise schlichten Schema an, sondern ist komplexer. Es gibt keinen einzigen Lebensverlauf nach Ende der Vollzeitbeschäftigung, der ohne Wenn und Aber in eine der oben aufgemachten Schubladen passt. Gleichwohl erfüllt die Vierteilung ihren Zweck, denn sie zeigt, wenn man die einzelnen Biographien im Lichte des Schemas beleuchtet, dass das Konzept Patchwork-Life eindeutig überwiegt, mal mit stärkeren Ausschlägen in die bezahlte, mal in die unbezahlte Arbeit. Vergessen sollte man zudem nicht, dass die Ist-Beschreibungen nicht immer der Soll-

Vvorstellung des Gesprächspartners entsprechen Das macht die Zuordnung noch schwieriger.

„Ich suche das bewusste Gestalten“: Patchwork-Life beim Arbeitgeber – Beispiel 1

Wer wie der Neu-Schweizer Reinhard Behrens mit unter 60 aus der Vollbeschäftigung geht, muss erstaunte Fragen beantworten. Dabei ist es doch eigentlich normal, dass Berater aus großen Beratungsunternehmen mit Partnerstatus in dieser Funktion nicht bis ins übliche Verrentungsalter bleiben. Bei Behrens war die Besonderheit, dass er aus persönlichen Gründen den Partnerstatus früher aufgab und als Angestellter weiterarbeitete, um dann in Stufen die Beratertätigkeit zurückzufahren.

> „Man hört oft die Frage: ‚Wie viel arbeitest du?‘ Und wenn ich sage: ‚Bloß 50 Prozent.‘ – ‚Was, nur 50 Prozent?!‘ Dann kriege ich manchmal so einen Schauer und müsste lange ausholen und sagen, die restlichen Tage arbeite ich auch. Ich habe vereinbart, dass ich montags und mittwochs weitgehend in Zürich bin. Wenn wir eine Veranstaltung haben, bin ich sehr flexibel und gehe dann freitags. Ich kann auch Reisen machen. Wenn wir unsere Projekte haben und es ist Not am Mann, dann müssen wir das einfach durchkriegen. Das organisiere ich dann.“

Da ist sie wieder, die Gleichung Arbeit gleich bezahlte angestellte Arbeit. Wer das nicht macht, ist gesellschaftlich erklärungspflichtig und muss sich gegen den Vorwurf wehren, wohl nichts zu tun oder nichts zu tun zu haben. In der Beurteilung vieler Gesprächspartner bedeutet „Ankommen“ im neuen Zustand eines Teilzeitarbeiters, der weiteren gesellschaftlichen und persönlichen Interessen nachgeht, dass eine Zeitordnung entstanden ist, ein orientierender Rahmen. Der Unruhestand kennzeichnet in dieser Sicht eine Zwischenphase, die in die neue Phase eines als sinnvoll verstandenen und selbst akzeptierten Lebens hinüber führt.

> „Ich habe eine Struktur der Woche durch Arbeit, Sport, Musik.“

Behrens nimmt in seinem zeitstrukturierten Lebensablauf die nicht mit Erwerbsarbeit gefüllten Teile bewusst an. Kann nur der nachgefragte Altgediente seine Zeitlücken genießen? Wer nicht nachgefragt wird, es aber gern würde, bleibt länger im Unruhestand. Und dann bröckelt, wenn das Angebot nicht durch Nachfrage belohnt wird, auch empfohlene Zuversicht.

„Ich habe vorher gedacht, ich muss doch unbedingt wissen, was ich hinterher mache. Aber irgendwie habe ich es nachher auf mich zukommen lassen, bin einfach offen gewesen für viele Chancen. Und tatsächlich sind einige Kunden auf mich zugekommen: ‚Hast du nicht Lust, bei mir Finanzen zu machen?' Wenn man ein bisschen offen und zuversichtlich ist, wirkt man auch anders, als wenn man so ängstlich und eingeengt losgeht."

Denkbar ist auch, dass der altgediente Manager die Chance solchen Lebens nicht begreifen kann, weil er aus der vorher geltenden Überlastung Selbstwertschätzung zog. Ist es nicht merkwürdig, dass Nicht-Überlastung zum Beispiel von Altgedienten offenbar kein Wert an sich ist? Gleiches gilt für Verfügbarkeit. Ein Personalberater erzählt, er habe sich abgewöhnt, seinen Kunden die sofortige Verfügbarkeit eines Kandidaten mitzuteilen, weil er festgestellt habe, dass diese Information den Wert des Kandidaten in aller Regel entscheidend mindere. Ob hier ein Umlernen möglich ist? Die Nichtgehetztheit, die relative Ausgeruhtheit und die bessere Verfügbarkeit könnten nicht nur von denen, die sie haben, sondern auch von denen, die sie nicht haben, als Vorzug der anderen eingeschätzt werden. Man holt sich mit einem Manager, der so arbeitet, womöglich personifizierte Gelassenheit ins Team, die positiv ausstrahlt. Es wird Spötter geben, die den aktuellen Machthabern in Unternehmen und anderen Institutionen attestieren, sich genau davor zu fürchten, vor dem „anderen Bezug zur Arbeit", von dem Reinhard Behrens spricht.

„Ich muss ehrlich sagen, wenn ich mal am Montag und am Dienstag nach Zürich muss, ist Dienstag schon Stress. Einen Tag Pause zu haben, das ist extrem angenehm. Und am nächsten Tag gehe ich dann durchaus mit Freuden nach Zürich. Das ist für mich eine ganz andere Art zu schaffen. Manchmal ist es auch langweilig, wenn ich nicht viel zu tun habe. Aber ein bisschen Abstand zu haben und nicht jeden Tag voll dabei sein zu müssen, das bringt mir sehr viel. Ich habe einen anderen Bezug zur Arbeit bekommen."

Der studierte Landwirt hatte sich zwar für die Beraterkarriere und gegen die Übernahme des elterlichen Gutes entschieden. Aber dann brach die alte Liebe zu Land und Pflanzen wieder durch. Reinhard Behrens möchte heute ein Beispiel setzen und gleichzeitig etwas tun, das Bestand hat. Ein Garten der Schwiegermutter in Stein am Rhein ist seine Erfüllung. Jeder Baum, jeder Strauch, der in den vergangenen Jahren gepflanzt wurde, hat seine eigene Geschichte. Er wurde irgendwo in der Welt entdeckt, mitgenommen, zumeist als Samen oder Schössling, ihm wurde in dem Garten, der sonnige und schattige, trockene und feuchte Teile hat, sorgfältig ein Platz ausgesucht, und sein Aufwachsen wurde begleitet, sein Beitrag zum Ensemble gewürdigt. Der Garten, ergänzt um Bänke, Statuen, Brunnen etc., ist ein sorgfältig komponiertes Gesamtkunstwerk, das aus jedem Blickwinkel und zu jedem Tag im Jahr betrachtet, bewertet und gestaltet wird. Das übrigens ist der entscheidende Unterschied zum gewohnten Kunstwerk, das, einmal geschaffen, unveränderbar da ist, lernt der Besucher. Laien und Fachleute sind willkommen und machen von dem Angebot reichlich Gebrauch. Reinhard Behrens zu seinem Gartenglück:

> „Zur Frage nach meinem ‚Gartenglück' kommt mir in den Sinn, dass ich primär Freude habe am kreativen Gestalten und handwerklichen Tun in Bezug auf Dinge, die uns umgeben. Insoweit ist der Garten ein Beispiel, wo ich diese Neigung – allerdings in idealer Weise – verwirklichen kann. Gestalterisches Tun und handwerkliche Tätigkeit habe ich schon seit früher Kindheit betrieben, angeregt durch die Möglichkeit, in der Schreinerei und Schmiede auf dem Hof eigene Ideen in der Werkstatt umsetzen zu können. Beim Garten kommt neben dem Gestalten der Anlage und dem selbständigen Realisieren der eigenen Ideen hinzu, dass ich mich mit den Ursprüngen der Dinge gern auseinandersetze, sei es, mit denen der Pflanzenfamilien oder auch mit denen der architektonischen Elemente. Also, einen Teil des Lebensglücks suche ich im bewussten Gestalten und bin auch stolz, wenn ich dies anderen vermitteln kann."

Ist dies nun Eigennutz, Gemeinwohlnutz oder beides?

> „Klar, auch weil es Spaß macht, aber auch weil man ein Beispiel geben will – deshalb öffnen wir den Garten, wir zeigen ihn den Leuten, ich mache Führungen. Für Fachleute und Laien. Wie kann man mit der Natur umgehen, wie kann man sie gestalten?"

Dass schlechte Beispiele anstecken, ist bekannt. Wenn ein Kleiderhaken, der an einer Schulgarderobe abgerissen wird, nicht umgehend ersetzt wird, sind in kürzester Zeit drei, fünf oder zehn Kleiderhaken abgerissen, und die Schule verludert auch an anderen Stellen. Aber stecken auch gute Beispiele an? Ein schöner Garten, der auch zu besichtigen ist und erklärt wird, animiert vielleicht, Ähnliches zu versuchen und sei es auf kleinerem Raum und mit geringeren Möglichkeiten. Damit würde das Projekt mehr als ein nur privates Gartenglück sein. Es hätte Ansteckungscharakter. Das Silver Patchwork-Life des Reinhard Behrens hat aber mehr Facetten. Darüber sprach ich mit ihm.

Henning von Vieregge: An jemanden, der auch ins Musizieren viel Herzblut investiert, die Frage: Nicht alle Kraft in den Beruf?

Reinhard Behrens: Das volle Aufgehen im Beruf ist eher die Frage der gewissen Aggression, narzisstische Besetztheit, Ziele unbedingt zu erreichen und damit auch befriedigt zu sein. Und das ist bei mir nicht so der Fall. Ich bin stolz gewesen, dass ich in die Partnerschaft aufgenommen worden bin, das ist das Höchstziel, das ich erreicht habe. Aber nachher war ich auch froh, dass ich sie wieder los war. Ich brauche keine Statussymbole, um mich wohlzufühlen.

HvV: Bedeutet Musizieren nicht auch, immer wieder in Ausbildung zu sein?

RB: Ja. Horn habe ich jetzt erst vor drei Jahren angefangen. Ich habe gedacht, es ist blöde, dass ich nicht mit den Streichern und Bläsern zusammen spielen kann, mit der Trompete ist es ein bisschen eingeschränkt. Ich habe eine Mail an den Hornlehrer der Musikakademie geschickt und gefragt, ob er mich als älteren Trompeter umschulen könne in einen Hornisten. Der sagte, kein Problem, da habe ich einfach angefangen. Ein Horn gekauft, Stunden genommen, jetzt bin ich so weit, dass ich einigermaßen in einem Amateurorchester mitspielen kann.

HvV: Warum engagieren Sie sich neben Garten und Musizieren in NGOs?

RB: Es ist die Befriedigung, die man dabei hat: Man kann gestalten, man sieht, wie es weitergeht. Ich lerne neue Leute aus dem Sozialbereich kennen, die ich sonst nie kennen lernen würde. Man lernt Verwaltungsleute kennen, diskutiert fachlich über etwas, was man vorher nicht wusste. Dabei kommt man mit einer Sozialproblematik zusammen, die einem verschlossen geblieben wäre. Das ist eine Bereicherung. Eigentlich geht es doch darum, dass wir – wie bei einer Harfe – jede Saite versuchen anzuklingen, dann wird das Leben spannender. Ich habe versucht, bestimmten Hobbys, Fähigkeiten, die sich in meiner Jugend angedeutet hatten, bei Gelegenheit, nicht unbedingt gezielt, nachzukommen. Hier der Garten: Früher habe ich mir vielleicht mal ein paar Pflanzen angeschaut, aber nie so intensiv. Als sich hier die Gelegenheit ergab, habe ich eine Säge genommen und einen Baum gekauft, das ging schief, aber dann wurde es immer besser. So war es auch mit anderen sozialen Engagements.

Reinhard Behrens und Joachim Strate sind in vielem unterschiedlich. Behrens stieg aus, ohne durchstrukturierten Anschluss, ohne Pläne zu haben. Strate hatte die. Er hat unmittelbar nach seinem sehr planvollen Ausstieg – wie oben beschrieben – losgelegt. Was beide verbindet, ist nicht nur die Bodensee-Region als Heimat, sondern auch die Liebe zur Musik, das Engagement in sozialen Aktivitäten und die schier nicht versiegende Quelle weiterer neuer Ideen.

„Mehr Freiheit, weniger Pflicht – das ist beglückend“: Patchwork-Life in Verbindung mit dem bisherigen Arbeitgeber – Beispiel 2

Joachim Strate schied, wie schon berichtet, als Managing Director von Ogilvy & Mather Düsseldorf auf eigenen Wunsch mit 58 Jahren aus und zog von Düsseldorf an den Bodensee. Er arbeitet weiterhin als Berater für die Kommunikationsagentur (offiziell ca. einen Tag pro Woche) und kann überdies weitere Aufträge annehmen:

> „Der Bereich, den ich versuche zu entwickeln, ist aus dieser 20-prozentigen Geschichte heraus eine Beratung in Sachen Marketing und Kommunikation für Marketingdirektoren oder Marketingleiter oder Vorstand Marketing. Also eher eine berufliche Angelegenheit.“

Strate sieht sich auch durch seine Interessen und seine Ausrichtung auf die neue Situation gut vorbereitet. Zur guten Präparierung zählt Strate auch sein ehrenamtliches Engagement, aber auch seine ausbaubaren Hobbys, insbesondere Musik:

> „Ich habe ja zum Teil für die Tafel in Düsseldorf gearbeitet und mich ein bisschen bei den ‚Sterntalern‘ in Düsseldorf engagiert. Ganz fremd war mir das nicht. Zum Zweiten hatte ich ganz viele Dinge im Kopf, die ich ausführlicher und intensiver entwickeln wollte mit ein bisschen mehr Zeit. Dazu gehört die Musikgeschichte. Ich habe jetzt auf eigene Faust eine Musikproduktion für eine Sängerin in Hamburg gemacht; ich werde weiter Songs, Texte schreiben. Dann muss ich dafür sorgen, dass meine Gattin, die ja Profisängerin ist, im Rennen bleibt, die feature ich immer sehr gern.“

Dass er berufliche Seitenerfahrungen wie die als Businesscoach noch in der Hinterhand hat, betrachtet er als zusätzliches Argument seiner guten Vorbereitung:

> „Coaching habe ich die vergangenen fünf Jahre für Ogilvy Europa gemacht. Das muss man sich so vorstellen: Da gibt es ein Senior-Management-Programm, ein Trainingsprogramm für Ogilvy Europa, hauptsächlich für Managing Directors und die Ebene drunter.

Daraus habe ich viel gelernt, das hat viel Spaß gemacht, und es war auch recht erfolgreich. Und ich habe mir überlegt, ob ich daraus nicht ein eigenes Angebot mache. Ich bin im Moment noch in der Phase, mir zu überlegen, was es ganz konkret sein soll. Ich könnte mich auf das Spannungsfeld Familie/Beruf konzentrieren, weil es gesellschaftlich relevant ist, für die Frauen relevant, es wird auch immer relevanter, weil wir die alle brauchen, gerade bei weniger werdenden Fachkräften."

Was ist es eigentlich, was den Reiz des Ausstiegs ausmacht? Genauer: den Reiz des partiellen Ausstiegs mit Aufstockpotential, bezahlt oder unbezahlt, jedenfalls aus freien Stücken und nach eigener Einschätzung schaffbar. Joachim Strate liefert eine Formulierung, die durchdrungen ist von der berühmten Kaiser-Beckenbauer-Attitüde des „Schau'n mer mal". Wer sie einnehmen kann, muss objektive Voraussetzungen erfüllen, aber auch subjektiv entsprechend gepolstert sein.

„Ich lebe in den Tag hinein – und das ist ein großartiges Gefühl. Ich habe natürlich schon einen strukturierten Tag durch diese 20, in Wirklichkeit 30 Prozent, die ich abliefere. Ich habe für die nächsten Wochen und Monate schon Reisetage und Meetingtage im Kalender stehen. Daraus ergibt sich eine gewisse Struktur, da muss ich mich auch vorbereiten. Und dann sitze ich hier am Tisch, gucke mal raus, kein Telefon, keiner der reinkommt. Großartig! Ansonsten habe ich meine Felder definiert und schau mal, was kommt. Ich lass das im Moment ein bisschen auf mich zukommen, weil ich auch vermeiden will, dass ich in eine selbstauferlegte Betriebsamkeit verfalle, aus Sorge: ‚Um Gottes Willen, ich habe nächsten Dienstagvormittag noch nichts vor.' Nix! Ich sitze draußen, trinke Kaffee. Dann sagt Heike: ‚Sag mal, haste nix zu tun?' – Dann sage ich: ‚Nee.' Das genieße ich."

Nach einem halben Jahr Erfahrung schickt er auf Nachfrage folgenden Text:

„Faktisch ist es so, dass in meinem ersten Halbjahr des neuen Lebens aus dem einen vertraglich vereinbarten Arbeitstag für Ogilvy und die Klienten knapp drei Tage pro Woche geworden sind. Ich halte das getreulich fest und rechne die Tage gegen, wenn es mal weniger wird.

Zudem haben drei Mandanten ihre Ankündigung, sie wollten mich als Berater haben, wahr gemacht. Das ist überraschend, aber erfreulich. Die Kriterien, nach denen ich solche Zusatzaufträge annehme, sind ganz einfach: Der Auftrag muss mich interessieren. Der Auftraggeber ist mir sympathisch. Ich kann wirklich etwas beitragen. Umfang, Thema, Bezahlung, Standort sind dabei unwichtig. Tatsächlich arbeite ich auch mit einem Unternehmen, das derzeit noch insolvent ist und GAR nichts bezahlen kann. Der für mich entscheidende Unterschied zum vollbeschäftigten Agenturberuf ist, dass ich mich nur noch mit mich interessierenden Themen beschäftige und so den Arbeitsumfang weitgehend selbst steuern kann. Also mehr Freiheit, weniger Pflicht. Das ist beglückend."

Also rundum geglückter Ausstieg, geglücktes Ankommen? Strate würde dies bejahen. Sein Branchenkollege Rolf Homann auch.

„Man lernt ziemlich schnell, sich selbst zu organisieren": PatchworkLife in Verbindung mit dem bisherigen Arbeitgeber – Beispiel 3

Rolf Homann war als Agenturchef einer Hamburger Network-Agentur – wie bereits geschildert – in Hamburg planvoll ausgestiegen und hatte sich im gleichen Atemzug ins Markgräflerland verzogen. Berater seiner Agentur war er, machte sich gleichzeitig selbständig und hatte obendrein angefangen zu studieren und seinen M.A. gemacht.

Aber obwohl der Ausstieg und der Umstieg als Berater an der Seite seines Nachfolgers geplant gewesen waren, brauchte auch er zum Ankommen eine Gewöhnungsphase:

> „Was mich zunächst erstaunt hat, war die Erkenntnis, wie sehr sich ein Tag allein durch den Gang ins Büro strukturiert. Man muss sich erst daran gewöhnen, dass es keine Kunden mehr gibt, die umgehend einen Termin wünschen, kein Büro und keine Assistentin mit Terminkalender und den Lufthansa-Tickets für den Rest der Woche. Stattdessen muss man seinen Tag jetzt in eigener Verantwortung gestalten. Das war am Anfang eine Umstellung. Aber mit 57 ist man ja noch lernfähig und lernt ziemlich schnell, sich selbst zu organisieren."

Ein Hinweis, der von denen, die mit unter 60 ausscheiden, immer wieder kommt, fehlt also auch bei Homann nicht: Die Umstellung sei einfacher, wenn man jünger ist. Die neue Freiheit sei der Ausstieg aus partieller Sinnfreiheit.

> „Wenn man nicht mehr ins Büro gehen muss, entfallen natürlich auch die vielen völlig sinnfreien Meetings, die nur der Aufrechterhaltung der psychischen Stabilität eines unsicheren Kunden dienen."

Solche Erfahrungen erleichtern den Abschied. Mancher findet, dass bei ihm die Arbeit fast nur sinnvoll war. Da verklärt die Erinnerung.

Bekanntlich ist die Freiheit von etwas die erste Etappe in die Freiheit zu etwas. Homann war froh, als er von der Studiumsmöglichkeit an der Universität Freiburg in der Nähe seines neuen Wohnorts für Menschen seiner Altersklasse erfuhr und dort sein Thema und seine Herausforderung fand:

> „Geschichte mit Schwerpunkt amerikanische Geschichte nach dem Civil War: Das war genau die richtige Herausforderung zum richtigen Zeitpunkt. Den Schwerpunkt meines Studiums bildeten die Wanderungsbewegungen der mittel- und osteuropäischen Juden in Nordamerika. Weitere Schwerpunkte, nicht zuletzt bedingt durch eine große Anzahl von Schnittmengen, bildeten der Ku-Klux-Klan und die Mormonen. Zusätzlich habe ich mich intensiv mit der Geschichte der deutschen Kolonien und – in Freiburg obligatorisch – mit Martin Heidegger und dem strukturellen Antisemitismus beschäftigt."

Oder hatte das Thema ihn gefunden? In die USA hatte er, allein schon berufsbedingt, enge Beziehungen, wollte ja dort eigentlich seinen Alterssitz nehmen. Mit dem Judentum hatte er sich aus biografischen Gründen schon immer beschäftigt, studiert hatte er bis dahin nicht. Nun fand sich alles in einer akademischen Fragestellung zusammen und entwickelte sich rasch zu dem, was einen Manager wie Homann reizt: zur großen Herausforderung.

> „Vor dem ersten Semester dachte ich, das sei ein Heimspiel für mich, weil ich meinte, schon viel zu wissen. Aber es ist eben ein Unterschied, ob man sich für ein Thema interessiert oder ob man sich ernsthaft und wissenschaftlich damit beschäftigt und auseinandersetzt."

Die Herausforderung wurde bestanden. Die Arbeit gelang, der angepeilte akademische Gipfel wurde erklommen. Wie verbringt Homann, verheiratet und kinderlos, heute seine Zeit? Er hat seine beruflichen Aktivitäten mit 65 weitgehend ruhen lassen. Die Beratungstätigkeit für die Agentur war ausgelaufen, als der Nach-Nachfolger kam, und die weitere Beratungstätigkeit hatte ihn, so sagt er, nicht mehr so gereizt. Er setzt sein Studium fort, treibt viel Sport und ist kulturinteressiert. Das Ehepaar ist im Winter oft in Asien. Homann ist Hobbytaucher. Während der Monate in Deutschland hat das Leben eine Struktur.

„Die Woche strukturiert sich in erster Linie durch Seminar- und Vorlesungstermine. Und die verbinde ich meistens mit einem Besuch im Kieser-Studio. Dann versuche ich, im Sommer – und während der Semesterferien – so viel Sport wie möglich zu machen. Mit dem Rennrad zu fahren, im Rhein oder im eigenen Pool zu schwimmen oder 10 bis 15 Kilometer zu laufen. Golf spielen habe ich aufgegeben, weil ich nicht einsehen will, dass es gut sein soll, einen Sport auszuüben, der sich meiner Beherrschung so dauerhaft widersetzt. Meine Frau hat da ein wesentlich größeres Beharrungsvermögen und deshalb jetzt ein Handicap von 20. Gelegentlich fahren wir nach Colmar. Oder nach Zürich. Wir haben einen Museumspass, der für Deutschland, Frankreich und die Schweiz gilt und sich in unserem Fall wirklich amortisiert. Allein schon durch die Nähe der Foundation Beyeler in Riehen und das Frieder-Burda-Museum in Baden-Baden. Zusätzlich mache ich einmal im Jahr eine ausgedehnte Tauchreise, um meinem bevorzugten Hobby nachzugehen. Sulawesi, Borneo, Philippinen, Palau, aber auch im Altrhein bei Breisach – da bin ich in den vergangenen Jahren getaucht."

Was ihn noch reizen würde? Wenn seine Expertise als erfahrener Kommunikationsmann von Professoren und Studenten angefragt wird, steht er gern zur Verfügung. An der Formung von Studieninhalten beteiligt er sich, würde auch noch mehr machen, so ist mein Eindruck, wenn man ihn darum bäte. Aber die Hochschulmühlen mahlen langsam, und auch dort in der Institution ist die Phantasie, sich ehrenamtlich unterstützen zu lassen, verstellt von Bedenken und Rücksichtnahmen.

Nicht wenige Interviewpartner waren wie Rolf Homann noch eine Weile nach ihrem Ausscheiden aus dem Vollzeitjob für ihren bisherigen Arbeitgeber für Sonderprojekte tätig. Doch dann gabelten sich die Wege.

„Gleitender Rückzug, der immer herausfordert":
Jobberatung für den Arbeitgeber – freie Beratung – Beispiel 1

Der Hamburger Rolf Wickmann gehört zu denjenigen Gesprächspartnern, die sich, wie sie berichten, voll und ganz in ihrem Beruf eingespannt, seinerzeit keine großen Gedanken über das „Später" gemacht hatten und den Abschied durchaus nicht einfach fanden. Schließlich war er in seiner Branche eine Institution. Er verließ Gruner + Jahr im Jahr 2003 als dienstältestes Vorstandsmitglied eines Verlages nach zwanzigjähriger Vorstandstätigkeit und wurde am 15. Februar 2006 als Generalbevollmächtigter des Verlages „nach 35 Jahren der Tätigkeit beim Verlag mit 60 in freundschaftlichem Einvernehmen" (Pressemeldung G + J) verabschiedet. Nichts mehr tun kam aber nicht in Frage. Er machte sich selbständig; zusammen mit zwei Kollegen gründete er eine Bürogemeinschaft.

> „Die Freundschaft hier im Büro ist wichtiger als manche Aktivität. Die Freundschaft würde man nie riskieren."

Wie beschreibt er seinen Alltag heute? Es sei „business as usual", aber doch merklich anders. Effizienz beginnt sich für ihn neu zu definieren. Auch er arbeitet in einem Mix aus bezahlter und unbezahlter Arbeit, Freizeitaktivitäten nehmen nun einen größeren Raum ein. Enkelarbeit ist ein eigenständiger Bereich.

> „Ich gehe fast jeden Tag ins Büro, manchmal um 9 Uhr, am liebsten erst um 10 Uhr. Dann gibt es ein-, zweimal in der Woche ein Mittagessen, was unter Effizienzgesichtspunkten nicht unbedingt sein müsste, aber einfach Spaß macht, mit einem Kollegen oder Freund, um über Gott und die Welt und das eine oder andere Geschäftliche zu ratschen. Meistens geht es einmal die Woche auf Geschäftsreise. Wenn es geht, nicht über Nacht, lieber früh morgens los und abends spät zurück, während ich früher häufig über Nacht geblieben bin und am nächsten Tag Termine drangehängt habe. Wenn ich früher 150 Prozent gearbeitet habe, sind es heute noch 80. Für manche Leute viel, für mich relativ wenig. Es gibt mir reichlich Spielraum für private Dinge. Zum Beispiel mich um die Enkel zu kümmern. Dafür hätte man ja früher wohl kaum Zeit gehabt. – Entspannt, das Ganze!
>
> Hardcore-Arbeit sind 40 Prozent; Aufsichtsrats-, Beirats- und Beratungs-Jobs. 30 Prozent sind Soft-Arbeit: Kontakte herstellen, Freunde beraten, Mitarbeit im ZAW-Präsidium, Charity, dem Sportverein Rat geben, Ratsmitglied an der European Business School usw. 30 Prozent bleiben für private und sportliche Dinge. Das ist dann

> der Arbeitstag, von 9 bis 19 Uhr. Sportlich: Skilaufen, Tennis, ganz selten Golf, Segeln, Fahrrad – ich mache viel Bewegungssport, ohne von irgendeinem Sport besessen zu sein. Ich kann auch wunderbar im Liegestuhl sitzen, über Dinge des Lebens nachdenken, und ich kann von den gedruckten Medien nicht lassen. Und die E-Mailerei: bei mir kriegt man schnell eine Antwort."

Zu der von ihm genannten „Soft-Arbeit" gehört auch die ehrenamtliche Tätigkeit im Vorstand des Zentralverbands der deutschen Werbewirtschaft ZAW, in den er im Mai 2010 wiedergewählt wurde.

Als wir sprachen, war Rolf Wickmann 65 Jahre alt. Ihm schwebe „ein gleitender Rückzug" vor, er spricht von einem „Stufenprogramm":

> „Gerade dann, wenn man so ein erfülltes Berufsleben hatte, ist der Übergang doch schwer. Aber ich habe ihn mit diesem Stufenprogramm geschafft. Die nächste Stufe kam ja danach: Ich habe mich selbständig gemacht als Unternehmensberater, eigentlich eine Sache, die ich nie machen wollte. Aber wenn man etwas älter ist und Erfahrung in einer Branche hat, bietet sich das an. Das mache ich bis heute, bin jetzt 65. Ich habe mich auch bei einer anderen Firma mit kleinen Anteilen beteiligt, auch im Medienbereich, wo man dann auch mal die Chance hat, ein bisschen im Geschäft zu bleiben und den Kopf wach zu halten. Dann wird irgendwann, in ein bis fünf Jahren der Punkt kommen, wo man sagt, so jetzt höre ich ganz auf. Dann hat man über viele Jahre einen gleitenden Rückzug gehabt, der immer herausgefordert hat. Ob man eine Sache macht für 5.000 Euro oder 5 Millionen Euro – der Denkprozess ist häufig derselbe, die Verantwortung ist eine andere."

„Ich will, dass die nach Hamburg kommen": Jobberatung für den Arbeitgeber – freie Beratung – Beispiel 2

Zwischen Rolf Wickmann und seinem heutigen Büronachbarn Karl Dietrich Seikel gibt es Gemeinsamkeiten und Unterschiede. Seikel war bis 2007 Geschäftsführer von „Der Spiegel", bis Ende 2008 für diesen noch als Berater tätig und hat sich dann selbständig gemacht. Auch er arbeitet in einem Mix aus bezahlt, teilbezahlt und ehrenamtlich.

Er war, wie er berichtet, schon während seiner „aktiven Zeit in verschiedenen Verwaltungsräten und Aufsichtsräten", unter anderem bei der Schweizer Mediengruppe Tamedia.

> „Ich fand es toll, dass meine Schweizer Kollegen sagen: ‚Wie schön, dass du jetzt mehr Zeit für uns hast.' Hätte man mich nicht nach-

gefragt, dann wäre das traurig gewesen. Dann würde ich heute auch anders reden."

Nachgefragt hat später, 2008, auch der damalige Hamburger Bürgermeister Ole von Beust. Ergebnis: Karl Dietrich Seikel wurde Hamburger Medienkoordinator. Er soll, wie es im offiziellen Pressetext heißt, „Bindeglied zwischen den Unternehmen der Medien- und Kommunikationswirtschaft und Politik und Verwaltung sein und Hamburg im Standortwettbewerb noch besser positionieren".

„Kalkuliert habe ich für die Aufgabe Medienkoordinator zwei Tage in der Woche. In Wahrheit sind es vier Tage. Und der Rest geht drauf für Aufsichtsrats- und Beratungsmandate. Was ich jetzt mache, werde ich noch die nächsten zwei bis drei Jahre machen. Solange ich gesund bin und mir das Spaß macht, finde ich das sehr schön. Ich finde das auch anregend und erfüllend."

Unter „Aufsichts- und Beratungsmandate" subsumiert Seikel auch ehrenamtliche Aufgaben, wie für die Media School (bis 2009), das Haus der Photographie in den Deichtorhallen und die Universität. Auf die Frage nach „der typischen Woche" antwortet er, die laufe sehr unterschiedlich ab, und gibt ein Beispiel:

„Gestern war morgens um 10 Uhr eine Arbeitsgruppe ‚Group of Mentors'. Das gibt es hier an der Uni, das sind Leute, die sollen Geld für Projekte der Uni einsammeln. Ich habe mich breitschlagen lassen mitzumachen. Dafür hilft die Uni der HMS – der Hamburg Media School. Dann hatte ich einen Termin mit VDZ-Leuten (Anm. des Autors: Verband der Zeitschriftenverleger). Da ging es um eine Messe, die der VDZ hier in Hamburg machen will, wo ich in meiner Funktion natürlich ganz begeistert mithelfe, weil ich will, dass die nach Hamburg kommen. Um 19 Uhr war ich zu Hause.

Heute war Herr Peichl da, auch um 10 Uhr, er macht die Lead-Awards. Dann kommt nachher Professor B. von der F.A.Z.; ich weiß noch nicht genau, was er will. Heute Abend habe ich frei.

Morgen feiert ‚art', die Kunstzeitschrift, im Foyer bei Gruner + Jahr. Da ist einer meiner Söhne Verlagsleiter. Ich gehe hin, schon aus Interesse. Dann besucht mich ein Architekt, ich weiß noch nicht, worum es geht. Morgen um 11 Uhr früh ist mein erster Termin: ein Empfang zum einjährigen Bestehen einer Zeitschrift, die heißt ‚Der Hamburger', vor einem Jahr gegründet, ein wunderbares Produkt. Da geht der Bürgermeister Ole von Beust auch mit hin."

Drei Stichworte, die aus den letzten beiden Berichten mitgenommen werden sollten: Rolf Wickmann sagt, er habe sich als Unternehmensberater selbständig gemacht, „eine Sache, die ich nie machen wollte". Er hat sie, nach eigener Aussage, nicht langfristig geplant, dennoch gemacht. Karl Dietrich Seikel wollte ursprünglich, so war sein Lebensplan, früher aufhören und sich selbständig machen. Daraus wurde, dass er sich zunächst einen Weinberg kaufte und später – im „normalen" Ausstiegsalter seines Unternehmens – in die Selbständigkeit ging. Auch bei ihm gab es dazwischen einen Übergang im Unternehmen selbst. Die Generation vor beiden hätte sich diese Mühe der Verselbständigung nach einem langen erfolgreichen Managerleben vermutlich in der Mehrheit nicht gemacht.

Wickmann nennt als ein Argument, dass ein Ausstieg von 150 Prozent auf null für ihn ungesund wäre. Also geht er auf 80 Prozent und spricht von einem stufenweisen Rückzug. Beide organisieren sich über die Selbständigkeit einen gesundheitsschädigenden Schwachpunkt eines Angestelltenberufslebens weg, den radikalen Bruch. Und – drittes Stichwort – Rolf Wickmann unterstreicht, dass die Komplexität und damit die Herausforderung einer Aufgabe nicht von der Budgethöhe abhängen. Hier, entlang dieser Argumentationslinie, liegt die Chance von gemeinnützigen Institutionen zur gezielten Ansprache. Wo kein oder wenig Geld angeboten werden kann, lässt sich dies in gewissem Umfang durch Status ersetzen. Die Freude, mit der Karl Dietrich Seikel über seine Aufgabe als Medienkoordinator spricht, ist ein Beleg.

„Wenn man stehen bleibt, sieht man immer nur dasselbe": Jobberatung für den Arbeitgeber – freie Beratung – Beispiel 3

Ernst von Bismarck, langjähriger Deutschland-Geschäftsführer der Sonepar GmbH, war noch ein Jahr Berater seines Unternehmens. Dann zog er mit seiner Frau gleich nach dem beruflichen Ausstieg 2007 – da war er 60 Jahre alt – aus Düsseldorf in ein Dorf nach Mecklenburg an der Grenze zu Brandenburg. Gleichzeitig erwarb er eine Wohnung im Zentrum Berlins, also ein doppelter Ortswechsel. In Mecklenburg kaufte er Land und Wald. Die Investition soll sich, jedenfalls mittelfristig, selbst tragen.

> „Meine Idee war, dass ich einen kleinen Betrieb schaffe, der sich selbst trägt, einerseits aus Forstwirtschaft, dann aus Landwirtschaft. Wir wohnen in einem Teil eines Herrenhauses zur Miete. Ein kleineres Haus in der Nähe habe ich gekauft und renoviert, es ist vermietet."

Bismarck stammt aus einer pommerschen Familie. Schon sein Vater Klaus (1912 bis 1997) hat als Unterzeichner des Tübinger Memorandums 1961 – damals ein politisches Signal – auf den Besitz, der heute in Polen liegt, verzichtet. So macht der Sohn, heute auch Vorsitzender des Familienverbandes, eine neue Traditionslinie auf, als Angebot an die Kinder, nicht als Verpflichtung:

> „Ich habe hier zwei Besitze erworben, einen schon vor drei Jahren von der BVVG (Anm. des Autors: die staatliche Bodenverwertungs- und Verwaltungs- GmbH), einen kleinen Forstbesitz. Später habe ich einen zweiten Forst- und Landwirtschaftsbesitz gekauft, aus mehreren kleinen Parzellen, weil es große Stücke von der BVVG nicht mehr gab. Das war sehr zeitaufwendig. Ich habe zunächst versucht, das als Einmannbetrieb zu managen. Ähnlich wie damals beim Elektrogroßhandel habe ich ja Forst- und Landwirtschaft nicht mit der Muttermilch eingesogen. Es ist in einem Forstbetrieb sehr viel mehr zu tun, als man vielleicht denkt, Man hat hohe Fixkosten im Forst, man muss sehen, dass man die wieder reinholt. Dienstleistungsunternehmen helfen. Wenn eine Baumkultur angelegt wird oder Bäume gefällt werden, macht das ein Forstdienstleistungsunternehmen. Man muss Abwasser- und Bodenverbandsbeiträge zahlen, man hat einen Forstingenieur als Berater. Dann gibt es noch einfachere Arbeiten: Auszeichnen von Bäumen, Verkauf von Brennholz, solche Dinge. Wenn man einen Betrieb aufbaut, kommen viele andere Dinge hinzu. Man muss Fördergelder beantragen, Wege bauen, viele Einzelheiten. Aber erst einmal musste ich den Besitz aus lauter Einzelstücken zusammenfügen. Ich habe für meinen ersten Wald 62 Siedlerparzellen gekauft. Das war ein hartes Stück Arbeit, aber ich habe dabei viel über die DDR-Zeit gelernt, und wir sind auch auf diesem Weg hier heimisch geworden, auch in den Augen unserer neuen Nachbarn."

Bismarck sieht seine Entscheidung auch als eine politische an und bemüht sich, guter anregender Mitbürger in einem durchaus nicht argwohnfreien Umfeld zu sein. Das ist für einen langjährigen Städter eine Herausforderung in der Herausforderung. Man benötigt wohl für eine solch radikale Lebensveränderung eine besondere Lebensphilosophie. Oder ist „back to the roots" einfach nur die Wiederherstellung von Normalität und somit nur scheinbar radikal?

> „Ich glaube wirklich, das Leben ist ein Weg, und wenn man stehenbleibt, sieht man ja immer nur dasselbe. Man muss irgendein Ziel haben, dann wird es viele bunte Blumen geben, die man auf diesem Weg entdeckt. Man muss schon eine Richtung haben."

Wenn einer immer auf dem Weg sein will, wird sich das Ankommen auf Etappenziele beschränken. Altersforscher ermahnen uns, wir sollten unser Leben nicht länger als Drei-Phasen-Wirtschaft beschreiben: Aufwachsen, Bildung = erste Phase, Arbeit = zweite Phase und Ruhestand = dritte Phase. Denn Leben heute verlaufe in viel stärkeren Verschränkungen. Gleichwohl stellt der Ausstieg aus der Vollzeitarbeit immer noch eine beachtliche Zäsur dar mit Veränderungslasten und -chancen. Nur wenige Gesprächspartner sprechen wie Bismarck die Sehnsüchte an, die nun mit Aussicht auf Erfüllung freigelegt werden könnten.

> „Jede Seele hat ihre besondere Sehnsucht. Warum nicht dieser nachgehen, wenn man die Freiheit dazu hat und die Familie mitzieht? Oft sind aber gerade diese Sehnsucht oder viele kleine Sehnsüchte im Verlauf des Berufslebens verschüttet worden, und man muss sie erst wieder freilegen oder gelegentlich auch mal tiefer graben."

Dabei spiele auch die Nachhaltigkeit – bekanntlich ursprünglich ein Begriff aus der Forstwirtschaft – des eigenen Tuns eine Rolle. Wer Land kauft, bestellt und vererbt, setzt auf die langen Linien.

> „Das ist natürlich auch eine Sehnsucht, die man in sich hat, dass man etwas tut, was über den eigenen privaten Bereich hinausgeht."

Das Beispiel zeigt, welche Funktion (die freilich auch gelebt werden muss) das Eigentum dabei einnimmt.

> „Ich bin natürlich sehr glücklich, dass ich einen Traum, den ich immer hatte, wieder zu ländlichen Wurzeln zurückzukehren, doch habe realisieren können. Hierbei war mir das Eigentum wichtig, da es mir die größtmögliche Freiheit zum Gestalten gibt. Es macht mir Spaß, etwas von mir Aufgebautes der nächsten Generation zu überlassen. Dies natürlich nur als Angebot und nicht als Verpflichtung verstanden. Ich dachte mir, dass man vielleicht das Glück ein wenig festhalten kann, wenn man es weitergibt. Diese Vision hat unser Leben völlig verändert. Heute bewirtschaften wir einen land- und forstwirtschaftlichen Betrieb in Mecklenburg."

Eine weitere Gruppe, die hier vorgestellt werden soll, hat keine Verbindung mehr zum alten Arbeitgeber, sondern ist unmittelbar nach dem Ende der Vollzeitbeschäftigung in eine zweite Berufskarriere gestartet.

„Quasi nahtlos von einem Schreibtisch zum anderen“: Weg vom alten Arbeitgeber rein in die zweite Karriere – Beispiel 1

Georg Wronka beschäftigt sich als niedergelassener Rechtsanwalt mit dem Thema „Arbeitnehmerrechte in der Datenverarbeitung“, seitdem er mit 66 als Hauptgeschäftsführer des Zentralverbands der deutschen Werbewirtschaft (ZAW) ausgeschieden und 2008 von Berlin zurück nach Bonn, dem früheren Sitz des Verbands, umgesiedelt war. Er beschreibt Ausstieg und Ankommen trotz räumlicher Veränderung als „nahtlos“. Anders, sagt er, hätte es „einen in eine trübe Stimmung versetzen können“. Er war über das Ausmaß der Nachfrage nach ihm als Spezialisten überrascht, nahm die Herausforderung aber offenbar gern an.

> „Ich bin quasi nahtlos von einem Schreibtisch zum anderen gegangen und auch jetzt voll ausgelastet. Ich sitze spätestens um 8 Uhr am Schreibtisch, arbeite an den meisten Tagen– bis abends 9 Uhr, mit den typischen Unterbrechungen. Vielleicht mache ich höchstens mal nachmittags ein Nickerchen im Sessel. Ich gleiche das aus durch andere Tage, an denen ich mittags Schluss mache und dann auf den Golfplatz gehe. Dreimal in der Woche habe ich feste Termine für die Golferei. Das ist seit einigen Wochen so, das war davor nicht möglich. Aber wenn ich nicht ganz so gefordert bin, dann sitze ich an einem Aufsatz. Ansonsten habe ich fast immer fristgebundene Aufträge zu erledigen.“

Wronka arbeitet im eigenen Büro, er hat ganz bewusst nicht den Eintritt in eine Kanzlei gewählt.

> „Hier (im eigenen Büro statt in einer Kanzlei) arbeite ich unbeobachtet, kann meine Zeit auch einteilen, kann auch am Sonntag durcharbeiten. Wenn ich das in einer Kanzlei mache, wirkt das albern. Bei mir steht Schriftliches im Vordergrund. Das kann ich besser für mich allein. Was mir fehlt, aber was ich organisiert habe, das ist Schreibkraftarbeit. Ich lebe eben mit Akten, ich lebe mit Schreibtischen. Ich stehe auch nachts um 4 auf, wenn ich einen Gedanken habe, und schreibe den auf. Die Struktur des Tages ist weitgehend von mir selbst definiert.“

Patchwork-Life heißt, so hatten wir es definiert, weitgehend selbstbestimmt den Mix von Arbeit und Freizeit zu wählen und die berufliche Tätigkeit so selbstbestimmt es irgend geht auszuüben. Wir sehen hier: Das schließt auch die Freiheit zur Mehrarbeit an selbstgewählten Zeitpunkten, außerhalb üblicher Bürozeiten, mit ein.

Obschon von den angestellten Managern, die ich interviewt habe, beim Ausscheiden der Älteste, wird Wronka dank seines speziellen Profils sofort nach seinem Ausstieg nachgefragt. Und er entzieht sich dem nicht. Er vermittelt damit einen Eindruck dessen, was die Generation der 68er/Babyboomer nach ihrem Ausscheiden als Angestellte zu leisten in der Lage ist.

„Das Büro ist quasi immer um mich“: Direkt in die zweite Karriere – Beispiel 2

Aber im Regelfall, wir werden das sehen, ist die Nachfrage nur bei ausgeprägten Spezialisten oder bei wirklich namhaften und überdies gut vernetzten Generalisten stark, mitunter stärker, als geleistet werden kann. Hasso Kaempfe ist so ein Generalist. Er ist voll berufstätig, aber nun als freier Berater.

Am 30. Mai 2007 meldete das Handelsblatt:

> „Jägermeister-Chef Hasso Kaempfe: Neue Herausforderung mit 57 Jahren
>
> Dem leicht angestaubten Likörhersteller verpasste er in den vergangenen zehn Jahren ein modernes Image und führte das Unternehmen wirtschaftlich von Erfolg zu Erfolg. Trotzdem verlässt Vorstandschef Hasso Kaempfe Jägermeister nach fast zehn Jahren. Einen neuen Job hat der 57-Jährige noch nicht. Es ist nicht das erste Mal, dass er scheinbar sprunghaft handelt.“

2009 charakterisierte ihn das Handelsblatt[23] als „Sparringspartner“ mittelständischer Unternehmer und nannte namentlich Eugen Block (Block House) und Theo Müller (Müller-Milch), denen Kaempfe zu Hilfe geeilt sei. Neben Aufsichtsrats- und Beiratstätigkeiten wird in dem Beitrag auch über Kaempfe als Redner berichtet, vermittelt von einer Redneragentur. Er bestätigt dies.

> „Ich bin bei einer Redneragentur, eine ebenso interessante wie lukrative Sache. Ich kann auf ein Standardportfolio zurückgreifen, das ich je nach Zielgruppe, Branche und Anlass variiere. Man kommt so in andere Branchen und dort wieder zu neuen Kontakten. Es hat sich daraus ein Netz gesponnen.“

Eine Chance des erfahrenen Beraters besteht in der Übertragung von Erkenntnissen von einer Branche in die andere.

> „Man ist nicht nur in der angestammten Branche zu Hause. Ich nenne beispielsweise Falke und damit den Bereich Fashion. So setzt sich das nach und nach zusammen. Und jetzt habe ich es so, dass ich auf den unterschiedlichsten Hochzeiten tanze."

Notwendig ist die Bereitschaft zur vollen Flexibilität und Mobilität. Es sind die unumgänglichen Kosten einer zweiten vollen Karriere.

> „Ich bin auch wie ein Reisebüro. Ich habe für das vergangene Jahr festgestellt, dass ich 17 Tage im Monat unterwegs war, was auch für die Familie ein neues Familiengefühl ist. Denn nach meiner sehr reiseintensiven Tchibo-Zeit war ich bei Jägermeister nicht so viel unterwegs. Ich hatte jetzt gerade zwei Tage in meinem Büro, die genieße ich über alle Maßen."

Wie viel Freiheit lässt ihm dieser Mix? Es ist einerseits, so meint er, mehr Freiheit, weil er die Aufgaben, die ihn erreichen, ja seinlassen könnte, andererseits weniger, weil er nun sein eigener Unternehmer ist. Es gibt keine Grenzlinie zwischen beruflich und privat.

> „Das theoretische Gefühl, ich könnte ja eine der Aufgaben seinlassen und hätte dann mehr Zeit, ist natürlich da. Andererseits werde ich getrieben von den ganz unterschiedlichen Aufgaben, die ja nicht koordiniert nacheinander hereinkommen, sondern in Klumpen. Mein Büro ist zwar nicht im Hause, aber auf dem Hof, 60 Meter von der Küchentür entfernt.
>
> Ich habe mittlerweile alles auf meinem Laptop. Ich habe es fast geschafft, ein papierloses Büro einzurichten. Dieses Büro ist quasi körperlich immer um mich, und ich kann mal schnell vor dem Frühstück oder nach dem Abendbrot drei Mails beantworten oder mal in den Posteingang reingucken. Bei Jägermeister hatte ich die Tür zugemacht und selten Arbeit mit nach Hause genommen, sondern blieb dann eher länger oder fuhr mal am Sonnabend hin. Aber das Haus war privates Refugium. Das ist heute anders. Damit umzugehen, das ist eine Sache, die ich noch besser lernen muss."

Der Übergang zu Patchwork-Life ist also durch das Spannungsverhältnis von theoretisch mehr und praktisch womöglich weniger Freiheit, dazu noch mit der Unsicherheit der Auftragssituation, gekennzeichnet. Das Gefühl der täglichen Unsicherheit ist eine neue Erfahrung.

> „Das sind bisher Mischungen gewesen aus Mandaten und Aufgaben, die eine Zeitgebühr oder ein Jahreshonorar haben. Das ist in

> so einer späten Phase des Selbständigwerdens erst mal ganz neu. Dann hatte man natürlich zwei, drei Sachen, die waberten so im Raum, nichts war fixiert. Dann macht man eine Cash-Planung über die nächsten zwei Jahre, was alles schon gesettelt ist, und welche Löcher es noch gibt, wenn man nicht an die Reserven gehen möchte. Das alles finde ich schon ganz spannend. Meine Frau sagt immer, das findet sich, da kommt schon wieder einer. Aber man muss sich auch daran erst mal gewöhnen."

Der Führungsmanager hat zwar keinen sicheren Job, aber er weiß, dass er zunächst sicher auf dem Stuhl sitzt und, wenn er sich nichts zuschulden kommen lässt, seinen Job nicht ohne Übergangshilfen verlieren wird. Für den Altgedienten kommt hinzu, dass er nun nicht weiß, „wie lange sein Stern noch strahlt".

> „Am Anfang habe ich gesagt, man muss jetzt mal ein bisschen Gas geben, man weiß ja nicht, wie lange der Stern noch strahlt. Mittlerweile hat sich ein gewisses Netz an Interessenten oder anderen Auftritten oder Verbindungen ergeben, dass ich in der Tat darauf hoffen kann, dass es immer wieder was Neues gibt. Es ist natürlich auch von Tag zu Tag ein neues Fahrgefühl, irgendwo zum Tagessatz zu arbeiten. Wenn du da nicht erscheinst, ist der Tagessatz weg."

Kaempfe sagt, er „mache nicht so sehr Ehrenamt". Das ist freilich eine Untertreibung.

> „Ich unterstütze drei junge Firmen, aber ohne jede Beteiligung, Honorar oder Ähnliches. Gratisförderung junger Leute. Es gab einige Angebote, die habe ich aus Zeitgründen nicht angenommen. Ich bin – nicht richtiges Ehrenamt, aber es kostet mich auch Zeit – in zwei Beratergruppen von Christian Wulff, dem niedersächsischen Ministerpräsidenten."[24]

Also macht er doch nicht so viel? Von wegen! Nach unserem Gespräch in einem Restaurant in der Nähe der European Business School in Oestrich-Winkel fuhr Kaempfe zur Hochschule, um dort einen Vortrag vor Studenten zu halten. Dem vorausgegangen war eine Anfrage an den Markenverband, in dessen Vorstand er tätig ist. Im Markenverband arbeitet er ehrenamtlich, ebenso wird er für den Vortrag nicht bezahlt werden. Ich erzähle dies, weil auch bei Hasso Kaempfe, wie bei fast allen Gesprächspartnern, auffällt, dass er nicht jedes unbezahlte Engagement als solches parat hat. Die Förderung von unternehmerischem Nachwuchs gehört dazu. Der andere Punkt ist: Wer beruflich eingespannt ist und ein entsprechendes Netzwerk hat, ist auch ehrenamtlich umworben. Wer nicht so eingespannt ist, wird auch ehrenamtlich nicht so umworben. Wer aber, zumal freiberuflich, stark nachgefragt wird, hat für größere ehrenamtliche Engagements keinen Raum. Das ist ein Dilemma.

Mehr Zeit fürs Ehrenamt genommen hat sich eine weitere Gruppe meiner Gesprächspartner. Sie haben ebenfalls keine Verbindung mehr zum vorherigen Arbeitgeber (im ersten Fall stimmt das nicht ganz, der Betreffende hat noch ein Büro) und ihre zweite „Berufskarriere" mit stärkeren ehrenamtlichen Aufgaben kombiniert.

„Ich sage nicht, ich muss nicht mehr ins Hamsterrad": Zweite Karriere, unbezahltes Engagement – Beispiel 1

Zwischen Hasso Kaempfe und Andreas de Maizière gibt es heute, was beruflichen Mix und berufliche Auslastung angeht, viele Parallelen. Unterschiedlich waren die Startbedingungen in die zweite Karriere. Kaempfe wollte wechseln, de Maizière nicht. Er hat eine sehr erfolgreiche Banker-Karriere gemacht, die ihn 1999 in den Vorstand der Commerzbank führte. Die Karriere endete 2005 – de Maizière war 55 Jahre alt – abrupt und schmerzhaft. Er verlor nicht nur seinen Vorstandsposten, sondern auch sein weiterer Berufsweg war durch ein Ermittlungsverfahren der Staatsanwaltschaft Frankfurt am Main versperrt.

> „Das wird mich mein Leben lang begleiten, das ist schmerzhaft. Aber es ist abgehakt. Es interessiert keinen wirklich, das ist so wie bei Krankheitsgeschichten. Man darf den Leuten nicht auf die Nerven gehen, nichts schönreden, aber auch nichts schlechtreden."

Bis 2007 zog sich die Verfahrensprüfung hin. De Maizière wurde rehabilitiert und war nun frei für berufliche Herausforderungen.

> „Ich sage nicht: ‚Eigentlich war das gut, muss ich nicht mehr ins Hamsterrad, kann mich mehr um meine Frau kümmern. Jetzt mache ich interessante Dinge.' Würde mich jemand fragen: ‚Hast du den Wechsel innerlich akzeptiert?', würde ich sagen: ‚Ich wäre lieber geblieben.'"

Heute würde ich ihn als jemanden mit einer vollen Zweitkarriere charakterisieren. Daneben hat er, überzeugt, dass das Zurückgeben ethische Verpflichtung jedes Managers sein sollte, Ehrenämter übernommen, namentlich in Gremien der evangelischen Kirche (zum Beispiel Arbeitskreis evangelischer Unternehmer – AEG, stellv. Vorsitzender der EKHN-Stiftung, Vorstandsmitglied und Schatzmeister der Deutschen

Stiftung Denkmalschutz). Vom Ruhestand ist er, 2010 sechzig geworden, nach eigener Einschätzung weit entfernt:

> „Hier und heute bin ich typisch und nicht typisch, weil ich drei Dinge tue: Ich bin Partner bei Doertenbach (Anm. des Autors: Investmentbankinghaus Doertenbach & Co. GmbH) und das kann ich als Fulltime-Job fahren, was ich aber letztlich nicht tue. Das ist bei anderen nicht so. Ich bin insofern nicht typisch. Ich bin typisch, weil ich zwei andere Dinge mache wie ein früh Ausgeschiedener: Ich bin sozusagen Berufsaufsichtsrat, und ich bin ehrenamtlich engagiert."

De Maizière sieht eine relevante Altersgrenze für jemanden wie ihn bei 70. Nicht weil er dann nicht mehr wollte, sondern weil bei 70 seiner Meinung nach eine Grenzlinie verläuft.

> „Ich habe ja verschiedene Pferdchen laufen. Eines aber ahne ich: Ab 70 wird das schwierig. Es wird dann deutlich weniger."

„Meine Frau sagt, Ehrenämter sind am arbeitsträchtigsten": Zweite Karriere, unbezahltes Engagement – Beispiel 2

Johann C. Lindenberg, Jahrgang 1946, war von 1998 bis 2005 Deutschland-Chef von Unilever. Insgesamt hat er 33 Jahre für den Konzern gearbeitet. Im „manager magazin"[25] hieß es 2008:

> „Für die Vorzüge des Altenteils kann Lindenberg sich nur bedingt begeistern. Er widmet sich zwar der Lektüre von Belletristik und reist auch viel. Dennoch reicht ihm das nicht. ‚Ruhe ist schön, aber kein erstrebenswerter Dauerzustand.' Während die Altersgenossen an ihrem Golf-Handicap feilen, sucht sich der ‚passionierte Nichtgolfer' (Lindenberg über Lindenberg) neue Aktionsfelder: ‚Mir ist wichtig, dass ich mit Geist und Fantasie tätig bleibe.' Vor allem Aufsichtsratsmandate sammelt Lindenberg wie andere Leute Münzen. In sechs Kontrollgremien sitzt er, unter anderem bei Gruner + Jahr und bei Esso Deutschland."

Dazu kommen: Praktiker, die Elbphilharmonie Hamburg Bau GmbH & Co. KG und die Hamburg Messe und Congress GmbH. Von den weiteren ehrenamtlichen Funktionen seien genannt: Seit 2007 ist er Mitglied des Hamburger Hochschulrates, und er ist Vorsitzender des Landeskuratoriums Hamburg/Schleswig-Holstein des Stifterverbands für die Deutsche Wissenschaft

Eine typische Woche beschreibt Johann C. Lindenberg im Gespräch so:

> „Wenn ich meinen Terminkalender für diese Woche sehe, ist es so, dass ich über längere Phasen jeden Tag irgendwelche Sitzungen habe. Morgen Vormittag Stiftung Elbphilharmonie, anschließend Sitzung mit deutschem Vorstand von Praktiker, einer Baumarktkette, bei der ich aktiv begleitender Aufsichtsrat bin. Am nächsten Tag bin ich als Aufsichtsratsvorsitzender bei J.J. Darboven, anschließend in gleicher Funktion bei der Hamburg Messe und Congress Gesellschaft, da geht es um das Thema Wachstumsstrategien. Freitag habe ich eine Sitzung mit dem Staatsrat, anderes Thema. Das geht also so durch."

Lindenberg hatte sein Engagement für die Senatsverwaltung mit dem Vorsitz der Hamburger Messe begonnen. Es war eine Idee des damaligen Wirtschaftssenators Gunnar Uldall, die städtischen Aufsichtsratspositionen mit altgedienten Managern, die in dieser Funktion ehrenamtlich tätig werden, zu besetzen. Lindenberg sieht in dieser Aufsichtsratstätigkeit prinzipiell keinen Unterschied zu privatwirtschaftlichen Engagements, wenn er die Aufgaben in der Messegesellschaft wie folgt beschreibt:

> „Dann bin ich Aufsichtsratsvorsitzender bei der Hamburg Messe und Congress Gesellschaft. Da bin ich hineingekommen durch den Wirtschaftssenator. Der hatte gemeint, das müsse jemand aus der Wirtschaft machen. Die Messe war mitten in einem riesigen Investitionsprogramm. Es lief nicht gerade so, wie es hätte laufen sollen, was Budget und Zeitmanagement betraf, aber mit viel Mühe und Einsatz und Änderung haben wir das dann in den Griff bekommen. Gleichzeitig ging es um Wachstumschancen. Dazu brauchten wir Veränderung, sowohl in der Führung als auch in den Strukturen. Wir sind mittlerweile auf einem guten Weg, das Unternehmen funktioniert. Allerdings ist Wachstum zu schaffen immer eine Riesenherausforderung, das ist überall schwer."

Es liegt am Manager und an der Art, wie Aufgaben an ihn herangetragen werden, ob er eher seinem Erwerbstrieb folgt oder sich von anderen Präferenzen leiten lässt.

> „..Dann war ich noch Aufsichtsratsvorsitzender bei einem anderen Unternehmen, das habe ich aber abgegeben zum Anfang dieses Jahres. Das war nicht kompatibel. Da habe ich Vorschläge gemacht zu neuen Strukturen, aber die sind nie umgesetzt worden. Frustrieren lassen muss ich mich nicht mehr."

Wir können mitnehmen: Wer als Manager oben war und gut vernetzt ist und als kommunikationsfähig zwischen verschiedenen Wirtschaftsbranchen und zwischen Politik und Wirtschaft gilt, kann zwischen Angeboten wählen. Es gilt auch im Feld der nicht oder lediglich aufwandsbezogen bezahlten Aufgaben bei der Suche nach Persönlichkeiten eine ähnliche Rangordnung wie zuvor im Wirtschaftsleben. Bei richtiger Ansprache lassen sich Manager auch für arbeitsaufwendige Aufgaben und Projekte ausschließlich oder überwiegend ehrenamtlicher Ausrichtung gewinnen und bringen dann ihrerseits ihre Netzwerke mit ein.

Zu vermuten ist, dass Tradition und Kultur einer Stadt oder Region die Bereitschaft zu Zeitmäzenatentum fördern können, wenn Persönlichkeiten, die diese Linie verkörpern, als Repräsentanten und Ansprechpartner fungieren, so wie Henning Scherf lange in Bremen oder Ole von Beust in Hamburg. Aber kennen Bürgermeister oder Dezernenten in Städten und Kommunen „ihre" Manager? Unter welchen Vorzeichen kommen beide Seiten in produktiver Weise zusammen? Hier stellen sich Fragen, die in späteren Kapiteln wieder aufgenommen werden. Festzuhalten ist an dieser Stelle aber eines: Wer klagt, dass er niemanden findet für eine interessante ehrenamtliche Aufgabe, muss sich fragen lassen, ob er ernsthaft und mit den richtigen Methoden sucht. Das schließt nicht die Kritik an Managern aus, dass sie ihrerseits zu passiv sind.

„Immer was Neues": Unbezahltes Engagement – Beispiel 1

Walter Tayer*26 beschreibt seinen Ausstieg ebenso wie seine wechselreiche Karriere als problemlos und geglückt. Bis 2008, da war er gerade 59 geworden, war er Bereichsvorstand eines Großunternehmens. Sein Lebenslauf weist ihn als Wechsler auf: naturwissenschaftliches Studium; Gründung einer eigenen Softwarefirma; später Aufstieg bis zum Geschäftsführer in einem Informatikunternehmen; dann Wechsel in die letzte und höchste Position als Quereinsteiger – Wechsel jeweils im Zehnjahresrhythmus.

> „Ich habe immer gesagt, ich werde garantiert nicht bis zum Pensionsalter in so einem Großbetrieb arbeiten. Ich habe eigentlich immer versucht, alle zehn Jahre in meinem Leben etwas Neues zu machen. Und die waren mal wieder voll. Ich war 59."

Er ist Honorarprofessor in seinem Fachgebiet, zurzeit mit deutlich mehr Zeiteinsatz als zuvor, bis zu zwei Tage in der Woche. Honorar gibt es keines. (So ist das mittlerweile weitverbreitet; man sollte sich seitens der Hochschulen eine passendere Bezeichnung als Honorarprofessor einfallen lassen.)

> „Ich kriege gar nichts, aber ich bin der Meinung, ich habe mein Leben lang gut verdient, ich habe schon die Verpflichtung, dass ich der Gesellschaft etwas zurückgeben muss. Die Gesellschaft hat mich gut behandelt, also habe ich eine Verpflichtung, die Gesellschaft gut zu behandeln. Die Uni würde mir etwas bezahlen, wenn ich wollte, oder zumindest Reisekosten ersetzen. Aber ich habe gesagt: ‚Verwendet das Geld für Forschung, ich habe ein gutes Auskommen.'"

Er hätte auch von ehrenamtlichem Engagement sprechen können. Als ich danach fragte, verneinte er zunächst, dass er auf diesem Sektor etwas tue, weil er seine Hochschullehrertätigkeit nicht unter ehrenamtliches Engagement subsumierte.

Er arbeite nicht mehr 150 Prozent, sondern 100 und sei mit seinem Ausscheiden „endlich Herr meines Terminkalenders".

> „Mit dem Gedanken, in Pension zu gehen, kann ich mich nicht anfreunden. Ich gedenke nicht, irgendwann Rentner zu werden, sondern ich mache Sachen, die mir Spaß machen."

Also Sachen, die Spaß machen. Das Rentnerdasein gehört offenbar nicht dazu. Zum Spaß gehört das Geben. Es ist aber auch eine moralische Verpflichtung. Und es hält ihn nach eigenem Bekunden frisch. In der Honorarprofessur hat Walter Tayer* alle drei Komponenten. Und, so könnte man hinzufügen, auch die Statussicherung, die anderen so wichtig ist und so viel Mühe macht.

„Mitmach-Impuls für eine aktive Bürgergesellschaft": Unbezahltes Engagement – Beispiel 2

Bernd Kundrun hat nicht gewartet, bis ihn jemand anspricht, er hat gehandelt. Und das schon aus seinem Job heraus. An seinem 50. Geburtstag im Jahr 2007 hatte er die Weichen gestellt. Allerdings hatte er bis Januar 2009 nicht vor, seine Karriere bei Bertelsmann abzubrechen, um Sozialunternehmer zu werden. Als er sich aber zum abrupten Abschied aus der Position des Vorstandsvorsitzenden gezwungen sah, wusste er gleich, was er nun tun würde. Denn der Weg war bereits gezeichnet und würde nun früher und energischer beschritten werden als ursprünglich geplant. Abschied und Ankommen hatten bei ihm in dieser Konstellation eine große Überschneidungsfläche.

> „Es kam der Zeitpunkt, an dem ich die Entscheidung treffen musste auszusteigen. Es ging mir dabei nicht nur darum, eine Phase von 25 Jahren zu beenden, sondern auch darum, etwas Neues zu machen. Schon seit etwas mehr als einem Jahr, seit meinem 50. Geburtstag im November 2007, hatte ich mir vorgenommen, Social Entrepreneur zu werden und Zeit sowie Geld in ein gemeinnütziges Projekt zu stecken. Mir selbst und anderen versprach ich damals öffentlich, dass ich eine Million Euro in eine gute Sache investieren würde. Das konnte ich dann deswegen recht zügig realisieren, weil ich in diesem letzten Jahr bei Gruner + Jahr an den Wochenenden und nach Feierabend sehr intensiv mit Leuten geredet habe, die auf solch einem Weg schon waren und die bereits interessante Initiativen gestartet hatten."

Kundrun gehört zusammen mit Arno Mahlert, den er, wie dieser berichtet, zur Mitarbeit bei „Betterplace" gewonnen hat, und Maritta Koch-Weser zu den Interviewpartnern, die Geld und Zeit für ein Sozialprojekt einsetzen und als Zielsetzung „Ausbau der Bürgergesellschaft" angeben. Kundrun beteiligt sich am Ausbau einer Plattform, die mit Hilfe der digitalen Kommunikation einerseits Hilfsprojekten und andererseits ideellen und finanziellen Unterstützern hilft. Er hat nicht darauf bestanden, seine Investition mit seinem Namen zu verbinden. Er hat die Sache, die ihn nun treibt, nicht erfunden, sondern hat sich nach sorgfältiger Sondierung einer Idee und einer in ihrer Zusammensetzung ungewöhnlichen Gründergruppe zur Verfügung gestellt. Eine Ungewöhnlichkeit besteht im Generationsmix:

> „Mir war aufgefallen, dass auch der soziale Sektor durch den Einsatz des Internets profitieren kann. Also habe ich mich auf Bereiche konzentriert, wo das Internet die ganze Branche auf den Kopf stellen wird – gemeinnützige Tätigkeit, Selbstorganisation von Initiativen, Marketing von Organisationen und Initiativen, schließlich Spendensammeln. Bei dieser Veränderung wollte ich unbedingt dabei sein, gewissermaßen bei der Geburt einer ‚Bürgergesellschaft 2.0'. Mein Traum war, für eine aktive Bürgergesellschaft mit den modernen Mitteln der Kommunikation einen erheblich stärkeren Mitmachimpuls auszulösen. Dafür habe ich Mitstreiter gefunden, die auch schon an solchen Projekten gearbeitet und sie auch schon gestartet hatten: Die Gründer von ‚Betterplace' und ‚Spenden.de'. Wir haben unsere Kräfte gebündelt und jetzt sind wir gemeinsam auf dem Weg. Wir haben sogar eine gemeinnützige Aktiengesellschaft daraus geformt. Ein sehr ambitionierter Weg mit vielen prominenten Unterstützern. Es macht richtig Spaß, und es ist so, wie ich es mir erträumt habe."

Der Avantgarde-Anspruch, der Kundruns Karriere kennzeichnet, ist nicht aufgegeben, sondern übertragen in ein neues, ihn völlig einnehmendes Arbeitsfeld.

Lustgewinn zieht Kundrun zudem aus der im Vergleich zum bisherigen Berufsleben unterschiedlichen Atmosphäre und der Möglichkeit, Jung und Alt, unverbraucht und erfahren zielgerichtet zu mischen. Seine Beschreibung liest sich wie eine Einladung an Generationskollegen zur Nachahmung bürgerschaftlichen Engagements, das freilich – nebenbei gesagt – keineswegs immer so aufgestellt ist: Entweder ist es oft zu alt oder zu jung, oder es fehlen die Hauptamtlichen, oder sie erdrücken die Ehrenamtlichen. Alles nicht so hier:

> „Es ist ganz anders – ich habe es auch jetzt mit sehr interessanten Leuten zu tun, die aber nicht mit denselben Themen, demselben Dresscode und derselben Attitüde den Raum betreten, wie ich das über Jahrzehnte gewohnt war. Sondern: Hier funktioniert eine ganz besondere Coachingbeziehung. Typische Seniors, die – wie ich – schon Führungserfahrung besitzen und die bei Betterplace mitarbeiten, haben jeweils junge Leute in der Organisation, denen sie regelmäßig Coaching angedeihen lassen.“

Wer Zeit und Geld in gesellschaftliche Zwecke investiert, arbeitet an der Sinnstiftung seines Lebens. Das erinnert an die nicht wenigen amerikanischen Beispiele von Andrew Carnegie bis Bill Gates. Der Anspruch ist doch, von den in den aktiven Berufsjahren eingenommenen privaten Gewinnen auf intelligente und einprägsame Weise zurückzugeben, zum Wohle der Gesellschaft und zum eigenen Langzeitruhm. Man muss, das zeigt Kundruns und Mahlerts Beispiel, nicht auf der Flughöhe der Rockefellers und Fricks agieren, um in den langen Linien der Menschheitsentwicklung zu denken und zu handeln.

Auch die nächsten Berichte zeigen, was mit Tatkraft und Vision möglich ist. Man kann sich jeweils ereifern, ob persönliche, familiäre oder gesellschaftliche Bezüge im Vordergrund stehen. Derartige Ereiferungen sind freilich allzu oft nur Ausflüchte von Menschen, die ihre eigene Lauheit verdecken. Das ist nachvollziehbares Verhalten, muss uns aber nicht irritieren. Ich habe meine Gesprächspartner, daran sei an dieser Stelle nochmals erinnert, unter den Gesichtspunkten „Zugang“ und „persönliche Neugierde“ ausgesucht, nicht unter dem Suchkriterium „vorbildlicher Generationsgenosse“. Dass dennoch von jeder und jedem zu lernen ist, das ist eben so.

„Man muss nicht immer angestellt sein": Unbezahltes Engagement – Beispiel 3

Maritta Koch-Weser hat ihre beruflichen Inhalte ins ehrenamtliche Engagement transformiert und handelt freiwillig im Spagat zwischen internationalem und lokalem Engagement. Sie war von 1980 bis 1998 in Spitzenfunktionen für die Weltbank tätig. 1999/2000 war sie Generaldirektorin der World Conservation Union (heute: IUCN), um dann nach Deutschland zurückzukehren. Sie gründete die Nichtregierungsorganisation „Earth 3000" (www.earth3000.org) und ist zudem seit 2003 CEO der GEXSI (Global Exchange for Social Investment, einer Londoner NGO) sowie in weiteren Organisationen tätig, beispielsweise für die Heinrich-Böll-Stiftung. Für sie ist ihr jetziges ehrenamtliches Engagement eine Fortsetzung ihrer beruflichen Arbeit mit anderen Mitteln.

> „Systeme, auch Unternehmen, lassen sich verändern: Dazu muss man deren Regeln lernen und sie hinterfragen. Wer hinterfragt, entdeckt Veränderungsmöglichkeiten. Wichtig ist auch, dass du immer eine Innovationsschraube dabei hast. Dich treiben Zielsetzungen an und der Wunsch nach Innovation. In diesem Sinne hat die von mir gegründete NGO ‚Earth3000' die Zielsetzung – sie ist nur englisch definiert: ‚innovations in governance for environment and development'."

Nach eigener Wahrnehmung waren Abschied und Ankommen eng verknüpft, die Instrumente wechselten, die Mission aber nicht. Allerdings ist noch etwas hinzugekommen. Sie hat mit ihrem Mann Schloss Bieberstein, eine Burg bei Freiberg in Sachsen, zu der es familienhistorische Bezüge gibt, gekauft und renoviert und betätigt sich nun auch unternehmerisch.

> „Ich war ja nun befördert dazu, die Leiterin einer internationalen Umweltorganisation zu werden. Ich bin nicht gegangen als Pensionärin. Ich bin gegangen mit Blick auf den nächsten Job. Als ich den dann verlassen habe, bin ich auch gegangen mit Blick auf die Unternehmen, die ich hier gründen wollte, um in Deutschland tätig zu werden. So richtig aufgehört habe ich nie. Aber jetzt mal philosophisch gesehen werde ich das auch nicht tun. Der letzte Angestelltentag hat sich sozusagen abgelöst – ich glaube, ich bin Ende Dezember bei der IUCN weggegangen, und im Februar habe ich ‚Earth 3000' und die Bieberstein Forum GmbH gegründet. Ich habe also den Wandel vom Angestellten zum Unternehmer, den heute immer mehr Leute vollziehen, gemacht. Ich habe mir gesagt, man muss nicht immer angestellt sein, man kann das auch umdrehen."

Damit bestätigt sich mit ihr auch die These vom Trend zum Patchworking, der sich zumeist im Status der Selbständigkeit manifestiert.

Zum internationalen Engagement gehört auch die lokale, mindestens regionale, wissenschaftlich-systematische Projektarbeit in Brasilien, einem Land, dem sie vielfach verbunden ist:

> „Ich habe Dauerverpflichtungen, die ich teilweise mobil, teilweise von fixen Standpunkten aus ausüben kann. Der Computer ist ja heutzutage überall das Büro. Aber ich arbeite mit einem Team in São Paulo zusammen und bin auch die Leiterin dieses Teams. Das ist bei der Uni in São Paulo im Institute for Advanced Studies; ein Programm über Amazonien, das zwei Teile hat: einen, den ich mit angetrieben habe, und einen, den ich jetzt mit Kollegen zusammen übernommen habe. Das eine ist, wirklich zum ersten Mal, eine Historie des Wandels im Amazonasgebiet aufzubauen. Alles was Wert hat, soll nach und nach digitalisiert und abrufbar kategorisiert werden. Da wird Geschichte gerettet. Dazu muss man wissen, dass das Amazonasgebiet größer ist als Europa, und 50 Prozent der Fläche sind in den vergangenen 40, 50 Jahren verändert worden, vom Satelliten aus sichtbar. Die ganze Geschichte der Politik, der Entscheidungsprozesse, die abgelaufen sind, wird eingefangen. Zum Teil auch noch mit Interviews bzw. auch mit einem Zugang zu Filmmaterial und Bildmaterial, also multimedial. Und das andere sind parallel dazu Veranstaltungen, mehrmals im Jahr, zu denen die führenden Akademiker, und zum Teil auch Leute aus Politik und Wirtschaft, die damit zu tun haben, zusammenkommen und die Zukunft denken, also ein bisschen zurück zu Regionalplanung und Regionalverständnis, Regionalentwicklung des Amazonasgebietes. So soll die aktuelle Debatte, aber auf einem akademisch etwas neutralen Feld, vorangetrieben werden. Also, das ist mein Thema, das kenne ich seit 1970, da habe ich selbst viel Spaß dran, weil es auch Aufarbeiten ist von dem, was man über Jahrzehnte beobachtet und zum Teil auch selbst mitgemacht hat."

Lokal hierzulande, das ist die Burg. Die nutzt sie als ein Verwurzelungsangebot für ihre Familie und die Familie ihres Mannes, beide weitverstreut. Und vermarktet sie gleichzeitig als Veranstaltungsort. Dahinter steckt mehr als die Erschließung einer Einnahmequelle. Projekte mit gemeinwohlbezogenem Strukturentwicklungsanspruch, hierzulande, in Brasilien oder sonst wo auf der Welt, sollen sich nach Möglichkeit am Markt bewähren und so nachhaltig wirken. Maritta Koch-Weser bezieht sich bei diesem Ansatz auf Nobelpreisträger Muhammad Yunus, der in Bangladesch weltweit beachtete Entwicklungsprojekte, ausgehend von der Idee von Mikrokrediten an Frauen, mit Erfolg auf den Weg brachte. Seine Unternehmen sind profitabel, und der Gewinn dient sozialen Zwecken.

> „Hier auf Schloss Bieberstein finden Veranstaltungen statt. Bieberstein wird als Unternehmen durch die Bieberstein Forum GmbH betrieben, die kleine Events von der Konferenz über Geburtstage bis hin zu regelmäßigen Konzerten, kleinen Theateraufführungen usw. organisiert."

Nicht nur die gemeinsame Tätigkeit für die gleiche Organisation – Betterplace – verbindet sie mit Bernd Kundrun: Es ist die Überzeugung, dass es weniger an guten Ideen mangelt als an deren intelligenter Vernetzung.

Eine Art Fazit

Nicht Resignation, sondern Vorsicht ist am Werk, wenn kein Fazit, sondern „eine Art Fazit" dieses Kapitel beschließen soll. Die Lebensbilder, die hier kurz vorgestellt wurden, waren nach dem Grad der Verknüpfung des weiteren Lebens mit dem bisherigen Arbeitgeber geordnet. Das ergab fünf Cluster: in enger Bindung weiter mit dem alten Arbeitgeber; in Etappen und für einen festgelegten Zeitraum mit Sonderaufgaben beim alten Arbeitgeber; weiter ohne Arbeitgeberverbindung vor allem in Arbeit; zweite Karriere und unbezahlte Engagementarbeit im Mix; unbezahltes Engagement. Vorweg waren zwei Beispiele von Gesprächspartnern präsentiert worden, die noch frisch im Übergang waren.

Es hätte zu diesem Ordnungsschema Alternativen gegeben wie die Zuordnung nach Ausstiegsalter, Kontinuitätsmerkmalen im Übergang (Wohnort, Kontakte etc.), Anteil des Unternehmerischen (bezahlt, unbezahlt), Karrierehöhe beim Ausstieg. Jeder Gliederungsaspekt hätte den Scheinwerfer auf andere Faktenbündel gelenkt und Fragen der folgenden Art plausibel erscheinen lassen:

Je höher, desto einfacher? Kommt derjenige, der eine besonders erfolgreiche Managerkarriere hinter sich hat, mit der nachfolgenden Zeit besser oder schlechter zurecht?

Je mutiger, desto einfacher? Kommt derjenige, der sich von seinem Managerleben besonders stark absetzt, mit der nachfolgenden Zeit besser oder schlechter zurecht?

Je breiter, desto einfacher? Kommt derjenige, der eine besonders breit angelegte Managerkarriere hinter sich hat, mit der nachfolgenden Zeit besser oder schlechter zurecht?

Je spezialisierter, desto einfacher? Kommt derjenige, der eine besonders spezialisiert angelegte Managerkarriere hinter sich hat, mit der nachfolgenden Zeit besser oder schlechter zurecht?

Je früher, desto einfacher? Kommt derjenige, der besonders früh aus der Managerkarriere aussteigt, mit der nachfolgenden Zeit besser oder schlechter zurecht?

Je offener über die Karrierefixierung hinaus, desto einfacher? Kommt derjenige, der neben seinem Beruf weitere außerberufliche Interessen verfolgt, mit der nachfolgenden Zeit besser oder schlechter zurecht?

Zusammen genommen haben die Interviewpartner in den Phasen Abschied (mit der Verabschiedung als besonderem Ereignis), Unruhestand und Ankommen viel erlebt, und dies in großer Unterschiedlichkeit. Wer Empfehlungen mit der Präzision eines Navigationssystems erwartet, kann nur enttäuscht werden. Alle Gesprächspartner haben sich im Übergang bewegt, teilweise in großem Umfang, und kündigen an, es weiter zu tun. Aber die Lösungswege sind sehr unterschiedlich. Wenn sie beruflich etwas tun wollen, bleiben sie zumeist im Geviert ihrer Berufserfahrungen. Dabei werden Erfahrungen an neuen Fragestellungen gemessen. Eine systematische Übertragung in völlig neue Sektoren bleibt die Ausnahme.

Mit einem sehr prononcierten Mut zur Verallgemeinerung lassen sich zum Abschiedsschmerz und zur Heilungsgeschwindigkeit vier Komponenten herausfiltern: Je kürzer die Verabschiedung zurückliegt, je älter einer an Lebensjahren ist, je abrupter die Trennung erfolgt, je mehr sich einer mit Arbeit und Unternehmen identifizierte, desto tiefer fällt er zunächst und desto länger dauert anschließend die Orientierungsphase. Je mehr Komponenten zusammenkommen, desto stärker sind die Gefühle von Bruch, Krise, Statusangst ausgeprägt. Umgekehrt gilt, dass ein Mix gegenläufiger Komponenten mildert.

Je höher ein Manager auf der Karriereleiter aufgestiegen ist, desto leichter ist für ihn der Umstieg in eine zweite Karriere im Rahmen eines Patchwork-Life-Konzepts, lautet eine Annahme. Sie stimmt insofern, als Politiker und andere Stakeholder aus Staat und Gesellschaft für teilbezahlte oder unbezahlte Jobs, die sie zu vergeben haben (Aufsichtsrat in städtischen Unternehmen, Medienbeauftragter oder Mediator, so wie der Unternehmer Michael Otto im Hamburger Schulstreit 2009), lieber prominente Unternehmer engagieren als aus ihrer Sicht namenlose. Aber solche Positionen sind selten, und Politik hat zudem nicht den gleichen Geltungsmaßstab für wirtschaftliche Macht wie das Subsystem Wirtschaft: Der kleine Eigentümer-Unternehmer kann hier als viel prominenter gelten als der große Manager. Politik kennt und schätzt zudem nur diejenigen, die sich als Wirtschaftsrepräsentanten im Vollzeitjob zuvor einen Namen gemacht haben, zum Beispiel als Verbandsrepräsentanten. Freilich gilt dieser Maßstab nicht für Aufgaben in der Wirtschaft selbst. In beiden Subsystemen, Gesellschaft/Staat und Wirtschaft, müssen aber noch drei Merkmale hinzukommen, wenn jemand reüssieren will: die Breite der Berufskarriere, der frühe Start in die zweite Karriere und lebenslange aufgeschlossene Kontaktarbeit, Medien inklusive. Dies zusammen gleicht die fehlende Karrierehöhe nahezu aus. Zur Frage, inwieweit Spezialistentum hilft, kann aus den wenigen Beispielen (ein Spezialjurist, zwei Controller) keine generelle Antwort abgeleitet werden. Allerdings gilt die alte Marketingweisheit, dass es besser ist, in eine Schublade gesteckt zu werden (und sei es die vermeintlich falsche) als in gar keine. Denn in der Schublade wird man gefunden.

Bleibt die Mut-Variante zu beleuchten: „Je mutiger, desto einfacher?“ Wer sich vom Bisherigen am weitesten absetzt, räumlich oder sachlich, wer Mut hat zu etwas ganz anderem und dies mit Verve angeht, der hat am wenigsten Probleme mit der Ablösung. Das klingt bis an den Rand zur Banalität plausibel. Aber wer hat schon dieses völlig andere Lebenskonzept oder traut sich zu, es zu leben? Von den 20 interviewten Managern hat sich immerhin ein Drittel zu mehr oder weniger großen Lebensveränderungen entschlossen, zwei Interviewte haben sogar Vorträge unter dem Titel „Mein neues Leben“ gehalten.

Hat sich der Reisende tatsächlich verändert? Mehrere Gesprächspartner erklären, dass sie, auch in den Augen ihrer Frau oder ihres Mannes, nach dem Abschied ein von der Grundstruktur her unverändertes Leben führen, wenn auch mit mehr Flexibilität und Freiheitsgraden. Wenn bei den einen die Veränderungen gegenüber der Zeit als Angestellter möglichst gering sein sollen, geht es bei den anderen um einen möglichst großen Unterschied zwischen vorherigem und neuem Zustand. Damit sind die größtmöglichen Unterschiede im Subjektiven beschrieben und zwar aus der Sicht der Betroffenen. Ob Dritte eher die Unterschiede oder eher das Übereinstimmende im Leben der Interviewpartner sehen und hervorheben würden, ist dabei offen. Auch wer glaubt, gänzlich ohne größere Veränderungen durchzukommen, spürt: Da verändert sich was. Das kann Angst machen oder Freude, wahrscheinlich beides.

Immer wieder wurde in den Gesprächen das Phänomen Zeit thematisiert. Man braucht Zeit. Die Methoden der Bewältigung sind unterschiedlich. Die Aktionsbreite und die Aktionsintensität sind unterschiedlich. Der Reiz des Neuen erschließt sich gerade bei denjenigen nicht leicht, denen die Arbeit viel Status gab und der Verlust Statusangst bereitet. So sehr die Arbeit als Manager Freude macht, Erfolge bringt und genossen wird, so sehr hat sie, so meinen einige Gesprächspartner, doch auch in Strukturen gezwängt, die nachwirken. Sie geben über das Ausscheiden hinweg Halt, aber halten auch fest.

> „Ich spüre, dass wir schneller alt werden, wenn wir alles beim Alten lassen. Schwierigkeit war die mentale Umstellung. Man war über Jahrzehnte gewohnt, alles gut zu bewältigen, was die Umwelt von einem verlangte. Aber man war doch – vielleicht oft, ohne dass man das merkte – zu stark fremd gesteuert. Aus diesen eingefahrenen Gleisen hin zu etwas mehr Selbstbestimmung zu gelangen, das war auch für mich eine große Umstellung bis hin zu körperlichen Symptomen. Aber ich spüre, dass es mir schrittweise gelingt, mich aus der Gefangenschaft der alten Strukturen zu befreien. Haupttriebfeder ist der Wunsch, zu mehr Authentizität zu gelangen. Man hat so vieles erlebt, was durchschaubar oberflächlich war und keine Ehrlichkeit in sich trug. Ich möchte meine Zeit, wenn möglich, nicht mehr für so etwas einsetzen." (Ernst von Bismarck)

3.6 Botschaften an die Nachrücker

Wenn man gefragt wird, was man in seinem bisherigen Leben lieber besser gemacht hätte, fallen die Antworten unterschiedlich gehaltvoll aus. Und das liegt nicht allein daran, dass der Erzählstoff unterschiedlich groß ist. Die Bereitschaft zur gehaltvollen Antwort ist deutlich größer, wenn es um den Ratschlag an einen Dritten geht. Weil man beim anderen ja grundsätzlich unnachsichtiger und klarer ist als bei einem selbst. Deswegen lieferte die Frage „Was würden Sie einem Nachrücker raten?" ergiebige Antworten.

Es fällt auf, dass sich die Empfehlungen der Gesprächspartner überwiegend an ihresgleichen richten und kaum an den Arbeitgeber. Es ist mit diesen Empfehlungen überdies ein bisschen so wie mit den Ratschlägen an die eigenen Kinder. Die fragen sich dann doch manchmal auch, warum der Ratgeber sie sich nicht selbst zur Handlungsrichtschnur machte.

Wer annimmt, dass die Antworten der Interviewten eher homogen ausfielen, liegt falsch. Warum soll die vielfach beschriebene Individualisierung nicht auch die Gruppe der Manager erreicht haben? Formal lässt sich zwischen der übergreifenden, der strategischen und der taktischen Ebene unterscheiden. Im Einzelfall lässt sich über die Zuordnung streiten, aber grundsätzlich hilft sie bei der Strukturierung der diversen Empfehlungen und Argumente. Und dann gibt es im Kleinen noch praktische Tipps und Hinweise. Sie stehen hier nicht im Mittelpunkt, spielten aber berechtigterweise in den Gesprächen doch eine Rolle.

Die große Sicht auf das Leben

Ist das Leben ein fortwährendes bruchloses Verändern, oder ist es durch Brüche gekennzeichnet, hinter denen sich das Leben anders, teilweise ganz anders fortsetzt?

> „Das Leben soll ja kein Bruch sein. Und darum ist es gut, dass jeder Mensch sein Leben von vornherein sinnvoll anlegt und immer ein Miteinander hat, eine gute Nachbarschaft lebt". (Luise Müller)

> „Diese Vision hat unser Leben völlig verändert."
> (Ernst von Bismarck)

> „Ich finde es ganz wichtig, nicht dieses Eiger-Nordwand-Bild vom Leben zu haben: Demnach würde es im Leben immerzu aufwärtsgehen, irgendwann ist man dann mal am Gipfel, und anschließend kann es nur noch runtergehen. Nein, Leben ist ein professioneller und sozialer Wandlungsprozess – wie mehrere Schlaufen, die man zieht." (Maritta Koch-Weser)

Auf gleicher Linie liegt die Frage, wie stark sich einer nach seiner Verabschiedung aus dem Vollzeitjob noch ändern kann. Kann man aus einem Banker einen CSR-Protagonisten machen?

> „Entweder hat sich das vorher schon herausgebildet, oder aber es passt nicht zur Person Dass du einen 63-Jährigen noch mal neu ausrichten kannst von einer Kernkompetenz Bankbusiness in Richtung CSR, glaube ich nicht. Das ist eher ein fließender Prozess. Das müsste früher ansetzen." (Marc-Aurel von Dewitz)

> „Man muss einfach offen sein, wissen, woran man Freude hat, und dem, was kommt, ein bisschen nachgehen." (Reinhard Behrens)

> „Was man vorher nicht hatte, kann man hernach nicht vermissen. Mein Sohn zum Beispiel möchte keinen Dienstwagen. Dann hat man auch nicht das Gefühl, man ist mehr als die anderen. Das Gefühl, mehr als die anderen zu sein, ist schon ein großer Fehler. Ich glaube schon, dass es bei Männern was ausmacht, nichts mehr zu sein. Dabei muss man denken, dass man der Mensch ist, inhaltlich.

> Man muss sich seiner Werte bewusst sein und dessen, was man kann und was man auch will." (Luise Müller)

Es ist die Crux von Grundsatzfragen, dass die Antworten nur Annäherungen sind, keine Rezepte, die automatisch zum erwünschten stabilen Zuwachs an Lebensqualität bei sich verändernden Rahmenbedingungen führen. Aber eines ist gewiss: Es ist nicht ratsam, für die Zeit nach der ersten Karriere keine zweite zu planen. Sicher ist sicher, wie Maritta Koch-Wesers Geschichte von ihrem Schwiegervater bestens illustriert:

> „Man muss auch die Zeit nach der offiziellen Karriere planen. Es ist dabei hilfreich, wenn man in der eigenen Familie Bilder hat. Caios Vater hat mit Anfang 60 nach seiner Rückkehr aus Brasilien gesagt: ‚Dass ich in Deutschland noch mal einen Beruf anfange, das lohnt nicht mehr.' Er ist 101 geworden, bei bestem Verstand, ist noch mit 100 hier die lange Treppe hochgelaufen. Er hat in seinen 90ern gesagt: ‚Wenn ich gewusst hätte, dass ich noch so lange lebe bei so guter Gesundheit! Mein Gott, was habe ich verpasst! Jahrzehnte habe ich verpasst, weil ich immer gedacht habe, ich brauche da nichts mehr zu planen oder mich nicht mehr richtig zu engagieren.'"

Was heißt hier zwei Karrieren, sind es nicht eigentlich drei? Man kann von den drei „Bs" sprechen: Beruf, Beschäftigung, Beziehungen. Was die eigene Zeitverplanung angeht, hat es sich schon bei manchem gerächt, der nur seine beruflichen Termine eintrug und auf diese Weise das gesamte private Feld dem Zufall der Restzeit überließ. Davor wird eindrücklich gewarnt.

> „Man sagt zwar: ‚Der hat eine gute Karriere gemacht.' Dann ist aber nur die Berufskarriere gemeint. Meines Erachtens gehören auch eine Lebens- und eine Privatkarriere dazu. Ich glaube, das ist ganz wichtig, dass man das nicht aus dem Auge verliert. Man braucht auch eine andere Karriere, und diese andere Karriere ist länger als die Berufskarriere. Die hört ja irgendwann mit 56, mit 63 oder mit 65 auf." (Nils Abel)

> „Das Entscheidende, was mir wichtig erschien: um Gottes Willen die privaten Kontakte nicht zu Lasten der Firma zu vernachlässigen! Das war das Wichtigste. Ich hatte mal eine Phase, wo ich bei S. ausgeschieden war. Da waren es die Freunde, die einen auffingen." (Wolfgang Fischer)

Wer im privaten Sektor das Wort „Karriere“ vermeiden will, kann das tun. Das schließt nicht aus, dass es auch in diesem Lebenssektor der Aufmerksamkeit, Zeit, Fantasie und Tatkraft bedarf. Aber wie soll das geschehen, wenn der berufliche Auslastungsgrad über alle Maßen hoch ist? – Der oben geäußerte Gedanke, anders (weiblich?) formuliert und um die Konsequenz von Zeitbegrenzungsmanagement im beruflichen Sektor verschärft:

> „Ich glaube, dass ein Manager gerade heute aufpassen muss, dass er sich nicht von der Arbeit überfluten lässt, sondern einfach zwei Wege zum Leben hat. Zum einen seine Arbeit: Da muss er das Beste machen für seine Angestellten. Jeder kann an seinem Platz das tun, was den Menschen guttut. Und dann muss er auch etwas für seine Seele tun: Er muss einfach sagen, ich arbeite nur bis 7 Uhr abends.“ (Luise Müller)

Zu starke Konzentration auf das Arbeiten im engsten Sinne kann zum Verkümmern der Talente führen. Was manche Unternehmen (beispielhaft dm-Drogeriemarkt mit seinem anthroposophisch beeinflussten Gründer Götz Werner) mit Auszubildenden zur ganzheitlichen Förderung der menschlichen Fähigkeiten und Stärken betreiben, so etwa eine obligatorische Theater-AG, lassen Manager oft links liegen. Ein Fehler?

> „In einem schlummern so viele Qualitäten und Fähigkeiten, die nicht aktiviert worden sind, und wenn man im Berufsleben sehr aktiv ist, noch weniger. Eigentlich geht es doch darum, dass wir – wie bei einer Harfe – jede Saite versuchen anzuklingen, dann wird das Leben spannender.“ (Reinhard Behrens)

> „Aber wenn man nur seinen Beruf hat und sich dann plötzlich verabschieden muss, steht man vor einem riesigen Scherbenhaufen.“ (Nils Abel)

Die Empfehlung, die in Variationen gegeben wird, lautet: Baue etwas auf, was dir wichtig ist und bleibe dran. Brich nicht ab, weil du denkst, dass seiest du deiner Arbeit und deinem Arbeitgeber schuldig. Denn was abgebrochen ist, kann man nicht verstärken.

> „Die eigenen Neigungen und Fähigkeiten pflegen und entwickeln. Möglichst rechtzeitig entwickeln. So sollte man Kontakte im sozialen Bereich beizeiten pflegen und nicht abbrechen, um sie dann später wieder zu verstärken.“ (Reinhard Behrens)

Wer sich beruflich breit und vertrauensbildend aufstellt und das Private, die gesellschaftlichen Engagements und die Hobbys lebendig hält, der wird, wenn er seinen Job verliert, nicht mit leeren Händen dastehen. Noch besser wird die Situation sein, wenn er den Zeitpunkt des Ausscheidens selbst bestimmt und ihn möglichst früh legt.

Genau besehen sind die Tipps, die hier gegeben werden, für drei Karrieren gut: die aktuelle, die kommende und die private. Der „gute Manager", wie er im Folgenden beschrieben wird, kann seine Fähigkeiten in allen Lebenssektoren gebrauchen.

> „Jetzt retrospektiv sehe ich, dass es die Aufgabe eines guten Managers ist, eine Arbeitsatmosphäre zu schaffen, die Kameradschaftlichkeit ausstrahlt und die das Gehirnschmalz der anderen aktiviert, und nicht das eigene, weil da vielleicht gar nicht so viel drin ist." (Ernst von Bismarck)

Die strategische Ebene

So viel zur richtigen Einstellung. Welche Empfehlungen werden hinsichtlich der Instrumente gegeben? Der Wert eines Menschen wird nicht eben selten nach Quantität und Qualität seiner Kontakte bemessen, wobei dieser Wert zumeist auf Vermutungen beruht.

Stellen wir uns vor, der Wirtschaftsminister eines neuen Bundeslandes tauscht sich mit Beratern über die Chancen eines Ansiedlungsprojekts eines Automobilunternehmens aus und einer der Externen macht den Vorschlag, doch einfach mal nachzufragen, holt sein Handy aus der Tasche und spricht kurz darauf mit dem Planungschef des Unternehmens, holt die erforderlichen Auskünfte und empfiehlt sich beim Ansprechpartner auf der anderen Seite, dem lieben Ekkehard, mit freundlichen Grüßen an Frau und Kind. Es ist nicht schwer zu erraten, dass hier jemand mit einem Telefonat seinen Beraterstatus deutlich angehoben hat. Das Beispiel, ein reales, zeigt, dass man zwischen formellen und persönlichen Kundenbeziehungen unterscheiden kann. Letztere sind die entscheidenden.

> „Bei vielen habe ich gesehen, dass sie sehr stark berufsabhängig sind und hernach wie abgeschnitten sind, und dann fällt man in einen leeren Raum. Man kann das verhindern, indem man gute persönliche Kundenbeziehungen aufbaut und nicht nur beschränkt auf das formelle Abarbeiten oder zu stark fokussiert auf den reinen Arbeitgeber. Die geschäftlichen Kontakte nützen einen kalten Kaffee, wenn sie nicht auch auf eine andere Ebene gehoben

> werden. Dann fängst du nämlich ganz von vorn an, und du weißt nicht, wen du ansprechen sollst." (Reinhard Behrens)

Es geht um mehr als die richtige Technik. Das Verhalten, mit dem man als Vorgesetzter Mitarbeitern oder Außenstehenden gegenübertritt, zahlt sich aus. Es ist tröstlich, dass sich Arroganz auch beim Manager rächt. Wenn man sich vor Augen hält, wie oft gegen diese schlichte Empfehlung „Sei nicht arrogant, sei hilfsbereit" verstoßen wird – ein Verhalten, das einen wie ein Bumerang trifft, wenn die Deckung der Macht zerbröselt ist –, dann kann man sich nur wundern. Je stärker die Karriere nach der Karriere geplant wird, desto weniger zielführend ist ein solches Verhalten. Wenn Manager in ihrem ureigensten mittelfristig wirksamen Interesse handelten, würden sie sich so verhalten, dass man sich das Aufstellen von Verhaltensregeln in den Unternehmen sparen könnte. Ethisches Handeln ist rational. Wer unethisch handelt, schadet sich selbst.

> „Am schwierigsten ist es für die, die sich nie um ein Network gekümmert haben. Die waren vielleicht auf einer herausragenden Stelle und haben keinen Brief beantwortet. Motto: ‚Das habe ich gar nicht nötig.' Sie waren sich selbst vollkommen genug, weil sie so bedeutend waren, und haben jeden anderen spüren lassen, wie bedeutend sie sind. Diese Bedeutung geht ja irgendwann mal verloren. Dann haben sie es am allerschwersten. Möglicherweise haben sie sich in ihrer aktiven Zeit nicht ausreichend um Leute gekümmert, die eine Nummer kleiner waren. Und, die sind vielleicht mittlerweile eine Nummer größer geworden, Journalisten eingeschlossen. Einer sagte mal zu mir: ‚Du hast ja kein Problem, du hast dein ganzes Network.' Ich antwortete: ‚Das ist ja nicht von allein gekommen.'" (Hasso Kaempfe)

Die nächste Empfehlung könnte manchen Leser erzürnen: Der Empfehlende schränkt seine Empfehlung, man möge sich volle finanzielle Unabhängigkeit verschaffen, selbst ein mit dem Hinweis auf günstige Umstände in seinem Fall. Doch das Argument wird durch die unterschiedliche Chancenverteilung, sich in eine solche Unabhängigkeit bringen zu können, nicht falsch.

> „Man sollte so rasch wie möglich finanzielle Unabhängigkeit erzielen. Wie man das macht, das ist egal, Sparen, sich um Anlagen kümmern usw. Denn das schafft dir wirklich eine Ruhe gegenüber der Anstellung, dass du sagen kannst, ich kann auch morgen gehen. Man geht dann ganz anders ins Büro. Man muss wissen, dass man notfalls selbst durchkommen kann. Das hat mir sehr ge-

> holfen. Natürlich habe ich auch sehr viel Glück gehabt: Ich bin in eine tolle Phase gekommen, wo man keinen großen Riecher haben musste, um gutes Geld zu verdienen.“ (Reinhard Behrens)

Dabei sei noch angemerkt, dass der Status „finanzielle Unabhängigkeit“ eine objektive und eine subjektive Seite hat. Was für den einen finanzielle Sicherheit bedeutet, ist für den anderen finanzielle Unsicherheit. Ob einer, der unabhängig ist, sich auch so verhält, steht auf einem anderen Blatt. Wer ohne größere finanzielle Polsterung im Alter leben muss und sich so verhält, als ob er abgesichert wäre, den nennt man einen Lebenskünstler.

Viele Empfehlungen beziehen sich auf die Frage, ob derjenige, der seine Berufskarriere fortsetzen will, nun eigentlich unverändert agieren kann und soll? Die Antwort ist eindeutig: Wenn er unverändert agiert, ist er chancenlos.

> „Und den S. hole ich gern ins Team, weil ich weiß, er wird mir nicht erzählen, wie es richtig ist, sondern er hört zu, gibt Rat. Die Sechzigjährigen müssen aufpassen, dass sie nicht immer alles besser wissen.“ (Manfred Schüller)

Es ist also die Bereitschaft zum Rollenwechsel vom Macher zum Empfehler, zum Coach. Wer so schon als angestellter Manager agierte, hat nun keine Probleme, sollte man denken. Falsch.

> **Henning von Vieregge**: Jemand hat gesagt, es wäre so schwer für ihn gewesen, die Sätze immer anzufangen mit: „Ich würde Ihnen raten ...“, und nicht zu sagen: „Das machen wir jetzt so.“
>
> **Andreas de Maizière**: Genauso ist es! Das fällt jedem schwer, auch mir, wo ich es muss. Man erzählt ja gern von alten Zeiten. Die Erfolgsgeschichten von früher will aber keiner hören.
>
> **HvV Man muss sich also ganz arg umstellen?**
>
> **AdM**: Man muss sich einsortieren können. Man muss die Hierarchie kennen und anerkennen, und man muss sich eigentlich noch ein bisschen unter Wert reingeben.
>
> **HvV**: Kann man das lernen? Oder ist das eine Typfrage?
>
> **AdM**: Beides. Es ist eine Typfrage, und diejenigen, die so nicht sind und nur so tun, die werden diese Art von Jobs nicht behalten. Akzeptiert werden nur die, die lernen, sich zurückzuhalten, zuzuhören, denn sie sind – in aller Regel – nicht die Entscheider. Die Entscheider sind die Jungen, sie sind nun am Hebel.

Es ist, wenn man die Antworten sorgfältig studiert, eine Empfehlung unüberhörbar, der aber nicht leicht zu folgen ist. Der Rat lautet, Ratgeber zu sein – und zwar nur das. Oder – noch mühsamer –: zu trainieren zuzuhören. Nicht nur „Besserwessis" sind Besserwisser, und gerade Männern sagt man gern nach, sie grätschten in der Regel mit ihrem Ratschlag bereits in die noch nicht beendete Erzählung des anderen hinein.

> „Ich glaube, es geht nicht gut mit Leuten, die schon lange im Business sind, wenn sie immerzu den Eindruck vermitteln, sie wissen grundsätzlich alles besser." (Manfred Schüler)

Es ist für manchen nicht einfach, ein Nur-Ratgeber zu werden. Dabei geht es um mehr als nur die sprachliche Umstellung vom Befehl zum Ratschlag. Viele Vorgesetzte agieren wie Ratgeber. Sprachlich. Aber sie rechnen qua Machtposition nicht wirklich damit, dass ihr doch so guter Rat womöglich nicht befolgt wird. Das aber ist jetzt sehr wahrscheinlich geworden. Aus Pseudo-Ratgebern müssen echte Nur-Ratgeber werden. Ein erfahrener Manager schildert eindrücklich das Problem:

> „Manchmal beschleicht mich ein anderes Gefühl, wenn ich irgendwo Dinge sehe, wo ich meine, dass sie granatenhaft falsch gemacht werden, wo auch immer. Da möchte man gern eingreifen. Manchmal ergreife ich auch die Initiative und schreibe eine Mail oder rufe mal an. – Das sollte man aber meistens besser lassen!
>
> Man merkt, was ein Rat wert ist: Ein unerbetener Rat meist wenig, ein bezahlter Rat schon deutlich mehr. Die höchste Effizienz hat ein Ratgeber, der auch – und sei es in anderen Bereichen – noch eigene Durchsetzungskompetenz hat." (Rolf Wickmann)

Es ist der Verzicht auf Durchsetzungsmacht gefordert. Es ist die Bereitschaft, sich aufs voraussetzungslose Geben einzustellen. Das Thema wird akut bei Machtverlust, ist aber bei positiver Betrachtung ein Thema gewinnenden Alterns, meint der ehemalige Chefökonom der Deutschen Bank, Norbert Walter.

> **Henning von Vieregge**: Kann man den Einstellungswandel vom Bestimmer zum Berater lernen?
>
> **Norbert Walter**: Ja. Aber das Wichtigste ist, es wirkt ganz einfach durch den Reifungsprozess des Menschen. Ich würde sagen, die meisten kommen dorthin. Nicht alle, es gibt Leute, die sind verstockt, die sind egozentrisch, die stehen einer solchen Rolle im Weg. Aber das sind eher die Ausnahmen.

Und es kommt eine zweite dringliche Verzichtsempfehlung hinzu, wenn man den Verzicht auf das Erzählen alter Erfolgsstorys gesondert rechnet, sogar eine dritte: der kommentarlose Verzicht aufs Berliner Grandhotel Adlon. Dies sei als Metapher verstanden, schließlich sind nicht alle Manager und schon gar nicht zu jedem Zeitpunkt ihrer Karriere im Adlon als angemessenem Übernachtungsort ihrer beruflichen Position abgestiegen.

> „Der Berater darf eben ja nicht sagen: ‚Ich pflege immer im Hotel Adlon zu nächtigen.' Er muss jetzt anders denken. Alle diese Alten, die sich anbieten, müssen sich in die aktuellen Strukturen rein begeben. Wenn du in dein altes Unternehmen als Berater gehst und erzählst dann jedes Mal, wie es vor 20 Jahren war, dann hält das der Nachfolger nicht lange aus. Und wenn du sagst, ich bin bereit, ins Drei-Sterne-Hotel zu gehen, aber normalerweise ist mein Standard das Adlon, das hält auch keiner aus. Das mögen die Leute nicht." (Andreas de Maizière)

Offenbar muss jeder lernen, im Alter bescheidener zu sein. Das gilt fast durchgängig. Diejenigen, die als Senior Berater mehr Geld verdienen als zuvor, sind die Ausnahmen. Im Normalfall ist das Gegenteil richtig. Das Stichwort lautet: mehr Demut.

> „Ich plädiere dafür, dass man das, was man macht, mit Demut macht. Man kann da nicht mit der Hotel-Adlon-Einstellung kommen: ‚Ich war aber früher wer!' usw. So darf man nicht an solche Themen rangehen. Erstens ist das lächerlich, und zweitens wird es nicht akzeptiert. Zu dieser Demut gehören auch das Wissen und die Akzeptanz, dass eigentlich alles eine befristete Aufgabe ist. Wer fürchten muss, dass er mich jetzt in die Stiftung wählt und mich dann lebenslang in den Gremien hat, der würde mir diese Aufgabe nicht geben. Ich muss wissen, dass ich in die Stiftung komme oder in irgendwas anderes bezahlt oder unbezahlt, und dass das nach einer Zeit beendet ist." (Andreas de Maizière)

Es kommt, wie dem obigen Zitat zu entnehmen ist, noch ein weiterer Gesichtspunkt hinzu, den man von früher auch nicht kennt und nun lernen muss zu akzeptieren: In der Biographie ist man dem Ende näher als dem Anfang. (Dazu wird immer wieder die gleiche Metapher bemüht: „Die Einschläge kommen näher.") Es ändert sich etwas, langsam, aber sicher. Jede weitere Aufgabe, auch die ehrenamtliche – da tut es besonders weh –, steht nun konkret unter dem Verdikt ihrer Endlichkeit. Die Zeiten, in denen man so tun konnte, als seien das Leben ewig und die Jobs unbegrenzt, sind unwiderruflich vorbei.

Und die Jobs ändern sich. Wer dem etwas abgewinnen kann, hat es einfacher. Jeder Häuptling war Indianer, aber nicht jeder Häuptling fühlt sich wohl, wenn er wieder Indianer werden soll.

> „Ich verstehe auch einen Manager, der immer nur von den Sekretärinnen verwöhnt worden ist. Der kann eigentlich gar nichts mehr. Nur noch dasitzen und dirigieren und bestimmen." (Luise Müller)

Kann oder will er nicht mehr? Und wenn er will, kann er (noch)? Das ist die entscheidende Frage. Denn es gilt nun der Do-it-yourself-Vorrang.

> „Je älter du bist, je näher an der Pensionärsgrenze, desto wahrscheinlicher musst du andere Jobs machen. Du musst die Dinge selbst machen, am Laptop sitzen usw. Wer diesen Schritt nicht gehen kann, weder willentlich noch emotional, der verzweifelt."
> (Andreas de Maizière)

Das Tröstliche ist, es kann sogar Spaß machen, sich auf die neue Situation einzustellen.

> „Wer nach der Pensionierung noch etwas tun will, muss frei sein im Kopf, auch Dinge anzunehmen, die dann durchaus auch Spaß machen können, aber nach Größenordnung, Qualität, Intensität, Ehre, Bezahlung sowieso sehr anders sind als das, was man vorher gemacht hat. Die Problemstellung der neuen Aufgabe kann sogar sehr herausfordernd sein, aber das muss man erkennen."
> (Andreas de Maizière)
>
> Ob man eine Sache macht für 5.000 Euro oder 5 Millionen Euro – der Denkprozess ist häufig derselbe, die Verantwortung ist eine andere." (Rolf Wickmann)

Wechselerfahrung hilft nur begrenzt beim großen Absprung.

> „Ich hatte zuvor Ähnliches erlebt, weil ich meine Funktion im Konzern häufig geändert hatte. Man macht ja sogenannte Karriere, da geht man auch von einem Unternehmen zum anderen, auch von einem Land zum anderen. Und da scheidet man auch immer irgendwann aus, und es kommt jemand neu hinein. Aber die Situation ist doch eine andere, weil man aus einer Position heraus mit dem entsprechenden Status in eine andere Position mit dem entsprechenden Status wechselt." (Johann C. Lindenberg)

Taktische Überlegungen

Wie gezeigt werden konnte, ist das wichtige Thema des Networking von grundsätzlicher und strategischer Bedeutung. Aber es hat auch taktische Komponenten:

> „Wenn man die 50 überschritten hat, sollte man beginnen, sich in seinen Kontakten und Aktivitäten ein bisschen breiter aufzustellen. Und nicht wie ein hochqualifiziertes Frettchen nur einfach so weiter laufen. Man muss die Lebensphasengestaltung frühzeitig und aktiv in die Hand nehmen, ohne dabei das Engagement für das Unternehmen, für das man tätig ist, zu vernachlässigen. Im Gegenteil: Davon profitieren alle!" (Rolf Wickmann)

> „Wenn es darum geht, wie man sich persönlich auf den Ruhestand vorbereitet, da kann ich nur jedem empfehlen, wenn er Ambitionen hat, hinterher noch etwas zu tun, mit dem Aufbau eines Networks, mit Kontakten frühzeitig zu beginnen. Es hat keinen Sinn, sechs Monate vor der Pensionierung damit anzufangen, dann wird daraus nichts mehr. Man muss aber auch die Neigung dazu haben. Wer vorher nichts tut, muss sich hinterher nicht beklagen, wenn von draußen wenig kommt. Man muss schon sein Network rechtzeitig aufbauen, wobei ich das nie mit dem Hintergedanken gemacht habe, dass ich, wenn ich pensioniert bin, mal etwas davon haben werde. Ich habe früh damit angefangen, da habe ich an Pensionierung überhaupt nicht gedacht." (Johann C. Lindenberg)

Braucht man ein Spezialgebiet? Spezialwissen wird sowohl im bezahlten als auch im unbezahlten Bereich benötigt. Das wird manchmal übersehen. Insbesondere beim ehrenamtlichen Engagement hält mancher seine gute Absicht, etwas zu tun, für eine hinreichende Qualifikation. Das ist sie aber nicht. Gezahlt wird in diesem Fall nicht in Geld, sondern in der Währung Wertschätzung. Die Betroffenen registrieren Signale der Wertschätzung in dieser Phase ihres Lebens aufmerksamer denn je.

> „Ich kann nur dazu raten, dass man Themen besetzt, allerdings Themen, die einen interessieren, und nicht Themen, bei denen man kalkuliert, dass sie mal dieses Loch ausfüllen könnten. Man muss sich wirklich stark engagieren, braucht ein gewisses Expertenwissen. Das muss ja nicht immer mit Geldverdienen zusammenhängen. Das kann auch ein Spezialwissen sein, das sich im unentgeltlichen Bereich abspielt. Wer sucht, muss richtig anfordern. Dass man gebraucht wird. Dass andere Hilfe haben wollen.

> Ich glaube, das Gefühl, da will keiner mehr etwas von dir, das wäre ein sehr schlimmes.“ (Georg Wronka)

Vom Spezialwissen zur Marke ist es kein weiter Schritt. Die Brücke heißt: Man muss unterscheidbar sein.

> „Ich versuche, meine eigene Marke zu sein.“ (Rolf Wickmann)

> „Dann ist es auch ganz wichtig, dass man eine Marke wird, Profil hat. Es muss klar sein, was man macht und was man nicht macht.“ (Hasso Kaempfe)

Profil haben, Kontakte haben, über Spezialwissen verfügen, Signale aussenden, bescheiden sein, Berater sein – die Liste der Empfehlungen wird länger. Und vielleicht sieht sich der eine oder andere angesichts dessen schlicht überfordert. Wer sicherheitshalber keine Signale der Verfügbarkeit aussendet, wird vermutlich übersehen. Und somit wächst die Versuchung, dem, was man eigentlich möchte, auszuweichen und sich lieber etwas vorzumachen.

> „Einen habe ich gefragt, bei seiner Kapazität müsste er doch etwas machen. Er sagte: ‚Ja, könnte ich, will ich aber nicht.‘ Dann hat er ein bisschen überlegt und gesagt: ‚Es hat sich auch nicht ergeben. Ich räume ein, ich habe auch nicht richtig danach gesucht. Hätte mich jemand angerufen und gefragt, ob ich im Kirchenvorstand oder Ähnliches mitarbeiten wolle, hätte ich es vielleicht gemacht. Aber die haben nicht gefragt. – Mir geht's gut, gell?‘, hat er dann zu seiner Frau gesagt, und die lächelte. Was wir nicht wissen, ist, ob er gefragt wurde, und dann war es etwas, das ihm nicht so passte. Und danach ist er nicht mehr gefragt worden. Also, ich glaube, dass es nur wenige gibt, die ganz verbittert zu Hause sitzen. Die meisten werden sich irgendwie einrichten.“ (Andreas de Maizière)

Es ist also zu vermuten, dass Kapazitäten brachliegen, haupt- wie ehrenamtlich, weil der Headhunter fehlt, der Angebote präsentiert und nachbohrt. Nicht jeder ist zum Unternehmer geboren und sozialisiert, erst recht nicht jeder zum Sozialunternehmer.

> „Was machst du, wenn du zu Hause sitzt und sagst, ich habe noch Fähigkeiten, es ruft aber keine Sau an. Und dann denkst du dir, ich würde gern im Vorstand des Städel-Museums mitarbeiten, aber wie komme ich da hin? Wenn ich da anrufe und sage, ich will hier mitarbeiten, das geht doch gar nicht. Das sind dann diejenigen

Menschen, die verzweifelt sind. So war das heute bei einer früheren Kollegin, die sagt: ‚Ich würde gern etwas tun, weiß aber nicht, wie ich es machen soll.' Und wer sich zu sehr aufdrängt, ist peinlich.

Es ist ja auch nicht jeder zum Engagement geeignet. Die Kirche als Beispiel: Wenn die Kirche einen Beirat für Immobilien berufen will, dann kriegt sie vielleicht 150 Bewerbungen. Und von 150 Bewerbungen will sie 145 nicht haben, weil das vielleicht nur Geschaftlhuber sind und sie so viele auch nicht benötigt. Auch müssen Berater wirklich verstehen, was die Kirche will." (Andreas de Maizière)

Die Konsequenz ist: Der Neuberater in spe agiert äußerst zurückhaltend.

„Ich akquiriere nicht. Ich schreibe keine Briefe, ob ich mal tätig sein könnte. Es kommen Leute auf einen zu, und dann entwickelt sich was daraus und manchmal nichts." (Rolf Wickmann)

Und wenn dann nichts passiert? Weil man kein Spezialwissen hat. Weil man als zu eng gilt. Weil man für jemanden gehalten wird, der sich nicht in die neue Rolle hineinfinden kann. Wenn die Bestätigung ausbleibt, gerät man in einen Teufelskreis der Selbstabwertung.

„Viele Kollegen in ähnlicher Situation erwarten ja, wenn man dann aufhört, oder zumindest teilweise, dass man von allen möglichen Leuten gefragt wird, ob man als Berater tätig sein will, quasi als Bestätigung, dass das Berufsleben was wert war." (Joachim Strate)

Und wenn man sich dann vermitteln lassen möchte von einem, der mit erwerbs- und nicht-erwerbswirtschaftlichen Anfragen überhäuft wird, sind die Erfolge gering, wird berichtet.

„Ich kenne eine ganze Reihe von Kollegen, die aus ähnlichen Positionen wie meiner ausscheiden und gern so wie ich noch etwas tun würden – bezahlt oder unbezahlt. Die fragen mich dann schon mal, ob ich gelegentlich was höre. Solche Gespräche habe ich nicht selten geführt. Ich will ja auch gern behilflich sein, es hat aber mit den Empfehlungen, bis auf einen Fall, nie wirklich geklappt." (Johann C. Lindenberg)

Fehlt es an Nachfrage, oder fehlt es aus Furcht vor Niederlage und Anbiederungsvorwurf an Signalen?

„Hier in einer zivilisierten Gesellschaft mit geistig gut durchtrainierten und geschäftlich erfahrenen Leitfiguren unterschiedlicher

Formation, die bereit wären, etwas zu machen, fehlt die Nachfrage. Es wäre auch schwierig, sich offensiv anzubieten, weil man nicht weiß, biedert man sich an, und die anderen wissen nichts damit anzufangen, weil sie nicht darauf vorbereitet sind. Man kann ja nicht eine Tageszeitungsanzeige schalten." (Georg Wronka)

Wie kann man die Nachfrage stimulieren, die Transparenz erhöhen, das Matching aus der Zufälligkeit holen? Kann man die Generationsgenossen mit Aussicht auf Erfolg ermuntern, gegen den Anbiederungsvorwurf Signale des Interesses zu setzen?

„Ich glaube, dass Kapazitäten bei Managern in meinem Alter, die nicht mehr in der Firma arbeiten, brach liegen. Aber ich muss auch sagen, man muss auch signalisieren, dass man etwas tun will." (Karl Dietrich Seikel)

Mitunter angesprochen wird das Problem der Intransparenz. Es wird in den Statements weniger auf den erwerbswirtschaftlichen Markt und die Angebotsbedingungen bezogen, als vielmehr auf den Engagement-Markt. Das schließt aber nicht aus, dass hier wie da ähnliche Bedingungen gelten und Hindernisse bestehen.

„Sie denken: ‚Ich möchte, aber niemand fragt mich.' Aber es ist ganz natürlich, dass niemand fragt. Dass macht es auch schwierig, was zu finden, wenn man nicht genau weiß, wie das funktioniert." (Reinhard Behrens)

Einschüchternd wirkt, so wird es beschrieben, das Altersbild. Genau in diesen Topf wird man nun geworfen – und man kann, so wird mit Resignation festgestellt, nichts dagegen machen.

„Dagegen, wie die Öffentlichkeit Frühpensionierte wahrnimmt, kann man eigentlich nicht viel machen. Man muss mehr Selbstbewusstsein haben. Am Anfang kam ich mir komisch vor, wenn ich am Dienstag in die Stadt gelaufen bin und man ist nur unter alten Leuten, Frauen und Kindern. Dann siehst du so ein paar ausgemusterte Gleichaltrige." (Reinhard Behrens)

Die Beispiele vom längst arbeitslosen Nachbarn, der jeden Morgen mit Aktentasche das Haus verlässt, kennt man. Sie sind keine Fantasiegebilde.

„Der Wohnungsnachbar, der auch frühpensioniert ist, sagte ganz entschuldigend: ‚Ich gehe jetzt in die Uni, studiere Mathematik.'

Nur um sich eine Rechtfertigung zu geben, dass er am Dienstagvormittag zu Hause anzutreffen ist. Das ist bei mir auch so gewesen, heute nicht mehr, nach zwei, drei Jahren, aber zu Anfang war das ein ziemliches Unwohlsein." (Reinhard Behrens)

Eine weitere Strategie drängt sich auf, die nur allzu menschlich ist: Man findet sich nicht nur mit der eigentlich unerwünschten Situation ab, sondern preist sie sogar als die eigentlich erwünschte. Aus der Not eine Tugend zu machen, heißt die irreführende Formulierung. Und was bietet sich an? Sich in das Rollenbild zu fügen, das man eigentlich als überholt kritisiert hatte. So wie man in aller Vorsicht den sicheren Hafen verlassen hatte, offen lassend, ob man eine kleine Vergnügungstour entlang der Küste oder eine große Abenteuertour in fremde Gestade vorhat, so wendet man das Schiff wie beiläufig und erklärt, wie schön doch so ein kleiner Ausflug ist und wie herrlich es sein wird, am Abend wieder im Hafen zu sein. Von den heimlichen Bemühungen, zur großen Fahrt zu kommen, muss ja keiner etwas erfahren.

„Wenn einer sagt: , Ich will eigentlich nicht mehr arbeiten, das wird mir ja auch doch alles weggesteuert', und du merkst, er würde gerne etwas tun, dann hat er bestimmt noch kein Angebot. Aber es ist natürlich peinlich zu sagen, es hat immer noch keiner angerufen. Wenn das einem zweimal passiert, antwortet man natürlich was anderes, zum Beispiel: ‚Ich will ja nicht ins Hamsterrad zurück. Ich mache jetzt mit bei meinem Hospiz, oder ich gehe in den Kirchenvorstand, oder ich gehe jetzt nur noch ins Museum oder reise. Warum sollte ich denn überhaupt noch arbeiten?'"
(Andreas de Maizière)

Und was ist die Empfehlung? Man kann sich, meint eine Gesprächspartnerin, am eigenen Schopf ins neue Glück ziehen. Man darf der Lockung des bequemen Weges der Selbst-Entberuflichung nicht nachgeben.

Henning von Vieregge: Ex-Bischof Wolfgang Huber klagt über die Selbst-Säkularisierung der Kirche. Hier würde man dann über die Selbst-Entberuflichung der Altgedienten klagen.

Maritta Koch-Weser: Genau. Ich verdamme mich dazu, obwohl ich nach Auszug aus dem Büro eines Angestellten am nächsten Tag mein Büro mit eigenem Schreibtisch haben kann. Oder auch etwas ganz anderes unternehmen kann.

HvV: Ich kann etwas anderes mit gleicher Intensität und mit gleichem professionellen Anspruch machen wie vorher als Angestellter?

MKW: Ja. Ich muss mich nicht in einen Käfig sperren und die Tür zumachen und sagen: „Da flieg ich jetzt nie wieder raus."

Die Empfehlungen und die Hinweise auf Abwertung enden hier. Sie können noch um eine Beobachtung ergänzt werden, die gleichermaßen tröstlich wie kritisch ist. Tröstlich, weil sie, mit dem Blick über Erwerbsarbeit und Engagement hinweg, besagt: „Es ist nie zu spät." Kritisch, weil als Erfahrung mitgeteilt wird: Männer tun sich um vieles schwerer als Frauen. Dabei stößt man auf ein Paradox. Der ausgeprägtere Egoismus macht ihnen das Leben schwer. Aber allein aus egoistischen Motiven müssten sie sozialer sein.

> „Viele malen, und das machen sie auch bis ins Alter. Oder viele fangen an zu schreiben. Eine Frau hat mit 85 noch angefangen zu schreiben. Sie schreibt fast jedes Jahr ein Buch. Mit so etwas kann man immer noch anfangen, denn die Talente schlummern in uns. Man muss nur den Mut haben. Es ist auch interessant, dass es 90 Prozent Frauen sind, die so was bei uns machen, und nur 10 Prozent Männer. Und ich weiß nicht, warum bei Männern kein Interesse an klassischer Musikmeditation oder an Schreibkursen besteht. Frauen sind sozialer, kontaktfreudiger, kreativer.
>
> Inhaltlich geben kann ich ein Leben lang. Das kann jeder Mensch. Jeder Mensch hat seine Talente und Begabungen, die verliert man nicht mit einer Pensionierung. Man muss eigentlich anfangen, wenn man noch jünger ist, mit 50.
>
> Man lebt länger, wenn man ein erfülltes Leben hat. Ich denke auch, dass Traurigkeit und negative Stimmungen einen runterziehen. Und wenn man Kontakte pflegt, hat man immer den Austausch an Interessen, es gibt einem Freude. Ich glaube, dass egoistische Leute es in der Zukunft im Alter schwerhaben. Die haben dann wahrscheinlich auch weniger Freunde, Kontakte." (Luise Müller)

Der Unterschied zwischen einem mit Optimismus gelebten Leben als alter Mensch und einem mit Pessimismus gelebten Leben ist bezifferbar[27]:

Was passiert, wenn nichts passiert, wenn man also nach dem Ausscheiden keine „fordernde Beschäftigung" hat, wird in Variationen geschildert.

> „Ich habe einen ehemaligen Kollegen, der geht viermal am Tag mit dem Hund raus. Ansonsten hilft er seiner Frau, er berät sie beim Einkaufen, beim Umgang mit dem Haushaltsgeld. Die liegen sich

> nur in der Wolle, seit er den ganzen Tag zu Hause ist. Das passiert, wenn man nichts anderes zu tun hat.“ (Michael Müller)

Dieses Zitat ist zugegebenermaßen kein Trost. Es ist eine Warnung.

Praxisfest sein

Bei der Suche nach neuen, als angemessener empfundenen Formen der Arbeit spielen die rasanten Veränderungen der Technik eine positive Rolle. Die Zeiten, in denen Manager mit ihrer Nichtaffinität mit der neuen Technik meinten, kokettieren zu können, sind vorbei. Keiner meiner Gesprächspartner hat den Vorzug der neuen Medien in Abrede gestellt. Dennoch ist die Umstellung keine einfache Sache. Im Vorteil sind jene, die sich zeit ihres Lebens für Technik interessierten und sich die Mails nicht ausgedruckt in der Unterschriftenmappe vorlegen lassen mochten. Mancher muss sich, wie die Bonner Reiseunternehmerin Luise Müller es schildert, daran gewöhnen, dass man sich nun selbst helfen muss und zwar, wenn keine Lücken auftreten sollen, sofort nach dem Ausscheiden. Luise Müller kann nun nicht mehr auf ihr Team zurückgreifen, sie kann sich aber Hilfe organisieren.

> „Das sind Umstellungen. Wenn man ein Team hat, kann man sagen: ‚Sie machen das und Sie das.‘, und delegieren. Ich habe immer delegiert, habe nie selber geschrieben. Ich konnte bis jetzt nicht am Computer schreiben. Ich kann jetzt nicht mehr sagen: ‚Mach’ das mal und du das.‘ Aber ich habe jemanden mit einem 400-Euro-Job. Und ich habe mir den Computer hingestellt, um es zu lernen – ab morgen.“

Die Umstellung betrifft aber nicht nur die elektronische Kommunikation. Das Mühsamste sei es, sich selbst Termine und Transport organisieren zu müssen. „Seit ich mein eigenes Vorzimmer bin, stimmt die Abstimmung nicht immer“, sagt ein Manager nicht ohne Selbstironie. Bischof a.D. Wolfgang Huber meint, es werde eigentlich auch mal Zeit, dass derjenige, der größere Zeiten seines Berufslebens organisiert wurde, nun lernt, sich zurechtzufinden:

> „Wenn man in einer Leitungsposition war, wird es irgendwann höchste Zeit, dass man in eine andere Lebensphase kommt, weil man in einer Leitungsposition wichtige Sachen einfach verlernt. Zum Beispiel wie man eine Fahrkarte oder Flugkarte besorgt. Man kennt sich nicht aus im öffentlichen Nahverkehr der Stadt, in der man wohnt. Dies alles neu lernen zu müssen, empfinde ich als einen reinen Segen.“

Man kann, das schwingt in der Huberschen Formulierung „reiner Segen“ mit, die neue Notwendigkeit auch zur Tugend erheben und Freude daran finden, die Selbstorganisation zu meistern.

Praxishemmnisse erschweren, aber verunmöglichen nicht. Die Umstellung auf die „Selbst-ist-der-Mann“-Situation suchen einige durch die Anmietung von Büro und Assistenz zu mindern, aber wegen der damit verbundenen Kosten und vielleicht auch wegen der damit angezeigten und somit einzulösenden Anbietersituation scheuen die meisten davor zurück. Es finden sich aber Fachleute – oft die eigenen Kinder oder frühere Mitarbeitern, die helfen, die für die Betroffenen durchaus ungewohnten Praxisprobleme zu überwinden.

> „Ich war früher immer ein Computermuffel. Dann habe ich mich ein bisschen bemüht, und meine ehemaligen Mitarbeiter, Sekretärinnen und EDV-Leute, kamen her und haben mir das eingerichtet. Die haben mir ein kleines Coaching gegeben. Von der Sekretärin lernt man am meisten, wie man mit dem Computer umgehen muss. Jetzt habe ich keine Probleme mehr.“ (Wolfgang Fischer)

Welche Technik sollte man eigentlich haben und beherrschen, wenn man sich zum Beispiel als Berater selbständig machen will oder doch nur so weit kommen will, dass man sich dem Markt in überzeugender und zugänglicher Weise anbieten kann?

> „Wichtig sind auch ganz praktische Dinge. So jemand muss einen E-Mail-Anschluss haben, er muss mit seiner Kiste umgehen können, er muss einen aktualisierten Lebenslauf haben, er muss PDF-Dateien schicken können usw. Früher hätte man nur ‚Faxgerät anschaffen‘ gesagt, das reicht heute nicht mehr.
>
> Das ist schon eine Umstellung, wenn man es früher gewohnt war, dreimal schnipp zu machen und dann kamen Spezialisten. Hernach konnte man zwar die Präsentation halten, aber man wusste nicht, wie das im Einzelnen funktioniert. Ich habe mit einem Freund gesprochen, der ausgeschieden war. Der war verzweifelt, weil er zuvor ein Büro mit allem hatte und nun nichts mehr. Dem habe ich erst einmal erklärt, wie man sich einen E-Mail-Anschluss besorgt, welchen Laptop man sich kauft und wie man damit umgeht. Selbst wenn der nur in seinem Kirchenvorstand tätig sein will, bekommt er das Protokoll elektronisch, und dann braucht er auch einen guten Drucker.“ (Andreas de Maizière)

Den Hinweis, dass auch für ehrenamtliches Engagement mittlerweile E-Mail-Anschluss obligatorisch ist, kann ich am Beispiel Rotary bestätigen. Noch vor wenigen Jahren war der Versand der Sitzungsprotokolle per E-Mail ein Sakrileg, heute mokiert sich ein Distriktvorstand über einen einzigen (von über 60) Clubpräsidenten, weil dieser Mails mangels Anschluss nicht empfangen und beantworten kann. Von einem ehemaligen Polizeipräsidenten habe man solch technisches Hinterwäldlertum nicht erwartet. Was vor kurzem noch technischer Firlefanz war, hat sich mittlerweile zum Muss entwickelt. Einen solch schnellen Einstellungswechsel auch der älteren Generation hat man sonst in den vergangenen Jahren nur in der Haltung zum Rauchen erlebt.

Halten wir fest: Haben muss man einen Laptop, einen Webzugang, einen Drucker, ein Faxgerät und einen Scanner. Die Termin- und Adressverwaltung zwischen Handy und Laptop sollte funktionieren. Man sollte nicht nur E-Mails schreiben können, sondern auch Präsentationen. Man sollte seinen Lebenslauf à jour haben und sein Foto per E-Mail verschicken können. An all dem führt kein Weg vorbei. Alles andere ist Einstellungssache: ob man seine Bankgeschäfte, Reisebuchungen und Buchbestellungen online erledigt oder nicht, ob man Ebay beherrscht oder nicht, ob man sich eine eigene Homepage zulegt, mit seinem Portrait in Xing oder andere Plattformen reingeht oder nicht, ob man über Facebook kommuniziert, skyped, twittert oder nicht etc.

Für unseren Zusammenhang sind drei Dinge wichtig:

Erstens: Die moderne Kommunikationstechnik wird von allen Gesprächspartnern als Vorzug begriffen und angesprochen. Man kann mit Hilfe der neuen Technik den Informationsstrom gegenüber „vorher“ einigermaßen offen halten und Teil davon bleiben.

Zweitens: Wer sich hier ausschließt, schließt sich auch aus den Chancen ehrenamtlichen Engagements aus.

Drittens: Der Aufwand kann sich in Grenzen halten. Unabhängig von den Mehrkosten, die ein Büroapparat verursacht, stellt sich mittlerweile auch die Frage, inwieweit das wirklich entlastet. Der frühere Jägermeister-Chef und heutige Vielfach-Berater Hasso Kaempfe beispielsweise hat sich dagegen entschieden:

> „Ich habe überlegt, wo ich mich entlasten könnte. Meine Hauptarbeit besteht ja darin, die Mails so zu ordnen, dass man sie wiederfindet, weil man sich doch sehr auf diesen Kommunikationsweg reduziert. Das kann mir eh keiner abnehmen.“

Andere haben sich für ein Büro oder doch Unterstützung entschieden. Die richtige Entscheidung hängt nicht nur vom Ausmaß der zu bewältigenden Arbeit und von den finanziellen Möglichkeiten ab, sondern auch vom eigenen Arbeitsstil. Aber auch, wie das Beispiel derer, die sich mit anderen zusammen ein Büro gesucht haben, zeigt, von Bedürfnissen, die über bloße Arbeitsnotwendigkeiten hinausgehen. Dabei geht es auch um Status und auch um den Gewinn an Lebensqualität durch Kommunikation.

Ein letzter Hinweis: Insbesondere wer im öffentlichen Raum agieren will, sollte sich frühzeitig überlegen, ob und wie er sich unter den Schirm einer Institution begibt. Wer sich auf sich als Privatperson verlässt, muss wissen, dass er sich dann in die Gefahr begibt, bei Behörden, Stiftungen und Medien und überwiegend auch bei Unternehmen als skurrile Einzelerscheinung einsortiert zu werden. Reaktion einer Stiftung gegenüber einem, der als Individuum Support und Anschluss suchte: „Für ihren Fall haben wir kein Formular." Wer keine Kunden hat und sich von Bittstellern umzingelt sieht, steht wohl in besonderer Gefahr von Überbürokratisierung, Intransparenz und Arroganz. Umso mehr sind positiv agierende Abweichler in den Organisationen zu unterstützen, auf dass eines schönen Tages die Abweichung die Normalität wird.

Wem das Institutionelle, das Bürokraten in Staat, Wirtschaft und Zivilgesellschaft Glaubwürdigkeit und Seriosität signalisiert, fehlt, der sollte pragmatisch auf Abhilfe sinnen. Maritta Koch-Weser hat bei ihrer Rückkehr nach Deutschland die NGO „Earth 3000" gegründet und figuriert als deren „Founder and President". Die Webseite www.earth 3000. org gibt es nur in englischer Sprache. Das ist ein treffliches Beispiel für institutionengerechtes Handeln. Auf der gleichen Ebene liegen die Seminar- und Netzinformationsangebote der Stiftung Mitarbeit an kleine Initiativen, doch bitteschön einen ordentlichen Verein zu gründen[28]. Dahinter steht die unbestreitbare Erkenntnis: Wer beim real existierenden Bürokratismus nicht mitmacht, ist auf der Verliererseite. Auch im Institutionengefüge der Bürger- und Zivilgesellschaft.

Kapitel 4: Was treibt, was bremst

Wer seines Glückes Schmied sein will, will von den Glücklichen wissen, worauf es ankommt, und von den Unglücklichen, warum was schief gelaufen ist. Das sind wichtige Hilfen für den eigenen Weg. Damit haben wir uns bisher beschäftigt. Aber die Karriere, so sagen die Gesprächspartner, ist ohne Fortune nicht zu machen. Das kann für die Zweit-Karriere, wie immer sie beschaffen sein soll, nicht anders sein. In den Blick rücken somit Rahmenbedingungen, Zeitumstände, gesellschaftliche Entwicklungen. Demographischer Wandel beispielsweise ist keine Privatveranstaltung und schon gar nicht stillstehendes Gewässer. Da bewegt und verändert sich was, fortlaufend. Es lohnt sich, näher hinzuschauen.

4.1 Neues Glück beim alten Arbeitgeber?

Ist man mit über 60 nicht mehr gut genug? Manager sind Generalisten mit Führungsverantwortung. Die weitaus meisten von ihnen scheiden zurzeit mit deutlich unter 65 Jahren aus der Vollzeitbeschäftigung aus. Sollen und wollen sie oder ihre Nachfolger in Zukunft ihrem Unternehmen länger zur Verfügung stehen, zum Beispiel bis 67? Bei den Antworten ist die Perspektive zu beachten. Es gibt die Sicht des Managers oder die des Unternehmens – und es gibt die gesellschaftliche Sicht. Die Spannbreite der gesellschaftlichen Diskussion reicht von der Pflicht zur und dem Recht auf Arbeit. Führungskräfte sollen nicht im Liegestuhl des bequemen Vorruhestands lümmeln, wenn alle anderen arbeiten, zukünftig sogar bis 67. Diese Position formuliert Wolfgang Huber, der langjährige Ratsvorsitzende der Evangelischen Kirche Deutschlands, so:

> „Ich glaube, dass es wahrscheinlich auf Dauer nicht sein kann, dass wir den Renteneintritt auf das Alter von 67 Jahren anheben – was ja eigentlich schneller geschehen müsste, als es de facto vorgesehen ist –, es in den Führungsetagen aber generell anders machen".

Nicht alle Manager, würde man sie bis 67 in ihrer letzten Position belassen, würden sich und ihrem Unternehmen damit einen großen Dienst erweisen. Das sieht auch Huber:

> „Auf der anderen Seite glaube ich, dass ein Stück individuelle Regelung auch deswegen notwendig ist, weil man nicht bestreiten kann, dass Führungsaufgaben auch eine Spannkraft und Präsenz

voraussetzen, die natürlich doch nicht alle jenseits der 60 noch haben."

Huber ist aber prinzipiell für das Recht auf Arbeit ohne zeitliche Deckelung:

> „Ich hänge am amerikanischen Beispiel, das die generelle Altersgrenze ja sogar für verfassungswidrig hält. Die Auffassung, die da vertreten wird, lautet, dass eine Zur-Ruhe-Setzung aus Gründen des biologischen Alters allein gegen das Selbstbestimmungsrecht des Individuums verstößt. Das ist radikal formuliert, aber es ist etwas Richtiges dran. Flexiblere Lösungen nach oben wie nach unten wären in meinen Augen besser."

„Flexible Lösungen nach oben und unten" kommen, wie gezeigt werden konnte, schon heute in den Führungsetagen der Unternehmen vor. Einig ist man sich aber, dass eine volle Flexibilisierung des Ausstiegsalters problematisch wäre. Im Unterschied zu Eigentümern, die so lange bleiben, wie sie wollen und die Banken oder die eigene Familie sie lassen, braucht man, so wird betont, bei Managern zur inneren Ordnung im Unternehmen Klarheit. Nachdrängende wollen ihre Chancen realistisch einschätzen, um zu entscheiden, ob sie bleiben und warten oder gehen, um anderswo ihre Aufstiegschancen zu nutzen.

> „Es ist gut, einen Fixpunkt zu haben für diejenigen, die für Nachfolge sorgen müssen. Auch diejenigen, die betroffen sind, wissen, dass sie sich ab dann anderweitig orientieren müssen."
> (Rolf Wickmann)

Nur eine Minderheit der Interviewten plädiert für eine generelle Anhebung des Ausstiegsalters auf über 60 oder 65.

> „Auf der einen Seite finde ich es sehr gut, wie es jetzt ist, weil es mir wirklich Optionen für ein neues Leben bietet. Andererseits ist die Verabschiedung mit 60, die in unserer Gruppe gilt, doch etwas zu früh. Denn man bringt doch mehr PS auf die Straße, einfach durch seine menschliche Erfahrung. Man kann in diesem Alter Dinge schneller und kompetenter regeln. Ich finde es schon eine gewisse Verschwendung von Ressourcen, wenn man noch gesund ist, mit 60 aufzuhören." (Ernst von Bismarck)

> „Ich glaube, der Fixpunkt 60 ist in der heutigen Zeit ein bisschen zu früh. Ich meine, dass er bei der klassischen Nummer 65 ganz gut angesiedelt ist." (Rolf Wickmann)

Bei der Gegenargumentation geht es um Antworten auf drei Fragen, die miteinander verwoben werden: Soll man in den Unternehmen möglichst schnell befördern? Wie lange kann jemand auf der jeweiligen Position Akzente setzen? Kann man jemanden noch weiter mit wechselseitigem Nutzen im Unternehmen verwenden, der seine höchste Position erreicht und ausgefüllt hat? Plädiert wird für steile Aufstiegskarrieren, für die frühzeitige Förderung des Nachwuchses. Dabei wird durchaus die Frage aufgeworfen, wie lange auf den jeweiligen Positionen Akzente zu setzen sind.

> „Wenn jemand sieben, acht oder zehn Jahre eine Aufgabe wahrgenommen hat, hat er dann nicht das, was er an Erkenntnissen gewonnen und an Veränderungserfordernissen mit seinem Team zusammen gesehen hat, umgesetzt? Die Wahrscheinlichkeit, dass diese Person noch mal etwas ganz Neues versucht, ist eher geringer als bei jemandem, der frisch reinkommt. Ich bin daher ein großer Anhänger davon, dass man jüngeren Leuten frühzeitig Top-Führungschancen gibt." (Johann C. Lindenberg)

> „Beim Arbeiten für ein Produkt sticht das Argument der Abnutzung. Es wird repetitiv. Der Drive, etwas zu verändern, nimmt im Laufe der Zeit ab, so dass ich als Aufsichtsratsvorsitzender eines so ausgerichteten Unternehmens spätestens nach zehn Jahren den Kopf auswechseln würde." (Hasso Kaempfe)

Der Maxime „höchstens zehn Jahre in einer Position" sind andere Gesprächspartner auch in ihrer eigenen Karriere gefolgt.

> „Ich habe eigentlich immer versucht, alle zehn Jahre in meinem Leben etwas Neues zu machen. Und dann ging ich plötzlich zu einem Global Player. Das war eines meiner Schlüsselerlebnisse: Bei dem Interview wurde ich auch von dem damaligen Vorstandsmitglied U. befragt. Der sagte zu mir, ‚Wenn ich mir so Ihren Lebenslauf anschaue, dann haben Sie eigentlich immer irgendwas gemacht, von dem Sie nichts verstehen.' Da habe ich einen Moment nachgedacht, und dann habe ich gesagt: ‚Ja, da haben's recht. Weil es furchtbar langweilig ist, wenn man schon alles weiß über den neuen Job. Es muss ja eine Herausforderung sein, ich muss ja was Neues lernen.' Das war ein prima Bewerbersatz, wobei das gar nicht als Bewerbersatz gemeint war, sondern es war eine ehrliche Antwort." (Walter Tayer*)

Es gibt aber auch grundsätzlichen Widerspruch gegen die Zehn-Jahre-Regel. Hauptargument: Gerade in inhabergeführten Unternehmen gebe es immer wieder empirisch belastbare Gegenbeispiele von Unternehmern, die sich und somit ihr Unternehmen immer wieder neu erfinden, aber auch von Managern, die keineswegs in einem einmal erfolgreichen Erfolgsrezept verharren.

> „Bei Inhaberunternehmen gilt das ja weniger (Anm. des Autors: Gemeint ist das Ausscheiden nach zehn Jahren in einer Position). Warum sollte das für Manager gelten? Es sollte nur für Manager gelten, wenn sie denn über zehn Jahre erfolgreich waren, so viel gestaltet und erreicht haben, dass ihre Eitelkeit oder ihr Erfolgsnimbus sie daran hindert, Dinge wieder in Frage zu stellen und neu aufzusetzen. Es gibt 40-Jährige, die sind uralt, und es gibt 60-Jährige, die sind sehr jung im Kopf. Wenn man jemand ist, der Biss behält und der auch die Bereitschaft zur Veränderung hat, dann spielt es überhaupt keine Rolle, ob das zehn, zwanzig oder dreißig Jahre geht. Aber es gibt ja Erfolgsleute, die fahren auf einer Schiene. Die machen ein Konzept, und das machen sie erfolgreich. Die können aber kein anderes Konzept, und wenn sich das überholt, ist es natürlich gut, wenn sie abgelöst werden. Es würde aber keine inhabergeführten Unternehmen geben, die über Generationen erfolgreich sind, wenn das Prinzip gelten würde, nach zehn Jahren ist der Unternehmer generell ausgeblutet." (Rolf Wickmann)

Dennoch ist klar: Wer geht, lässt Raum für Neues und für den Nachwuchs.

> „Ich habe auch immer junge Leute gepusht in meinem Job, teilweise gegen größere Widerstände. Es hieß: ‚Du kannst doch nicht einen 35-Jährigen schon auf einen Managing-Director-Level heben.' Doch: Wenn der Mann, die Frau gut ist. Ich war immer der Meinung, man sollte, wenn man gut ist, auch jung Karriere machen können." (Walter Tayer)
>
> Der Vorteil des frühzeitigen Entlassens besteht für das Unternehmen darin, dass man ein bisschen durchlüftet und nach oben hin Möglichkeiten schafft, nachkommenden, guten Leuten Perspektiven zu bieten." (Michael Müller)

Verschärft sei die Situation allerdings, wo Jugendwahn herrsche, sagt ein Gesprächspartner. Da bestehe dann die Gefahr, dass des Guten zu viel geschehe und man das Know-how der Älteren leichtfertig mit diesen zur Tür heraus befördere.

„Es ist die Vorstellung der Branche, dass man ab einem bestimmten Alter nicht mehr in der Werbung arbeiten sollte. Der Jugendwahn ist zwar nicht mehr so drastisch wie vor 20 Jahren, aber noch spürbar. Man hat das Gefühl, man muss, bis hin zum Management, immer wieder durchspülen. Das stimmt und stimmt auch wieder nicht. Die Wahrheit liegt in der Mitte. Man muss Erfahrungspotential sichern und gleichzeitig immer wieder neue Impulse reinbringen. Das ist ja der Trick. Wenn man nur durchspült, spült man auch das Know-how weg, und man muss immer wieder von vorne anfangen." (Joachim Strate)

Durchlüften, durchspülen: Diese etwas befremdlichen Metaphern stehen für interne Umbauradikalitäten.

„Der Restrukturierungszyklus in den Firmen ist so enorm schnell geworden, dass sie – nicht unbedingt wegen Fehlern des Unternehmens, sondern wegen der Konjunkturen – relativ schnell vor allen Dingen ältere Mitarbeiter verlieren, die raus müssen oder woanders hin müssen, weil die Strukturen neu gesetzt werden müssen." (Reinhard Behrens)

Ob Restrukturierungsaktionismus eine erfolgreiche Unternehmensstrategie ist, lässt sich empirisch vermutlich weder belegen noch widerlegen. Gleiches gilt wohl für Wert oder Schaden von Verjüngungsstrategien. Es werden geglückte Beispiele genannt, allerdings mit einer wichtigen Einschränkung: wenn man sie mit den Richtigen macht.

„Von daher ist das Bertelsmann-Modell, wo relativ scharfe junge Leute früh hochgezogen und dann in Toppositionen gebracht wurden – Druckerei mit 35 übernommen und anschließend Gruner + Jahr mit 39 – im Prinzip richtig, wenn man eine glückliche Hand in der Auswahl hat." (Johann C. Lindenberg)

Könnte hinter dem Auswechseln von altgedienten Managern nicht auch eine Effizienzlogik ganz anderer Bauart stecken? Das wird insbesondere im Bankensektor vermutet.

„Der Vorteil ist bei jüngeren Leuten: Sie sind eben unkritischer, leichter zu führen." (Michael Müller)

Halten wir fest: Zur Zeit verlassen Führungsmanager ihr Unternehmen in der Regel mit deutlich unter 65. Daran wird vereinzelt kritisiert, dass Erfahrungswissen von den Unternehmen nur unzureichend genutzt wird und Manager, die im vollen Saft aus Können und Erfahrung stehen und ausreichend Energien haben, zu früh verabschiedet werden. Dem halten andere ebenfalls altgediente Manager entgegen, dass es für Unternehmen wichtig sei, Karrierewege steil zu gestalten und erfahrungsgemäß ein zu langer Verbleib auf den einzelnen Karrierestufen, auch auf der letzten, zunehmend weniger effizient sei.

Folgt man, aus welchen Beweggründen auch immer, dem Modell „Zehn Jahre in einer Position sind das Maximum", dann stellt sich die Frage: Was passiert danach?

> „Da ich Befürworter davon bin, relativ jungen Leuten, wenn sie exzellent sind, die Führungsverantwortung zu geben, weil die von der Tendenz her vielleicht etwas kreativer, vielleicht etwas mutiger und vielleicht etwas angriffslustiger sind – das trifft nicht immer zu, ein 55-Jähriger kann das genau so sein, aber die Tendenz ist so –, stellt sich allerdings die Frage, was danach kommt."
> (Johann C. Lindenberg)

Will der Rat der Alten wirklich gehört werden?

Überaus einig sind sich die Befragten in einem Punkt: Zurückhaltend umgehen sollte man bei der Besetzung von Aufsichts- und Beiräten des eigenen Unternehmens mit Ehemaligen. Rolf Wickmann findet das schöne Bild vom Kriegshäuptling, der das Einverständnis des Alt-Häuptlings zum Handeln benötigt. Aber, um im Bild zu bleiben, die Alt-Häuptlinge sollten nur zu einem Fünftel oder Viertel aus dem gleichen Dorf stammen, meint der Ex-Vorstand von Gruner + Jahr:

> „Ich finde das Auseinandersetzen mit der Erfahrung der Älteren gut, aber die Entscheidungen sollten stets die treffen, die auch für den Erfolg direkt verantwortlich sind. Das war schon bei den Indianern so: Der junge Häuptling, der seine Indianer anführte, musste, bevor er in den Krieg zog, den Rat der Alten einholen. Dafür gibt es in großen Unternehmen Beiräte und Aufsichtsräte. Da allerdings muss man sich die Frage stellen: Ist es denn gut, wenn diese Gremien überwiegend mit Ehemaligen besetzt sind? Ich sage: nein. In den Beiräten und Aufsichtsräten sollte man 20 bis 25 Prozent Erfahrung aus dem Unternehmen haben, die weiteren Ratgeber sollten andere Erfahrungshorizonte mitbringen.

Auch Arno Mahlert, zuletzt Vorsitzender der Maxingvest AG (Tchibo-Holding), ist gegen zu viele Interne, überhaupt sollte die Besetzung von Aufsichtsräten professioneller geschehen:

„Bei Nichtfamilienunternehmen sollten Ex-Vorstandsmitglieder nicht oder erst nach längerer Zeit in den Aufsichtsrat des Unternehmens gehen. Ich finde es ganz richtig, dass nach den Exzessen der Seilschaften, die es gegeben hat, das Pendel umschlägt. Das kostet dann möglicherweise ein paar Konstellationen, die gut wären. Aber so wie bisher kann es nicht weitergehen. Wir haben viel zu wenig professionell besetzte Aufsichtsräte. Allein die Suche nach Aufsichtsratsmitgliedern verläuft in den meisten Fällen nicht sachgerecht. Mir sagen die Headhunter, die Aufsichtsratsmandate vermitteln wollen, dass sie kaum Aufträge haben. Die meisten Verantwortlichen suchen nicht über Externe, sondern unter denen, die sie kennen."

Karl Dietrich Seikel, zuletzt Geschäftsführer von „Der Spiegel" und im Jahr 2011 unter anderem auch als Berater bei der Konkurrenz „Focus", spricht sich überdies gegen den direkten Wechsel Vorsitz Vorstand zu Vorsitz Aufsichtsrat aus, wie dies in vielen Unternehmen Usus ist:

„Ich bin auch nach meinen eigenen Erfahrungen davon überzeugt, dass der aktive Vorsitzende nicht der Vorsitzende des Aufsichtsrats werden sollte oder auch nur Aufsichtsrat."

Eine Ausnahme, so sehen das auch die Gesprächspartner, ist und bleiben die Familienunternehmen. Aber die Plätze, die dort zu vergeben sind, werden sich nicht vermehren. Und sie sind oft Insidern, Ehemaligen aus eben jenen Unternehmen, vorbehalten.

„Es funktioniert in Familienunternehmen, dort wo die Ex-Manager in Beirats- oder Aufsichtsrats- oder auch Family-Office-Funktionen gehen, das heißt auch Kontinuität mitbringen. Das müssen Persönlichkeiten sein, die das Unternehmen lange kennen, die von der Familie lange gekannt und geschätzt werden. Die Familie muss sicher sein, dass diese Leute ihre Werte aufgenommen haben, dass ihr Herz für das schlägt, was die Familie vertritt. Dann können das ganz wichtige Begleiter sein." (Arno Mahlert)

Berater im Unternehmen? Begleiter des Nachfolgers? Die Skepsis überwiegt. Dabei wäre dies unter finanziellen Aspekten in vielen Fällen durchaus machbar.

„Der Nachfolger verdient ja noch etwas weniger als der Alte. Wahrscheinlich ist es sogar so, dass mit mir zusammen weniger als vorher gezahlt werden muss". (Joachim Strate)

Aber, und da sind sich die Interviewten offenbar zumeist aus eigener Erfahrung ganz überwiegend sicher: Der Vorgänger bietet für den Nachfolger zu viel Irritationspotential, wenn er, in welcher Funktion auch immer, im Unternehmen bleibt. Es geht mit den ehemaligen Mitarbeitern nicht.

> „Als Bereichsvorstand kannst du nicht hinterher im selben Unternehmen als Berater auftreten, denn die früheren Mitarbeiter sind befangen. Wenn einer draußen ist, dann soll er draußen bleiben. Dann soll ein Junger kommen, und der soll seinen Job machen, und zwar so, wie er es für richtig hält." (Walter Tayer*)

Das Hauptargument ist: „Wie sollen sich die Leute orientieren?" Da brauche es schon, meint Karl Dietrich Seikel, den ausdrücklichen Wunsch des Nachfolgers, um diese Hürde zu überspringen. Wer sich gegen seine Überzeugung zu einem Beratervertrag überreden lässt, bei dem diese Bedingung nicht gegeben ist, werde es bereuen:

> „Das Einzige, was ich bei meinem Auflösungsvertrag gegen meine Überzeugung gemacht habe, war dieser Beratervertrag. Denn ich bin im Grunde Anhänger eines klaren Schnitts, es sei denn, es wäre ein interner Kandidat mein Nachfolger geworden und der hätte gesagt, ich will, dass Sie noch ein Jahr zwei Tage in der Woche kommen oder irgend so etwas. Vorstellbar, aber ich zum Beispiel wollte das bei meinem Vorgänger auch nicht. Wie sollen sich die Mitarbeiter orientieren? Es ist auf jeden Fall ein Problem für die ehemaligen Kollegen."

Wer im Laufe seiner Karriere Sprünge gemacht hat und immer wieder angetreten ist, um die neue Position neu zu interpretieren, kann nicht umhin, dies auch für seinen Nachfolger und somit gegen sich gelten zu lassen, meint Johann C. Lindenberg:

> „Dieses Thema, Aufbruch zu neuen Ufern und neuen Ergebnissen', das war eine ganz klare Botschaft meines Nachfolgers und sicherlich auch von oben. Dafür muss man Verständnis haben. Wenn jemand diese Aufgabe relativ lange wahrgenommen hat so wie ich – sieben bis acht Jahre war ich in der Topposition –, dann heißt es: ‚Jetzt wollen wir neuen Schwung, neue Bewegung!'. Ich habe in meiner Karriere alle zwei bis drei Jahre gewechselt und bin dabei immer in Positionen gebracht worden mit der Botschaft, hier musst du jetzt erst mal radikale Veränderungen und Verbesserungen reinbringen. Dazu werden neue Leute schließlich geholt ..."

Ein weiteres Argument lautet: Das Wissen des Vorgängers veraltet rasch. Es gibt zu viele tiefgreifende Strukturänderungen.

> „Ausscheidende können im Unternehmen keine Rolle mehr spielen, weil permanent Strukturveränderungen stattfinden. Augenblicklich werden hierarchische Strukturen aufgebaut und noch rigider geklärt, wer wie arbeitet und wer welche Mandate abwickelt und in welcher Form." (Reinhard Behrens)

Überaus gebräuchlich ist – das muss wiederholt werden – das Bild von den beiden Alphatieren, gemeint sind der jeweilige Vorgänger und sein Nachfolger, von denen nur eines auf der Lichtung bleiben kann. Der Hirsch auf der Lichtung muss abtreten, weil der neue Hirsch mit seinem Ego den ganzen Platz braucht. Und da man solche Leute an der Spitze brauche, gehe es auch nicht anders, meint ein Gesprächspartner.

> „Ich würde auch sagen, dass sie die Nachfolger mit ihrer Präsenz belasten, wenn sie wirklich große Tiere waren. Die Nachfolger können sich nicht frei entfalten. Es gibt sicherlich Ausnahmefälle, wo der neue Manager sagt, den Rat von dem möchte ich aber einbeziehen. Aber als Rezept halte ich davon ziemlich wenig." (Arno Mahlert)

Kann man konstruktiv mitreden, wenn man die Verantwortung nicht mehr hat, oder wird dies immer als Reinreden interpretiert? Mancher Gesprächspartner sieht sich durch das Beispiel seines Vorgängers gewarnt:

> „Die grundsätzliche Frage lautet: Wie kann ich die Erfahrung der Alten und die Impulse des Neuen verbinden? Das ist schwer. Ich habe immer gesagt, ich möchte nicht reinreden, wenn ich die Verantwortung nicht mehr habe. Das finde ich für denjenigen, der die Verantwortung hat, ganz schlimm. Ich hatte so einen Vorgänger, der mischte am Anfang gern mit, hat aber nicht gemerkt, dass sich etwas verändert hat. Das finde ich nicht gut. Besser finde ich es dann, wenn der Verantwortliche sagt: ‚Ich brauche mal deinen Rat.' Ich helfe gern, aber ich spiele keine Rolle mehr." (Margret Buhse)

Vom Generalisten zurück zum Spezialisten

Wenn nach neuen Wegen gesucht wird, hilft mitunter eine Analogiebildung. Der Generalist arbeitet „danach" wieder ohne Führungsverantwortung, er ist wieder der Spezialist, als der er einst gestartet war.

> „Wenn ich mir aber vorstelle, ich wäre Partner in einem Anwaltsbüro und gäbe dann nach so und so vielen Jahren die Führungsrolle ab und konzentrierte mich auf Mandate und machte also wieder das, was mir ursprünglich auch viel Spaß gemacht hat, weiter, dann ist das gut vorstellbar. Oder als Mediziner, der vielleicht eine Chefarztfunktion hatte, und sich nun sagt, eigentlich möchte ich viel lieber forschen. Das kann doch durchaus klappen." (Wolfgang Fischer)

Oder: Der Generalist arbeitet „danach" als Generalist ohne Führungs- und Marktverantwortung weiter. In den Unternehmensberatungen ist das geübte Praxis.

> „Jede Unternehmensberatung ist, bezogen auf das Alter der Beschäftigten, ein sehr junges Unternehmen. Es gibt eine hohe Rotation. Du musst immer wieder an die Unis gehen, die guten Leute suchen, sie ausbilden und hoffen, dass du sie behältst. Oben wird es relativ dünn, und die erfahrenen Leute geben dann schon ihre Linienfunktion durchaus ab, weil man verantwortlich ist für eine relativ große Gruppe, und du bist akquisitionsverantwortlich, das ist ein relativ großer Stress. Da gehen dann viele in den letzten vier bis fünf Jahren in Verbandsarbeit oder in Risk-Management oder Quality-Control." (Reinhard Behrens)

Passt man nicht mehr zur Unternehmenskultur?

Eine andere Argumentationsrichtung schaut auf den Nachfolger und die Veränderungen in der Unternehmenskultur. Sind die Nachfolger aus einem anderen Holz geschnitzt? Könnte mit ihnen gehen, was man für sich selbst ausschließt, fragt ein Banker:

> „Die Leute der Zukunft sind natürlich wesentlich mehr ‚down to earth', nicht so hochgeflogen. Ich glaube, man wird sehr gute Beratungsmodelle entwickeln, vielleicht Teilzeit, es gibt ja schon heute die unterschiedlichsten Modelle. Ich könnte mir sehr gut vorstellen, dass der junge neue Führer noch zusammen ist mit dem ehemaligen, der noch sozusagen als Außenminister tätig ist. So oder so ähnlich wird sich das einspielen.

Ich war ja jetzt auch in meinem Team drin, allerdings duze ich niemanden, die Zukunft duzt sich. Mein Kollege, er ist 45, duzt seine Sekretärin. Das hat auch was mit dem Englischen zu tun. Ich glaube, es wird sich in Zukunft durchaus realisieren lassen, dass Mischformen der Beschäftigung eher machbar scheinen. Und zwar dann auch bis 70 oder 75, warum auch nicht?“ (Marc-Aurel von Dewitz)

Ein Kollege ist skeptisch:

„Der Nachfolger will nicht von seinem Vorgänger geführt werden, das würde ihn schwächen. Man muss auch bedenken, wie aufmerksam die nächste Ebene solche Veränderungen verfolgt.“ (Michael Müller)

Kleines Fazit – und die Suche nach Lösungen

Fassen wir bis hierhin zusammen: Nur eine Minderheit der Interviewten plädiert für ein späteres Ausstiegsalter; eine Mehrheit findet es wichtiger, dass der Weg nach oben immer wieder geöffnet wird. Karrieren sollen nicht erdient, sondern erklommen werden. Fähige Manager sollen vergleichsweise jung bis in die höchsten Positionen gelangen können. Ein Nebeneinander von Vorgänger und Nachfolger wird als schwierig und generell eher als nicht machbar angesehen. Eine Weiterbeschäftigung wieder als Spezialist oder als Generalist ohne bisherige Verantwortung kann nur im Einzelfall zumutbar und produktiv sein.

Lösungen, die die Nachteile einer Weiterbeschäftigung für Manager und Unternehmen vermeiden, könnten auf der Grenzlinie zwischen drinnen und draußen liegen. Gibt es überhaupt aus heutiger Sicht einen Möglichkeitsraum für altgediente Manager? Darüber sprach ich mit Johann C. Lindenberg:

Johann C. Lindenberg: Natürlich ist es Statusverlust, wenn man aus einer Top-Führungsposition, wo man wirklich Entscheider ist und mit einem großen Team mit großer Verantwortung wichtige Geschäftsbeiträge erarbeitet hat, anschließend in eine Funktion hineinkommt, wo man weitaus weniger Macht, Entscheidungs- und Umsetzungsbefugnis hat.

Henning von Vieregge: Lässt sich dennoch eine für Unternehmen und Manager zufriedenstellende Konstruktion „für die Zeit danach“ vorstellen?

JL: Darüber muss man nachdenken, denn solche Personen können vielfach noch wertvolle Beiträge leisten. Außerhalb des eigenen Unternehmens sind offenbar wesentliche Leute der Meinung, dass man diese Person noch erfolgversprechend engagieren könnte. Das müsste gegebenenfalls auch intern zu denken geben.

HvV: Kann man sie verstärkt als Berater einsetzen?

JL: Wenn Rat benötigt wird, holt man sich lieber die McKinseys rein. Die lässt man etwas erarbeiten. Die eigenen Leute sind im Umgang sicherlich nicht immer ganz so pflegeleicht wie die Berater, die man sich von draußen holt. Dennoch haben sie den großen Vorteil, dass sie das Unternehmen kennen.

HvV: Steht ihnen nicht ihre Erfahrung im Weg?

JL:. Wenn sie tatsächlich Menschen sind, die Innovationen abblocken, braucht man sie in der Tat nicht. Oder doch? Indem sie darauf hinweisen: ‚Das haben wir schon versucht, das hat nicht funktioniert.' – und zugleich sagen: ‚Genau daran müssen wir deswegen intensiver arbeiten. Es hat zwar in der Vergangenheit nicht funktioniert, aber es ist trotzdem das Kernthema, an dem wir arbeiten müssen.'

HvV: Es ist schwieriger, im eigenen Unternehmen zu beraten als in einem fremden ...

JL: Man könnte das Ganze ja auch so gestalten, dass man diejenigen, die sich engagieren wollen, in einen Bereich einbringt, der von Leuten außerhalb des Unternehmens geleitet wird und von daher neutraler ist. Solche intern-externen Berater müssen ja auch nicht die ganze Woche arbeiten. Sie können ad hoc in Projekten arbeiten, aber man hat einen Pool. Darüber sollte man nachdenken, das ist eine Möglichkeit, wenn auch mit allen möglichen Vor- und Nachteilen für die Beteiligten. Allerdings gibt es kaum Nachteile für die so tätigen Manager.

HvV: Hat Erfahrung in den einzelnen Branchen unterschiedliches Gewicht?

JL: Ja, man kann technologiegetriebene und an Konsumentenbedürfnissen orientierte Geschäftsmodelle unterscheiden. Bei Letzteren kann man über viele Dinge, die man versucht hat, sprechen und kann dann auch über Innovation diskutieren. So können auch junge Leute, die neu in der Verantwortung sind, sich der Erfahrungen bedienen und versuchen, etwas Neues zu machen.

Die Ausweitung der unternehmensinternen Weiterbeschäftigung ist also unwahrscheinlicher als jene außerhalb des bisherigen Arbeitgebers. Somit sprechen im Fall von Managern mehr Argumente für den in Zukunft eher kürzeren Verbleib im Unternehmen als für den längeren. Möglicherweise nähert sich die Entwicklung den Beispielen Bundeswehr, Beratungsgesellschaften und Kommunikationsagenturen an: Wer nicht aufsteigt, hat auszusteigen, der Oberst vor dem General. Das ist für den Einzelnen Chance oder Bedrohung.

Diese Argumentation soll, so schlüssig sie auch sein mag, an zwei Stellen auf ihre Tragfähigkeit in die Zukunft hinein überprüft werden. Zum einen geht es um das Bild von den Platzhirschen. Ein Bild formt die Realität, aber es ist nicht unveränderbar. Immerhin gibt es unter den 20 Interviews zwei mit einem Ausstiegsmodell, das ein gedeihliches Miteinander von Vorgänger und Nachfolger zur Bedingung hatte und funktionierte. Wenn auch in beiden Fällen von den Protagonisten betont wurde, ihr Beispiel sei durch und durch Ausnahme, so hat diese Einlassung mit Sicherheit die Durchsetzungschancen erhöht, muss aber mittelfristig nicht stimmen.

Allerdings: Abweichungen vom Normalen können, wenn sie zu früh kommen, folgenlos bleiben. Werbemann Joachim Strate formuliert dieses nicht untypische Avantgarde-Schicksal an der Frage, ob sein Beispiel Folgen zeitigt:

> **Joachim Strate**: Das Modellhafte (Anm. des Autors: seines Ausscheidens mit 55 inklusive Beratervertrag und Nachfolgeregelung im Einvernehmen von Vorgänger und Nachfolger) kann ja nur dann funktionieren, wenn die Umgebung dazu bereit ist, solche Modelle aktiv zu unterstützen und zu fördern. Dazu ist diese Branche allgemein nicht die Bohne bereit. Es wäre ja sinnvoll, wenn man sagte, dieser enorme Druck, den man als Managing Director in einer Network-Agentur hat, der ist mit 55 wirklich so groß, dass man das den Leuten nicht mehr zumuten kann. Was machen wir mit dem? Wir machen ein strukturiertes Modell – wie in meinem Fall vielleicht –, wo man sie für bestimmte Aufgaben noch mal fünf bis sechs Jahre beschäftigt. Darauf sind die Agenturen aber überhaupt nicht vorbereitet. Dafür ist kein Budget da, auch keine Bereitschaft. Da gibt es nur die Vorstellung: Full Power oder gar nicht.
>
> **Henning von Vieregge**: Könnte es ein Zukunftsmodell sein?
>
> **JS**: Es würde bedeuten, dass in den Unternehmen ein Bewusstsein dafür geschaffen wird und dass nicht einfach nur ‚alte Säcke' mitgeschleppt werden, weil man die nicht nach Hause schicken will.

HvV: Das klingt skeptisch.

JS: Die (Agentur-)Branche springt ganz kurz in allen Dingen. Das gilt ja auch für die Arbeit. Da wird eine Kampagne gemacht, und dann ist es schon wieder vorbei. So ist es auch im Umgang mit den eigenen Strukturen, Personalentwicklungen. Wir sind ausschließlich dazu aufgefordert, den Profit zu optimieren und die Kosten im Griff zu halten, neue Kunden ranzuschaffen.

Andererseits: Unternehmen werden, wenn sie in Arbeitskräftenot und Überalterung ihrer Belegschaft kommen, heute Undenkbares für denkbar und vor allem realisierbar halten. Dann schon, vorher nicht. Unternehmen mit älteren Belegschaften werden sich dann um jüngere, umgekehrt Unternehmen mit konsistent jungen Teams sich ernsthaft um ältere Mitarbeiter bemühen. Werbeagenturen zum Beispiel sind homogen jung, Altersdurchschnitt 33. Das ist nicht in jeder Hinsicht vorteilhaft. Altersgemischte Belegschaften haben zwar einen höheren Betreuungsaufwand, damit sie zusammen wachsen, bieten aber auch mehr Kreativität und, im Vergleich zu homogenen alten Belegschaften, die Chance eines besseren Arbeitsklimas. Belegschaften mit höherer Diversität – diese bezieht sich nicht nur auf das Alter – können komplexe Aufgabenstellungen besser lösen. Ein alter Werber und Marketingstratege drückt diesen Gedanken, der durch Forschungsergebnisse fundiert ist, so aus:

> „Ich könnte mir vorstellen, dass sich in Deutschland der Trend dreht. Ich glaube, es ist wie beim Fußball: Nur mit Teenagern ist nichts, nur mit Alten ist auch nichts. Man muss die richtige Mischung haben. Dazu gehören Erfahrung, das Alter, unterschiedliche Talente. Mit elf Mittelstürmern wird es schwierig sein, ein Spiel zu gewinnen. Man muss komponieren. Ich glaube, dass unsere Generation noch richtig im Kommen ist." (Manfred Schüller)

Es dürfte also so kommen, dass Unternehmen ältere Mitarbeiter halten wollen. Dann aber müssen sie ihnen mehr individuelle Lösungen bieten, bezogen auf Arbeitsplatz, Aufgabe, Lage und Dauer der Arbeitszeit, Weiterbildung usw. Das gilt für alle Arbeitnehmer, aber insbesondere für die älteren, denn insbesondere die werden sich die Freiheit nehmen, anders arbeiten zu wollen als zuvor. Nicht nur Gewerkschaften, auch Personalverantwortliche und Betriebsräte haben damit heute ihre Schwierigkeiten. Auch die Politik denkt in Großeinheiten und Großlösungen. Aber selbst wenn die Unternehmen im Wettbewerb um Arbeitskräfte ihr Angebot individueller als heute gestalten, ist zu fragen, ob dies auch die Führungsmanager automatisch mit einschließt.

Ich vermute, dass im Gegenteil die ohnehin besondere Situation dieser Gruppe dann umso stärker hervortreten wird. Das Unternehmen wird auch in Zukunft den Weg an die Spitze für Jüngere frei halten wollen, und der Führungsmanager wird lieber früher als zu spät seinem bisherigen Arbeitgeber Adieu sagen, zumal wenn er weiß, dass sich vor dem Betriebstor des bisherigen Arbeitgebers die Chancen auf ein erfülltes Silver Patchwork-Life deutlich verbessert haben werden. Für diese Gruppe gab es schon immer individuelle Lösungen, aber in beide Richtungen, zumeist das frühere Aussteigen betreffend, seltener die Verlängerung. Daran wird sich in Zukunft prinzipiell nichts ändern, und wenn, wird sich die Zahl der frühaussteigenden Manager erhöhen, zumeist auf deren Wunsch hin. Ursula Staudinger, Psychologin, Alternsforscherin und Professorin an der Jacobs University Bremen betont die Sonderrolle dieser Gruppe unter diesem Aspekt:

> „Ich halte es für wichtig zu verdeutlichen, dass wir hier über eine Elite reden, die Führungselite in verschiedenen Gesellschaftsbereichen. Völlig anders stellt sich das nämlich in den weniger qualifizierten Tätigkeitsbereichen dar, wo angewachsenes, implizites Wissen über die Bedienung von Maschinen, die Kenntnis eines Kundenstamms usw. extrem hilfreich ist und innerhalb des Unternehmens und auch ohne Gesichtsverlust oder Statusverlust angezapft wird. Bis dahin gehend, dass man ganz früh verrentete Kohorten wieder ins Unternehmen holt."

Ob es allerdings den Unternehmen gelingt, ihre Mitarbeiter, gleich welcher Hierarchiestufe, bei steigendem Arbeitskräftemangel länger im Unternehmen zu halten oder bei Bedarf zurückzuholen, wird nicht zuletzt von der Bereitschaft und Fähigkeit des Arbeitsgebers abhängen, weit individuellere Lösungen als heute anzubieten. Die finanzielle Attraktivität wird nicht der ausschlaggebende Faktor sein. Der Wettbewerb der Betriebe um größere Arbeitgeberattraktivität ist bereits im Gange.[29]

Neun Erkenntnisse

Fassen wir dieses Kapitel in neun Punkten zusammen:

Erstens: Manager, die mit ihrem Nachfolger individuelle Übergangspläne verabredet und der Führung vorgelegt hatten, die ein frühes Ausscheiden mit geregelten längeren Übergängen eines Nebeneinanders von Nachfolger und Vorgänger vorsahen, geben an, ihre Führungen mit ihren Vorschlägen überrascht zu haben. Ihre Pläne seien als individuelle Lösungen schließlich akzeptiert worden, hätten aber keine grundsätzliche Veränderung bewirkt. Bleiben solche Schritte die Ausnahmen, oder sind sie doch entgegen ihrer eigenen Annahme Vorboten einer Entwicklung?

Zweitens: Grundsätzlich überwiegt die Skepsis gegenüber einem längeren Verbleiben der Führungskräfte im Unternehmen, sei es in der bisherigen Funktion, sei es in neu zu schaffenden Beratungsfunktionen. Jüngere müssten früh in Führungsverantwortung.

Drittens: Es sei in der Regel nicht gut, länger als sechs bis zehn Jahre in einer Position zu arbeiten, auch nicht in der höchst erreichbaren, wie mehrere Manager aus ihren Erfahrungen berichten. Der Vorgänger neige nach seinem Ausscheiden immer dazu, dem Nachfolger in die Parade zu fahren. Diejenigen altgedienten Manager, die dieser Sichtweise widersprechen, verweisen auf das Beispiel des Eigentümerunternehmers.

Viertens: Kein Gesprächspartner berichtete von Plänen seines Unternehmens, die Altersgrenze auch für Spitzenmanager anzuheben. Es wurde auch bezweifelt, ob dies im Sinne des Unternehmens sinnvoll sei.

Fünftens: In den Interviews gibt es den Hinweis, dass das Zusammengehörigkeitsgefühl der Mitarbeiter, das in diesen Fällen bewusst auch die ehemaligen Mitarbeiter einzuschließen scheint, den Übergang erleichtert. Die Unternehmen, die genannt werden, gehören keinem besonderen Typus an. Sie sind in zwei Fällen (Der Spiegel, Ogilvy) geprägt durch Unternehmenspersönlichkeiten, deren Erbe über den Tod hinaus wirkt.

> „‚Der Spiegel‘ war ja sehr familiär. Das liegt sicher an der Prägung durch den Herausgeber Rudolf Augstein, es liegt an der Geschichte des ‚Spiegel‘. Wir haben dieses Gefühl des Miteinanders auch immer gepflegt.“ (Karl Dietrich Seikel)

> **Joachim Strate:** Ich muss gestehen, diese Form der tiefen Freundschaft, die weit über Sympathie hinausgeht, die wir untereinander bei Ogilvy pflegen, die wir auch weiterhin pflegen, die hat dazu geführt, dass die Leute nicht nur extrem lange bei dieser Company blieben und bleiben, sondern dass sie auch auf viele von diesen Ersatzbefriedigungen und Ersatzlieben verzichten. Viele Ogilvy-Manager verdienen weniger als vergleichbare Leute bei anderen Agenturen. Das ist letztendlich der Umkehrschluss davon, wenn man so eine tiefe persönliche Symbiose hat, dann braucht man diese Dienstwagen-Gadgets auch nicht mehr.

Henning von Vieregge: Bis hin zur Witwe Herta ?

JS: Bis hin zu einer Witwe des Gründers, die für David Ogilvy in seinem Schloss vor die Kamera tritt. Das hat was. Mich hat das zutiefst berührt, das hat auch Kids, die 23-jährige Kontakterin zum Beispiel, extrem berührt, mit welcher Zuneigung ein Chef verabschiedet wird. Ich glaube, es ist untypisch. Aber ich glaube umgekehrt, andere arme Teufel in der Branche, die dann vom Hof gejagt werden, oder andere, für die kann es gar nicht genug von diesen Gadgets geben, um sich selbst auch gut zu finden. Und entsprechend ist der Entzug von Vergünstigungen natürlich auch ein Liebesentzug.

Sechstens: Auch manches Großunternehmen erleichtert dem Ausscheidenden auf vielfache Weise den Übergang; mit durchaus zweideutiger Wirkung. Es erschwert das Kappen der Taue, die noch binden, es lässt den Abschiedsschmerz sanft verklingen. Der scharfe Trennungsschnitt oder der ausatmende Übergang aus dem Unternehmen: Beides hat seine Vor- und Nachteile aus der Sicht des Betroffenen.

> „Der Ausstieg war nicht so schlimm, nein. Aber ich habe auch noch den Kontakt zu Kollegen und Mitarbeitern, mein Handy habe ich heute noch, ich bin noch an das Unternehmensnetz angeschlossen. Vielleicht sollte ich von mir aus sagen: ‚Jetzt mal endgültig Schluss.' Aber man ist so verbunden mit dem Unternehmen." (Margret Buhse)*

Siebtens: Der altgediente Manager ist sicher gut beraten, mit seinem Ausscheiden, unter welchen Rahmenbedingungen und Umständen dieses auch geschieht, eine klare Trennung anzusteuern. Die Chancen auf eine zweite Karriere liegen eher außerhalb des bisherigen Arbeitgebers. Sie sind, das kann man im Vorgriff auf das nächste Kapitel hier schon konstatieren, umso größer, je früher man aussteigt. Der Manager ist, anders als der Unternehmer, nicht gebunden. Er kann fliegen – im doppelten Wortsinne liegen Chance und Bedrohung.

> „Der große Vorteil, den der angestellte Manager hat, ist sein hohes Maß an Freiheit. Er ist nicht wie der Eigentümer zwingend gebunden an das, was ihm gehört. Dieses Bewusstsein, eine größere Freiheit zu haben und in seinem Leben noch mal komplett andere Dinge tun zu können und eben nicht einem Unternehmen verpflichtet zu sein, das der Familie gehört, muss man sich als Manager erhalten." (Hasso Kaempfe)

Achtens: Und der Rat an die Unternehmen? Es wird wieder wichtiger, darüber nachzudenken, wie man Altgediente bei der Stange hält. Eine bloße Verlängerung ist dabei weder aus Sicht des Unternehmens noch des Betroffenen die intelligenteste Lösung. Das Feld ist vermint. Alte Bilder wirken. Aber warum soll man über Ausnahmen nicht zu Beispielen und aus Beispielen nicht zu neuen Regelangeboten kommen? Ein Individualisierungsschub der Personalpolitik ist ohnehin angesichts der demographischen Situation unerlässlich. Mitarbeiter wissen, dass die Behandlung älterer Mitarbeiter gelebte Firmenkultur ist. Spätestens wenn der Sachverstand des Ehemaligen in dessen Zweitkarriere voll der Konkurrenz zugutekommt (und Grimm ist ein starker Treibsatz), ist es an der Zeit umzuschalten.

Neuntens: Von der Einbeziehung Ehemaliger in Corporate-Social-Responsibility-Aktivitäten oder Pro-Bono-Aktivitäten des Unternehmens wusste kein Interviewpartner zu berichten. Das illustriert den Befund, dass dieses Thema noch weitgehend Neuland ist. Das ist unverständlich. Auch diese Form der Verabschiedung (Trennung von der Arbeit ohne Trennung vom Unternehmen) wäre aus Unternehmenssicht intelligenter als die übliche Form. Allerdings bedarf es dazu im Trennungsprozess akzeptierter Mediatoren und Moderatoren, denn der Vorgesetzte ist häufig verbrannt, und der Mitarbeiter aus der Personalabteilung, der die Abschiedsformalitäten koordiniert, wird für diese Aufgabe auch eher nicht akzeptiert.

Was es hin und wieder gibt: Manager wagen sich vor dem Hintergrund ihrer Berufserfahrung in ein Gebiet vor, dass während ihrer Berufstätigkeit ein Tabu gewesen wäre, in einer großzügigeren Sichtweise aber in den CSR-Kontext einzupassen wäre. Hier überschneiden sich möglicherweise Unternehmensinteressen und Gemeinwohlinteressen, wie sie der altgediente Manager wahrnehmen möchte. Ein Beispiel: Ein ehemals hochrangiger Manager von Bayer arbeitet kenntnisreich die Benachteiligung ökologisch vorbildlich agierender kleinerer Bananengenossenschaften in einem Entwicklungsland heraus. Im politisch-ökonomischen Interessengeflecht haben, so sein Fazit, solche Ansätze kaum Chancen. Oft würden sie sogar mit Entwicklungshilfegeldern gefördert, um ihnen dann, zum Beispiel mittels benachteiligender EU-Vorschriften, den Garaus zu machen. Wenn dies aus der Feder eines erfahrenen Managers kommt, dürften die Argumente schwerer wiegen.[30]

4.2 Warum unbezahlt arbeiten? – Manager und das Ehrenamt

Man könnte vermuten: Gerade Manager wollen ihre Arbeit bezahlt haben. Wer keine bezahlte Arbeit findet, hat erst recht keine Lust, unbezahlt zu arbeiten. Oder doch? Wenn man herumfragt, stößt man auf eine vielfältige, teilweise widersprüchliche Wirklichkeit.

Was kann Manager in unbezahlte Jobs bringen?

> „Die Tatsache, dass man sich mit viel Engagement wieder einbringt, ist sicherlich auch dadurch getrieben, dass man dann wieder ein bisschen was wie Anerkennung, Wertschätzung erlebt. Und das ist kein schlechtes Motiv. Wer Manager oder andere Persönlichkeiten sucht, kann sich dies zunutze machen." (Johann C. Lindenberg)

Und wie können Manager unbezahlte Jobs finden? Das sind die zwei Leitfragen dieses Kapitels.

Eine Quintessenz, die ich aus den Interviews gezogen habe, lautet: Es gibt einen Trend zu Patchwork-Life, genauer gesagt zu Silver Patchwork-Life. Wer aus der Vollbeschäftigung altersbegründet herausgeht, will weiterhin arbeiten, aber anders. Manche ziehen unter bestimmten Bedingungen sogar unbezahlte der bezahlten Arbeit vor. Ich erinnere an das Eingangszitat: Anerkennung und Wertschätzung sind besonders geschätzte Währungen. Können sie Bezahlung ersetzen? Beim Thema Nichtbezahlung sind, so könnte man etwas sarkastisch formulieren, besonders diejenigen, die für ihr Tun bezahlt werden, vorneweg. Ministerpräsidenten, Bundespräsidenten usw. sind um vollmundige Formulierungen nicht verlegen. „Ehre" soll es sein und von einem „Amt" wird auch gesprochen. Und konstruktiv soll gearbeitet werden, die Interpretationshoheit des Begriffs liegt beim Staatsvertreter.

Wenn man sich unter Generationsgenossen umhört, wird häufig die Vermutung geäußert, dass das vorhandene Potential nur unzureichend zum Einsatz kommt. Stimmt das? Unter welchen Voraussetzungen ist die Bereitschaft zu nicht bezahltem Arbeiten besonders ausgeprägt? Woran scheitern entsprechende Pläne und Absichten? Um diesen Fragen auf den Grund zu gehen, habe ich die Gespräche mit Blick auf zwei Fragen ausgewertet: Lässt sich aus dem Gesagten eine Empfehlung an die Generationsgenossen ableiten? Lässt sich daraus eine Empfehlung an die Adresse der potentiellen Arbeitgeber ableiten?

Möglichkeiten in Hülle und Fülle

Ehrenämter, oder sagen wir allgemeiner: Positionen, die man ausfüllen kann ohne Entgelt (die hierzulande selten anzutreffende Institution des One-Dollar-Man gehört dazu), gibt es beim Staat, in Nichtregierungsorganisationen (NGOs), in Vereinen, in Stiftungen und Verbänden. Man kann sie sich auch selbst schaffen. Im „Engagement-Atlas 2009"[31] wird zwischen folgenden neun Bereichen, hier geordnet nach Teilhabeintensität, unterschieden: Sport, Freizeit und Geselligkeit, Kinder und Jugend, Kirche und Religion, Soziales, Gesundheit und Pflege, Kultur, Musik und Bildung, Lokales, Feuerwehr etc., Engagement für Ältere, Politik und Interessenvertretung sowie Umwelt und Tierschutz. Möglichkeiten in Hülle und Fülle also.

Geclustert sind das drei große Felder:

- die berufsbezogene oder wirtschaftliche Interessenvertretung,
- das gesellschaftliche und soziale Engagement,
- das politische Engagement.

Wohl niemand ist für alles ungeeignet, zumal die Felder nicht nur in sich eine große Bandbreite haben, sondern auch eine erheblich unterschiedliche Konkretionshöhe: nämlich von der Arbeit vor Ort, also am Bett, am Steuer, in der Schule bis hin zur strategisch-konzeptionellen Arbeit auf nationaler oder internationaler Ebene.

Unbezahltes Engagement in berufsbezogenen Positionen: zumeist auslaufend

Nicht wenige Manager sind aus ihrer Berufsposition heraus ehrenamtlich tätig. Nicht zu Unrecht sehen sie dies mehr als Teil ihres Berufs denn als echtes Ehrenamt an. Wenn zum Beispiel ein Personalverantwortlicher oder ein Betriebsrat eines Unternehmens ehrenamtlicher Richter beim Arbeitsamt oder Sachverständiger bei der AOK oder Repräsentant bei der Agentur für Arbeit ist, so sind dies ähnlich wie bei Politikern Ehrenämter aus der Berufsrolle heraus. Reisespesen und Präsenzprämien werden gern akzeptiert. Ist man lange genug in diesen Funktionen, gibt es Verdienstmedaillen von Städten, Ländern und Bund.

Nicht selten erlöschen solche Verpflichtungen, auch solche in berufsständischen Organisationen und Vertretungen, mit dem Ausscheiden aus der Berufsposition. Dazu gibt es ein Pro und Contra. Verbands- und Kammersatzungen fordern vom Ehrenamtler häufig eine aktive Unternehmensrolle, zumeist als Geschäftsführer. Dies steht im Widerspruch zur oft zu hörenden Klage, man finde keine Kandidaten, die ausreichend Zeit für Positionen wie Kammerpräsident oder Verbandsvorsitzender oder auch nur aktives Vorstandsmitglied aufbringen können. Aus der Verlegenheit helfen mitunter Konstruktionen mit Klein- und Pseudofirmen rund um den gewünschten Repräsentanten, die die Fortführung der Verbands- oder Kammertätigkeit satzungsgemäß erscheinen lassen. Schwierig wird es, wenn sich ein Vorstand, wie vor einigen Jahren in der IHK Frankfurt am Main geschehen, in die Haare gerät, und eine Oppositionsgruppe dann gerichtlich die Wählbarkeit der Opponenten überprüfen lässt.

Andererseits gibt es für Festlegungen in den Satzungen gute Gründe, die ehrenamtliche Tätigkeit im Berufs- und Branchensektor nach Ausscheiden aus der angestellten Vollbeschäftigung auslaufen zu lassen. Die Schlagkraft eines Verbands, die Verbindlichkeit des Handelns nach innen und die Bedeutung nach außen nehmen ab, wenn Pensionäre die Spitzenrepräsentanten sind. Diese Sicht unterstreicht ein Gesprächspartner, der Spitzenrepräsentant eines bedeutenden Verbands war:

> „Prinzipiell mag es für eine Branche, eine Industrie wünschenswert sein, dass diejenigen, die ein Amt wahrnehmen, dies auch nach ihrem Ausscheiden aus dem Mitgliedsunternehmen noch eine Zeitlang weiter ausüben. Nur muss man aufpassen: Je wichtiger eine solche Verbandsfunktion ist, umso wichtiger ist es auch, dass diejenigen, die in der aktiven Verantwortung sind, auch in diesen Rollen tätig sind. Unseren Verband gibt es auch in Frankreich, in Italien und England. In diesen drei Ländern sind nahezu nur Pensionäre an der Spitze. Nur: Es gibt keinen Verband in Europa, der die gleiche Bedeutung, Durchschlagskraft und Wirkung hat wie der deutsche Verband. Das ist ein klares Ergebnis dessen, dass hier die Aktiven drin sind." (Johann C. Lindenberg)

Viele Verbände behelfen sich mit Eigentümern. Bei denen gibt es keinen Satzungsvorbehalt und angeblich keinen Wirksamkeitsverlust, weil es bei ihnen keine feste Pensionsgrenze gibt. Ein Beispiel: Hubert Burda, Jahrgang 1940, führt seit Jahren, offenbar zur allgemeinen Zufriedenheit der eigentlich in harter Konkurrenz zueinander stehenden Verlage, den Verband der Zeitschriftenverleger VDZ.

Wieso es allerdings einen Dieter Hundt, Jahrgang 1938, ehemaliger Manager von AEG, Siemens und Kraftwerk Union, seit 1996 Vorsitzender der Bundesvereinigung der Deutschen Arbeitgeberverbände BDA, als obersten Ehrenamtler der Arbeitgeber wirkmächtiger macht, dass er 1975 als geschäftsführender Gesellschafter bei den Allgaier Werken einstieg, mag man diskutieren und überlegen, ob zur politischen Vertretung begabte Manager für ihre Verbände nicht auch nach ihrem

Ausscheiden aus dem Unternehmen bei Mitgliedsverbänden und aus der Berufsrolle aus Personenverbänden wirksam bleiben sollten[32].

> „Wenn allerdings die Aktiven nicht wirklich aktiv dabei sind, dann hat der Verband ein Problem. Dann ist es besser, wenn man Aktivisten, die pensioniert sind, im Verband noch eine Zeitlang wirken lässt." (Johann C. Lindenberg)

Die Nutzung des Potentials der ehemaligen angestellten Führungskräfte außerhalb der Gremien, zum Beispiel zur Führung von Projekten, ist heute die Ausnahme. Hier ist die Fantasie der hauptamtlichen Mitarbeiter in Verbänden und Kammern beschränkt. Sie unterscheidet sich darin nicht von Funktionsträgern an anderen Stellen des Beschäftigungssystems. Das ist bedauerlich, nicht nur für die Betroffenen, die sich noch gern im angestammten und vertrauten Terrain nützlich machen wollen, sondern auch für die Institutionen. Es ist beachtlich, welche Power von Ehemaligen kommen kann, wenn sie die richtige Aufgabe erhalten. Ob ein Honorar zu zahlen ist, entscheidet der Einzelfall. Das persönliche Engagement über den verabredeten und bezahlten Zeitrahmen hinaus ist in solchen Fällen erfahrungsgemäß beträchtlich.

Empfehlung 1 (an Verbände, Kammern etc.):
Entschränken Sie Ihre Fantasie und nutzen Sie die Ehemaligen für Projektaufgaben.

Empfehlung 2 (an die Ehemaligen):
Schaffen Sie sich einen Markt durch Angebote.

Aus der Berufsrolle in die personenbegründete Rolle überwechseln

Zwischen den berufsbezogenen und den nicht berufsbezogenen Ehrenämtern gibt es eine dritte Kategorie. Und diese Art von Ehrenämtern kann, wenn beide Seiten dies wollen, weitergeführt, möglicherweise verstärkt werden. Dies sind Ehrenämter, für die man aufgrund seines beruflichen Hintergrunds und als Person ausgewählt wurde, sich als Person in diesem Kreis bewährt hat und nun nach Wegfall der Berufsposition in Vertretung einer bestimmten „Farbe" interessant bleibt. Der Einsatz transformiert sich dann von einem eher positionsbezogenen in ein persönliches Engagement. Man lässt den Betroffenen spüren, dass er auch als Person, als Berater mit seinem spezifischen Hintergrund gefragt ist.

Mein eigenes Beispiel: In der „Aktion Gemeinsinn“ hatte ich in früheren Jahren mitgearbeitet und in der Berufsrolle immer Kontakt gehalten. Nach meinem Ausscheiden aus dem Verband übernahm ich dann verabredungsgemäß die Position, die mein Vorgänger im Verband in der Aktion über Jahre innegehabt hatte. In der „Stiftung Mitarbeit“, meinem zweiten Beispiel, habe ich mein Engagement zeitlich verstärkt, weil die Gremien es wollten. Für mich kam diese Anfrage zum rechten Zeitpunkt.

Empfehlung 3 (an die Arbeitgeber):
Planen Sie die Ausscheidenden rechtzeitig bei sich ein und machen Sie Ihren Vorschlag in die Lücke hinein.

Empfehlung 4 (an die Ausscheidenden):
Sagen Sie ja.

Die bisherige Ehrenamtlichkeit außerhalb der Berufsrolle intensivieren

Viele übernehmen nach ihrem beruflichen Ausscheiden Präsidentenaufgaben bei Rotary oder Lions oder in Vereinen oder Stiftungen, denen sie schon lange verbunden sind. Das ist viel naheliegender und einfacher als der Start in ein neues Engagement. Zwei Beispiele:

> „Ich bin im Vorstand der, Freunde der Berliner Philharmoniker‘, das ist ein, Mandat‘ der Deutschen Bank, weil wir der große Partner der Philharmoniker sind. Ein Kollege ist in der Stiftung, ich bin im Vorstand der Freunde, und dieses Mandat behalte ich jetzt vorläufig. Ich bin hier in Berlin gut vernetzt, wir versuchen, neue Fördermitglieder zu gewinnen. Es gibt ‚Schlösser und Gärten‘, es gibt den ‚Kaiser-Friedrich-Museumsverein‘, alles Positionen, die unter CSR laufen, da ist die Deutsche Bank aktiv. Einige dieser Mandate behalte ich vorläufig. Bei den Johannitern bin ich seit vier Jahren aktiv. Das habe ich auch entsprechend vorbereitet. Das passt schon. Das ist nicht etwas, was ich jetzt neu beginne.“
> (Marc-Aurel von Dewitz)

> „Ehrenamtlich habe ich – dazu habe ich mich freiwillig gemeldet – bei uns im Golfclub jetzt den Schatzmeisterposten. Zahlen sind für mich nie ein Problem gewesen.“ (Wolfgang Fischer)

Halten wir bis hierhin fest: Grundsätzliche Fragen des Engagements stellen sich sowohl für den Betroffenen als auch für den Arbeitgeber deutlich seltener, wenn das Engagement während der Vollbeschäftigung eingesetzt hat. Das betrifft auch alle Wahlämter, deren Laufzeit über den beruflichen Ausscheidetermin hinaus reicht. In Berufsorganisationen gibt es drei Varianten: sofortiges Erlöschen des Mandats, das ist die Ausnahme, oder Fortsetzung bis zum Ende der Wahlperiode, das ist die Regel, oder Verlängerung des Mandats auch nach Ausscheiden aus der bisherigen Rolle, das ist die Ausnahme und geschieht häufig in der Legitimation über neue berufliche Funktionen wie Aufsichtsrat oder Selbständigkeit oder Eigentümerschaft.

Meine Interviewpartner mit Verbandsfunktion haben ihre Wahlperiode zu Ende geführt und sind dann ausgeschieden, überzeugt, so dem Anliegen der Organisation am besten gedient zu haben. Das dürfte im Moment für die Mehrzahl der Fälle gelten. Projektverantwortlichkeiten oder andere Einbindungsangebote wurden keinem angetragen.

Bei der Nutzung des Potentials der Ehemaligen sind Kammern und Verbände nicht einfallsreicher als Unternehmen. „Senior Service"-Angebote werden mitunter erwogen, meines Wissens aber in systematischer Form nicht aufgebaut, obwohl die Gesprächspartner fast durchweg als Einzelperson junge Unternehmensgründer beraten, überwiegend kostenlos oder zu Vorzugsbedingungen, oder jedenfalls es gern täten, würden sie gefragt.

Privates Engagement

> „Ich helfe auch relativ vielen Leuten, die Berufsprobleme haben, die man so kennt und die mich um Rat fragen – ohne Honorar. Es gibt heute viele Leute, die mit 40 oder 50 irgendwo rausgedrängt werden und einfach vor dem Nichts stehen. Die suchen Rat, genauso junge Leute, die nicht wissen, wie sie es anstellen sollen, einen Job zu kriegen." (Rolf Wickmann)

> „Wir haben eine kleine Beteiligung an einem Fachzeitschriftenverlag, die ist aber wirklich eher unbedeutend. Die Idee dabei ist, dass wir den jungen Leuten, die diese Zeitschrift übernommen haben, mit unserer Erfahrung ein bisschen helfen." (Karl Dietrich Seikel)

Hier liegen, ähnlich wie bei der Möglichkeit, Projektverantwortlichkeiten ehrenamtlich oder überwiegend ehrenamtlich an die Seniors zu vergeben, ungenutzte Möglichkeiten. Neben den im engeren Sinne berufs- und sektorbezogenen Organisationen gibt es mithin ehrenamtliche Tätigkeitsfelder, bei denen eine Transformation von Berufsbezogenheit auf die Persönlichkeit möglich ist. Beispiele dafür habe ich genannt und gebe ein weiteres: Jemand ist als Vertreter einer Gewerkschaft oder eines Arbeitgeberverbands in ein Aufsichtsgremium oder einen Beraterkreis einer, sagen wir, evangelischen Akademie gewählt worden und verbleibt nach seinem Ausscheiden aus dem bisherigen Beruf in der Ehrenamtsposition. Das kann im Einvernehmen mit der Entsendeorganisation und der Akademie als Ehrenamts-Arbeitgeber geschehen.

Je unabhängiger von der bisherigen beruflichen Funktion die ehrenamtliche Position ist, desto wahrscheinlicher kann sie weitergeführt und sogar intensiviert werden. Für alle Engagements gilt, was alle Brettspieler wissen: Es ist leichter, ein Feld zu halten, als es neu zu erobern. Es ist ratsam, sich rechtzeitig im Leben nach dieser simplen Regel aufzustellen. Und dass dies persönlich bereichert, wird von denen, die es praktizieren, unterstrichen. So ein Unternehmensberater:

> „Man sollte sich auch während der Unternehmenszeit sozial engagieren, denn auch dort trifft man auf Leute, die anders denken, sich anders verhalten. Ich habe es als Bereicherung empfunden. Ich hatte in dem Chemieunternehmen, für das ich zunächst tätig war, das Gefühl, es ist doch eine beschränkte und vorgegebene Welt, und es gibt immer noch andere Sichtweisen und andere Vorgehensweisen." (Reinhard Behrens)

Wer Anfang 50 aus einer ehrenamtlichen Aufgabe, die er schätzt und die ihn über sein berufliches Tun deutlich hinausführt, ausscheidet, weil er sich auf seine, wie er es versteht, eigentliche berufliche Aufgabe stärker konzentrieren will, macht einen Fehler, den er einige Jahre später vermutlich bereut. Denn dann sind die Türen zu.

Hürden stehen auch hier im Weg

Zugangsbarriere Alter

Wer im Verein, in der Kirchengemeinde oder in einer Partei seinen Posten räumt, sucht jüngere und nicht gleichaltrige oder gar ältere Nachfolger. Es herrschen wie überall in der Gesellschaft die überkommenen Altersbilder vor. Allein die überwiegende Nutzung eines Angebots durch ältere Zielgruppen gilt – Beispiel ZDF – als problematisch, und die Verantwortlichen versprechen Besserung.

Es interessiert nicht, wie wir uns fühlen. Und wir fühlen uns fit und haben Tatendrang. Berufliche Erfahrungen und Methoden drängen auf Übertragung. Man sitzt in seinen Sechzigern, noch in der Position oder schon daheim, und fragt sich: Wieso soll ich eigentlich zu alt zum normalen ganztägigen ungekündigten Arbeiten sein? Meine Erfahrung ersetzt locker die etwas nachlassende Vitalität. Ich kann schnell und sicher auf die Fragen der Jüngeren antworten. Ich weiß, was die Voraussetzungen für ein stabiles Umfeld meiner Organisation sind. Es gibt einen Kompass in mir, der mir hilft, bei Veränderungen Kurs zu halten. Ich merke, dass Jüngere oft fixer sind, aber sie sind damit nicht besser. Der Mix macht es. Auch spare ich Zeit, in dem ich Verbindungen kenne, die lösungsrelevant sind. „Rufen Sie den und den mit schönen Grüßen an, der hilft Ihnen", ist mein häufig erfolgreicher Satz, wenn mich jüngere Kollegen fragen. Und warum soll das nicht weitergehen?

Empfehlung 5 (an alle):
Auch und gerade im Ehrenamt weder alters- noch jugendzentrierte, sondern altersgemischte Besetzungen anstreben.

Die Forderung (oder besser: Empfehlung) lautet daher, altersgemischte Teams aufzubauen. Dabei gilt auch hier wie im bezahlten Arbeitsmarkt: Altersgemischte Teams aufzubauen und mit Leben zu füllen, das ist aufwendiger als homogene Teams zu haben, aber es eröffnet zusätzliche Effizienzmöglichkeiten, insbesondere bei kreativen Aufgaben[33].

Profiliert ist nicht gleich profiliert

Was sind also die Bedingungen auf dem Arbeitsmarkt für unbezahlte Arbeit? Ganz einfach: überwiegend die gleichen wie auf dem Arbeitsmarkt für bezahlte Arbeit. Was den Einstieg in die zweite Berufskarriere erschwert, macht auch hier zu schaffen. Es herrscht Gegenwind. Das ist insbesondere für diejenigen, die vergeblich bezahlte Arbeit suchen, enttäuschend und verstärkt das Gefühl, auf die Verliererseite zu geraten. Die Profilierten bekommen Angebote, die Nicht-Profilierten keine. Einer, der profiliert ist, kann, ja muss aussuchen:

> Jüngst habe ich zwei weitere ehrenamtliche Aufgaben angetragen bekommen, die ich aus reinem Zeitmangel ablehnen musste. Das, was ich jetzt tue, hat sich eher zufällig ergeben. Ich habe nicht danach gesucht, sondern die Aufgaben sind an mich herangetragen worden. Ich habe sie geprüft und mich dann dafür entschieden, derweil ich andere Dinge abgelehnt habe. Man bekommt ja nicht zu einem bestimmten Stichtag eine Liste von 15 Optionen und macht dann Kreuzchen, sondern es kommt etwas, und man muss dann eben ja oder nein sagen ..." (Johann C. Lindenberg)

Mancher war sich sicher, zur ersten Gruppe, zu den Profilierten zu gehören, erfährt aber nun schmerzlich, dass er unter ferner liefen einsortiert ist. Denn profiliert in seinem Arbeitsfeld ist eben nicht identisch mit profiliert in der Gesellschaft. Die potentiellen Arbeitgeber kennen ihn oder sie nicht. Hier lassen sich im Persönlichen die Konsequenzen der Barrieren zwischen den Subsystemen Wirtschaft, Politik, Kultur und Wissenschaft spüren.

Zwei Vermutungen: Die, die Beschäftigung suchen, zögern zu lange, wenn sich die Chance bietet, etwas zu tun. Die, die Beschäftigung anbieten, bleiben stur auf der Promisuchspur. Das wären zwei Hypothesen, plausibel, aber empirisch wohl bisher nicht geprüft.

Mit Enthusiasmus in die Frustmühle?

Beginnen wir mit dem Ausnahmefall, den viele der Betroffenen für den Normalfall halten: Es kommt ein Anruf, sie werden angesprochen.

> „Mich rief ein ehemaliges Vorstandsmitglied an, er habe gehört, ich sei draußen. Er wolle mich für die Universität-Gesellschaft gewinnen, Ich soll mithelfen, die Brücke zu bauen zwischen Industrie und Universität. Man hat mich dann in den Beirat gewählt. Hier beschäftige ich mich mit ganz anderen Themen als früher." (Margret Buhse)

Empfehlung 6 (an die Arbeitgeber):
Beziehungs- und aufgabenbezogen auswählen.

Dann freilich, das kennt man aus jedem Engagement, ist für den Neuankömmling die Gefahr des Frusts groß. Handlungswille und Realisierungschance klaffen auseinander.

Eigentlich sind Manager ja bezogen auf jede Arbeitsannahme wählerischer, für unbezahlte erst recht. Man will etwas bewirken und sich nicht langweilen und vor allem sich nicht ärgern.

> „Das sind alles Dinge, die ein bisschen Zeit kosten, anregen – da achte ich auch drauf –, und wenn es langweilig ist, sorge ich dafür, dass es nicht mehr so langweilig bleibt. Das kann man nämlich ganz schnell, nicht nur dort, wo man kein Geld verdient. Das würde ich immer versuchen." (Karl Dietrich Seikel)

Andererseits kann man vermuten, dass mit der Annahme von Ehrenamt auf Anfrage keine genaue (Selbst-)Befragung einhergeht. Und auf

Seiten der annehmenden Organisation fehlt es zu oft auch an all dem, was bei einer bezahlten Aufgabe an Vorprüfung selbstverständlich wäre.

> Empfehlung 6 (an die Arbeitgeber):
> Erst nach einer Eingewöhnungs- und Stabilisierungsphase sollte das Engagement mit dem Engagementstarter verbindlich vereinbart werden. Ist er falsch eingesetzt, sollte man sich wieder trennen. Eine Probezeit sollte man vereinbaren und ernst nehmen.

Die Offenheit für Engagement erlischt übrigens nicht schlagartig, sondern erst nach und nach und kann also nach einer Zeit der Beschäftigung mit anderen Dingen wieder aufflackern. Ein Beispiel von einem, der sich vor zwei Jahren zu intensivem Studium und etwas Ehrenamt aus der Arbeit zurückgezogen hat:

„Im Winter überlege ich so manches Mal, ob ich nicht doch noch ein bisschen Coaching oder Senior Experts machen soll. Das ist durchaus noch im Kopf.“ (Wolfgang Fischer)

Die Lust, sich doch noch wieder zu engagieren, wird wachgehalten durch das Beispiel eines Freundes.

„Ein lieber Freund von mir, früherer Kollege bei Unilever, ist sehr aktiv bei den SES-Leuten (Anm. des Autors: Senior Experten Service). Der ist seit drei Jahren begeistert. Der ist perfekt in Spanisch, ist auch in Südamerika unterwegs, hat jetzt auch zwei Aufträge in Riga gemacht. Das ist natürlich interessant.“ (Wolfgang Fischer

> Empfehlung 7 (an die Arbeitgeber):
> Der Arbeitgeber sollte seine ehrenamtlichen Aktivisten bitten, projektbezogen in seinem Freundes- und Bekanntenkreis nach weiteren Willigen auszuschauen.

Der Erfolg ist gewiss, und zwar auch bei denjenigen, die von sich öffentlich nicht zugeben würden, dass sie suchen, sei es, weil sie sich nicht durch Erfolglosigkeit blamieren wollen, sei es, weil sie tatsächlich noch schwanken. Was lässt einen schwanken?

„Ich bin immer noch etwas schwankend, ich weiß nicht, in welchem Umfang man das dimensionieren kann. Er sagt, mach das einfach, komm mal mit und unterhalte dich mit den Leuten. Das wäre durchaus noch eine Variante.“ (Wolfgang Fischer)

Empfehlung 8 (an die Arbeitgeber):
Wer sich engagiert, möchte den Umfang steuern können. Das muss der Arbeitgeber akzeptieren.

Die Erfahrung, den Umfang der Arbeit nicht steuern zu können, hat den Manageralltag bestimmt. Damit soll nun Schluss sein. Das muss der Arbeitgeber wissen. Er darf nicht nach dem Motto verfahren: „Gibst du mir den kleinen Finger, schnappe ich mir die ganze Hand und dies für unbestimmte Dauer.“ Er sollte im Gegenteil, wenn ihm die Hand gereicht wird, sich erst einmal mit dem kleinen Finger, also einem zeitlich und sachlich überschaubaren Einstiegsprojekt, begnügen.

Kleine Zwischenbilanz

Ich möchte an dieser Stelle als kleine Zwischenbilanz festhalten, dass nach meiner Beobachtung das Potential an Ehrenamtlichkeit nicht ausgeschöpft wird. Ein Grund dafür ist, dass sich meine Generationsgenossen nicht klarmachen, dass sie in Eigeninitiative Barrieren überwinden müssen, um an die Aufgaben zu kommen, die sie sich wünschen. Nur im Ausnahmefall wird sich ihr Wunsch erfüllen, dass man sie anruft. Im Normalfall müssen sie sich überlegen, was sie wollen, und sich dann den Markt erschließen und erarbeiten. Sie müssen sich von einigen Ängsten und falschen Vorstellungen freimachen, und sie müssen initiativ werden. Das alles ist insbesondere für diejenigen nicht einfach, die nicht zu den lebenslang irgendwie und irgendwo engagierten Menschen gehören. Einfacher haben es die, die schon während ihrer beruflichen Tätigkeit auch im ehrenamtlichen Sektor gearbeitet haben.

Sport, Musik ... – immer wieder liest und hört man: Wer nicht rechtzeitig angefangen hat, kommt zu spät. Gilt das auch fürs Engagement? Hat man Engagement in den Genen, oder kommt man durch Vorbild (Eltern, Kohorte), durch Projekte oder durch Muße drauf und kann früh oder spät damit beginnen? Über diese Fragen sprach ich mit der Bonner Reiseunternehmerin Luise Müller.

> **Luise Müller**: Wenn man offen ist für andere, sieht man die Welt anders. Das kommt ja alles zurück. Man muss sich einfach öffnen, man saugt alles auf. Dann ist man nicht mehr für sich allein. Man braucht Verantwortung. Wenn es dem Nachbarn schlechtgeht, muss man sich kümmern.

Henning von Vieregge: Aber wie entsteht dieses Sich-kümmern-Wollen?

LM: Ich komme aus einer kinderreichen Familie, da ist das Sich-Kümmern normal. Als Mädchen, da war ich 23, habe ich damals in Augsburg die ‚Sonntagsschwestern' gegründet. Da habe ich Mädchen zwischen 18 und 28 engagiert, und die opferten einen Sonntag im Monat. Wir mussten aber vorher beim Malteser Hilfsdienst eine Ausbildung von 360 Stunden im Krankenhaus zur Krankenschwesterhelferin machen. Dann habe ich den Einsatzplan gemacht, und wir haben kostenlos gearbeitet. Die Mädchen haben gesagt, es war der schönste Sonntag im ganzen Monat, zu helfen im Krankenhaus, mit den Kranken zu sprechen. Und die Kranken haben sich immer auf den Sonntag gefreut.

HvV: Gelten diese Erfahrungen heute noch?

LM: Ich glaube, dass es wichtig ist, dass man Kinder schon früh sozial lehrt. Wenn die Eltern das nicht können, müssen es halt die Lehrer machen oder die Jugendgruppen. Jugendarbeit ist nach wie vor das A und O. Da lernt man das soziale Umgehen. In den Kirchen müssen sie auch mehr üben, finde ich. Ich glaube, es liegt an der Zeit, dass alle so maßlos viel zu tun haben.

HvV: Wie kann man Menschen auch noch in ihren späteren Jahren sozialisieren?

LM: Man muss die Leute da packen, wo sie selbst das Gefühl haben, dass sie es nötig haben. Ein 57-Jähriger hat vielleicht Angst vor der Pensionierung oder ist schon pensioniert und fühlt sich schon allein. Man muss den Leuten nicht sagen: ‚Komm da hin, da kriegst du Hilfe.' Die Leute wollen keine Hilfe, sie wollen eine Bestätigung ihrer Person. Und da muss man sie auf ihre Stärken ansprechen, sagen: ‚Wir brauchen Sie ganz konkret für ...' Zum Beispiel einen Juristen für juristische Beratung. Viele ältere Leute wissen nicht mit Ämtern umzugehen. Oder: ‚Wir brauchen jemanden, der die Gemeinde begrüßt. Sie sind so offen, Sie können das.'

HvV: Also den Ausstieg aus der Vollbeschäftigung nicht problematisieren?

LM: Man muss jedem Menschen das Gefühl geben, dass man ihn braucht. Und da könnte man eine Organisation gründen, wo sich die Menschen mit ihren Fähigkeiten einbringen können. Der Senior Experten Service hat Erfolg bei Handwerkern und technischen Berufen, die haben 8.000 Bewerber an Fachkräften. Solche Organisationen kann es in jeder Stadt geben.[34]

Es gibt also Engagement-Biographien. Wer eine solche hat, ist deswegen im Beruf nicht erfolgloser oder untätiger. Die Fälle, in denen sich Engagierte in ihren Engagements so festfahren, dass sie für Beruf und Leben verdorben sind, sind selten – in der Regel gilt das Gegenteil.

Zwei weitere Beispiele:

> „Ich war mit 17 Jahren Schulsprecher. Ich habe nach dem Abitur eine Lehre gemacht. Da war ich Jugendsprecher der IG Chemie, Papier, Keramik, fällt aber unter verjährt und Jugendsünde. Während des Studiums habe ich in der Behindertenhilfe und im CVJM gearbeitet, Sponsoring. Diese Biographie zieht sich durch mein ganzes Leben. Ich habe mich gerade gefragt, wieso das so ist, ob das mein schlechtes Gewissen ist oder der Drang zum Gutmenschsein, keine Ahnung. Vielleicht liegt es auch daran, dass ich keine Brüche im Lebenslauf habe. Ich habe das Gefühl, viel Glück gehabt zu haben, da tue ich mal was Gutes." (Joachim Strate)
>
> „Ich fühle mich irgendwie – Moral ist immer so ein abgelutschter Begriff – auch moralisch verpflichtet, da wo es gebraucht wird und nicht bezahlt werden kann, etwas zu tun, im sozialen Bereich. Das ist in unserer Familie relativ verbreitet. Mein Sohn ist ausgebildeter Rettungsassistent, der in seiner Studienzeit jede Menge Einsätze fährt, und er bekommt dafür eine Aufwandsvergütung von 2 Euro. Dieses Engagement schätze ich sehr hoch ein. Meine Frau ist Betreuerin von zwei alten Damen, die äußerst komplizierte Persönlichkeiten sind. Dafür bekommt sie kein Geld." (Georg Wronka)

Empfehlung 9 (an alle Erzieher):
Das alte Lied: fordern und fördern.

Empfehlung 10 (an die Berufstätigen):
Kümmere dich, blicke auch mal über den Tellerrand deines Berufslebens hinaus.

Empfehlung 11 (an die Arbeitgeber):
Ziehe im eigenen und im gesellschaftlichen Interesse Engagementträger den Nicht-Engagierten bei der Besetzung von Positionen vor und mache dies transparent.

Empfehlung 12 (an die Bildungsträger):
Macht die Aussteiger aus der Vollbeschäftigung nicht zu Problemfällen, sondern nutzt sie als Chancenträger.

Empfehlung 13 (an die Generationsgenossen):
Der bisher Nicht-Engagierte sollte sich mit einem Vertrauten, der sich im Engagement-Markt auskennt, zusammensetzen.

Wer zu den Generationsgenossen gehört, die sich Zeit ihres Lebens zu den Nicht-Engagierten zählten, ist auf dem Markt der unbezahlten Arbeit nicht automatisch chancenlos. Diese Herausforderung wurde in den Gesprächen mitunter als reizvolles Wachstum eingeschätzt. Und hier kann man eine generelle Erkenntnis der Alternsforschung getrost auf die Gruppe „Manager ohne Engagement-Erfahrung suchen Engagement im Alter“ übertragen: Die angebliche Weisheitserkenntnis „Was Hänschen nicht lernt, lernt Hans nimmermehr“ kann als widerlegt gelten. Es ist nie zu spät, heißt die Devise.

Wenn, wie an anderer Stelle ausgeführt, für den bezahlten Arbeitsmarkt gilt, dass sich die Erfolgschancen einer zweiten Karriere durch die realistische Einschätzung der eigenen Möglichkeiten verbessern, so gilt dies auch im Engagement-Markt. Da dieser Markt aber in vielen Fällen Neuland ist, sind die Schwierigkeiten nicht geringer, sondern größer.

Übersicht über den Engagement-Markt fehlt den meisten

Ein oft angesprochener Punkt ist die Intransparenz des Marktes.

> „Die Transparenz von Initiativen und Angeboten ist überhaupt nicht vorhanden, obwohl es eigentlich eine große Nachfrage gibt.“ (Joachim Strate)

> „Und da sagt der Pfarrer in der Kirche: ‚Sie müssen sich engagieren.‘ Aber niemand sagt denen, wie sie sich engagieren können. Diese Leute muss man mal zusammenholen, und jeder kann sich einbringen. Man kann einen Austausch machen.“ (Luise Müller)

Es gehört zu den zentralen Aufgaben von Managern, in fremde Sachverhalte analysierend einzudringen, sich – zumeist unter knappen Ressourcen – einen Überblick zu verschaffen und Handlungsprioritäten festzulegen, um die angestrebten Ziele bestmöglich zu erreichen. Und das klappt umso besser, je mehr dies mit den Augen des Vorgesetzten oder Vor-Vorgesetzten geschieht.

„Mich interessierte immer nicht nur das, was ich selbst zu tun hatte, sondern auch das, was mein Boss zu tun hatte, und idealerweise das, was der Boss vom Boss zu tun hatte. So konnte ich viel besser einordnen, was ich eigentlich tat. Diesen Gedanken habe ich nicht kultiviert, aber gelebt.“ (Johann C. Lindenberg)

Es sollte also eigentlich für den Manager nicht schwierig sein, sich über den Markt der unbezahlten Arbeit einen Überblick zu verschaffen. Hilfsinstrumente gibt es dazu ausreichend (siehe auch die kommentierten Literaturhinweise im Anhang).

Allerdings gibt es zwei Hindernisse gegenüber den gewohnten Bedingungen: Zum einen fehlen nun die Hilfskräfte, vorneweg die allwissende und -agierende Sekretärin, an die man delegieren konnte, wenn es mühsam wurde. Zum anderen hilft einem die Transparenz nichts, wenn man sich nicht klargemacht hat, wozu man sie nutzen will. Das war im bisherigen Managerleben einfacher. Entweder haben vorgesetzte Stellen die Ziele definiert, oder man war trainiert in der Transformation höherer Ziele auf die eigene Verantwortungsebene. Nun ist man Einzelkämpfer im doppelten Sinne. Was man anderen gern predigte, kann man nun auf sich anwenden: aus Problemen Herausforderungen und aus Herausforderungen Chancen zu formulieren.

Was sind also die eigenen Wünsche, was die eigenen Stärken? Was sind die Anforderungen der potentiellen Anbieter? – Und wie kommen wir zusammen?

Reicht Anerkennung als Lohn aus?

Geld als Gegenwert für Arbeit ist eine unmissverständliche Währung, je mehr, desto unmissverständlicher. Aber wie gehe ich damit um, dass ich meine Arbeitskraft unentgeltlich zur Verfügung stelle bzw. meine Arbeitsleistung unentgeltlich angefordert wird?

„Es gibt soziale Einrichtungen, die schnorren, da ist Geld vorhanden. Wenn ich das merke, bin ich eher nicht verfügbar, als dass ich da verhandele. Ich verhandele grundsätzlich nicht.“ (Georg Wronka)

Ähnliche Fragen können sich auch bei wirtschaftlichen Unternehmen stellen, solchen, die sich gründen oder in Schwierigkeiten sind. Wird einem keine Bezahlung angeboten, steht man vor der Frage: Können die nicht, oder wollen die nicht? Aber anders als bei nicht kommerziellen Einrichtungen kann man bei Wirtschaftsunternehmen stunden und vereinbaren, dass gezahlt wird, wenn die Geschäfte wieder laufen.

Das mag zwar im Ergebnis in vielen Fällen am Ende nicht anders sein – man arbeitet ohne Bezahlung –, aber psychologisch ist der Unterschied beträchtlich.

> „Ja, Leute, die eine Rechnung bezahlt haben für etwas und einen dann wieder nehmen, zeigen Zufriedenheit. Wenn mich Leute im Internetgeschäft fragen, sage ich, ich kann gern helfen, aber ihr müsst ein bisschen dafür bezahlen. Einen kleinen Anerkennungsbeitrag muss man zahlen, damit man auch weiß, die wollen das auch wirklich." (Rolf Wickmann)

Warum soll dieses Vorgehen nur im engeren wirtschaftlichen Bereich richtig sein? Warum soll beispielsweise eine Diakonieeinrichtung, die gegen private Anbieter konkurriert, für eine Kommunikationsberatung nicht zahlen? Nur, weil sie noch nie gezahlt hat? Oder weil sie glaubt, du bist schon froh, wenn du überhaupt gefragt wirst? Manche Angefragten wollen entweder ihr volles übliches Honorar oder gar nichts, aber keinen Niedriglohn.

> „Ich sage ganz offen, ich arbeite nicht zu Dumpingpreisen. Das wäre zwar auch noch eine Alternative, dass man sagt, man hat hier keinen großen Apparat, man hat mehr Zeit, die man verteilen kann. Man ist disponibler. Das tue ich nicht. Wenn ich weiß, mehr als zum Beispiel 400 Euro für ein zeitaufwendiges Mandat kann eine bestimmte Einrichtung nicht zahlen, dann überlege ich mir, ob ich überhaupt die 400 Euro nehme. Ich verzichte auf Bezahlung, wenn ich weiß, die knapsen sich das von einem Etat von 10.000 Euro ab. Wenn ich aber merke, die versuchen, mich billig einzukaufen, denn der ist ja Rentner, der hat ja Zeit – das ist auch eine Attitüde, der man begegnet –, verzichte ich." (Georg Wronka)

Festzuhalten bleibt: Es gibt einen Graubereich, in dem man sich zu entscheiden hat, ob man etwas nimmt oder gar nichts, wenn man die Bezahlung, die man für marktgerecht hält, nicht bekommt.

Grundsätzlicher stellt sich die Frage, wie man mit sich selbst damit klarkommt, für sein Tun kein Geld als Gegengabe zu erhalten. Gerade in der Situation der Statusverunsicherung ist es ein wunderbares Gefühl, wie ein langjähriger Mitarbeiter einer Großbank erzählte, „die erste Rechnung meines Lebens" zu schreiben. Die Gegenthese vertritt in gewohnter Eloquenz der frühere Chefökonom der Deutschen Bank, Norbert Walter:

> „Wir altgedienten Führungsleute sind jetzt im Anerkennungsmarkt. Die Utility-Funktion, die uns plagt, ist Anerkennung und nicht Bezahlung. Wenn ich mir über Bezahlung Sorgen mache, dann bei den mittleren Einkommen, die Sozialversicherungsbeiträge maximal bezahlen müssen. Das sind die am stärksten Belasteten. Ich würde sagen, wenn irgendjemand in diesem Staat demnächst Entlastung organisiert, muss er sie dort organisieren, nicht für uns. Es gibt ja die drei Utilities: Macht, Geld, Anerkennung. Macht ist vorbei, Geld nicht mehr so wichtig, Anerkennung: here we are."

Prinzipiell gibt es eine große Übereinstimmung in der Auffassung, dass es in der Gesellschaft unbezahlte Aufgaben geben muss.

> „Es gibt Situationen, da gibt es eben keine Bezahlungen. Da ist kein Markt. Und es gelingt auch nicht, dort einen Markt zu schaffen."
> (Andreas de Maizière)

> „Wenn man für Wirtschaftsunternehmen arbeitet und denen mit Rat und Tat zur Seite steht, dann muss das bezahlt werden. Bei wohltätigen Veranstaltungen finde ich das immer ein bisschen schwierig. Da muss zwar auch gewirtschaftet werden, aber es sind keine Unternehmen, die eine wirtschaftliche Zielsetzung haben. Ich finde, das bekommt ganz schnell einen schlechten Geruch, wenn man eine Ehrenaufgabe gegen Geld übernimmt, vor allen Dingen dann, wenn man das Geld noch nicht mal nötig hat."
> (Rolf Wickmann)

Der Begriff „Ehrenamt" legt diese Antworten nahe, Ehrenamt sollte nicht bezahlt werden. Man sollte sich aber über die Einigkeit nicht täuschen lassen. Es kommt auch hier auf die Frage an: Soll gesellschaftliches Engagement bezahlt werden? Soll Einsatz für Gemeinwohl bezahlt werden? Soll der Einsatz eines Managers für Aufgaben der Allgemeinheit in keinem Fall bezahlt werden? Parlamentarier werden bezahlt, Stadtverordnete bekommen eine sogenannte Aufwandsentschädigung, Übungsleiter in Sportvereinen erhalten eine Pauschale, in anderen Gremien gibt es Sitzungsgeld (ein entlarvender Ausdruck). Diskutiert und teilweise umgesetzt sind steuerliche Vorteile und Bonusregelungen und andere materielle Anreizsysteme. Nicht-materielle „Bezahlung" wird nach meiner Beobachtung allerdings viel zu selten angeboten: Titel, Visitenkarte, Büro zum Beispiel. Aber genau diese Angebote wären für manchen Altgedienten die wirklichen Anreizmittel. Warum ist der Titel „Geschäftsführer" oder „Direktor" nur dem Hauptamtlichen vorbehalten? Warum soll es nicht zwei gleichberechtigte Vorstandsmitglieder einer Stiftung geben können, von denen einer nur aufwandsentschädigt bezahlt wird? Warum lernen Organisationen so schwer von jenen, die so verfahren? Der Grund ist simpel: Das Eigeninteresse der Hauptberuflichen setzt sich gegenüber dem Interesse der Institution in aller Regel durch. Es sei denn, es gibt Gegenwehr. Mehr Zivilgesellschaft kommt nicht ohne mehr Zivilcourage.

**Empfehlung 14 (an die Arbeitgeber):
Entwickeln Sie Angebote mit Status.**

Die wirtschaftliche Privilegierung der Generation 68er/Babyboomer und insbesondere deren Führungsleute, Manager inbegriffen, ist nicht bestreitbar und wird nicht bestritten. Sie seien auf das Geld eigentlich nicht angewiesen, lautet das Argument, jedenfalls nicht aus materiellen Gründen. Wobei der Hinweis „jemand ist nicht darauf angewiesen" eine objektive und eine subjektive Seite hat. Es gibt sicher Millionäre mit Absturzangst und Furchtlose im Hilfeeinsatz, die sich für abgesichert halten, nicht weil sie objektiv aller materiellen Sorgen entledigt, sondern weil sie eben furchtlos sind.

> „Zu sagen, ich kann mir eine gemeinnützige unbezahlte Arbeit nicht leisten, kann heißen: Ich will mein materielles Niveau halten oder weiter ausbauen. Diese Frage muss jeder für sich entscheiden." (Arno Mahlert)

Und letztlich noch ein Aspekt: Der Verzicht auf Honorar bedeutet nicht unbedingt, dass man mit der Arbeit weniger Aufwand hat.

> „Geldzahlung ist nur ein Ausdruck von Wertschätzung. Wenn ich Vorträge halte vor dem Roten Kreuz oder dem ASB, wo mein Sohn tätig ist, da nehme ich natürlich kein Geld, da investiere ich aber genauso viel Vorbereitungszeit wie in ein Seminar, für das ich vergütet werde." (Georg Wronka)

Missverständnisse und Vorurteile rund ums Ehrenamt

Wer Arbeit angeboten bekommt, reagiert zumeist auch auf Arbeitsangebote ohne Bezahlung aufgeschlossen. Mit sich zu kämpfen haben diejenigen, bei denen dies nicht der Fall ist und die sich dieses Faktum nicht schönreden. Die Vermutung, ehrenamtliche Angebote wirkten in dieser Lage tröstlich, trifft nicht immer zu. Diese Angebote können im Gegenteil den Eindruck verstärken, man gehöre nicht mehr zum Kernbestand der aktiven Macher in unserer Gesellschaft, sondern nur noch zu den – ich überziehe ein bisschen – gutmenschigen Randfiguren.

„Charity ist Charity, und für Wirtschaftsaktivitäten sollte bezahlt werden. Ich finde nur, dass man versuchen sollte, beides so lange wie möglich in der Waage zu halten. Bei Charity-Aktivitäten verliert man leicht die Bodenhaftung, weil alles wohltätig und nicht richtig wirtschaftlich orientiert ist und es mit der klassischen Anerkennung durch Bezahlung nicht läuft.

Wenn man beruflich überhaupt nichts mehr macht, sondern sich nur noch um Familie und Wohltätigkeit kümmert, was alles gut ist, dann hat man aber doch wirklich Abschied genommen von dem im klassischen Sinne aktiven Bürgersein eines Landes. Und das, was man unter klassischer Arbeit versteht, heißt, etwas leisten und dafür auch Geld bekommen, weil das einfach ein Stück gesellschaftlicher Leistung und Anerkennung ist. Das hat nichts damit zu tun, wohltätige Dinge herabzuwürdigen, ganz im Gegenteil. Natürlich nehmen solche Engagements zu, wenn man nicht mehr hundertprozentig im Job ist, denn man hat ja auch mehr Zeit, und die Erfahrungen werden auch genutzt. Da habe ich auch das eine oder andere getan, vom Wirtschaftsausschuss des Sportvereins bis hin zur Unterstützung von Unis. Oder die Unterstützung meiner Frau, die sich für Charity-Projekte unterschiedlicher Art einsetzt.

Wenn ich weiß, ich bin im klassischen Wirtschaftsleben noch gewollt, dann trete ich auch anders im Charity-Bereich auf."
(Rolf Wickmann)

Empfehlung 15 (an die Generationsgenossen, speziell diejenigen aus dem Subsystem Wirtschaft):
Die Debatte um aktives Bürgersein in der Verknüpfung mit gesellschaftlicher Anerkennung führen.

Ist womöglich die Diskussion um die Ausweitung von Engagement durch die (falsche) Vorstellung von der „Dienstverpflichtung in die Suppenküche" belastet? Es wird von Gesprächspartnern betont, dass man Menschen bewundere, die sich für solche Aufgaben einsetzen, aber man schließt das für sich selbst aus. Ist die Besorgnis, dass man, wenn man seine generelle Bereitschaft zum Engagement zu erkennen gibt, unversehens am Pflegebett oder an der Sammelbüchse landen könnte, ein Hindernis für Engagement? Wenn ja, wie wäre es wegzuräumen?

„Also, wenn ich das Gefühl habe, ich kann etwas bewegen, mache ich das gern. Was ich keinesfalls könnte – weil ich das nicht bin –, wäre die Betreuung von alten Leuten oder Kindern. Das kann ich nicht, würde ich deshalb nicht tun." (Margret Buhse)

Empfehlung 16 (an die Dachkommunikation Zivilengagement): Verdeutlichen, dass soziales Engagement nur eines unter vielen ist. Und das nicht jeder und jede berufen ist, Mutter Theresa zu sein.

Reinhard Behrens: Man muss von sich aus sagen: „Für welche Institution möchte ich tätig sein, für welche interessiere ich mich, und welche Funktionen könnte ich ihnen anbieten."

Henning von Vieregge: Was ist mit denen, die keine Erfahrung haben und denken, jetzt mache ich mal ein bisschen Charity? Und dann kommt das Problem, dass vielleicht die Kompetenzen im Augenblick gar nicht benötigt werden.

RB: Ja, oder sie gehen einfach auf die falschen Institutionen zu.

Wie schon angedeutet: Bei dieser Definition unbezahlten Engagements ist das Bild vom Gutmenschen nicht fern. Und diese Vorstellung löst keine Freude, sondern Misstrauen gegenüber dem eigenen Tun aus.

„Bei diesem altruistischen Ansatz, jetzt gebe ich der Gesellschaft mal zurück, was sie mir gegeben hat, habe ich ein bisschen ein abgeschmacktes Gefühl. Man kann ja gar nichts wirklich ernsthaft dagegen sagen, aber ich glaube, man muss ein inneres Bedürfnis zum Helfen haben." (Joachim Strate)

Der Generationsgenosse, der sich allzu weit vom eigenen Stall entfernt, setzt sich dem Misstrauen seiner Kohorte aus.

„Die Frage ist, ob das (Anm. des Autors: gemeint ist der unbezahlte Einsatz) dann nach Abschluss des Berufslebens der erfüllende Ersatz sein kann, vor allen Dingen, wenn man vorher in dieser Hinsicht nichts gemacht hat. Ich kenne einen Vorstand von einer Versicherung, sehr netter Mann, hat jede Woche 150 Stunden gearbeitet, hatte nichts anderes, ist in seiner Vorstandsetage auf den Teppichen rumgetragen worden, Chauffeur etc. Der geht jetzt nach Hause. Geld wie Dreck. Der hilft nun im Büro von der AWO. Das kann es nicht sein. Das ist so zwanghaft: ‚Jetzt muss ich mal was Gutes tun.'" (Joachim Strate)

Was zwanghaft ist und was sinnstiftend, wer soll das entscheiden?

> „Man muss es vermeiden, dass das (Anm. des Autors: gemeint ist das bürgerschaftliche Engagement) so eine Gutmensch-Geschichte wird. Ich glaube, dass das auch bezahlt oder entlohnt werden muss. Es muss ja nicht Geld sein. Es kann ja was anderes sein. Ich glaube, dass diese zwanghafte Gutmensch-Aktivität nicht nachhaltig ist. Die Leute steigen schnell wieder aus, weil sie mit dem Herzen nicht dabei sind. Wenn man sogenanntes Gutes tut, weil man sonst nicht weiß, was man tun soll, finde ich das absurd. Gerade Charity-Engagement erfordert ein Größtmaß an Empathie, man muss sich da einlassen. Ich bin als junger Mann mal einige Jahre Rettungswagen gefahren für die Berufsfeuerwehr. Das war zwar ein Job, aber auch ein Teil meines Engagements. Eine sehr harte Geschichte, das kann man auch nicht als Job machen. Da muss man Empathie für die Patienten mitbringen, man muss denen helfen wollen.“ (Joachim Strate)

Empfehlung 17 (an die Generationsgenossen):
Klären, was der Suchende für Stärken und Wünsche mitbringt, in welchem Umfang er Anerkennung und Wertschätzung braucht und ob er möglichst nahtlos an die im zuletzt ausgeübten Beruf erlernten und erprobten Fähigkeiten anschließen möchte oder es ihn in ganz andere Gefilde zieht. Eine solche Analyse, mit oder ohne externe Hilfe, ist zu empfehlen

Wenn einer immer befohlen hat und begibt sich nun in den Gehorsam, schwankt die Reaktion der Umwelt zwischen Verwunderung und Bewunderung. Je weiter sich einer von seinem bisherigen Leben wegbewegt, umso gespaltener ist die Reaktion. Manchmal lohnt es sich freilich, näher hinzuschauen, weil dann deutlich wird, dass vermeintlich gänzlich Neue ist doch nicht völlig neu, sondern wurde in den bisherigen Lebensstationen schon mal passiert oder doch gestreift. Solche Erfahrungen werden nicht erst mit dem Ende der Vollbeschäftigung virulent, sie gelten lebenslang. Das folgende Zitat zeigt noch einmal das herrschende Misstrauen gegenüber allzu weiten Sprüngen:

> „Wenn Leute jetzt meinen, wenn sie ihre Midlife-Crisis haben, jetzt erfinden sie sich total neu, sie wollten ja eigentlich Steinmetz werden und nicht Banker, das geht doch meistens schief. Aber wenn sie in dieses Banking etwas reinnehmen – so wie ich mich jetzt mit dem Erhalt von alten Gebäuden beschäftige, das macht mir

viel Freude –, dann haben sie plötzlich wieder Spaß im Leben und setzen ihre Fähigkeiten für eine neue Zielrichtung ein. Man muss an das Haus anbauen und nicht das Haus abbrennen.“
(Maritta Koch-Weser)

Joachim Strate plädiert für die Beurteilung des Einzelfalls:

„Es kommt auf den Einzelfall an. Es gibt viele Engagements, in denen einfach nur persönliche Empathie gefragt ist. Zum Beispiel diese Hospizgeschichte. Viele Leute sterben einsam, und es ist die Aufgabe der Ehrenamtlichen, dazusitzen, die Hand zu halten und in den Tod zu begleiten. Das kann nicht jeder, das gruselt. Aber wenn man das fünfmal gemacht hat, gruselt es nicht mehr so. Ich glaube, dass man sich für viele Engagements im Alter auch noch qualifizieren kann, es setzt nur voraus, dass man wirklich ein Bedürfnis dazu hat. Deshalb bin ich auch ein bisschen skeptisch, wenn man über Steuererleichterungen nachdenkt. Ich denke, vielleicht sind es doch die falschen Gründe.“ (Joachim Strate)

Motivationsquellen, sich dennoch zu engagieren

Trotz der Hürden ist die Bereitschaft zur unbezahlten Tätigkeit ausgeprägt, sei es gelebt, sei es unter der Oberfläche. Was motiviert dazu?

Motivationsquelle: Jung und Alt nebeneinander

Da wo ein Nebeneinander von Jung und Alt praktiziert wird, motiviert dies. Leider geschieht dies noch zu selten. Es sind dann Großväter- und Enkel-Generation zusammen. Die Generation dazwischen trägt die Erwerbsgesellschaft. Die Enkel-Repräsentanten sammeln nach dem Studium und zum Einstieg in die Erwerbsgesellschaft in einer NGO Erfahrung und Meriten. Die Alten finanzieren dabei die Jungen.

Ein Beispiel: Bei der NGO Betterplace finanzieren die Älteren, die mitarbeiten, die Jüngeren, die sich sonst die Mitarbeit nicht leisten könnten.

„Wir können bei Betterplace einzelne Funktionen ausfüllen durch Leute, die das voll ehrenamtlich machen und zum Teil noch beträchtliche Mittel gespendet haben, um die Aufbauphase überhaupt erst zu bewältigen. Denn an anderen Stellen haben wir junge Leute, die ihren Lebensunterhalt von dieser Arbeit bestreiten müssen.“ (Arno Mahlert)

Empfehlung 18 (an alle Diskutanten):
Streichen Sie das Argument, unbezahlt und bezahlt Seite an Seite vertrage sich nicht, aus Ihrer Argumentationsliste. Es ist empirisch widerlegt (siehe auch Interview mit Anke Wiedekind im Kapitel 6.2).

Motivationsquelle: Unter Gleichgesinnten

Johann C. Lindenberg hatte auf Bitte des damaligen Hamburger Senats den Aufsichtsratsvorsitz für den Neubau der Elbphilharmonie in schwieriger Lage für den Bauherren Stadt Hamburg übernommen und sich Experten gesucht, die ihm helfen sollten:

> „Ein Beispiel: Professor Kottkamp, ehemals Vorstandsvorsitzender verschiedener Unternehmen der Maschinenbaubranche, ist Mitglied im Aufsichtsrat und gleichzeitig Vorsitzender des Bauausschusses (Anm. des Autors: der Elbphilharmonie Hamburg). Persönlichkeiten wie er haben gediegene Erfahrung. Sie können frühzeitig Finger in Wunden legen. Professor Kottkamp hat die Aufgabe mit Freude übernommen. Auch er bekommt keinen Cent dafür. Wir machen das, weil die Aufgabe wichtig ist. Denn wir können ja ein solches Bauprojekt nicht scheitern lassen. Und wir haben den Eindruck, dass wir gemeinsam mit der Geschäftsführung, die wir neu installiert haben, das Ganze auch schaffen können."

Wer merkt, dass er mit seinem Einsatz etwas bewirken kann, der kann daraus Selbst- und Kollegenwertschätzung ziehen, die Honorar ersetzt und sogar mangelnde Wertschätzung durch den Auftraggeber.

Motivationsquelle: Man kann etwas bewirken

Das Hauptargument zu Engagement ist das Gefühl des Akteurs, mit seinem Einsatz etwas zu bewirken. Das kann auf verschiedenen Handlungsebenen sein, wie die folgenden Beispiele zeigen, zunächst die Sicht von Johann C. Lindenberg:

> „Befriedigend ist es, wenn man etwas aus Pflichtbewusstsein übernommen hat und dann auch etwas bewegen kann. Sinnstiftend ist es, eine Organisation zu führen, nach Innovationen zu suchen, bessere Leistungen zu erzielen, die Konkurrenz hier und da zu schlagen. Aber es gibt weitere Antriebsgründe. Ich finde es reizvoll, in andere Branchen zu gehen, in andere Tätigkeitsfelder als die, aus denen ich komme. So nervig eine Universität sein kann – eine andere Welt, und wenn man das Wort Effizienz in den Mund

nimmt, ist man gleich ein bisschen verdächtig als jemand, der den Kapitalismus einführen will –, man kann aber doch mit seinen Erfahrungen und Erkenntnissen etwas Sinnvolles beitragen und dies im Zusammenwirken mit interessanten Menschen aus unterschiedlichen Herkunftsbereichen, so wie man sie in der Wirtschaft nie getroffen hat."

Michael Müller, ein ehemaliger Banker, fand eine ehrenamtliche Tätigkeit, die zu seinem Profil passte, und stellte fest, dass er mit seinem Wirken etwas bewegen kann. Das motiviert ihn, weiter zu machen.

Henning von Vieregge: Sie haben herausgefunden, was Sie tun wollen, rausgesucht, wo man sich meldet usw. Das ist eine ganze Reihe von Aktivitäten, bis einer sagt: ‚Schön, dass Sie angerufen haben.' Es kann ja durchaus sein, dass man erst mal ziemlich blöde Antworten bekommt.

Michael Müller: Stimmt. Das ist gar nicht so einfach. Ich behaupte mal, es gäbe sicher, wenn es einfacher wäre, mehr Leute, die ehrenamtlich etwas machten. Viele wären dankbar, wenn man auf sie zukäme und ihnen etwas anböte, was auf die Person passt.

HvV: Sie glauben, dass es Reserven gibt zu beiderlei Nutzen?

MM: Wenn man etwas ehrenamtlich tun will, muss man sich dazu richtig anstrengen. Von selbst passiert nichts. Es wird einem nicht leichtgemacht. In meinem Fall ging's. Ich sagte zwar, dass ich auf Status keinen Wert lege. Aber beim Landratsamt habe ich mich mit einer Visitenkarte, Direktor Deutsche Bank Frankfurt, vorgestellt, da waren sie begeistert. So agiere ich sonst nicht. Aber dabei half es.

Empfehlung 19 (an die Generationsgenossen):
Suchen Sie selbstbewusst. Machen Sie sich so groß wie zuletzt im Job.

Bankern geschieht es meistens, dass man ihnen die Finanzen in die Hand drücken will. „Davon verstehen Sie doch was." PR-Leute und Journalisten sollen die Pressearbeit machen, Buchhalter die Buchhaltung usw. Weil man sich bei den potentiellen Arbeitgebern selten die Mühe macht, die Begabungs- und Interessenstruktur sorgfältig abzuprüfen und dann ein Angebot zu machen, wird der Deckel auf den Topf gesetzt und für passend erklärt. Man kann sehr einfach feststellen, ob sich die aufnehmende Organisation mit der Auswahl und der Betreuung des

Ehrenamtlichen ausreichend anstrengt. Die Prüffrage lautet: Wendet sie den gleichen Aufwand an wie bei einer bezahlten Position? Paradoxerweise geschieht dies in der überwiegenden Zahl der Fälle nicht, obwohl man vom Interessenten etwas will, ohne ihn zu bezahlen. Nur wenn diejenigen, die ihr Engagement anbieten, eine entsprechende Aufmerksamkeit einfordern und diese in die Organisation, die sie interessiert, dauerhaft implementieren helfen, ist ein nachhaltiger Wandel erreichbar.

Empfehlung 20 (an die Betroffenen):
Finden Sie in Ruhe heraus, was Sie wollen. Lassen Sie sich nicht hetzen und nicht moralisch unter Druck setzen. Machen Sie eine Probezeit aus.

Michael Müller war zuletzt als COO (Chief Operation Officer) in der Bank tätig, arbeitete also als, wie er es selbst definiert, „Experte für Arbeitsabläufe, Rationalisierung, Abwicklung". Er beschreibt, warum ihm dies bei seiner jetzigen ehrenamtlichen Tätigkeit hilft.

> „Wenn ein alter Mensch mich als amtlichen Betreuer zur Seite bekommen soll, werde ich vom Amtsgericht bestellt. Ich betreue je nachdem mal einen, mal fünf Personen. Die sind alle uralt, und nach deren Tod entscheide ich neu. Für diese Menschen mache ich dann alles, was von Gerichtsseite anempfohlen wird, Vermögenssorge, Gesundheitssorge, Vertretung gegenüber öffentlichen Institutionen, Ärzten, Versicherungen usw. Ich bin ehrenamtlich tätig. Es gibt auch Berufsbetreuer, die werden honoriert."

Noch ein interessanter Merkpunkt für jene, die die Möglichkeit einer fruchtbaren Koexistenz von bezahlt und unbezahlt bestreiten: In diesem Feld gibt es ein Nebeneinander von honorierten und nicht-honorierten Positionen, und es scheint zu funktionieren. Was hat Michael Müller zu seinem Engagement bewogen?

> „Ich habe meine Mutter und meinen Schwiegervater betreut. Dadurch wusste ich, wie wichtig es ist, dass es Leute gibt, die so etwas machen und auch den Pflegeheimen auf die Finger schauen. Ich wusste, wie nötig das ist. Denn die alten Leute können sich nicht mehr selbst helfen. Meine Älteste ist jetzt 100 geworden. Solche Menschen sind jenen ausgeliefert, die mit ihnen von morgens bis abends zu tun haben. In manchen Fällen gehe ich jede Woche dreimal hin, sitze mit jemandem eine Stunde zusammen. Das ist viel

Zeit für eine Person. Ich habe eine andere Dame, die liegt im Koma, da gehe ich einmal im Monat hin."

Was man bewirken kann und was nicht, beschreibt er an einem drastischen Beispiel von Bankberatung, also dem Metier, aus dem er kommt.

„Ich hatte wegen der 100-Jährigen ein Gerichtsverfahren. Sie ist vermögend. Helfen konnte ich ihr bei ihren Wertpapieren. Die Bank hatte der damals 96-Jährigen diese Papiere der Risikogruppe 4 verkauft. Das war wirklich der Gipfel! Ich habe die Papiere gerade noch zum richtigen Zeitpunkt verkauft und ihr so eine stattliche Summe gerettet. Sie hatte außerdem noch Papiere eines geschlossenen Fonds im Depot, die nach dem Kauf sofort um rund 30 Prozent Kursverlust einfuhren. Wenn der Fonds ausläuft, ist sie 112. Wirklich frech, ihr so etwas zu verkaufen! Vor Gericht habe ich aber verloren, denn leider war der Kauf schon verjährt. Die Bank ist auch nicht entgegengekommen. Sie hat geschrieben, dass alles rechtmäßig sei. Die Kundin sei vorher aufgeklärt worden. Wäre ich ein Jahr früher ihr Betreuer geworden, hätte ich noch etwas machen können."

Ist dieses Engagement, obwohl inhaltlich nicht vergleichbar mit der alten Berufsaufgabe, strukturell doch vergleichbar?

„Ich mache das aus der Erkenntnis, dass alte Leute Institutionen zu hilflos gegenüberstehen. Für mich ist es eine Befriedigung, wenn ich sehe, dass ich so jemandem helfen kann. Und dass ich andere notfalls in ihre Schranken weisen kann. Ich bin in den Altersheimen und Krankenhäusern vielleicht nicht beliebt, aber bekannt. Wenn ich denen sage, sie mögen darauf achten, dass die Frau regelmäßig zum Friseur geht oder zum Arzt, dann passiert das auch."

Das Beispiel zeigt: Wenn es auch keine einfache Aufgabe ist, für sich herauszufinden, welche Aufgabe zu einem passt, so ist sie doch reizvoll und lösbar. Aber es bedarf Durchsetzungsvermögen, damit man dort landet, wo man hin will. Was einen reizt oder gar aufregt, ist ein reizvolles oder gar aufregendes Engagement-Feld. Also: Wer sich die Frage stellt, was ihn oder sie wirklich bewegt, aufregt, reizt, ärgert, der oder die hat Ansatzpunkte. Margret Buhse, die Karriere in einem Großunternehmen machte, berichtet, was sie einfängt:

„Ich würde was machen, wenn ich das Gefühl hätte, einen richtigen Beitrag leisten zu können, meine Kenntnisse und Erfahrungen wirklich einbringen zu können. So geht es mir zum Beispiel mit der Universität beim Thema: Karriere von Frauen. Da mache ich gern mit, auch mit den betreffenden Studenten."

Empfehlung 21 (an die Betroffenen):
Prüfen Sie Ihre Mitarbeit in ehrenamtlichen Institutionen immer wieder unter dem Gesichtspunkt, was dort anders liefe, wenn Sie nicht dabei wären. Kommen Sie zu dem Ergebnis, das mache keinen wesentlichen Unterschied, können Sie guten Gewissens wegbleiben. Alle anderen Gründe sind fragwürdig.

4.3 Auf Liebesentzug – Statusängste im Unruhestand

Gleichheit ist ein hohes Gut in unserer Gesellschaft. Die Frage, wie die Angehörigen einer Generation trotz verschiedener Gene und unterschiedlicher materieller und immaterieller Ausstattung gleiche Aufstiegschancen erhalten können, ist eine zentrale Frage der Gerechtigkeit. Wie eng müssen einerseits die Schwachen und die Starken in ihren Lebensmöglichkeiten in einer demokratischen Werten verpflichteten Gesellschaft zusammenbleiben? Wie weit muss andererseits in einer Gesellschaft, die im Wettbewerb mit anderen erfolgreich bleiben soll, Ungleichheit ertragen werden, zumal wenn sich diese durch unterschiedlichen Leistungswillen und Leistungserfolg ausdrückt? Zu den Leistungsanreizen gehören Statusmerkmale. Sie prägen sich, wesentlich bestimmt durch die berufliche Position, im Leben aus. Aber was geschieht mit dem Status einer Person, wenn diese aus dem Vollzeitarbeitsleben altersbedingt ausscheidet?

Bei Angestellten geschieht das meistens abrupt und meistens vorhersehbar. Franz Müntefering, selbst nun als SPD-Politiker ein Altgedienter und bekannt für seine Metaphern, bringt für den Ausstieg das Bild vom „Haut den Lukas": „Sie schießen sich bis 65 beruflich in die Höhe, knallen dann unter die Decke und fallen mit der Rente auf den Boden zurück."[35] Bei Managern liegt die Altersgrenze unternehmensweit zumeist deutlich unter 65, aber die Gefühlsbeschreibung mag in vielen Fällen stimmen. Für das auch nicht seltene Ausscheiden vor dem vertraglich fixierten Datum kommen drei Gründe in Betracht: Die Eigentumsverhältnisse ändern sich, ein neues Management kommt, das ist eine Möglichkeit. Neue Besen sollen kehren, das ist eine zweite Variante. Dann ist das für die Fortsetzung notwendige Vertrauensverhältnis zwischen Arbeitgeber und Manager nicht mehr gegeben. Oder, Variante drei, der Manager selbst will früher aus seinem Vertrag. Dann kann sich das Ausscheiden aus konkreten Umständen nochmals etwas verzögern oder findet zum vereinbarten früheren Termin statt. Zu allen Varianten gab es Beispiele, auch zur Verlängerung über den ursprünglich verabredeten regulären Ausscheidungszeitpunkt hinaus.

Wie auch immer, überraschend oder angesagt, geplant oder ungeplant: Irgendwann schlägt die Stunde, die Verabschiedung in allen ihren Varianten hat stattgefunden, es beginnt die Gewöhnungsphase an die neue Lage, an den neuen Status.

Was geschieht, wenn die Kennzeichen, die den bisherigen Status bestimmten, wegfallen und somit der Status selbst sich verändert? Wie geht man damit um, dass die anderen anders mit einem umgehen?

Eine Reihe meiner Gesprächspartner hat darauf hingewiesen, dass er oder sie gegen etwaige Verunsicherungen aus dieser Quelle gut gewappnet gewesen sei. Dafür wurden verschiedene Gründe angegeben wie Glaubensverankerung, Freunde und Partner, persönliche Unempfindlichkeit, Erziehung. Dennoch müsse man sich an manches gewöhnen, an praktische und emotionale Veränderungen im Leben, auch in der Partnerschaft.

Anders als in der Standesgesellschaft wird in der demokratisch geprägten Gesellschaft über das Thema Status nicht so gern geredet, auch von Managern nicht. Dabei weiß jeder, der sich in den Führungsetagen auskennt, dass dies, allen Dementis zum Trotz, den meisten ein besonders wichtiges Thema ist. Und wer ausscheidet, ist von der Befürchtung bestimmt, mit seiner Arbeit auch an Status zu verlieren.

Der schon erwähnte Alain de Botton versteht unter Status „im weiteren und hier maßgeblichen Sinn den Wert und die Bedeutung einer Person in den Augen der Öffentlichkeit“[36].

Das Streben nach Status – oder: Von der „Liebe zur Welt“

Was ist nun der Vorzug eines hohen Status (wie ihn Manager und Führungskräfte mehr oder weniger für sich reklamieren)? „Man genießt Freiheiten, Muße, Komfort und – wichtiger noch vielleicht – man erfreut sich allgemeiner Wertschätzung und Zuwendung, was sich in allerlei Aufmerksamkeiten äußert, auch in Schmeicheleien, Einladungen, Ergebenheit, Beachtung und anerkennendem Lachen (selbst wenn der Witz ein lahmer ist).“[37] Ein hoher Status ist nach de Botton für viele eines der erstrebenswertesten Güter, was aber nur wenige freimütig zugeben. Status sei schwer zu erwerben und „noch schwerer ein Leben lang aufrechtzuerhalten“[38]. Der Hunger nach Status habe, so der Autor, durchaus Vorteile, weil uns dies ansporne, unsere Begabungen nutzbringend einzusetzen und unser Bestes zu geben, uns vor schädlichem Eigensinn zu hüten, weil er die Mitglieder einer Gesellschaft an ein gemeinsames Wertesystem binde. Doch im Extrem sei Hunger nach Status zerstörerisch. Was sind die Motive des Strebens nach Status? Das Verlangen nach Geld, Ruhm, Macht? Es ist, oberhalb der Grundbedürfnisse, de Botton zufolge „die klingende Münze der Liebe". Wir Menschen hätten ein tiefes Verlangen, das andere gut von uns denken. Wir hätten einen unstillbaren Hunger nach Zeichen der Liebe.[39]

Jeder Lebenslauf wird durch zwei große Liebesgeschichten bestimmt, meint der Autor. Das eine sei unsere Suche nach geschlechtlicher Partnerschaft, das andere die Geschichte unseres Werbens um die Liebe der Welt. Letztere ist nicht weniger brisant als die erste, sie ist „nicht weniger kompliziert, einschneidend, universell, und ihre Rückschläge sind nicht weniger schmerzhaft. Auch hier gibt es gebrochene Herzen, erkennbar am stumpfen, resignierten Blick derer, die die Welt zu Niemanden stempelt."[40]

Nun kann ich mir vorstellen, dass gegen diese zugegeben dramatische Formulierung Protest aufkommt, wenn man sie dem Thema Ende der Vollzeitarbeitslosigkeit zuordnet. Es gibt einen Zwischenschritt in der Argumentationskette: Die „Liebe der Welt", das sind nicht nur die Nachbarn, Verwandten und Freunde, es sind auch die Mitarbeiter, Kollegen und Vorgesetzten. Wenn man sich mit Frauen in der Babypause unterhält und sich schildern lässt, was sie in dieser Zeit am Berufsleben vermissen, fallen alle Argumente, die sich unter dem Begriff „Liebe" subsumieren lassen.

Und hat nicht de Botton Recht mit der Behauptung, dass der partnerschaftlichen Seite der Liebe mehr Aufmerksamkeit gezollt wird als der übrigweltlichen, namentlich der berufsbezogenen? Dafür kommen verschiedene Gründe in Betracht. Wir sind gewohnt, dass Arbeit als Last beschrieben wird. Inschriften in Todesanzeigen und auf Grabsteinen lauten bis heute: „Sein (Ihr) Leben war nichts als Mühe und Arbeit." Die Gewerkschaften sind geradezu klassische Einrichtungen zur Bejammerung des Arbeitslebens, jedenfalls in Zeiten der Vollbeschäftigung. Beiträge über Mobbing am Arbeitsplatz sind spannender als Beschreibungen über die positiven, lebensstabilisierenden und statussichernden Seiten der Beschäftigung.

Fällt Letztere weg, geht uns etwas verloren von der „Liebe der Welt", so wie uns etwas verlorengeht, wenn der Partner quittiert. Gehen wir dieser Parallele nach, dann entwickeln wir mehr Verständnis für die Statusfalle Ruhestand. Ich bin mir allerdings sicher, dass der Nutzen der Analogie nicht grenzenlos ist. Und individuell unterschiedlich. Was dem einen lächerlich erscheint, ist dem anderen bitterernst, auch bezogen auf die aus dem Beruf und der Position bezogenen Bedeutung.

Bei den American-Express-Business-Witzen gibt es eine Zeichnung, in der man sieht, wie sich im Flugzeug ein Manager zum anderen herüberbeugt und sagt: „Ich bin in der Schnürsenkelbranche. Aber ganz unter uns, es ist nicht so aufregend, wie es klingt."

Man kann beim Übergang drei Angst-Cluster unterscheiden; jeder Cluster hat eine objektive und eine subjektive Seite. Es geht erstens um die Angst vor dem materiellen Verlust, den finanziellen Konsequenzen, zweitens um die Angst vor dem Verlust bisher gewohnter Rahmenbedingungen rund um die Arbeit, die in so ungewohnte Lebensbereiche wie Fahrkartenautomaten, Supermärkte oder Waschanlagen führen, und drittens um die Angst vor Statusverlust. Über diese drei Ängste wird im umgekehrten Verhältnis zu ihrer Bedeutung gesprochen. Von 1 nach 3 nimmt die Tabuisierung zu und die Bereitschaft zur Auseinandersetzung ab.

Man darf die materiellen Ängste und die Mühseligkeiten des Alleinkämpfertums nicht unterschätzen. Doch weil mir meine Gesprächspartner versicherten, bei normalem Lauf der Dinge keine wirklichen materiellen Sorgen haben zu müssen, möchte ich nicht weiter auf die materielle Seite eingehen. Sie seien in dieser Beziehung in jedem Fall in einer besseren Situation als die folgenden Generationen, versichern mir alle. Zur Lebensverkomplizierung gibt es dagegen viele Hinweise. „Ich bin nach meiner Pensionierung zur ersten Autowäsche meines Lebens zusammen mit meiner Frau hingefahren. Ich hatte Bedenken, mich in der Waschanlage lächerlich zu machen", erzählt ein ehemaliges Vorstandsmitglied von Nestlé. Am tiefgreifendsten sind für die meisten Manager und Führungskräfte die Ängste zum Statusverlust. Und genau diese statusfixierte Ängstlichkeit vieler Manager stellt für diese Generation eine große Wachstumsbremse dar.

Er hätte mich noch in Amt und Würden treffen wollen, sagte mir jemand etwa drei Wochen vor meinem Ausscheiden am Ende eines gemütlichen Mittagessens. Diese Formulierung traf mich ins Mark. „In Amt und Würden". Es ist ja nur eine Redensart, aber was für eine. Seit dem 1. Januar bin ich sozusagen nicht mehr im Amt. Bin ich nun meine Würde los? Oder geht es nur um die Frage, wer beim nächsten Mal das Mittagessen zahlt? Ich kann das dann dienstlich jedenfalls nicht mehr übernehmen. Als ein sehr erfolgreicher und sehr geschätzter Anzeigenmanager eines großen Verlages verabschiedet wurde, hielt ein zu diesem Zweck eingeladener Kabarettist einen Zettel hoch und behauptete, die sei die letzte bekannte Essensrechnung, die Herr B. aus eigener Tasche bezahlt habe: eine Currywurst mit Pommes vom 16. Oktober 1963. Das war lustig und mit Blick auf die Zukunft des Pensionisten eine Ankündigung. Es geht wieder los mit dem Selbstzahlen. Ob das Ende des Spesenmachens eine Bedrohung der Selbstwertschätzung ist oder eine Befreiung, entscheidet der Betroffene für sich. Aus verschiedenen Quellen ziehen wir Wertschätzung: aus unserer Partnerschaft, aus der Familie, aus Freundschaften, aus gesellschaftlichem Engagement und aus dem Beruf. In den Phasen des Lebens stützen wir uns mal stärker auf den einen oder den anderen Sektor, wobei die Sektoren ihrerseits vielfältige Untersegmente haben können. Für die einen bedeutet Familie lediglich die Kernfamilie. Schwager, Cousine, Tante, Großvater. Manche kennen sie nur vom Hörensagen. Bei anderen sind Vettern dritten Grades Verwandtschaft, die man einlädt und kontaktiert, ohne darüber nachzudenken. Ähnliches gilt für den Begriff „Freund". Die einen nutzen ihn geradezu inflationär, die anderen überaus sparsam.

Von Eremiten nehmen wir an, sie brauchten lediglich die Überzeugung, gottgefällig zu leben, bedürften also keiner menschlichen Rückspiegelei. Diese Position können wir im Weiteren getrost vernachlässigen; der normale Mensch braucht Wertschätzung durch andere. Alle fünf großen Chancenfelder der Wertschätzung, nämlich Partnerschaft, Familie, Freundschaft, Beruf und Engagement, liefern Wertschätzung. Fällt der Wegfall der Berufsrolle umso mehr ins Gewicht, je weniger die anderen Felder ausgebaut sind? Und umgekehrt?

Was ist die spezifische Anerkennung, die aus der Berufsrolle zu ziehen ist? Die Berufsposition verleiht Bedeutung und Macht nach innen und außen. Wer eine Machtposition erreicht hat, wird, wenn er nicht völlig abgebrüht ist, immer wieder erstaunt sein, wie sie wirkt. Menschen gehorchen, fühlen sich sachverständig beraten, wertgeschätzt, und das alles nur, weil der mit dieser Machtposition etwas getan oder unterlassen hat. Es ist aufregend, Positionen zu erobern, auszubauen und zu verteidigen. Es kann bestürzend sein zu erleben, wie die Macht zerfällt und was eben noch funktionierte, nicht mehr funktioniert.

Wie hoch der Status ist, hängt mit dem Umfang zusammen, mit dem Status den Selbstwert definiert. Wer führt, erhält mit seiner beruflichen Position Macht. Macht verleiht Status. Für keinen ist es einfach, den Versuchungen der Macht zu widerstehen. Abstürze können einen ins „Fegefeuer der Eitelkeiten" bringen, wie es Tom Wolfe in seinem berühmten gleichnamigen New-York-Roman am Beispiel eines Topverdieners beschrieb. Johann C. Lindenberg schildert das Statusbröckeln und den Umgang mit diesem Sachverhalt nach seinem Ausscheiden aus der letzten (höchsten) Position so:

> „Es ist ja so: Wenn man in einer Topposition in einem Unternehmen ist, in der man von sehr vielen Leuten wahrgenommen wird, wird man auch in dem Status wahrgenommen. Die Wertschätzung,

die man erfährt, wird stark durch den Status getragen. Und davon geht etwas verloren, nicht schlagartig, aber nach und nach. Man wird nicht mehr in dem gleichen Umfang eingeladen oder hofiert. Es ist die Frage, wieweit man davon abhängig ist. Jeder wird natürlich behaupten, dass er gar nicht davon abhängig ist. Blödsinn! Jeder, der das behauptet, ist entweder vollkommen unemotional oder er lügt. Ein gewisser Verlust ist spürbar. Die Schwere der Abhängigkeit hängt davon ab, wie weit man durch den Status seinen Selbstwert definiert. Man wird von den wenigsten Menschen dazu ganz ehrliche Antworten bekommen, vielfach vielleicht auch, weil sie sich selbst dazu keine ehrlichen Antworten geben."

Man muss nicht in einer Topposition gewesen sein – die Definition ist ohnehin je nach Blickwinkel relativ –, um das Thema zu verstehen und sich, wenn man noch „in Amt und Würden" ist, zu fragen, wie man sich gegen allzu arge Blessuren schützen kann.

Statusdimensionen sind Macht, Einfluss, Einkommen, Vermögen, Prestige.

Was Offizieren die Zahl der Sterne auf der Schulter ist, sind im unmilitärischen Berufsleben Einkommenshöhe, Dienstwagen, Diensthandy, Dienstzeitung, Fliegerstatus, Erste-Klasse-BahnCard und alle anderen kleinen großen Wichtigkeiten. Je größer der Job, desto größer die Insignien der Macht. Wer nicht in einer beruflichen Position sitzt, in der jemand Interesse haben könnte, einen gewogen zu machen, kommt nicht in die Versuchung, Person und Position durcheinander zu bringen. Aber die kleinen Insignien der Macht reichen tief in die Beschäftigungspyramide. Statusverführung kann schlimmstenfalls zu Korruptionsanfälligkeit führen. Es ist nicht nur die reine Geldgier, die nicht zu stopfen ist.

Statussymbole schmeicheln dem Ego. Manager stehen, meint ein Medienmanager, in größerer Eitelkeitsversuchung als Eigentümer. Denn sie müssen kompensieren. Jede Führungslehre fordert von der Führungskraft, sie solle unternehmerisch denken und handeln. Wer das sein ganzes Arbeitsleben getan hat, stößt immer mal wieder an die unüberwindbare Grenze, nicht Eigentümer, sondern eben nur Manager zu sein. Wer in die Eitelkeitsfalle geht, hat es hernach umso schwerer, sich an die neue Realität zu gewöhnen.

„Stichwort Eitelkeit: Inhaber sind meist weniger eitel in einem gleich großen Unternehmen als Manager. Ein Manager kompensiert ein Stück, dass ihm das Unternehmen eben nicht gehört. Was man einfach als Manager begreifen muss – fällt wahnsinnig

> schwer, insbesondere wenn man hochengagiert ist –, ist, dass man eben letztlich doch nur ein hochbezahlter, mit vielen Kompetenzen ausgestatteter Angestellter ist." (Rolf Wickmann)

Manager bilden eine Statusgruppe, die in sich geschichtet ist. Entscheidendes Differenzierungsmerkmal ist der berufliche Rang. Wenn sich auch innerhalb eines Unternehmens eindeutig das „Oben" und „Weiter oben" und „Ganz oben" bestimmen lässt, so ist dies im Quervergleich schwieriger. Denn es gibt keine objektiven Daten für die Frage, ob ein führender Privatbankier vor oder hinter einem Spitzenrepräsentanten einer Großbank rangiert oder ob ein Mittelstandsunternehmer reputationsmäßig vor oder hinter einem CEO eines Großunternehmens einzuordnen ist.

Orientierung geben Blitzlichter qua Umfragen in Form von Imageeinordnungen. Festschreiben lassen sich aber solche Rangreihen nicht. Denn erstens gibt es in verschiedenen nationalen Gesellschaften und darin bei verschiedenen Teilgruppen unterschiedliche Ranglisten, geschriebene und vor allem ungeschriebene. Und zweitens kann sich die Reihenfolge im gesellschaftlichen Diskurs, ausgelöst durch Skandale, Verwerfungen und andere Auffälligkeiten, in beide Richtungen, die Skala rauf oder runter, ändern. Man denke nur an das Ansehen von Investmentbankern, also den bei weitem bestbezahlten unter den Bankmenschen, im Laufe der ökonomischen Krise seit 2008. Und dann gibt es noch Spielraum auf der Rangliste der Statuszumessung, der personenbedingt nach oben oder unten führt. Wer sich beispielsweise in einer Statusgruppe intensiv vernetzt und sich zudem gesellschaftlich anstrengt, kann deutlich über seinen beruflichen Rang aufsteigen. Das gilt insbesondere dann, wenn die betreffende Person mit Partner oder Partnerin im zielstrebigen Duo auftritt.

Allerdings kann man sich zwar statusbezogen anstrengen, aber welchen Platz einer einnimmt, entscheiden die anderen. Das geschieht durch die Höheren, die Gleichen und die Niedrigeren. Sie verhalten sich aufmunternd, fördernd, bremsend, neutral.

Die Zugehörigkeit zu einem Verein, Club, Verband oder Verbund kann helfen. Verwirrend, aber konsequent ist, dass die Mitgliedschaft in einem der sogenannten Serviceclubs (Rotary, Lions, Round Table etc.) einen Status bescheinigt, zumal berufsbezogen, andererseits aber innerhalb der Clubs die allgemeine Gleichheit aller Mitglieder beschworen und durch die Ansprache „Freund" anstatt erworbener Titel demonstriert wird.

Wie ändert sich nun der Status bei der Pensionierung? Solange der Übergang in einem festen Rahmen stattfindet (reguläres Ausscheiden bei festgelegtem Alter, Erwartung Ruhestand), kann man von einem abklingenden Status ausgehen. Der Status bleibt prinzipiell erhalten, einmal Chefarzt, immer Chefarzt, zumal die ökonomische Situation sich zumeist nicht oder jedenfalls nicht dramatisch verändert. Konservierende Organisationen wie Rotary mit lebenslanger Mitgliedschaft ohne Trennung in Mitglieder und Altmitglieder tun ein Übriges. Der Status glüht langsam aus, man bleibt aber in seiner Statusklasse.

Was aber, wenn sich die individuellen und gesellschaftlichen Erwartungen an altgediente Manager ändern? Wenn wir davon ausgehen, dass es bis dato üblich war und erwartet wurde, dass der Ausscheidende sich den Annehmlichkeiten des Ruhestands widmete, und wenn nun das Umfeld eine zweite Karriere erwartet, dann nennen wir das eine Senioritätskarriere, die nicht weniger erfolgreich verlaufen darf als die erste. Dann würden Statusgewinne locken und Statusverluste bis hin zum Statusknick drohen. Die Begriffe Statusangst (Alain den Botton) und Statuspanik (Charles Wright Mills) kämen als Beschreibungsangebot in Griffweite. Beide Begriffe zeigen die Furcht von Individuen oder Statusgruppen an, bei sozio-ökonomischen Verwerfungen ihren erreichten Status einzubüßen.

Aus dem bisher Gesagten lassen sich folgende Thesen formulieren:

These 1: Arbeitsverlust zieht Statusverlust nach sich.

Wenn auch beschrieben wurde, dass Status nicht eben einfach bestimmbar ist, so lässt sich doch feststellen, dass es zur Statushöhe messbare Kriterien gibt. Es handelt sich um materielle und immaterielle Verluste rund um die Frage, wie man sich vor den ärgsten Verwerfungen schützt und sich gegenüber dem nicht schützbaren Rest an Verlusten verhält.

These 2: Statusverlust ist materieller Verlust.

Statusmerkmale sind geldwerte Vorteile. Überprüfen wir die Aussage am Beispiel einer Aufzählung. Rolf Homann, der ehemalige Chairman einer Hamburger Werbeagentur, erinnert sich:

> „Sobald sich herumgesprochen hatte, dass ich Ende 2001 ausscheide, versiegten auch die obligatorischen Einladungen zu CAPITAL- oder manager-magazin-Events, zum ZEIT-Dinner mit Helmut Schmidt im Anglo-German-Club, zum Empfang der Dresdner Bank und der Handelskammer, zur Axel-Springer-Kreuzfahrt, zum ARD-Meeting in Berlin, zum Bundesverband der Zeitungsverleger, zum ‚Goldenen Zuckerhut' der ‚Lebensmittel Zeitung', zur Anuga nach Köln, zum Horizont-Award in der Alten Oper in Frankfurt, zum

Effie Award und was es sonst noch alles gibt, um einem leitenden Angestellten das Gefühl von Wichtigkeit zu vermitteln. Die Lufthansa teilte auch relativ schnell mit, dass der HON-Status wegen mangelnder Flüge gefährdet sei. Der Spiegel, manager magazin, F.A.Z., ZEIT, Business Week und Fortune stellten ihre Freieinweisungen ein. Mit anderen Worten: Alle die kleinen Insignien der Macht verschwanden ebenso schnell wieder, wie sie vor Jahren gekommen waren. Genau wie Handy, Parkplatz und alles, was einem so das Chefgefühl gibt."

Aus dieser Aufzählung lassen sich die geldwerten Vorteile herausfiltern und beziffern. Aber ihr Wegfall bringt ihren bisherigen Empfänger nicht ans Hungertuch. Man spürt die immaterielle Dimension hinter der materiellen.

Am Thema Dienstwagen lässt sich die Verwobenheit von materiellen und immateriellen Aspekten beim Thema Status nochmals überprüfen. Wie wichtig dieses Thema ist, wurde mir schon vor Jahrzehnten im Assessment-Center eines Großunternehmens klargemacht, als es um die Frage ging, ob die Kandidatinnen und Kandidaten – alles erfolgreiche Studienabsolventen – über allgemeine Managerfähigkeiten verfügten. Zwei Tage wurde das geprüft, schriftlich und mündlich, mit einem Riesenaufwand an Psychologen und Betriebspraktikern. Die eigentliche Entscheidung fiel in einem Rollenspiel, in dem sich die Kandidaten als gleichgestellte Seniormanager eines Unternehmens dem Thema stellen sollten: Wem aus dieser Runde steht der nächste Dienstwagen zu?

Der Dienstwagen also, der zumeist privat genutzt werden kann, bei dem das Benzin übernommen wird und die Reparaturen. Dafür zahlt man gern etwas Steuern. So ein Dienstwagen ist mehr als ein zweites Gehalt. Er ist Mittel zur Distinktion. Den Gehaltszettel kann man nicht auffällig-unauffällig in der Hand drehen, den Autoschlüssel schon.

Wer einen BMW Fünfer bekommt, weiß, dass er seinem Unternehmen mehr wert ist als der Kollege mit dem BMW Dreier oder der Kollege mit dem Fahrtkostenzuschuss. So spiegeln Maß und Umfang der Statusmerkmale die Position in der Unternehmenshierarchie wider. Sie sind gleichzeitig, mindestens teilweise, gegenüber Freunden, Nachbarn und insgesamt in der Gesellschaft Ausweise der errungenen gesellschaftlichen Position. Der Pkw ist ein Statusanzeiger. Deswegen fechten die meisten Manager um die Wagenklasse erbitterter als um die Gehaltsaufbesserung. Manche zahlen lieber aus der eigenen Tasche drauf, als die falsche Marke zu fahren, wenn es im Unternehmen in dieser Hinsicht Festlegungen gibt.

Wie heikel das Thema Dienstwagen ist, lässt sich am Beispiel von Geschäftsführern von Verbänden illustrieren. Gehört ein Automobilunternehmen zu den Mitgliedern, ist klar, dass nur diese Marke zu wählen ist. Ich weiß von einem Geschäftsführer eines regionalen Arbeitgeberverbandes, bei dem ein Autounternehmen größtes Mitglied ist, der meinte, eine andere Marke von vermeintlich höherem Renommee fahren zu wollen. Das tut er mittlerweile, aber nicht mehr als Geschäftsführer.

Statussymbole sind „Insignien der Macht – alles, was einem so das Chefgefühl gibt“, so hat es Rolf Homann definiert. Zu keinem Thema unter der Rubrik „Status“ gab es so viele Äußerungen wie zum Thema Dienstwagen, Chauffeur usw.

Der Banker aus Berlin, der Industrielle aus Düsseldorf und der CEO aus dem Norden äußern sich da ziemlich ähnlich. Man redet vom Dienstwagen und hängt das Dementi zum Status gleich dran:

> „Am 1. August haben wir hier alles leer geräumt. Ich hatte schon meinen Fahrer vor drei Jahren abgegeben, weil der woanders gebraucht wurde. Ich bin kein Mensch, der Status hoch ansetzt. Bei langen Fahrten war ich froh über den Fahrer. Aber zum Schluss hatte ich nur in Berlin zu tun, da brauchte ich keinen Fahrer mehr.“ (Marc-Aurel von Dewitz)

> „Wir haben dort nicht über Statussymbole gearbeitet. Auch unsere Chefbüros waren sehr bescheiden. Wir hatten einen Fahrer, den wir uns zu zweit geteilt haben. Das war auch eine sinnvolle Sache, denn wir waren ja über ganz Deutschland verteilt, und da mussten wir auch lange Strecken fahren.“ (Ernst von Bismarck)

> „Ich fand es prima, dass ich immer einen Fahrer hatte – das ist in unserer Branche üblich – und eine hochfürsorgliche Assistentin. Ich habe das in vollen Zügen genossen, aber ich war nicht sonderlich statusbetont.“ (Hasso Kaempfe)

Was macht man beim Ausscheiden? Eine Möglichkeit – es ist eher die Ausnahme als die Regel – besteht im Verzicht auf den Dienstwagen, auch wenn die Möglichkeit bestände, ihn nach dem Ausscheiden weiterzufahren.

> „Ich hätte auch den Dienstwagen noch ein paar Jahre behalten können. Aber ich habe gerechnet: Der geldwerte Vorteil wäre mich teurer gekommen, als wenn ich selbst mir einen Kleinwagen kaufte.“ (Michael Müller)

Der Werber Joachim Strate handelt genau entgegengesetzt. Er kann, weil er als Berater für das Unternehmen weiter arbeitet, den Wagen behalten, und er tut dies auch. Er erläutert, warum:

> „Man muss das nur trennen von den ‚Goodies', die haben eine praktische und eine psychologische Seite. Die praktische Seite: dass ein anständiger Dienstwagen bereitsteht, den man beruflich und privat nutzen kann. Natürlich könnten wir auch mit unserem privaten Golf auskommen. Ein Handy könnte ich mir auch besorgen, und Computer haben wir auch genug im Haus. Also die praktische Seite ist begrenzt. Die psychologische Seite: Man hat noch einen Dienstwagen, da steht noch Ogilvy drauf.

Wer von „Goodies" spricht und von „psychologischen Faktoren", unterstreicht damit einen wichtigen Sachverhalt. Statusmerkmale haben einen materiellen Wert, aber sie sind fast immer mehr als nur ein geldwerter Vorteil.

Nehmen wir eine Einladung zur Bambi-Verleihung, die Anhebung des Lufthansa-Status vom Vielflieger zum Senator, das Lied der Mitarbeiter zum runden Geburtstag des Chefs: Viele – alle relevanten – Statusmerkmale liegen im Feld zwischen harten und weichen Faktoren. Für weiche Faktoren kann man sich nichts kaufen? Ein Wegfall dieser Merkmale löst also keine Verlustgefühle aus? Man muss gewaltig kühl sein oder so tun, um die weichen Faktoren nicht mindestens so hoch zu bewerten wie die harten; die emotionalen überwiegen die rationalen.

These 3: Statusverlust ist vor allem immaterieller Verlust.

> .„Das Entscheidende ist nicht das, was rational, sondern das, was emotional passiert in dieser Phase." (Johann C. Lindenberg)

Wenn mir die Sekretärin einen Kaffee holt, will sie damit verdeutlichen, dass sie mir nicht zutraut, selbst den richtigen Knopf am Kaffeeautomaten zu drücken? So ist es eben nicht. Sie sagt mir damit vielmehr symbolisch, dass sie meine Arbeitszeit höher bewertet als ihre. „Du bist der Chef, ich die Sekretärin", lautet die Botschaft. „Ich mache das für Sie (oder dich) gern." Das höre ich als Chef mit Freude. Möglicherweise verwechsele ich Person und Position und beginne mir tatsächlich einzubilden, sie tut es, weil ich ein so netter Kerl bin. Spätestens, wenn ich entlassen bin und zu Hause sitze und bedenke, dass sie in diesem Augenblick nicht mir, sondern ihm, meinem Nachfolger, den Kaffee bringt, gibt mir das einen Stich ins Statusherz. Und ich merke, das, was einer der Interviewten „Chefgefühl“ nennt, das kann ich mir nicht kaufen, aber es ist verdammt viel wert.

Ich möchte ein Beispiel erzählen, das die Breite und Tiefe des Statusbegriffs verdeutlicht. Ich war Ohrenzeuge einer Geschichte aus der Hoechst-Welt, als es dieses Unternehmen noch gab. Der Erzähler war zum Abteilungsleiter gleich unter dem Vorstand aufgestiegen. Dieser Professor X. war nun ganz wichtig geworden, in seinen Augen und in denen seiner Mit-„Hoechstianer“. Er wurde von seinen Nachbarn, alle ebenfalls bei Hoechst beschäftigt und ein bis zwei Stufen niedriger eingruppiert, mit der Erwartung konfrontiert, die Familie ziehe nun wohl in eine andere (bessere) Gegend. Sie tat es nicht und hatte eine Weile Stress. Die Lust, mit der der Beförderte diese Geschichte ausbreitete, deutete aber darauf hin, dass es sich um gern ertragenen Statusstress handelte. Wie grässlich muss man es empfinden, wenn der Statusneid der anderen unmittelbar mit der Pensionierung erlischt.

Wenn man es doch nur hinbekäme wie weiland Generaldirektor Vogel, wird mancher denken, wenn er dessen Story hört. Ein ehemaliger Unilever-Manager hat sie erzählt. Sie zeigt, wie man Status leben kann – oder mindestens doch konnte. Man kann Status mit lebenslang Auto samt Chauffeur zelebrieren, wie folgendes Beispiel zeigt.

> „Kleine Episode bei Unilever: Nach dem Krieg hat ein Herr Vogel die Ölmühlen wieder auf Vordermann gebracht, um 1949/1950, da war er schon Mitte 60. Er schied dann auch aus als der ‚Herr Generaldirektor Vogel‘, so einen Titel gab es gar nicht mehr. Und er hatte in seinem Vertrag stehen, dass er lebenslang einen Fahrer hat – der Mann ist mit 102 gestorben. Und zum Entsetzen aller – es gab kaum noch Fahrer – musste der den alten Herren immer in den Europäischen Hof von Baden-Baden bringen. Es war konzernbekannt: Der Fahrer musste vorfahren, den Schlag aufreißen und laut rufen: ‚Herr Generaldirektor Vogel ist vorgefahren!‘“ (Wolfgang Fischer)

Die Zeiten, in denen Herr Generaldirektor Vogel vorfuhr, sind vorbei. Die Zeiten, in denen Status zählt und Statusverlust ängstigt, nicht. Wenn man den Begriff immaterieller Status weit fasst und alles vom großen Event bis hin zum beruflichen Kontakt auflistet, der sich eben auch vom privaten unterscheidet, dann mag man ermessen, was alles mit dem Ende der Arbeitsbeziehung auf die Verlustliste gehört.

Die Palette reicht von den „wahnsinnig netten Menschen“ im Unternehmen und in der Branche bis hin zur nun ausbleibenden Einladung zu einem Megaevent der Branche, wie dies Margret Buhse, die als ehemalige Marketingmanagerin eines Großunternehmens plastisch beschreibt:

> „Die Kontakte zu wahnsinnig netten Menschen, nicht nur im Unternehmen selber, sondern insgesamt im Business, auch Gespräche, Zuwendung, das vermisst man schon. Natürlich ist es auch schön, bei großen Events dabei zu sein. Wir waren zum ersten Mal nicht mehr eingeladen. Aber das habe ich immer vorher gesagt und gewusst. Man bemerkt es aber doch. Rein rational kann ich das verstehen, viele Leute wollen dabei sein und auf die Einladungsliste, und deswegen wird dann gesagt, die ist nicht mehr im Business, die müssen wir jetzt streichen."

Es ist, wie in dem Zitat benannt: Man weiß vorab, es wird so kommen, man sieht es rational ein, und doch schmerzt es.

Es geht hier nicht nur um die Teilhabe an in der Regel angenehm aufgemachten Ereignissen, bei denen sich nette Menschen treffen. Der rote Teppich, die aufgebauten Fotografen versinnbildlichen die eigentliche Bedeutung: Ich gehöre dazu (andere nicht). Die Ereignisse haben eine Statusrangordnung. Innerhalb der Events gibt es Abstufungen. Wer in der ersten Reihe platziert wird, weiß: In diesem Sektor bin ich im wahrsten Sinne des Wortes vorn. Und dann eben nicht mehr. Ich werde nicht mehr platziert, ja nicht mehr eingeladen. Drastischer lässt sich die Veränderung nicht demonstrieren

These 4: Die Schutzmechanismen gegen Statusverlust greifen umso besser, je grundsätzlicher sie sind und je früher sie aufgebaut werden.

Wie kann man sich gegen Statusverlustängste schützen?

Tipp 1: Von vornherein verzichten

Die radikalste Gegenposition berichtete Luise Müller von ihrem Sohn, der gerade von ihr die unternehmerische Verantwortung übernommen hatte:

> „Was man vorher nicht hatte, kann man hernach nicht vermissen. Mein Sohn zum Beispiel möchte keinen Dienstwagen. Dann hat man auch nicht das Gefühl, man ist mehr als die anderen."

Tipp 2: Sich für statusunempfindlich halten

Man weiß um die Kraft von Bildern, auch von Selbstbildern. Wer sich selbst als „Ich bin relativ statusunempfindlich" abgrenzt, sieht sich geschützt. Michael Müller, der zuletzt als Controller und Fachmann für Optimierungsprozesse bei einer Großbank arbeitete, sagt, ihn habe anständige Bezahlung immer mehr als Status interessiert.

> „Arbeit hat mir immer viel bedeutet, aber ich war nie besonders statusabhängig. Wenn andere befördert wurden, war deren erste Sorgen: Kriege ich jetzt ein größeres Büro, wie viele Fensterachsen stehen mir jetzt zu, bekomme ich einen Fahrer, welches Auto in welcher Hubraumklasse? Ich habe da einen blinden Fleck, da bin ich einfach unempfindlich. Das ist wohl eine Frage der Herkunft oder von Genen, das hat man oder nicht. Status hat mich nie interessiert. Was mich interessiert hat, war eine anständige Bezahlung. Da habe ich auch nicht mit mir handeln lassen."

Und weil er so ist, wie er ist, hatte er nach eigener Wahrnehmung nach seinem Ausscheiden auch keine Verlustgefühle. Nur mal, ganz kurz, mulmige Gefühle, aber aus einem anderen Grund.

> „Ich hatte keine Verlustgefühle. Es war ein befreiendes Gefühl. Das Einzige, was ich anfangs schon mal spürte, war so eine Faust, die den Magen zusammenkrampft, wenn ich dachte: Ist da noch irgendetwas, was ich vergessen haben könnte, was nicht erledigt ist, was Schaden verursacht für die Bank? Aber das waren nur Sekunden mulmiger Gefühle."

Tipp 3: Achtsam sein

Man kann raten, reflektiert mit den Statusannehmlichkeiten umzugehen. Man kann die Vorzüge genießen, aber Übertreibung und Protzerei schaden nicht erst nach, sondern schon während der Karriere. Sie können diese auch beenden. Als ein Hauptgeschäftsführer einer Industrie- und Handelskammer vor kurzem in die Kritik geriet, wurde ihm im Kommentar der örtlichen Zeitung vorgehalten: „Beim Neujahrsempfang ... lässt er die Gäste über einen meterlangen Teppich auf sich zu schreiten, um sie dann per Handschlag zu begrüßen." Der Artikel ist überschrieben „Kavalier oder Kammerfürst?"[41] In der gleichen Ausgabe wirft der Chefredakteur unter der Titelzeile „Warum Chefs von Kammern oft so mächtig werden" in seinem Kommentar die Frage auf: „Wie viel kurfürstliche Attitüde tut einer Wirtschaftskammer eigentlich gut?" Der Angegriffene ist nicht mehr Hauptgeschäftsführer.

Macht- und Privilegiendemonstrationen sind nicht mehr *state of the art*, jedenfalls ist das so in den meisten Institutionen und Unternehmen in Deutschland. Das war früher anders und ist in anderen Ländern durchaus heute noch anders, auch in Demokratien.

In den Interviews fanden sich mehrfach Hinweise auf andere Unternehmen und Personen, die deutlich statusfixierter seien als man selbst und das eigene Unternehmen. Das zeigt an, dass Bescheidenheit in dieser Frage als Vorzug gilt, den man sich gern selbst zuschreibt. So verweist Ernst von Bismarck, Ex-Geschäftsführer eines Konzerns in französischem Besitz, auf das Vorbild der Eigentümer:

> „Wir haben nie für Festivitäten viel Geld ausgegeben. Das haben die Gesellschafter auch selber nicht getan. Einen Gesellschafter, der ja fast Multimilliardär ist, könnte man hier in Mecklenburg auf der Luftmatratze schlafen lassen, damit hätte er kein Problem. Er war empfindlich, wenn Leute aus seinem Umfeld überzogen."

Auch bei Unilever sieht man Bescheidenheit als Gen des englisch-niederländischen Unternehmens an und fühlt sich in dieser Beziehung vergleichsweise gut gerüstet für „die Zeit danach".

> „Das (Anm. des Autors: Bescheidenheit) ist die Kultur des Unternehmens Unilever, und das ist auch meine Kultur, da passte ich hinein. Es war bei uns im Unternehmen also nicht so luxuriös, und daher war der formale Verlust von Status nicht weiter relevant."
> (Johann C. Lindenberg)

Tipp 4: Immer mal selbst machen

„Do it yourself" ist ein weiterer Ratschlag. Wer damit – ob freiwillig oder als Teil der Firmenkultur – schon zu Zeiten seiner ersten Berufskarriere Übung gesammelt hat, hat es hernach, wenn man viel mehr auf sich selbst angewiesen ist, umso leichter, so lautet das einleuchtende Argument.

> „Ich habe auch immer im Sekretariat viel selber gemacht. Das hängt vielleicht auch mit meiner Grundauffassung zusammen, dass man im Topmanagement die Sache ernst nehmen sollte, aber sich selbst nicht so sehr." (Hasso Kaempfe)

Halten wir also fest: Je nach Unternehmenskultur wird Statusausrichtung stärker gefördert oder gebremst. Wir sind in Deutschland in einer Situation, in der in vielen Unternehmen in Sachen Status mehr Zurückhaltung als früher gilt. Persönliche Zurückhaltung kann sogar ein Statusmerkmal sein. Wer aufsteigen will, ist also gut beraten, sich die spezifische Kultur des Unternehmens, in das er einsteigt, unter dem Gesichtspunkt „Status" anzuschauen und mit der Nutzung eher zu unter- als zu übertreiben. Es kann für die Karriere und die Zeit danach eine nützliche Übung zu sein, Sekretariatsdinge, Technik eingeschlossen, selbst zu verstehen und auch selbst (wenigstens hin und wieder) zu machen.

Tipp 5: Position und Person nicht verwechseln

Ein weiterer Tipp, der, wie die Tippgeber einräumen, leichter zu geben als zu befolgen ist, ist dieser: Man solle sich vor der Verwechselung von Position und Person schützen, indem man sich im beruflichen Alltag immer mal wieder klarmacht, welches Handeln auf die Position und welches auf die Person zurückzuführen ist. Ich sprach darüber mit Ex-Spiegel-Geschäftsführer Karl Dietrich Seikel:

> **Karl Dietrich Seikel**: Ich habe die positionsbedingte Zuwendung immer so empfunden, und es war mir immer bewusst, wie gut du allenthalben behandelt wirst. Das fängt an mit Hotels. Du buchst ein Zimmer, und plötzlich hast du eine Suite. Wolltest du gar nicht, kriegst sie aber. Teilweise genießt man das auch, aber ich wusste immer, es gilt der Institution, es gilt nicht mir.
>
> **Henning von Vieregge**: Ist es nicht ganz natürlich, dass man das irgendwann vermischt?
>
> **KS**: Leider. Ich habe den jungen Redakteuren immer gesagt, wenn ihr bei Herrn Steinbrück anruft und die Tür geht auf, dann ist das nicht, weil ihr so tolle Typen seid, sondern das ist die Marke ‚Spiegel'. Das vergesst bitte nicht.

Nun lehrt aber alle Erfahrung, dass Ermahnungen dieser Art wenig greifen, wenn sie nicht auf bereiteten Boden fallen. Folgt man den Hinweisen aus den Interviews, sind dabei zum Beispiel das Elternhaus, die Erfahrung mit eigenem Unternehmertum, Freundschaften und Partner, der Glaube oder eine Do-it-yourself- Ausrichtung maßgeblich. Dies alles verhilft zu Schutzmechanismen, die den Manager (und nicht nur diesen) vor Abstürzen bewahren, auch aus der letzten Festanstellung.

Tipp 6: Freundeskreis bewahren

Wer glaubt, dass hier die Gefahrenausmalung arg ausgeleuchtet wird, lese sich die Beschreibung durch, die ein Ex-Führungsmanager eines Großunternehmens, der anonym bleiben will, gibt:

> „Wenn du auf einem hohen Managementlevel bist, da rollen sie alle einen roten Teppich aus und sagen, du bist der Größte. Die Gefahr ist riesengroß, dass du abhebst. Das heißt, du musst eigentlich dreimal täglich eine Gewissenserforschung machen und fragen: ‚Bin ich schon abgehoben oder noch ein normaler Mensch?'

> Gott sei Dank habe ich immer einen Freundeskreis gehabt – und meine Frau half mir natürlich auch, die holte mich wieder zurück. Wenn man eine Partnerin mit Wohlstandssyndromen hat, das ist schrecklich!“

Auch Finanzmann Wolfgang Fischer hebt die Bedeutung des Freundeskreises hervor.

> „Mich hatte jemand vorgewarnt, als ich bei n-tv ausschied, dass die Einladungen, die ich mal gekriegt hatte – waren ja solche Stapel –, auf null schrumpfen. Das hat uns nicht gestört, bis auf ganz wenige, weil wir einen wirklich netten, tollen Freundeskreis hier in der Stadt haben. Aber mit diesem Problem können einige nicht umgehen.“

Freundeskreis, toller Freundeskreis, riesiger Freundeskreis: immer wieder dieses Stichwort.

> „Ich habe eine interessante Erfahrung gemacht, die ich früher nie wahrhaben wollte: Wie sich auch gesellschaftlich das Leben verändert, wenn man seinen guten Posten los ist. Viele Leute haben sich verflüchtet. Nun habe ich Gott sei Dank noch einen riesigen Freundes- und Bekanntenkreis, aber es ist spürbar gewesen.“ (Nils Abel)

Der Ratschlag in diesem Zusammenhang scheint klar: Freundschaften pflegen. Aber was sind sie wirklich wert? Das zeigt sich erfahrungsgemäß erst, wenn es darauf ankommt.

> „Ich wusste, dass mir viele Beziehungen bleiben. Natürlich verliert man einige, aber auf die kann man dann wohl ohnehin verzichten. Es sind genügend geblieben, haben sich auch sogar weiterentwickelt und verstärkt.“ (Arno Mahlert)

Freundschaften sind wie ein Netz, in das man fallen darf, wenn man schwächelt. Schwer haben es die eiskalten Karriereritter, denn sie fallen nun und nichts fängt sie auf.

Tipp 7: Schmeichlerkritisch bleiben

Generelles Misstrauen gegenüber Schmeichlertum, Selbstbewusstsein durch liebevolle Kindheit und berufliche Erfahrung als Unternehmensgründer in jungen Jahren werden als weitere Schutzwälle genannt.

„Wenn Leute besonders nett waren, habe ich immer gedacht: Irgendwas stimmt nicht. Ich habe immer versucht, mich selber relativ neutral zu sehen. Statusverlust gleich Liebesverlust gilt nicht für mich. Ich habe genug Anerkennung in meinem Leben erfahren, dass ich nach Liebe im Beruf nie sehr hungrig war. Ich habe eine sehr liebevolle Kindheit gehabt, deswegen offenbar genügend Selbstbewusstsein, dass ich darauf notwendigerweise nicht angewiesen bin." (Walter Tayer*)

Tipp 8: Gott vertrauen

„Ich bin überzeugt davon, dass Gottvertrauen in solchen Umbruchphasen große Kraft verleihen kann." (Arno Mahlert)

These 5: Das Verarbeiten der Statusverluste braucht seine Zeit.

Veränderung bringt Unruhe. Die Hauptveränderung ist ein Wechsel im Rollenfach. Es kommt darauf an, sich dieses Rollenwechsels bewusst zu sein. Dann findet eine Statusverschiebung statt. Was wichtig war, verliert an Bedeutung, anderes kommt neu hinzu.

Tipp 9: Kontakte halten, neue aufbauen

„Der kleine tägliche Sozialkontakt fehlt schon, den muss man auf andere Art und Weise herstellen, aber das ist keine lebensbedrohliche Situation. Wenn ich Computerprobleme habe, rufe ich meine frühere Sekretärin an. Oder mein Nachfolger ruft ab und zu mal an, fragt irgendwas, zum Beispiel zum Erbbaurecht, und bittet mich vorbeizukommen. Wir trinken dann eine Tasse Kaffee zusammen und diskutieren das." (Wolfgang Fischer)

Es geht eben nicht so sehr um die praktische Hilfe in der neuen Lage (um die geht es natürlich auch), sondern stärker um den abgerissenen Sozialkontakt. Eine Möglichkeit der Abhilfe bietet die Weiterarbeit im Kollegenkreis in Bürogemeinschaften.

„Ich habe mir eine Bürogemeinschaft gesucht, wo es ein Sekretariat gibt, das einem aber nicht mehr in dem Maße zur Verfügung steht, wie das früher der Fall war. Für mich war ganz wichtig, dass man noch ein paar Grundbedürfnisse befriedigen kann. Wenn ich allein an meinem Computer zu Hause gesessen hätte von heute auf morgen, wäre ich vielleicht doch mal ein bisschen schwermütig geworden." (Rolf Wickmann)

Alle Formen der Arbeit, bezahlt oder unbezahlt, können helfen, die Brücke über das drohende tiefe Loch nach dem Ausscheiden zu bauen. Verdrängt man damit nicht, was aufgearbeitet werden sollte? Ausschließen kann man dies nicht. Wäre das schlimm? Es ist die Entscheidung jedes Einzelnen, für sich den passenden Weg zu finden.

Tipp 10: Horizonterweiterung suchen

Nils Abel, ein Banker, der gezwungen war, seinen geliebten Beruf vorzeitig aufzugeben, kann dies besonders eindrücklich beschreiben:

> „Das gibt es in allen Berufen, wo Leute am Ende dann in ein großes Loch fallen. Ich glaube nicht, dass das ohne abgeht. Jeder identifiziert sich immer ein Stück weit mit dem, was er tut. Und irgendwann formt das Berufsbild die eigene Persönlichkeit. Vielleicht nicht gleich zu Anfang, wo man noch ganz weitwinkelig denkt. Dann verengt sich das Verhalten durch den Beruf doch immer mehr auf einen bestimmten berufstypischen Fokus, den man vor Augen hat. Obwohl man meint, davon frei zu sein, ist dies sicher schon lange nicht mehr der Fall."

Man sagt, Selbsterkenntnis sei der erste Weg zur Besserung. Sagen wir lieber: zur Veränderung. Es geht um den Wechsel in ein anderes Rollenfach.

Tipp 11: Rollenwechsel üben

Geht es denn überhaupt ganz ohne Schrammen beim Übergang? Bei aller Unterschiedlichkeit der Einzelfälle, nein, ganz ohne Schrammen kann es nicht gehen, denn jede Veränderung führt durch unbekanntes Gelände. Lot und seine Frau bekamen aufgetragen, sich nicht umzudrehen. Für jemanden, der am Ort, an dem er arbeitete, gern war, der erfüllt gearbeitet hat, ist diese Vorgabe schwer zu erfüllen. Manager haben als Führungsleute, die Karriere machten, ganz überwiegend das Glück gehabt und empfunden, erfüllt zu arbeiten. Die Identifizierung mit dem Unternehmen und ihrer Rolle darin ist bei diesen Menschen besonders ausgeprägt. Somit wiegt der Verlust umso schwerer. Es geht eben nicht nur um Äußerlichkeiten.

In Tom Wolfes Roman „Fegefeuer der Eitelkeiten" geht es in den Anfangskapiteln, in denen sich die Hauptfigur noch als *Master of the Universe* fühlt, wesentlich ums Geld. Was kostet wie viel, was kann man sich leisten? Bis zur englischen Säuglingsschwester für den „vornehmen Preis von $ 525" wird alles aufgezählt, was die Schönen und Reichen New Yorks auszeichnet. Was Sherman McCoy, der Wall-Street-Broker, am Ende aber verloren hat, ist mehr als Beruf und Einkommen. Es ist ins „Fegefeuer der Eitelkeiten“ gekommen, er hat allen Status eingebüßt.

Tom Wolfes Sherman McCoy trägt in der Gerichtsverhandlung, in der der Schlussstrich unter seinen Abstieg gezogen wird, nicht mehr seine, wie es heißt, „$ 2000 teuren, maßgeschneiderten englischen Anzüge“, sondern ist mit einem Sporthemd mit offenem Kragen, khakifarbenen Hosen und Wanderschuhen bekleidet. Dies, sagt er Reportern, trage er, weil er nun Berufsangeklagter sei, angezogen fürs Gefängnis. Man könnte sagen, er hat sich umpositioniert. Ob er ein anderer Mensch geworden ist, bleibt offen. Aber immerhin: Der Kleiderwechsel hat ihm geholfen.

Rollenwechsel ist mehr als Kleiderwechsel. Es kann, und hier hilft uns der Begriff „Rollenwechsel“ nicht mehr weiter, auch Rückbesinnung sein, die zu neuem Selbstbewusstsein jenseits aller Statusbetrachtungen führt. Einbußen werden nicht nur kompensiert, sie werden durch Zuwächse ausgeglichen und übertroffen. Nicht zwangsläufig, aber auch nicht selten. Spitzenmanager sind, wie sie spätestens beim Ausstieg merken, auch nur Angestellte. Aber wo steht der Exmanager als Social Entrepreneur auf der Statusskala, wo als Stifter? Status kann man einbüßen, er kann sich sachte verringern, man kann aber zulegen nach dem Ende der Managerkarriere. Dies mag nicht das Hauptmotiv sein von jenen, die diesen Weg wählen, aber zu verachten ist der Aspekt sicher nicht.

Tipp 12: Zeit nehmen und der eigenen Seele folgen

Es wäre erstaunlich und in der Realität selten anzutreffen, wenn der Verlust an Zuwendung, die aus der Position erwächst, ohne weiteres weggesteckt werden könnte. Ein Ratschlag lautet: Nimm dir die Zeit. Die brauchen alle, auch Menschen mit Vision

> **Ernst von Bismarck**: Ich bin nicht mehr der große Chef. Aber daran zu hängen ist eigentlich ja nur Dummheit. Worauf es in dieser Lebensphase ankommt, ist, in erster Linie der eigenen Seele zu folgen. Die Tage werden ja immer wertvoller.
>
> **Henning von Vieregge**: Aber die fehlende Zuwendung muss ja jetzt erst mal kompensiert werden.
>
> **EB**: Das stimmt. Ich habe heute noch zu meiner Frau gesagt, dass ich die Zuwendung im Unternehmen damals genossen habe. Das muss jetzt durch andere Emotionen ausgeglichen werden.

Kapitel 5: Ältere, Arbeitsmarkt und Zivilgesellschaft

Der Paradigmenwechsel von der Ruhestands- zur Patchwork-Life-Gesellschaft, wie er aus den Interviews destilliert wurde, zielt auf eine Fortsetzung des Arbeitslebens in verändertem Mix mit Konkurrenzbeschäftigungen ab. Das Leben soll nun stärker selbst- und sinnbestimmt sein. Wie stehen die Chancen, jenseits der individuellen Stärken und Schwächen, dies so umzusetzen?

Es gibt zwei Arbeitsmärkte, den der bezahlten und den der unbezahlten Arbeit. Zwischen beiden gibt es Gemeinsamkeiten, Unterschiede und Interdependenzen. Ich stehe keineswegs allein mit der Behauptung, dass das Herausarbeiten des Nutzens dieser Interdependenz überfällig ist. Beschäftigte, die, zum Beispiel bei Volunteering Aktivitäten, Ausflüge in die Zivilgesellschaft unternehmen, und sei es für einen Tag, profitieren persönlich und zum Nutzen ihres Arbeitgebers von solchen Aktivitäten. „Man kann", wie Birgit Riess und Gerd Placke von der Bertelsmann Stiftung meinen, „den Mehrwert von bürgerschaftlichem Engagement für den Arbeitsmarkt aufzeigen."[42] Wenn dem so ist, liegt es nahe, Initiativen zu mehr Beschäftigung und Initiativen zu mehr Bürgerengagement zusammenzuführen. Davon sind wir aber wohl noch weit entfernt. Wünschenswert wären tarifpolitische Aktivitäten zu diesem Ziel, analog zu den tarifvertraglichen Vereinbarungen zur Demographieentwicklung, wie sie die IG Chemie mit den Chemiearbeitgebern als erste geschlossen hat. Diese Vereinbarung hat einen erheblichen Impuls zum Problemverständnis bei Personalverantwortlichen und Betriebsräten ausgelöst. Beide Märkte, der der bezahlten und der der unbezahlten Arbeit, haben in Zukunft, so lässt sich vermuten und begründen, mehr Bedarf und werden sich, bezogen auf Ältere, vom Arbeitsanbieter- zum Arbeitsnachfragemarkt entwickeln. Im Kapitel 5.1. werden sechs Wachstumsfelder der bezahlten Arbeit benannt und beschrieben. Im Folgekapitel 5.2. geht es unter der Überschrift „Endlich Chancen zu mehr Sinn-Arbeit? – Manager und Zivilgesellschaft" um den zweiten Markt. Das abschließende Kapitel 6.2 versammelt vier „Ausflüge in die Zivilgesellschaft": ein Manifest sowie drei Interviews mit Akteuren der Zivilgesellschaft.

5.1 Endlich mehr Chancen auf dem Arbeitsmarkt? – Sechs Wachstumsfelder

Das Nachdenken um die Älteren in der Arbeitsgesellschaft wird aktuell von der Diskussion der Rente mit 67 dominiert. Der Beschluss zeigt, dass die Realität des demographischen Wandels in die politische Wahrnehmung eingedrungen ist. Die Rente mit 67 wurde von der Großen Koalition 2006 auf den Weg gebracht. Es handelt sich um eine schrittweise Heraufsetzung des Bezugsalters für den Rentenbezug ohne Abschläge von 65 auf 67, beginnend 2012. Jedes Jahr wird der Zeitpunkt des vollen Rentenbezugs ab dem Jahrgang 1947 um einen Monat verlängert, bis er nach 24 Jahren bei 67 ist.

Man kann die Rente mit 67 als eine Art „Doppelbeschluss" einordnen, als eine doppelte Reaktion auf den demographischen Wandel. Zum einen geht es um die Sicherung der Rentenbezüge bei weniger Einzahlern und mehr Nutzern. Zum anderen reagiert der Gesetzgeber auf längeres fittes Leben der Älteren und rechnet vor, dass die Umstellung mit der im Umstellungszeitraum prognostizierten nochmals längeren Lebenszeit der Bezieher noch nicht einmal Schritt hält. Prinzipiell sind beide Argumente nicht zu entkräften.

Die Rente mit 67 wird von ihren Gegnern als Schreckensgespenst der Ausbeutung alter Menschen beschrieben, als eine Ungerechtigkeit erster Klasse. Klapprige Dachdecker fallen entkräftet vom First, ausgelaugte Lehrer werden zum Altersgespött jugendlicher Kraftbolzen. An dieser Kritik ist etwas dran. Aber sie taugt nicht, um den Beschluss grundsätzlich auszuhebeln.

Die Kritik unter dem Gesichtspunkt bestimmter Berufsgruppen führt zu der Überlegung, abweichend von der 67er Regelung den Rentenbezug an eine bestimmte Zahl von Arbeitsjahren zu koppeln, zum Beispiel 45. Wer mit 16 eine Lehre beginnt und ab 18 sein Leben lang arbeitet, sollte vor 67 seine Rente ohne Abzüge beziehen können. Damit würde ein Gerechtigkeitsausgleich gegenüber denjenigen Altersgenossen hergestellt, die später mit der Arbeit beginnen, zum Beispiel nach Abitur und akademischer Ausbildung. Mit 63 sollte der Personenkreis der Frühstarter in die Erwerbsarbeit die Rente ohne Abschläge beziehen können.

Die grundsätzlichere Kritik lautet: Der Beschluss einer Rente mit 67 setzt die Tradition einer starren Altersgrenze, die weder berufsspezifischen noch individuellen Unterschieden gerecht werden kann, fort. Eine Flexibilisierung des Rentenbezugs wurde nicht eingeführt. Man kann die Rente also nicht ab einem bestimmten Lebensjahr, zum Beispiel 60, anfordern und nach Belieben unterbrechen, man kann auch nicht Teilrenten anfordern, also im Rahmen seines Anspruchs individuelle Lösungen verabreden. Man kann auch nicht im Rentenalter arbeitend einzahlen und seine Rentenhöhe verbessern. Das wären aber wünschenswerte Veränderungen. Eine Flexibilisierung des Arbeitsmarktes und eine Flexibilisierung der Altersbezüge müssten ineinandergreifen.

Die bisherigen Reformschritte sind Flickwerk, bei dem nicht sicher ist, ob wenigstens die Richtung stimmt.

Wichtiger noch: Heute ist unklar, wie arbeitslos gewordene ältere Arbeitnehmer den längeren Zeitraum zwischen Auslaufen der Arbeitslosenunterstützung und dem Beginn des Rentenbezugs überbrücken sollen. Man hofft, dass sich der Arbeitsmarkt in den nächsten Jahren weiterhin positiv entwickelt und – auch infolge einer intensiven gesellschaftlichen Debatte um die Einsatzmöglichkeiten älterer Arbeitnehmerinnen und Arbeitnehmer – verstärkt auf diese zurückgegriffen wird. Prognos rechnet schon 2015 mit einem Fachkräftemangel von drei Millionen[43]. Im Augenblick wird älteren Arbeitnehmerinnen und Arbeitnehmern lapidar geraten, sich besser nicht entlassen zu lassen: „Für ältere Beschäftigte ist es dementsprechend besonders wichtig, von vornherein Arbeitslosigkeit und damit die Notwendigkeit eines Wiedereinstiegs zu vermeiden."[44] Zaghaft angelaufen ist immerhin die betriebliche Diskussion darüber, wie zukünftig ältere Arbeitnehmer, vor allem solche aus der Produktion, länger als bisher beschäftigt werden können. Es geht um Weiterbildung speziell für diese Gruppe und um den Abgleich von Arbeitsplätzen und Arbeitsanbietern. Noch aus steht dagegen die Diskussion, ob die Älteren weiterhin automatisch die bestbezahlten Arbeitnehmerinnen und Arbeitnehmer in ihrem jeweiligen Gehaltssegment sein müssen. Der Öffentliche Dienst ist ein besonders sperriger Klotz bei demographisch und individuell gebotenen Veränderungen.

Wer vor diesem Hintergrund am Rentenbeschluss kritisiert, er sei Stückwerk, hat recht. Gleichzeitig aber funktioniert Politik so. Gesamtkonzepte werden selten verabschiedet. Die fehlenden Teile werden folgen.

Noch läuft die Debatte um Silver Work und Bridge-Employment, also der bezahlten Arbeit jenseits der Verrentung[45], erst an.

Die Arbeitsgesellschaft insgesamt verändert sich von den Rändern her besonders stark, aber sie verändert sich auch insgesamt. Die Medien-Öffentlichkeit reagiert darauf überwiegend mit einer undifferenzierten Empörungsdebatte, die Themen wie Patchwork-Life und Silver Worker geradezu als politisch nicht korrekt erscheinen lässt. Deswegen sei an dieser Stelle ein notgedrungen knapper und etwas polemischer Ausfallschritt in das Feld der zunehmenden Auflockerung der Arbeitswelt getan: Was die einen als Befreiung feiern („Es gibt ein Leben jenseits der Vollbeschäftigung") ist für die anderen der reinste Horror. Wer den Beamtenstatus als Vision einer guten Beschäftigungsgesellschaft vor Augen hat, kann durch den rasanten Zuwachs an zeitlich befristeten Verträgen, an Leiharbeit, Auftragsarbeit, Heimarbeit in allen Varianten zwischen Voll- und Teilzeit sowie der Selbständigkeit in den vergangenen zwei Jahrzehnten nur erschüttert sein, zumal zumeist nicht besser als in den unbefristeten Arbeitsverhältnissen, sondern schlechter bezahlt wird. Bei der Gegenüberstellung sichere, besser bezahlte versus unsichere, schlechter bezahlte Arbeit fällt die Entscheidung leicht. Das ist wie reich und gesund versus arm und krank.

Im Augenblick gilt, in den letzten Jahren mit steigender Tendenz: Wer als Vollzeitangestellter ohne Fristvertrag, am besten noch als Beamter oder Angehöriger des Öffentlichen Dienstes oder mindestens eines Großunternehmens arbeitet, hat kein oder geringes Entlassungsrisiko und ist auch materiell besser dran. Wer sein eigenes Beschäftigungsrisiko ist, hat obendrein geringere Verdienstchancen.

Das Bild der Öffentlichkeit bestimmt die Putzfrau in ungesicherter Teilzeitarbeit, alleinerziehend, geringverdienend und aufgebracht. Sie ist der Prototyp der kritisierten Veränderung der Arbeitswelt, Gegenstück des kranken Frührentners, dem Altersarmut droht. Das ist Realität, aber eben nicht die ganze. Es gibt zunehmend Menschen, die leiden nicht unter der Veränderung der Arbeitswelt, sondern tragen sie aus freien Stücken mit. Sie, und dies sind nicht nur die Älteren, wollen angestellte und freie Arbeit mixen, sei es gleichzeitig, sei es hintereinander, Für sie wäre eine Umkehrung von Risiko und Ertragschance im Vergleich zu den Festangestellten in Vollbeschäftigung nur fair und richtig. Ob eine Umkehrung freilich gesellschaftlich durchsetzbar ist, ist zweifelhaft. Denn die Interessenvertretung der vollbeschäftigten Angestellten (und Beamten) ist parlamentarisch und juristisch bestens abgesichert. Auch Arbeitgeber scheuen zumeist den Aufwand von solchen Modellen, die der Individualisierung gerecht wird. Gewerkschaften und Betriebsräte tun sich erst recht schwer. Bezogen auf die Mehrzahl der Arbeitnehmer sind die Argumente auch nicht ohne weiteres zu entkräften. Dennoch riskieren immer mehr Arbeitnehmer auch in jüngeren Jahren oder von Anfang an den Weg ins Patchwork. Viele Altgediente haben dabei einen großen Vorteil: Sie können, weil materiell gut gestellt, das Leben, das viele gern hätten, auch führen: das freie Arbeitsleben mit den Wahlmöglichkeiten nach Inhalt, Umfang und Bezahlungsform.

Die Beharrungskräfte sind stark, der Veränderungsdruck aber auch. Die technischen Hilfsmittel, die eine volle Individualisierung von Arbeit ermöglichen, sind mittlerweile ausgereift, Sachargumente lassen sich gegen individuell verhandeltes Patchwork nicht mehr ins Feld führen. Fazit: Es sprechen starke Indizien dafür, dass es mehr interessante Beschäftigungsmöglichkeiten geben wird als heute, aber die werden, wenn sie die Älteren erfolgreich einwerben sollen, sehr weitgehend auf deren Wünsche zugeschnitten sein müssen. Da im Alter die Unterschiedlichkeit wächst, bekommt die Individualisierung der Arbeit einen starken Impuls aus dieser Gruppe. Wie viel mobilisierbar ist, hat sich nach der Wiedervereinigung gezeigt. Da fragte man Ehemalige, weil man sie für alle möglichen Funktionen brauchte, und sie kamen.

> „Wir hatten mal ein Revival der Alten, in der Wiedervereinigungszeit. Sie waren für die Treuhand in Berlin und deren nachgeordnete Organisationen tätig oder sie wurden von den Banken oder anderen Unternehmen oder Institutionen reaktiviert. Diese Menschen waren bereits ein Jahr oder zwei aus ihrer letzten Stelle heraus und wurden gefragt, ob sie beispielsweise nach Halle, Erfurt, Dresden oder in die Provinz gehen wollten. Sie haben das gemacht, es war eine Riesenaufbruchstimmung, und in der Tendenz waren diese Aktionen sehr erfolgreich.“ (Andreas de Maizière)

Die Altgedienten ließen sich rufen, sie machten ihre Jobs, zumeist erfolgreich. Man hätte sehen können, welche Ressourcen aktivierbar sind. Gesellschaftlich wurde dies damals nicht diskutiert. Der große Einsatz hatte keine Folgen. Die Republik ging wieder zur Tagesordnung der Frühverrentung und Vorruhestandsverschickung zurück.

Es heißt, wir ständen heute vor einer Wende. Beispiele werden aufgezählt, Geschichten Einzelner erzählt. Bestätigen Ausnahmen die Regel – oder sind sie Vorboten einer echten Veränderungstendenz, wie Arno Mahlert aus seinem Beispiel folgert:

> „Viele Unternehmen besinnen sich wieder darauf, dass Erfahrung zählt, auch in Managementfunktionen. Ich nehme mein Beispiel für die Tchibo Holding. Es wurde ursprünglich ein jüngerer Bewerber als Finanzchef gesucht, ich war immerhin 57. Dabei hat man festgestellt, dass die Mischung vielleicht nicht stimmen würde, und hat daher als Ergänzung zu den jungen Vorständen jemanden ausgewählt, der sich nicht mehr beweisen muss, sondern für Ruhe und Ausgleich sorgt. Das war eine meiner Aufgaben: mehr Kontinuität reinzubringen. Ich wurde dann der bei weitem dienstälteste Vorstand, den es seit langem gegeben hatte. Ich glaube, das sagen jedenfalls die Gesellschafter und Aufsichtsräte, es ist in dieser Zeit gelungen, da ein Stück Ruhe und Kontinuität hereinzubringen, was dem Geschäft nur genutzt hat.“

Wie gesagt: Führungsmanager, finanziell für das Alter gesichert, tun sich am leichtesten mit den neuen Bedingungen. Allerdings gelingt der Einstieg in eine zweite Karriere („Seniorat“) im Rahmen von Freiberuflichkeit oft noch nicht optimal; es fehlen die Erfahrungen und die ermutigenden Vorbilder. Meine Behauptung ist: Das wird sich verbessern. Man wird eher früher als später, verglichen mit heute, aus der ersten Karriere ausscheiden. Dies verbessert die Chancen einer Fortsetzung der Berufskarriere in anderer Rolle und auf anderem Level, was Aufgabenstellung, Einkommen, Status, Verhalten und Haltung angeht. Hierin unterscheiden sich Führungsmanager übrigens nicht von ihren Generationsgenossen insgesamt. Der Wunsch nach einem anderen Arbeiten im Alter ist übergreifend; Jürgen Deller und Leena Maxin sprechen von einem „Paradigmenwechsel, der die Attraktivität von Erwerbsarbeit durch ein neues Verhältnis von Arbeit, Lernen und Freizeit gestaltet“, übrigens „zunehmend unabhängig vom Alter“[46], – eine Bestätigung unserer Kernthese im obigen Exkurs von der wachsenden Zahl der Patchworker insgesamt.

Halten wir fest: Die Generation der 68er/Babyboomer will sich nicht zur Ruhe setzen. Sie will arbeiten. Die demographische Situation führt, wirtschaftliche Stabilität unterstellt, zu zunehmendem Bedarf rundum, der unter anderem durch Ältere gedeckt werden kann. Altgediente Manager sind, das zeigten die Gespräche, Arbeitsangeboten gegenüber aufgeschlossen. Die objektiven Bedingungen, die gewünschte bezahlte Arbeit zu finden, werden sich in den kommenden Jahren verbessern. Dazu folgen einige Argumente.

Jobs durch Spezialistenmangel

In den vergangenen Jahren sind immer wieder auch Experten aufs Altenteil geschickt worden, die wenig später händeringend um Rückkehr gebeten wurden. Gegen Bezahlung und zu Arbeitsbedingungen nach ihrem Wunsch. Man hatte sich verschätzt. Quantitativ und qualitativ. Schon jetzt gibt es dafür Beispiele. Die Fälle werden sich mehren. Es kann der alte Arbeitgeber sein, der an die Haustür klopft, oder die Konkurrenz.

> „Die Bank hat zwei Kollegen aus der Pensionierung zurückgeholt. Es ging um das Thema Staatspleite. Beide sind Spezialisten (Ostblock und Südamerika). Beide waren mit 58/62 pensioniert worden und wurden jetzt wieder gebraucht – und sie kamen. Wenn die Demographie stärker greift, die Lücke im Mittelbau vor allem spürbar wird, dann kann ich mir gut vorstellen, dass die Unternehmen sich Modelle suchen, um die Alten – 60plus – via Projekte zu beschäftigen, Maschinenbauleute im Export, Bandleute für irgendwas, so wie in der Nach-DDR-Zeit. Heute braucht man solche Projektbeschäftigung ausscheidender Mitarbeiter nicht, weil die demographische Lücke noch nicht so spürbar ist. Es gibt zwar immer mehr

Alte, aber es gibt im Moment auch noch genügend junge Leute."
(Andreas de Maizière)

Jobs durch Angebote der Auftragnehmer

Markt kann sich entwickeln, weil die Nachfrage steigt. Er kann aber auch durch neue Angebote wachsen. Das trifft auch für den Arbeitsmarkt zu. Wenn altgediente Mitarbeiter, und das gilt auch für die Führung, intelligente Angebote machen, kann das auf fruchtbaren Boden fallen: Aus Ideen entstehen Aufträge, Aufträge generieren Arbeitsplätze. Die einen haben Lust, sich zu beweisen, die wollen noch weiter verdienen. Die Motive können sich unentwirrbar verknäulen. Banker Andreas de Maizière nennt ein Beispiel:

> „Es gibt einen alten Spruch: „Man muss seine Vorgesetzten zur Fantasie anregen." Warum soll das Gleiche nicht auch vom Externen zur Unternehmensführung funktionieren? Nehmen wir mal ein exportorientiertes Unternehmen, eine schmale Kapitaldecke. Und die bekommen das Angebot von Ehemaligen: ‚Wir machen euch den Markt in Saudi-Arabien, weil wir den kennen, und das für einen überschaubaren Betrag.' Das kann doch klappen."

Jobs durch neuartige Vernetzung

Ein weiteres Wachstumsfeld für den Einsatz der altgedienten Manager sind branchenfremde Aufgaben mit dem Ziel der Chancenfahndung und Zusammenführung bisher unverbundener Ideen und Entwicklungen. Hier sehen Trendforscher Möglichkeiten zur Belebung der Wirtschaft, so zum Beispiel die Deutsche Bank in ihrem Szenario für 2020[47]. Dazu Norbert Walter, der langjährige Chefvolkswirt der Deutschen Bank:

> „Von großer Bedeutung ist oft die Erkenntnis: Ich brauche jemanden, der komplementär zu mir ist. Das ist übrigens für Deutsche offenkundig viel schwerer zu verstehen und viel schwerer umzusetzen als für die Engländer oder Amerikaner. Wir sind einfach wahnsinnig gute Spezialisten und sind uns der Wirkung, uns mit Komplementären zu verbünden, nicht bewusst. Da würde ich gerade auch die Rolle von älteren Managern in besonderer Weise sehen."

Jobs durch stärkere Selbständigkeit

Viele der altgedienten Manager beraten gern und oft kostenlos Jüngere, die sich selbständig machen. Mehr Selbständige schaffen mehr Jobs, vor allem auch für Selbständige. Hier können altgediente Manager verstärkt ihre Wunschjobs finden, meint Norbert Walter:

> „Wenn wir mehr junge Leute hätten, die es wagen würden, Unternehmen zu gründen, und die gleichzeitig begreifen würden, dass sie die Alten als Fachleute für juristische Fragen etc. für 'n Appel und 'n Ei für ihr Unternehmen bekommen, dann würde daraus auch ein Schuh."

Jobs als Coach

In einem Beschäftigungsfeld, in dem Erfahrung und Vorbild zählen, ist Coaching ideal für altgediente Manager, weil fachliche und menschliche Erfahrung eingebracht werden können, Zusatzausbildung vorausgesetzt. Sich coachen zu lassen, gilt in der Wirtschaft nicht mehr durchgehend als Spinnerei oder Schwächebeweis, sondern zunehmend als Beleg von Souveränität des Coachees, aber auch seines Wissens um die Isolation des Führers, die so ohne Macht- und Konkurrenzinteresse ein Stück weit aufgehoben ist. Mit einem meiner Gesprächspartner, der in diesem Themenzusammenhang nicht namentlich zitiert werden möchte, habe ich über dieses Thema gesprochen:

NN: Es ist wichtig, einen Coach zu haben, also jemanden, der einem psychologisch mit Lebenserfahrung und unternehmerischem Gespür hilft. Die Menschen, die an der Spitze stehen, müssen sich abgewöhnen, diesen Kampf ganz einsam zu kämpfen. Sie sollten versuchen, mindestens eine Vertrauensperson zu haben, mit der sie ganz offen reden können.

Henning von Vieregge: Unter welchen Voraussetzungen funktioniert Coaching?

NN: Ein Coaching-System kann dann gut funktionieren, wenn es keine mittelbare oder unmittelbare Konkurrenzbeziehung gibt.

HvV: Teilen Sie die Beobachtung, dass schwächeres Führungspersonal, das ein Coaching eigentlich am nötigsten hätte, die größte Angst hat, sich coachen zu lassen?

NN: So ist das. Ein Topsparring bedeutet, auch mal dagegenzuhalten oder in Frage zu stellen. Davor haben viele Manager Angst.

HvV: Hilft Coaching aus der Erfahrungsstarre?

NN: Man müsste das Coaching eigentlich zu einer Art Pflicht machen.

HvV: Hält Coaching den Coachee auf dem Boden?

NN: Wenn die römischen Feldherren von ihren Siegeszügen wiederkamen, hatten sie auf dem Wagen, während sie durch das Siegestor nach Rom einfuhren, einen Sklaven bei sich, der ihnen, während die Massen ihnen zujubelten, immer wieder einen Satz vorsagte: „Bedenke, dass du sterblich bist!“ Die größte Gefahr für eine Führungskraft an der Spitze ist Erfolg.

Jobs in Non-Executive Boards

Personalberater sehen New-Placement-Möglichkeiten altgedienter Führungsleute insbesondere bei Non-Executive Boards ergänzend zur Besetzung von Aufsichtsrats- und Beiratspositionen. Neue Positionen insbesondere für altgediente erfahrene Manager entstehen vor allem im Bildungs-, Medizin- und Sozialbereich. Dort wurde in den vergangenen Jahren halb oder völlig entstaatlicht. Gleichzeitig wuchs privatwirtschaftlich aufgebaute Konkurrenz. Der Druck zur Effizienz steigt. Damit entsteht zunehmend Beratungsbedarf, zum Beispiel an Hochschulen, Diakonieeinrichtungen, Krankenhäusern. In Großbritannien sind Non-Executive Boards, teilweise gut bezahlt, schon heute gesuchte Fortsetzungsfelder erfolgreicher Managerkarrieren.

Bisher werden, wenn überhaupt, Wirtschaftsleute eher unter den Gesichtspunkten Finanzbeschaffung und Beziehungen zu staatlichen und anderen Institutionen einbezogen. Zukünftig wird es stärker um Manager als Manager gehen, also um das Ordnen und Neuausrichten von innerbetrieblichen Entscheidungsprozessen und -abläufen und um die Überprüfung der aktuellen Geschäftsführung auf ihre Eignung, sowie die Positionierung und Darstellung der Institution im Markt.

Manager, die Beteiligungschancen schon während der Vollzeitkarriere wahrnehmen, haben es anschließend deutlich leichter, solche Jobs zu behalten und auszubauen. Reizvoll ist beispielsweise die Arbeit im Hochschulsektor, wie Hasso Kaempfe und Johann C. Lindenberg verdeutlichen. Diese Beispiele markieren gleichzeitig den fließenden Übergang zwischen bezahlten und unbezahlten Aufgaben: Was heute ehrenamtlich ist, kann morgen schon bezahlt sein oder den Weg in bezahlte Aufgaben öffnen.

„Ich arbeite mit der Universität Lüneburg zusammen. Da habe ich einige Zeit in einem Board gesessen, der die Basis für einen neuen Studiengang schaffen sollte, und habe auch mal zwei Vorträge gehalten. Das war eine interessante Erfahrung. Vollkommen ohne Gegenleistung, einfach aus Spaß daran." (Hasso Kaempfe)

„Beispiel Hochschulräte: Hochschulgesetze sind in jedem Bundesland unterschiedlich, und Hochschulräte haben deswegen unterschiedliche Funktionen. In Hamburg haben sie relativ viel zu sagen, in anderen Bundesländern teilweise weniger. Aber der Grundgedanke ist gleich. Im öffentlichen, wirtschaftsfernen Bereich werden Hochschulräte eingesetzt, damit bestimmte Kontrollfunktionen wahrgenommen werden, bewusst auch durch Persönlichkeiten aus der Wirtschaft. Wenn Universitäten im Wettbewerb bestehen wollen, muss man ihnen unternehmerische Autonomie geben, die Mittel dazu, aber auch die entsprechenden Government-Strukturen." (Johann C. Lindenberg)

5.2 Endlich Chancen zu mehr Sinn-Arbeit? – Manager und Gesellschaft

Manager sind Macher. Mit dem Begriff der Bürger- oder Zivilgesellschaft können sie in aller Regel wenig anfangen, schon gar nicht mit dem Angebot einer Vision.[48] Das alles schließt aber überhaupt nicht aus, dass Manager, und nicht nur altgediente, an der schrittweisen Annäherung an diese Vision teilhaben und noch deutlich stärker mitwirken würden, wären einige Hindernisse, auch selbstgebaute, niedriger (siehe Kapitel 4.2). Denn unbezahlte Arbeit oder Freiwilligenarbeit ist beides: der wichtigste Stützpfeiler der Gesellschaft – man spricht vom Kitt, der alles zusammenhält – und ein ganz wichtiger Treibsatz für den gesellschaftlichen Wandel.

Es wäre schon viel gewonnen, wenn wir „die Welt gastfreundlicher verlassen würden, als wir sie vorgefunden haben", sagte Reimer Gronemeyer, Theologe und Soziologe, im Gespräch, das ich mit ihm geführt habe (siehe Kapitel 6.2). Mich erinnerte dieser Hinweis an ein Gespräch mit jungen Türken vor einigen Jahren. Wir, Sozialarbeiter und Bildungsleute, die wir die Verwandten unserer Gesprächspartner in ihren entlegenen Herkunftsdörfern besucht hatten und beeindruckt von der Gastfreundschaft waren, fragten, ob sie dahin zurück wollten. „Auf keinen Fall, zu viel Kontrolle, zu eng aufeinander", lautete die Antwort. Also gefalle es ihnen hierzulande besser? „Nein, gar nicht", sagten sie. In den deutschen Städten sei es zu kalt und zu anonym.

„Ja, was denn nun?“, wollten wir wissen, „weder türkisches Dorf noch deutsche Stadt?“ So was wie „Dorf in der Stadt“, die Suche nach dem dritten Weg? Das schien uns damals eine unrealistische Suche. Und heute? Es gibt eine spürbare Sehnsucht nach einer solchen Zivil- oder Bürgergesellschaft, meint Gronemeyer. Die Individualisierung sei an ihre Grenzen gekommen.

Menschen suchen Menschen, Engagement entsteht nicht nur aus Pflichtgefühl oder um einer Sache wegen, sondern weil derjenige, der etwas tun will, weiß, er tut sich selbst damit einen Gefallen. Und, oft ohne die Veränderungsabsicht in sich zu tragen, werden auf diesem Weg durch hineinragendes Bürgerengagement Institutionen verändert. Hauptberufliche, die dies wollen und fördern, verändern ihre Berufspraxis. Auf diesen Aspekt verweist auch Anke Wiedekind, Geschäftsführerin und Pastorin einer evangelischen Gemeinde in Eschborn-Niederhöchstadt vor den Toren von Frankfurt am Main, die gegen den Trend wächst. Das Interview mit ihr findet sich in Kapitel 6.2.

Für erfahrene Manager öffnet sich ein besonderes Spielfeld in der Vernetzung verschiedener gesellschaftlicher Entwicklungen und Institutionen. Ein jüngeres Beispiel liefert das Projekt „Generationen Netzwerk Deutschland“. Es will bundesweit auf marktwirtschaftlichem Fundament speziell für die Älteren Helfensmöglichkeiten und Hilfe in allen Lebensfragen organisieren und baut gleichzeitig an einem Freiwilligennetzwerk aus Büros in der Region mit verschiedenen Themenschwerpunkten. Näheres lässt sich im Interview mit GND-Geschäftsführerin Claudia Rutt nachlesen (siehe Kapitel 6.2).

Hindernisse auf dem Weg zu mehr Engagement

Erstes Hindernis: Freiwillige fehlen

Der Ruf „Wir brauchen Euch!“, Titel des Buches von Krüger/Sittler (s. kommentiertes Literaturverzeichnis), direkt gerichtet an die 68er/Babyboomer-Generation, verträgt etwas Kommentierung. Es hakt an mindestens drei Stellen:

- Erstens fehlt es an Freiwilligen.
- Zweitens fehlt es denen, die Freiwillige suchen, daran, diese wirklich zu akzeptieren.
- Und drittens wird zu vereinzelt, unsystematisch und unpolitisch Engagementarbeit betrieben.

All dies sind Zuspitzungen. In allen drei Fällen lassen sich Gegenbeispiele finden, die die Aussagen durchlöchern. Man soll sich aber von erfreulichen Gegenbeispielen nicht täuschen lassen. Auch viele Schwalben machen noch keinen Sommer. Die Vision einer aktiven Bürger- und Zivilgesellschaft rückt erst dann an die Wirklichkeit heran, wenn alle drei Aussagen voll und ganz obsolet sind.

Deutschland gilt als eine Hochburg des Bürgerengagements. Hervorgehoben wird, dass der Anteil der Engagierten zwischen 1985 und 2007 um knapp 8 Prozentpunkte auf 30,4 Prozent gestiegen ist[49]. Methodische Probleme, die Unterschiede zwischen einzelnen Untersuchungen zur Folge haben, sollen uns nicht beschäftigen[50]. Als Faustformel wird in allen einschlägigen Publikationen von der Drittel/Drittel/Drittel-Gesellschaft gesprochen: Ein Drittel ist engagiert, ein Drittel äußert Interesse, ein Drittel steht, aus welchen Gründen auch immer, abseits. Hervorgehoben wird, dass die Quote stabil sei.[51]

Haben wir in Deutschland nun tatsächlich viel bürgerschaftliches Engagement, wie eingangs behauptet? Ist es, gemessen an den Bedürfnissen und Nachfragen, ausreichend? Sind die Aussagen des Drittels der Befragten, sie könnten sich vorstellen, etwas zu tun, glaubwürdig? Man weiß, dass Befragte sich immer selbst aufhübschen. Deswegen ist aus einer vollmundigen Absichtserklärung bei einer Umfrage nicht auf die tatsächliche Bereitschaft zu schließen. Der Befragte weiß, dass er hier die Lippen spitzen kann, aber nicht gezwungen wird, auch zu pfeifen. Auch gibt es Unterschiede im Engagement in den Alterskohorten. Und schließlich ist zu beachten – das gilt für die gesamte Debatte um Zivilgesellschaft –, dass eine lineare Fortschreibung der Trends zwar schöne Ergebnisse bringt, aber selten eintrifft.

Die Fortschreibung von Trends ist die einfachste Form, falsche Prognosen zu stellen. Man muss also fragen, was getan wird und ob dies genug ist. Wie sieht eine Strategie aus, die den Anteil der Engagierten in den nächsten zehn Jahren verdoppeln will? Im Kontext dieser Arbeit kann nur die Frage aufgeworfen und dringend die Debatte dazu eingefordert werden. Allein die bereits belegbare Wanderungsbewegung innerhalb Deutschlands aus zunehmend entleerten Landregionen in die Städte und aus dem Norden und Osten in den Süden Deutschlands führt zu Verwerfungen, die schon jetzt durch Bürgerengagement nicht mehr ausgeglichen werden können. „Dort, wo die Not am größten ist, fehlen am ehesten die engagierten Bürger, die für den gesellschaftlichen Zusammenhang sorgen könnten“, meinen die Herausgeber der aktuellen Studie „Die demografische Lage der Nation.[52] Vereine heute beobachten einen Rückgang von Freiwilligen in ihren Reihen um einen Prozentpunkt, so die Sportvereine seit 1984. Es bröckelt bei den Ehrenamtlern.

Wir haben es also beim bürgerschaftlichen Engagement mit einer gespaltenen Konjunktur zu tun. Die Individualisierung lässt zwar offensichtlich Raum für punktuelles Engagement, schwächt aber die Bereitschaft zur Übernahme ehrenamtlicher Funktionen. Ist dieser Trend irreversibel? Gronemeyer macht am Beispiel von Freiwilligkeit zu den Themen Hospiz und Demenz auf einen weiteren, sehr wichtigen Gesichtspunkt aufmerksam: Es gibt ein Attraktionsgefälle zwischen einzelnen Themenfeldern. Beide Stichworte, nämlich die Schwierigkeit, Funktionsstellen im ehrenamtlichen Gefüge zu besetzen und das Attraktionsgefälle im Engagementfeld, liefern Steilvorlagen für die Zielgruppe der Altgedienten. Hier könnten sie ihre Fähigkeiten beweisen, indem sie aus Funktionsstellen in Verwaltung und Wirtschaft auf Funktionsstellen in bürgerschaftlichen Organisationen überwechseln. Die zahlenmäßig nicht kleine Gruppe von Menschen mit Erfahrung in Marketing, Öffentlichkeitsarbeit und Verkauf könnten stärker als bisher schwächere Engagementfelder nach vorn bringen. Die Preisfrage ist nur, wie Bedarf und Angebot besser zusammenkommen. Das gilt auch für den nächsten Punkt. Allein die politische Zuordnung des Themas „Bürgerschaftliches Engagement" im Familienministerium zeigt, dass allen politischen Bekundungen zum Trotz „Zivilgesellschaft" auf der politischen Agenda in der Schröderschen „Gedöhns"-Rubrik ressortiert, ein Thema also, das beim Windhauch einer Krise nach unten rutscht. Die Energiewende weg vom Atomstrom beispielsweise führt im politischen Vorgeplänkel zur Forderung nach sogenannter Realpolitik, was heißen soll: im Zweifelsfall zunächst an den Parlamenten und dann am Bürger vorbei. Politisches Management ist also gefragt, Hier ist die Generation der 68er im Kern angesprochen. Die Verpflichtung aller anderen ist ein wichtiges Thema, aber nicht in diesem Buch zu vertiefen.[53]

Zweites Hindernis: Hauptberufliche wollen häufig keine Freiwilligen

Für den Zusammenhang „altgediente Manager–Zivilgesellschaft" ist besonders die Akzeptanz des One-Dollar-Man wichtig. Um die steht es besonders kritisch. Verwaltung und Parteiendemokratie wollen den One-Dollar-Man nicht. Sie würden die Sinnhaftigkeit, ja Notwendigkeit von One-Dollar-Teams aus dem Teilsystem Wirtschaft vielleicht gar nicht bestreiten, lassen den Support aber nur im allerhöchsten Krisenfall staatlichen Handelns zu, wie Johann C. Lindenberg aus eigener Erfahrung berichtet:

> „Bund, Länder, Landkreise, Kommunen, alle haben große Projekte. Wohl die Mehrzahl von denen geht schief. Sie werden teurer und brauchen länger. Es sind nicht nur Bauprojekte, sondern diverse

andere Projekte, eine unglaubliche Fülle von Aufgaben im politischen Raum, die von Politikern bestenfalls oberflächlich angestoßen werden, aber in ihrer Substanz erst erarbeitet werden müssten. Dazu könnte man die Unternehmensberatungen von Berger bis McKinsey holen, was aber unterbleibt, weil das Geld kostet. Politik agiert im eigenen Saft zum Teil oberflächlich und unprofessionell. Mir ist bei den beiden Großprojekten, mit denen ich zu tun habe, klargeworden, wie Probleme und Defizite im öffentlichen Raum entstehen: In der Entstehungsphase eines Projekts wird viel zu optimistisch geplant, weil man politisch das Ganze will, ohne sich und der Öffentlichkeit einzugestehen, wie teuer das Projekt wirklich ist und welche Zeit es braucht. Es wird geschönt und leichtfertig begonnen. Es gibt unzureichende Checks and Balances in der Entstehungsphase, unzureichende neutrale Überprüfung eines solchen Projekts. Und einen Mangel an Management, das eingesetzt wird für ein solches Projekt. Bis das Desaster da ist. Riesensummen werden in Hardware und quasi nichts in Software, das heißt ins Management, investiert."

Wie könnte eine Lösung aussehen, bei der sich altgediente Manager für das Gemeinwohl einsetzen?

„Die Suche könnte über eine Agentur gehen, beispielsweise aufgehängt bei der Handelskammer. Diese Agentur konzentriert sich darauf, exzellente Leute zu suchen, die pensioniert und frei sind und die Kompetenz und die Lust haben, sich für ein wichtiges Projekt noch mal ins Zeug zu legen, und dabei entweder die Brainstorming-Arbeit, die konkrete Machbarkeitsstudien-Arbeit oder nachher auch die Umsetzungsarbeit leisten. Das können unterschiedliche Leute für die unterschiedlichen Phasen sein.

Professionell aufgesetzt muss sich der Interessent genauso bewerben wie man sich sonst bewerben muss. Notwendig ist ein Matching. Gerade im öffentlichen politischen Bereich, wo es darum geht, mitunter wilde Ideen von Politikern prüfen und challengen zu können, würde man erwarten, dass ein Riesenbedarf an fähigen, kompetenten Menschen, die auch Urteilsfähigkeit haben, besteht."
(Johann C. Lindenberg)

Ein solcher Weg würde politisch-administrativ aber auch parlamentarisch nicht funktionieren, wenn die Berater davon ausgingen, dass alles, was sie sagen, eins zu eins umgesetzt werden müsste. Andererseits müssten sie aber schon wahrnehmen, dass ihre Vorschläge sorgfältig erwogen werden und nicht nur der Legitimationsbeschaffung und Absicherung dienen.

> „Man muss ja nachher nicht auf die Ratgeber hören. Man kann ja sagen, interessant was ihr euch so ausgedacht habt, ich will es trotzdem anders machen. Aber dass man sich mal dem Prozess aussetzt als Politiker, das wäre schon ein Fortschritt. Und das kann man ebenso für Behörden machen. Die haben natürlich auch Fachleute, die prüfen können. Aber es ist meines Erachtens in ganz vielen Projekten sinnvoll, dass man sich einfach mal externe Expertise hereinholt." (Johann C: Lindenberg)

Warum bleibt solches Vorgehen von Politik und Administration bis heute die Ausnahme und ist weit weg von systematischer Abschöpfung der Potentiale? Was sind die Hindernisse?

> „Das scheitert an mehreren Dingen: erst mal am Problembewusstsein. Die politischen Verantwortungsträger haben viel zu wenig erkannt, dass man Qualitätsarbeit nur durch entsprechende Ressourceneinsätze leisten kann. Hinderlich sind Berührungsängste gegenüber Leuten aus der Wirtschaft. Man hat wohl auch die Sorge, dass damit Lösungen präjudiziert werden, also auf die Weise Entscheidungsautonomie verlorengeht. Vielleicht fürchtet man sich vor einem kompetenten Urteil, das man eigentlich gar nicht möchte. Gemeinhin kostet professioneller Rat viel Geld. Wenn aber das Ganze durch kompetente Pensionäre geleistet werden kann, die aufgrund eines Auswahlverfahrens geeignet sind, dann ließe sich der finanzielle Aspekt vernachlässigen. Es bleiben natürlich die anderen Einwände, die ich nannte: mangelndes Problembewusstsein, ein oft gestörtes Verhältnis zu Leuten aus der Wirtschaft und auch die Sorge um Verlust von Entscheidungsautonomie." (Johann C. Lindenberg)

Die Widerstände gegen den stärkeren Einbau von Alt-Managern in den politisch-administrativen Komplex sind massiv.[54] Doch es geht nicht nur um den fast sprichwörtlichen One-Dollar-Man als Politikakteur.[55] Es geht auch um die Durchdringung von Mauern um Institutionen in Staat, Wirtschaft und Gesellschaft. Mehr Engagement stößt nicht nur „nach oben" auf Widerstand, sondern auch innerhalb von Institutionen und zwar auf Besitzstandsverteidiger im Gewand der Professionalität. Das ist kein einfaches Argumentationsgelände. Weist man darauf hin, dass Hauptberuflichkeit, fundiert durch entsprechende Ausbildung und Abschlüsse, nicht in jedem Fall dem ehrenamtlichen Engagement an Professionalität und vor allen an Wirksamkeit überlegen ist, so hat man in manchen Fällen recht, in manchen nicht. Das Ausspielen des Arguments „Professionalität“ gehört zu den Kernargumenten, mit denen sich gegen das Eindringen zivilgesellschaftlichen Einflusses gewehrt wird. Dilettantismus, Laienhaftigkeit, dagegen müsse man sich wehren, und im Übrigen habe man keine Ressourcen, sei schon jetzt Land unter. Die Lösung liegt nicht im Gegeneinander, sondern im Miteinander. Allerdings zu behaupten, ehrenamtliches Engagement sei für die Institution, in der sie stattfindet, folgenlos, wie dies „Standards zum freiwilligen Engagement“ von Freiwilligenagenturen behaupten[56], ist allenfalls taktisch richtig. Institutionen mit starkem Bürgerengagement arbeiten anders als ohne, wenn man es richtig macht. Ein Beispiel: „Wenn in einem Altersheim zehn Ehrenamtliche arbeiten, kann man sich beim Staat für dieses Heim die Aufsicht sparen. Heimen, die kein bürgerschaftliches Engagement unter ihrem Dach dulden, sollte man dagegen scharf auf die Finger sehen.“[57]

Diese Chance der Veränderung durch Bürgerengagement sollte offensiv insbesondere gegenüber Gewerkschaften und Personal- und Betriebsräten vertreten werden. Sie sollten von Blockierern zu Unterstützern werden. Der Bildungsbereich ist nur ein Sektor, er ist aber traditionell besonders ideologisch besetzt. Ich will keineswegs behaupten, alle Lehrer würden sich gegen alle ehrenamtliche Unterstützung wehren. Es gibt eine Fülle von Initiativen, die in Schulen mittlerweile arbeiten, die geradezu ein Belegstück zur These von der Gründerwelle bürgerschaftlichen Engagements darstellen und die von Lehrern mit Dankbarkeit und Hochachtung gewürdigt werden. Die Praxis ist insoweit weiter als die herrschende Ideologie, aber die ist in ihrer Wirksamkeit keineswegs besiegt. Das wäre sie erst, wenn Lehrerorganisationen wie die GEW forderten, dass die Kooperation von Hauptberuflichkeit und bürgerschaftliches Engagement Lerninhalt der Lehrerausbildung wird. Klaus Dörner[58] zeigt, dass im Gesundheitssystem parallel dazu die gleiche Vorbehaltsargumentation gepflegt wird, wahrscheinlich mit mehr Hingabe als mancher Patient. Die beiden Autoren Paul-Stefan Roß und Hilli Tries bringen in einem Beitrag, der das Thema an einem Beispiel aus der Diakonie mit empirischer Forschung behandelt und formuliert, schon in der Überschrift „Die Kernfrage des freiwilligen Engagements ist die Gewinnung der Hauptberuflichen“[59] ihre zentrale Botschaft. Die Argumente gegen die Einbeziehung von Freiwilligen wie erhebliche Mehrarbeit, stören den Betrieb, haben die Anerkennung von oben, die man selbst gern hätte, lägen bereit und würden eingesetzt unabhängig von konkreter Arbeitserfahrung. „Selbst negative Erfahrungen gemacht hat jedoch kaum jemand.“[60] Die Autoren geben eine Reihe guter Tipps, wie sich Kooperation herstellen ließe, verdeutlichen aber auch, dass dies nicht eben einfach ist.

Ein weiteres Beispiel lässt sich aus der Arbeitslosenverwaltung berichten. Bundesweit agiert neben anderen ein Patenmodell (www.patenmodell.de) unter dem Slogan „Arbeit durch Management". In Frankfurt beispielsweise gibt es mehr Persönlichkeiten, die bereit sind, als Coach für Arbeitslose tätig zu sein, als Arbeitslose, die sich melden. Der Versuch, einen großen Bildungsträger, der Arbeitslose gegen Bezahlung durch die Agentur für Arbeit beschult, damit diese wieder bessere Chancen auf dem Arbeitsmarkt haben sollen, zu einer Kooperation zu bewegen, scheiterte am Desinteresse des Trägers. Die Agentur für Arbeit griff nicht ein. Meine Vermutung ist, dass das Tätigwerden von Ehrenamtlichen, die sich des Einzelfalls annehmen, als Störung und Konkurrenz außen vorgehalten werden soll.

Auch die Kirchen tun sich schwer mit gleichberechtigter Beteiligung. Ein Beispiel: Eine evangelische Gemeinde bezahlt aus Spendenmitteln ergänzend zum aus Kirchensteuermitteln bezahlten Pfarrer eigene Pastoren. Die Landeskirche will der Gemeinde verbieten, die Theologen, die von der Gemeinde nach inhaltlicher, nicht formaler Eignung ausgesucht wurden, „Pastoren" zu nennen. Die Gemeinde bietet dazu einen öffentlichen Diskurs an, die Landeskirche begnügt sich mit einer Art Abmahnung. Die Diskussion um die Zukunft der Ortsgemeinde durch eine Verlagerung von Befugnissen auf die Gemeindeebene und den Einbau von Elementen freier Gemeinden unterbleibt. Faktisch bedeutet dies den Niedergang der Ortsgemeinden. Dabei bestehen Chancen, die Ortsgemeinde am Leben zu erhalten, sogar auszubauen. Das Konzept einer „Beteiligungsgemeinde" steckt erst in den Anfängen kirchlicher Praxis.

Kurzum: „Von oben" wird mehr Bürgerengagement gefordert, aber bitte folgenlos für die Machtverteilung innerhalb der Institutionen und in der Gesellschaft insgesamt. Von oben heißt auch von innen, und dies quer durch die Hierarchien. Ist aber bürgerschaftliches Engagement folgenlos für die Institutionen, dann unterbleibt der Reformimpuls. Also sind Meinungsstreit und Konflikt unverzichtbar, will man seinen Beitrag zum Ausbau der Zivilgesellschaft leisten, ein prächtiges Spielfeld auch und gerade für Alt-68er auf der Suche nach sinnvollem gesellschaftlichen Engagement.

Zur Veränderung fehlt heute entscheidend der Sog der Abnehmer. NGOs, Vereine, Staat, alle beteuern ihr Interesse am Ausbau von Ehrenamt und mauern, wenn es darum geht, Macht in den Institutionen auf diesem Weg neu zu verteilen. Gezielte Anforderungen aus der Politik oder Gesellschaft sind heute noch die Ausnahme. Anfragen in überzeugender Verbindung von Problem und angesprochener Person hätten starke Aussicht auf Erfolg, wenn sie denn kämen. Der Angesprochene lässt sich einbinden und zieht weitere Persönlichkeiten nach. Er setzt Beispiele, die von Kollegen gesehen und überwiegend positiv beurteilt werden.

Drittes Hindernis: Das eigene Tun ist zu vereinzelt, zu unsystematisch und zu unpolitisch

Wenn die in der Überschrift aufgestellte Behauptung mit allen Abstrichen einzelner abweichender Beispiele prinzipiell stimmt, dann ist es einfach, sich über das Notwendige zu verständigen. Beispiel Rotary: Rotary versteht sich, ähnlich wie Lions und vergleichbare Organisationen, als Freundes- und Serviceclub. Unter „Service" wird mehr verstanden als Spendengeben für gemeinnützige Zwecke hierzulande und weltweit. Jeder Club hat in seinem Vorstand einen Verantwortlichen für Gemeindienst. „Wann sind Projekte erfolgreich?" wurde in einem Beitrag 2011 im Rotary Magazin gefragt.[61] Die Antwort gibt Verfasser Mathias Schütt mit dem Hinweis auf einen Kriterienkatalog von Rotary International, in dem es unter anderem heißt: „Sie befähigen die Menschen und das Gemeinwesen zur Selbsthilfe." Schütt nennt als Beispiel ein Projekt des RC Aachen-Land, der eine Initiative für einen mobilen Hospizdienst gegründet und Betreuer geworben und ausgebildet hat. Heute kümmere sich ein gemeinnütziger Verein mit 20 ehrenamtlichen Helfern um die Sterbebegleitung.

Derartige Projekte sind jedoch Ausnahmen. Weder die im Beitrag genannte Problemlösungskompetenz einzelner Mitglieder, die clubübergreifend zu suchen wären, noch die zielbewusste Hilfe zur Selbsthilfe, die den Unterstützten abgefordert wird, sind heute schon Realität. Und da ist Rotary gewiss keine Ausnahme.

Bürgerengagement, predigen Klaus Dörner und Reimer Gronemeyer (im Gespräch im Folgekapitel) in Eintracht, muss am Schwächsten ansetzen. Und, auch das zeigen die Beispiele, Hilfe ist gut, wenn sie nur im Notfall eine Einbahnstraße ist, im Normalfall nicht ohne Gegenleistung erfolgt. Daran gemessen kann Bürgerengagement bestenfalls nichts, schlimmstenfalls Schaden anrichten, indem es Fehlsteuerungen festschreibt. Die Hilfe unterscheidet sich dann nicht von staatlicher Unterstützung, die im Regelfall ebenfalls keine Gegenleistung kennt und auch deswegen ihr Ziel verfehlt. Missstände werden festgeschrieben, ja vererbt, statt überwunden.

Engagementtreiber Generativität und Empathie

Die gleiche Globalisierungsbewegung, die der Welt in den vergangenen Jahrzehnten einen Wachstumsschub beschert hat, sorgt nun dafür, dass sich Krisen nicht nur, an einer Stelle beginnend, in Windeseile weltweit verbreiten, sondern dabei auch noch zu bis dahin ungeahnter Wucht verstärken. Die Wegnahme der Hindernisse und die weltweite Angleichung ökonomisch relevanter Fakten haben offenbar auch die Möglichkeit regionaler Andersartigkeit und regionaler Abwehr entscheidend geschwächt. Synergieerfolge und Synergiemisserfolge sind zwei Seiten der gleichen Medaille. Wie der Wettlauf der Menschheit an den Fronten Wasser, Nahrung, Energie, Klima und demographische Spaltung gewonnen werden kann, ist fraglich. Ob der Standard an Freiheit, Gleichheit und Brüderlichkeit dabei weltweit ausgebaut werden kann oder zerbricht, ist offen.

Was tun? Goethe lud als älterer Mann jeweils an einem Mittwoch seine Freunde ein. Dazu gab es die Regel: Über Politik wird nicht gesprochen. Man wollte sich nicht zerstreiten über Fragen, die man nicht beeinflussen konnte. Die wesentliche Beschäftigung der Runde bestand im gemeinsamen Singen und Weintrinken. Die beiden Dichterfürsten Schiller und Goethe lieferten Liedertexte. Statusbezogen wurde nicht eingeladen, Stinkstiefel und Klatschbasen blieben vor der Tür.[62] Von Goethe kann man bekanntlich immer lernen. Hier: sich nicht an den falschen Fronten zu verkämpfen, schon gar nicht mit den Freunden, sondern in schwierigen Zeiten (und welche sind schon einfach?) mit den richtigen Leuten enger zusammenzurücken, um sich den Rücken zu stärken und das Gemeinsame zu genießen, und zwar nicht nur über den Kopf.

Einerseits gibt es heute, wie skizziert, weltweit mehr und weiter reichende Schreckensszenarien als zu Goethes Zeiten, andererseits aber auch immergrüne und eventuell neue Hoffnungen. Zwei Treiber sollen diskutiert werden: Generativität und Empathie.

Die Kraft der Generativität

Eine immergrüne Hoffnung heißt Generativität. Demnach liegt es in der menschlichen Natur, über den nächsten Tag hinaus zu sorgen und etwas dafür zu tun, dass man nicht spurlos bleibt. Wenn meine Gespräche (durchaus beabsichtigt) den vorgeplanten Leitfaden sprengten, dann wurde etwas von dieser Dimension deutlich. Generativität führt zu Handlungen, die das Klischee des egoistischen Ruheständlers verlassen und auch über den Goethe'schen Mittwochskreis hinausweisen.

Das bedeutet ja nicht, dass es nicht auch und gerade in bedrohlichen Zeiten Menschen gibt, die abtauchen, sich als Ältere gern als Pensionäre, Rentner oder Ruheständler bezeichnen und auch so leben wollen. Vielleicht war ihnen die Arbeit schon längst zuwider und damit, übergangsweise oder für immer, jedes Arbeiten. Und sie gehören zu denen, die nie in die Kirche gehen, keinem Verein angehören, keiner Partei. Deren Hecken immer akkurat geschnitten sind und deren Fernseher die lohnendste Kosten-Nutzen-Maschine in der Wohnung ist. Eine solche Beschreibung ist das Aufmalen eines Klischees. Klischees sind nur falsch, wenn man ihren Geltungsanspruch zu breit setzt. Sie können stimmen, sonst wären sie nicht entstanden. Sie können aber auch völlig falsch sein, und die Geschichte des Menschen, der gern Pensionär ist, ist eine ganz andere.

Wenn es das eine Klischee gibt, gibt es auch das andere, das des Unruheständlers oder genauer: des Patchwork-Lifers. Er hat gern gearbeitet. Er schätzt die Vorzüge von Arbeit: Sein Wissen wurde gebraucht. Er bewegte sich gern im Rahmen eines weitgehend strukturierten Tages- und Wochenablaufs. Mit seinen Kollegen und Kolleginnen war er gern zusammen. Sein Gehalt hätte er sich höher gewünscht, aber es reichte immer, um ein auskömmliches Leben zu führen. Er wusste, dass ihm mit seinem Ausscheiden all das fehlen würde. Er muss sich neu sortieren, vielleicht nach dem Ende der Dienstwagenzeit das erste Auto seit Jahrzehnten wieder selbst kaufen, den ersten Laptop, den ersten Drucker usw. anschaffen. Das, was immer „Arbeitszimmer" hieß (aber eigentlich nie war), wird jetzt tatsächlich eines. Oder: Das Kinderzimmer wird endlich aufgelöst und bekommt eine neue Aufgabe. Aber was tun am neuen Arbeitsplatz? Sein Selbstbild ist angetastet, seinem Selbstwertgefühl fehlt etwas. Er möchte seine Hobbys verstärken, sich mehr um die Familie und Freunde kümmern. Er merkt, das aber reicht nicht, das macht den Arbeitsverlust nicht wett. Und wenn er sich stärker ehrenamtlich engagieren würde? Entweder dort, wo er schon immer dabei war? Die hatten doch immer mal wieder gefragt, ob er nicht mehr Aufgaben übernehmen wolle. Oder soll er sich etwas Neues suchen? Wo, wie ansetzen? Zu einer Vermittlungsbörse gehen, sich beraten lassen, einfach irgendwo einsteigen? „Hallo, ich bin der Neue" sagen? Er merkt, das fällt ihm schwer. Er wird sich überwinden müssen, irgendwie. Aber dann fehlt immer noch etwas. Bezahlte Arbeit fehlt. Zeigt Bezahlung nicht am besten, die wollen dich wirklich? Wenn man ihn wollte, das alte Unternehmen oder jemand anderes, er würde es sich sogar überlegen, für eine Weile nochmals ganz einzusteigen. Manchmal, manchmal denkt er: Wenn die fragen, sage ich nein. Ich will jetzt bestimmen, was ich tue und wie viel. Aber wenn er es denen nochmals zeigen könnte? Altes Eisen rostet nicht. Ihn reizt, sein Wissen einzusetzen, aber vielleicht doch mal in einem anderen Kontext, als Berater in einem Entwicklungsland? Und dann hat er noch einen alten unerfüllt gebliebenen Berufstraum. Ob sich da etwas machen lässt, vielleicht über ein Weiterbildungsprojekt? Er wird seinen Weg finden, denkt er. Langsam, nicht gleich. Er merkt schon, einfach ist das nicht. Man muss manche Enttäuschung einstecken. Manche Versprechung erfüllt sich nicht. Er hat schließlich nur noch sich auf der Visitenkarte. Aber, sagt er, es ist gut so, es wird immer besser.

Wechsele ich die Erzählperspektive, lande ich bei mir: Ich gucke mich um, ich lerne etwas, ich kann für mich noch Akzente setzen. Mir geht es gut, gesundheitlich achte ich mehr als früher auf mich. Das bekommt mir. Ich baue mir meinen Mix zusammen. So ein Bauwerk aus bezahlter und unbezahlter Arbeit und all den privaten Dingen, die ich machen will. Abgeschlossen ist das nie. Irgendetwas kommt immer zu kurz. Aber diese Lebensform gefällt mir. Ich bin auch überzeugt, sie ist gesünder als mein Leben vorher in der Vollbeschäftigung und als ein Leben so wie frühere Kollegen es führen als Pensionäre. Vielleicht hätte ich eher mit dieser Phase beginnen sollen, auch wenn mich das Einkommen gekostet hätte. Geld oder Qualität? Ich plane auf ein langes Leben. Dann liege ich in keinem Fall falsch. Denn auch wenn ich früher sterben sollte, habe ich bis dahin besser gelebt.

Klischee gegen Klischee, das eine löst das andere ab. Es gibt viele Zwischentöne. Auch Patchwork-Life hat unzählige Facetten. Es ist Realität geworden, der Begriff versucht die Realität einzufangen, eilt ihr nicht vorweg. Jedenfalls was die Manager betrifft. Die Treppe wird von oben gekehrt, Manager machen es vor. Sie sind zwar in besonderer Weise in ihrem Wollen und Handeln nicht widerspruchsfrei, indem sie Gas geben und zugleich auf der Bremse stehen. Aber was sie wollen, das könnten sie auch leben und tun es überwiegend auch. Objektiv gibt ihnen ihr finanzieller Status alle Möglichkeiten, stärker für sich und gleichzeitig stärker für die anderen zu leben und zu arbeiten.

Ich möchte auf vier Interviewpartner, die schon vorgestellt wurden, im Zusammenhang mit dem Thema Generativität zurückkommen, auf Bernd Kundrun, Reinhard Behrens, Ernst von Bismarck und Maritta Koch-Weser. Alle vier – und ich nehme nur diese Beispiele, es hätten mehr sein können – haben unterschiedliche Wege eingeschlagen, alle vier hinterlassen Spuren.

Bernd Kundrun, Medienmanager aus Hamburg, hatte sich zu seinem 50. Geburtstag vorgenommen, neben seiner Aufgabe als Vorstandsvorsitzender von Gruner + Jahr und später hauptamtlich ein Sozialunternehmer werden zu wollen. Sein Stichwort heißt „Bürgergesellschaft 2.0“:

> „Das heißt, mit den modernen Mitteln der Kommunikation einen erheblich stärkeren Mitmachimpuls für eine aktive Bürgergesellschaft auszulösen. Das war mein Traum, dafür habe ich Mitstreiter gefunden. Wir brauchen einen anderen Umgang der Bürger

> miteinander, eine Gesellschaft auf Gegenseitigkeit. Wir brauchen Leute, die initiativ werden und die dort, wo es darum geht, diese Gesellschaft zusammenzuhalten, den Kitt dafür auch wirklich aufbringen."

Kundruns zentrale Leitworte heißen „Gesellschaft auf Gegenseitigkeit" und „Personal Social Responsibility":

> „Ich glaube, dass wir vor gesellschaftlichen Herausforderungen stehen, die weder der komplett entfesselte Kapitalismus noch ein überstarker Staat lösen können. Sowohl der reine Kapitalismus als auch der Sozialismus sind gescheitert. Also bleibt aus meiner Sicht nur die soziale Marktwirtschaft, die aber nicht bedeuten kann, dass der Staat allein das Soziale regelt. Wir brauchen aber eine andere Haltung der Bürger, eine Gesellschaft auf Gegenseitigkeit.
>
> Es gibt Hunderttausende von gemeinnützig tätigen Menschen in Deutschland, die schon heute der Kitt dieser Gesellschaft sind. Vielleicht werden sie dafür sogar mal geehrt, womöglich mit dem Bundesverdienstkreuz. Aber das reicht allein nicht. Diese Menschen und ihre Initiativen müssen für die anderen sichtbar sein, zum Mittun animieren, zum Spenden aufrufen oder zu eigenen Initiativen anregen. Aber das geht nur, wenn man ihnen mit modernen Mitteln, beispielsweise dem Internet, Möglichkeiten gibt, sich zu präsentieren. Das macht betterplace.org. Dort ist eine eindrucksvolle Dynamik absehbar. Mag ja sein, dass sie im Moment noch als Glut flackert. Aber man kann daraus ein richtiges Feuer machen. Was heißt das: Gesellschaft auf Gegenseitigkeit? Der Einzelne hat das Recht, in dieser Gesellschaft sein Glück und sein Vermögen zu machen. Daneben gehören aber vermehrt Leitsätze wie ‚Eigentum verpflichtet', ‚Leistung verpflichtet' oder ‚Status verpflichtet'. Das sollte zukünftig von den sogenannten Leistungsträgern und den wohlhabenden Bürgern noch stärker gelebt werden. Viele Unternehmen haben das schon verstanden: Corporate Social Responsibility ist für sie ein Nachweis darüber, dass sie auch ‚Good Corporate Citizens' sind. Was wir aber meines Erachtens auch brauchen, ist eine Personal Social Responsibility, mit der jeder Einzelne seine Leistungsbilanz auch sichtbar macht, und das kann man über das Internet."

Man muss keinen Dialog über die Chancen und Risiken einer Ökonomisierung des Sozialen, der Kultur, des Religiösen oder der Staatsaufgaben führen. Es reicht die Feststellung, dass die Anwendung marktwirtschaftlicher Betrachtungsweisen in allen genannten Sektoren eine Methode der Verbesserung sein kann.

Das Gespräch mit Reinhard Behrens fand in der Villa Violetta in Stein am Rhein statt. Er renoviert mit seiner Frau das Haus Schritt um Schritt, und sie bauen den 6.500 Quadratmeter großen Garten weiter aus. Erst zeigte er mir den Garten mit allen Sträuchern (250) und Bäumen (160) und erzählte, wie er weltweit die Pflanzen fand. Er hat eine Dokumentation des Gartens mit dem vollständigen Verzeichnis aller Pflanzen und ihres Standorts erstellt. 125 Führungen hat er bereits gemacht, für Experten und für Laien.

> **Henning von Vieregge**: Sie sprechen von kulturellem Vererben.
>
> **Reinhard Behrens**: Ganz simpel: Man möchte etwas in der Welt lassen. Bei manchen ist es ein Grabstein, und bei anderen ist man überrascht, wenn nachher von der Person nur noch ein Kugelschreiber übrig bleibt. Dabei lebt man in dieser Welt und gestaltet etwas. Und wenn man dann etwas weitergeben kann, dann kann man eigentlich auch seine Ideen, seine Gestaltungsvorstellungen weitergeben, indem man Leute aufmerksam macht auf Schönheiten, die es gibt. Und deshalb auch die Idee, den Garten zu gestalten.
>
> **HvV**: Generativität als eine Triebfeder für die Arbeit am Garten also?
>
> **RB**: Klar, auch weil es Spaß macht, aber auch weil man ein Beispiel geben will. Deshalb öffnen wir den Garten, wir zeigen ihn den Leuten, ich mache Führungen. Für Fachleute und Laien. Dahinter ist auch Stolz. Wie kann man mit der Natur umgehen, wie kann man sie gestalten?

Und wie ist es mit der Nachhaltigkeit? Man unterstellt bei Kinderlosigkeit, dass diese geradezu automatisch zu ausschließlich diesseitigem Handeln führen würde. Das ist in der Generalisierung falsch. Wahrscheinlich ist in der Generalisierung das Gegenteil richtig.

> „Ähnliches gilt für den väterlichen Betrieb. Historisch gewachsen, es gibt ein Kloster, ein Rittergut. Ich helfe, dem Betrieb eine Struktur zu geben, damit die kommenden Generationen weitermachen können. Wenn der Erbe es nicht will und nicht schätzt, dann verkauft er es, und ich kann nur hoffen, dass jemand anderes, ausgestattet mit genügend Mitteln, den Sinn für die Sache sieht und weitermacht. Wir versuchen, alles zu restaurieren, was meine Großväter mal gemacht haben. Wir haben das Gewächshaus schön gemacht. Wir könnten das Geld dort als Testamentsvollstrecker

herausnehmen. Aber das bringt uns nicht viel. Erstens brauchen wir es nicht so unbedingt, und zweitens haben wir mehr davon, weil wir auch Freude am Gestalten haben und am Bewahren und Hervorheben der schönen Strukturen."

Die Bereitschaft zur persönlichen Veränderung bricht nicht aus, sondern zieht sich wie ein roter Faden durch das gesamte Leben, findet aber immer neue Ausdrucksformen, jetzt in der Bereitschaft, in ein nachhaltig wirkendes Projekt zu investieren.

„In einem schlummern so viele Qualitäten und Fähigkeiten, die nicht aktiviert worden sind, und wenn man im Berufsleben sehr aktiv ist, noch weniger." (Reinhard Behrens)

Die Grenzen zwischen Eigen- und Gemeinnutz sind fließend, zumal wenn dann noch Familie mit ins Konzept genommen wird und der Manager, die Managerin dafür sorgen wollen, dass sich die Aktivitäten, die sie begonnen haben, mittelfristig selbst tragen, jedenfalls nicht zur nichttragbaren Belastung der nachfolgenden Generationen werden sollen. Ernst von Bismarck:

„Aber der eigentlich wirklich tiefe Traum war der, wieder an alte Zeiten anzuknüpfen und selber Verantwortung für eigenes Land zu haben. Das bestand mein ganzes Leben lang, aber ich konnte das erst später realisieren. Es geht vor allen Dingen um die innere Disposition, die mit einer Verwurzelung im Lande zusammenhängt.

Meine Beobachtung bei vielen Familien, die ich kenne und sympathisch finde, ist die, dass die sehr viel Kraft, auch über mehrere Generationen, aus der Verwurzelung im Land gezogen haben. Irgendeiner muss ja mal den Anfang gemacht haben.

Ja, ich glaube, dass auch die Verantwortlichkeit für eigenes Land, das Gefühl, wenn man durch eine Allee fährt, die einem gehört, große Stärke schafft.

Es gehört diese Verantwortlichkeit dazu, sich um Land oder Forst auch zu kümmern, diesen auch vernünftig zu bewirtschaften, die Dinge so zu steuern, dass man sich gegenüber späteren Generationen nicht schämen muss. Das ist ja diese Tradition aus den Familien, aus denen wir kommen: über die eigene Generation hinaus zu denken. Das ist ja die nachhaltige Forstwirtschaft. Dass man das Land liebt und es deshalb auch so gestaltet, dass es seinen Charme behält, auf der anderen Seite aber auch seinen Ertrag abwirft.

Ich glaube, dass es vielleicht dieses Gen ist. Dieses Gen, das sich irgendwo für eine Gemeinschaft oder für ein Land verantwortlich fühlt."

Ein weiteres Beispiel der „lange Linien" lässt sich bei den früheren Weltbank-Managern Caio und Maritta Koch-Weser, geborene Rogalla von Bieberstein, zeigen. Sie haben sich, wie berichtet, als sie von Washington nach Europa zurückkehrten, Burg Bieberstein bei Freiberg in Sachsen gekauft und für sich, ihre verzweigten Familien und Dritte bewohnbar gemacht. Warum?

Henning von Vieregge: Ist Bieberstein eine Art Plattform für die Familie?

Maritta Koch-Weser: Ich halte es für falsch, dass sich Kinder oder Enkelkinder verpflichtet fühlen müssten, dieses Haus, nur weil es von uns schön zurechtgemacht und eine Weile bewohnt wurde, unbedingt zu behalten. Aber es kann auch sein, dass Kinder das weitermachen möchten. Dieses Haus kam eher zufällig zum Verkauf. Das Bild dieses Hauses habe ich seit unserer Hochzeit an der Wand hängen. Mein Vater hatte mir den Stich geschenkt, hatte gesagt, da ist die Familie am frühesten erwähnt: Bieberstein.

Wir hatten von vornherein in die Planung die Zielsetzung einbezogen, dass wir mit dem großen Haus auch etwas Geld verdienen müssten. Mir war auch wichtig – ich bin ja Anthropologin, habe viel Community Development überall auf der Welt gemacht, in Afrika, Asien, Lateinamerika –, dass so ein Haus immer wieder die Türen aufmacht und von der umliegenden Gemeinde mit genutzt wird, damit man nicht solche alten Strukturen repliziert, die man selbst nie gut gefunden hat.

HvV: Ihr Ehrgeiz geht also über den Familienrahmen hinaus?

MKW: Ich glaube, wenn jemand sich lokal engagiert, und das haben die Leute gemerkt, dass wir das tun, dann steckt das auch an. Der ganze Ort hat sich irgendwie verändert, die Leute treffen sich wieder öfter, auch ab und zu hier. Ich werde nie vergessen, als wir das erste Silvester hier feierten. Im Jahre 2000 haben wir etwas sehr Amerikanisches gemacht, ein Open House. Wir haben Zettel gedruckt und in alle Postkästen gesteckt. Uns wurde von Leuten gesagt, die hier länger wohnen: Da kommt keiner. Das Ergebnis war: Es kamen alle! Wir haben den letzten Glühwein aus dem Keller geholt.

HvV: Wie kam das denn? Haben Schlüsselpersonen gesagt, wir gehen da hin?

MKW: Ja. Und dann haben wir festgestellt: Hier gibt es sehr viele alte Leute, inzwischen schon etwas weniger, weil doch viele, die in ihren Achtzigern waren, als wir hier einzogen, heute schon gar nicht mehr da sind. Aber gerade diese sehr alten Menschen saßen nun erstmals wieder zusammen, sie hatten sich Jahre lang nicht gesehen. Und das im Radius von ein, zwei Kilometern. Sie haben kein Auto, und wenn man sich nicht sehr formell einlädt, sieht man sich kaum. Eine Kneipe gab es nicht mehr, der Kramladen war schon lange zu, keine kommunale Infrastruktur, auch kein Bürgerhaus, das war alles nach der Wende verloren gegangen. Vieles, das sich angeblich nicht rechnet, wurde zugemacht, dabei rechnen sie sich sozial. Die Wende hatte die Leute vereinsamt. Inzwischen gibt es wieder einen bescheidenen Gasthof, und wir haben wieder einen Kindergarten, die Kindergarteneltern haben sich zusammengeschlossen und machen Barbecue. Junge Familien ziehen her, es tut sich was. Auf unserem Fußballplatz gibt es jetzt einen kleinen Wohnwagen, da können Jugendliche feiern. Dann wird gesammelt, damit genug Cola da ist. Oder sie haben wieder angefangen, bei Sankt Martin mit einer Truppe durch die Gegend zu ziehen. Alles Dinge, die latent noch da, aber irgendwie weggebrochen waren. Damit solche Initiativen entstehen, braucht es ein Klima.

HvV: Und die alte rote Führung, wie steht sie Ihnen gegenüber? Und umgekehrt?

MKW: Ich möchte die vergangenen Dinge gar nicht so genau wissen. Die Leute können ja auch ihre Vergangenheit, auch wenn sie manchmal nicht so schön war, nicht wegwischen. Uns interessiert, wie wir mit diesen Menschen die nächsten 20 oder 30 Jahre verbringen.

HvV: Sie sagen, man kann Bieberstein den Kindern nicht aufbürden. Aber man kann eine Plattform schaffen, die sie betreten können.

MKW: Das machen wir ja. Die Kinder haben hier alle ihre Zimmer im Haus. Sie haben hier ihre festen Ecken. Gerade für die Enkel ist dies ein Haus, das sie von Anfang an kennen. Unsere Kinder sind in Amerika groß geworden, sind immer nur nach Deutschland oder nach Brasilien zu Besuch gekommen. Die haben zum Beispiel die Leute hier auf der Straße gar nicht verstanden, weil die ja auch noch sehr stark Sächsisch sprechen. Nicht nur Deutsch, sondern auch noch einen deutschen Dialekt. Das ist für einen jungen Menschen, der in den USA groß geworden ist, nicht sofort assimilierbar.

HvV: Familienzusammenhalt und Zusammenhalt zu den Nachbarn, beides wächst durch Angebote?

MKW: Beispiel Bieberstein: Mein Vater hatte das Familienarchiv von einem Onkel geerbt und zu seinen Lebzeiten noch einen Familienverein gegründet, einen eingetragenen Verein. Wir waren hier 1999 noch nicht richtig eingezogen, da fand schon der erste Bieberstein-Familientag statt. Und die Biebersteins kommen nun alle drei Jahre, mindestens ein Drittel aus den USA, wiederentdeckt durch das Internet. Jemand brachte einen Computer-Printout des Familienstammbaums mit, 15 Meter lang, Die Heutigen stehen davor und fragen einander: Wo bist du denn? Und dann gehen sie diese Linien runter und finden sich wieder.

Manche haben einen Vater aus Ghana, andere sprechen Texanisch. Sie sind inzwischen ein völliges Völkergemisch, und es ist schon eine Sache, wenn du so einen Ort hast, dann kommt man zusammen. Das ist ein ganz toller Wert, weil es Kindern ein Gefühl der Stärke gibt, das Gefühl: Ich gehöre zu einem Verband einer Familie, ein bisschen clanmäßig. Und auch spannend, was die Leute sind: Wissenschaftler, Banker, Bauern, Gärtner, alle tun etwas und gehören zusammen.

HvV: Die Koch-Wesers, Erich, der Politiker, Minister der Weimarer Republik, und seine Söhne, sind ja zur Hitlerzeit nach Brasilien ins Exil gegangen. Hat das Haus hier für die Koch-Wesers eine ähnliche Funktion?

MKW: Ja. Ich denke, gerade in der Internationalisierung der Familie liegt eine Herausforderung. Zum Beispiel arbeitet eine Nichte von uns in Kambodscha. Sie ist Italienerin, der Mann ist Franzose, deren Kinder sind Cousinen zweiten Grades von unseren Enkelinnen. Da ist es wunderschön, wenn die sich verständigen können. Aber dazu müssen diese Kinder ab und zu zusammenkommen, um eine gemeinsame Zeit zu haben, über alle Sprach- und Kulturgrenzen hinweg.

Die vier Beispiele zeigen: Generativität ist eine wichtige Kraft. Generativitätshandeln fällt nicht weg, wenn es nicht der eigenen Familie, den eigenen Kindern zugutekommt. Andererseits bleibt die Familie, allen Auflösungsprognosen zum Trotz, ein wichtiger Bezugspunkt generativen Handelns, der „Kitt" liefert, um Bernd Kundruns Formulierung aufzugreifen, der geeignet ist, die Gesellschaft zusammenzuhalten.

Die Kraft der Empathie

Aktive Bürgerlichkeit igelt sich nicht hinter Zäunen ein, sie geht auf den Nächsten zu, nimmt Anteil an seinem Schicksal. Liegt solche Empathie in der Natur des Menschen, oder muss diese Haltung antrainiert werden? Um die Natur des Menschen gibt es einen alten Philosophenstreit: Ist der Mensch vom Ursprung her gut oder von Natur aus schlecht, ein durch Zivilisation mühsam und keineswegs unumkehrbar gezähmtes Wesen? Je nachdem, welche Antwort man gibt, kommt man zu unterschiedlichen politischen Zukunftsvorstellungen, zum Beispiel der von der Offenen Gesellschaft Poppers versus der klassenlosen kommunistischen Gesellschaft von Karl Marx. Und wenn es, wie Jeremy Rifkin meint[63], eine Entwicklungsgeschichte des Menschen hin zur Empathie gibt? Rifkin: „Die Generation ist dazu prädestiniert, zur emphatischsten aller Zeiten zu werden.[64]" Und wenn wir damit – keineswegs gesetzmäßig, wie es uns Marx und seine Gefolgsleute erzählen wollen, aber unter bestimmten Voraussetzungen (Rifkin spricht vom „entropischen Abgrund"[65]) – die Chance hätten, dass es den Menschen mehr und mehr zur Anteilnahme und Zuwendung zum Nächsten drängt, das Potential der Engagierten also wächst? Dann hätten wir noch einen Grund mehr, optimistisch nach vorn zu schauen. 68er/Babyboomer aus dem Subsystem Wirtschaft, auch nach eigener Wahrnehmung wie es sich für einen richtigen 68er gehört zu Teilen gehemmt und verkopft, können sich richtig gehenlassen beim Drang, gute Menschen zu sein: Der Anfang sind sie selbst.

> „Ich möchte mit der Freiheit, die ich habe, mein Leben mehr in emotionale Inhalte steuern. Ich habe auch wieder mit Musik angefangen. Wir reisen gern. Ich fotografiere sehr gern. Das Ziel ist, in emotionale Bereiche vorzudringen, viel mehr, als man das früher konnte. Dazu gehört auch ganz wesentlich der Kontakt zu Freunden. Wir haben viele alte Bekannte, auch alte Studienfreunde, wiederentdeckt. Und man kommt nun auch zu Gesprächen, die etwas tiefer dringen und die das bringen, nach dem man sich sehnt: Authentizität. Wenn man abends einschläft, sind es nicht die materiellen Erfolge, sondern es sind doch Inhalte, die einen von der Seele bewegt haben. Ich finde, man sollte in dieser Phase völlig weggehen von Statussymbolik. Diese Fehler liegen hoffentlich hin-

ter einem. Es geht um die Dinge, die einen glücklicher sein lassen." (Ernst von Bismarck)

Erfolgversprechende Wege gehen

Es gibt also Antriebe zum freiwilligen Tun, zum Engagement, das dem Nächsten dient und nutzt, bis hin zum fernen Nächsten. Fragt man nach erfolgversprechenden Wegen, wird die Argumentation wieder etwas kleinteiliger und mühsamer. Große Würfe brauchen viele kleine Schritte. Der Vorteil eines solchen Vorgehens liegt in der leichteren Korrigierbarkeit: In der historischen Betrachtung haben große Sprünge den Menschen zumeist Unglück gebracht. Erst nach langem Unglück hat hier die Kurskorrektur eine Chance. Deswegen sollte niemand kleine Schritte in die richtige Richtung geringschätzen. Evolution statt Revolution.

Potential besser ausschöpfen durch Aufbau von Matching-Strukturen

Es gibt also gute Gründe, ehrenamtlich aktiv zu sein, im eigenen Interesse und für den Gemeinsinn. Um das Potential auszuschöpfen, müssten Barrieren überwunden werden, fremde und selbst errichtete und bislang auch selbst verteidigte.

Nicht alle, die suchen, sind aktive Sucher. Das gilt für alle Formen der Arbeit. Man wartet lieber auf den Anruf, hofft auf den günstigen Zufall beim Smalltalk. „So jemanden wie Sie suchen wir schon lange", wäre der ersehnte Satz. Aus einer Mischung aus Unsicherheit und Vorsicht bleibt man in Deckung, auch und gerade beim Ehrenamt. Dabei können Manager mit ihren berufserprobten Fähigkeiten und Fertigkeiten eine Menge Positives bewegen. Sie sollen nicht, um den Typus nochmals zu bemühen, zum Gutmenschen mutieren, aber sie sollen und können helfen, meint ein Manager, der es aus eigener Erfahrung einschätzen kann:

> „Es geht auch in Kirchen, Sportvereinen, Krankenhäusern, gerade im sozialen Bereich, wo ja meistens kein Geld vorhanden ist. Im sozialen Bereich engagieren sich häufig die Gutmenschen, die vielleicht weniger gut organisieren können. Das sind ganz tolle Menschen, aber die brauchen Hilfe, um gewisse Strukturen zu schaffen, effiziente Abläufe, Programme fürs Sponsoring, Vermarktung." (Johann C. Lindenberg)

Es gibt also den Bedarf. Und es gibt Menschen, die den Bedarf decken könnten und im Grunde auch gern würden. Aber wie bringt man Angebot und Nachfrage zusammen?

> „Für diese Art von Aufgaben frage ich mich, wie bekommen wir da einen Matching-Prozess hin?“ (Johann C. Lindenberg)

„Matching-Prozess“ – dieses Stichwort scheint bedeutsam für Arbeit, bezahlt, teilbezahlt oder unbezahlt, nach dem Ausscheiden aus der vollen Angestelltentätigkeit. Denn der Wunsch nach passender Arbeit ist ausgeprägt. Dass bezahlte Arbeit für die meisten aktuell nicht in einem solchen Ausmaß erreichbar ist, wie sie sich das vielleicht vorher vorgestellt hatten, ist für die Gesamtheit der ausgeschiedenen über 55-Jährigen ein Faktum. Was wahrscheinlich dann überrascht, ist der Umstand, dass auch unbezahlte Arbeit nicht von selbst als Angebot durch die Haustür hereinspaziert. Wer keine Anknüpfungspunkte hat, bei dem klopft niemand. Da soll nun Matching helfen.

Wie ein solcher Matching-Prozess organisiert werden könnte, erscheint den Gesprächspartnern unklar, dass es aber gut wäre, wenn es ihn gäbe, klar.

> „Die Gesellschaft wird auch in Zukunft mehr auf diese ehrenamtlichen Funktionen angewiesen sein als in der Vergangenheit. Insofern wird sich eine professionelle Vermittlung ergeben. Da werden sich auch Formen entwickeln, Beratungen, Agenturen, die solche Tätigkeiten vermitteln. Es gibt ja durchaus auch Unternehmensberatungen, die ausgeschiedene Manager, noch relativ nah dran an der exekutiven Phase, in ihre Karteien schreiben.“ (Karl Dietrich Seikel)

Man springt zu kurz, wenn man nur auf die Anbieterseite und den Vermittlungsprozess schaut. Die Nachfrager können nicht jeden und alles gebrauchen.

> „Ich beobachte, diese sogenannten Non-Profit-Organisationen funktionieren nur, wenn man Mitglieder hat, die ein bestimmtes Profil mitbringen. Sie suchen nicht jemanden, der Zeit hat, sondern sie suchen jemanden, der bei Finanzen hilft, der Rechtserfahrungen hat, einen Politiker, der Vernetzungen mit sich bringt für Finanzgeber, eine Amtsstelle, die Zuweisungen macht. Sie suchen nach einem neuen Vorstand, aber sie suchen keinen Sechzigjährigen.“ (Reinhard Behrens)

Empfehlung 22 (an alle, speziell die Generationsgenossen): Aufbau eines Matching-Prozesses lokal, regional und national: Es geht um mehr als Vermittlung; Vermittlungsagenturen sind vorhanden. Es geht um New Placement von Altgedienten in einen Mix von bezahlter und unbezahlter Arbeit. Wenn sich die Betroffenen mit den Bezahlteilen am Aufbau beteiligen und die dazu Geeigneten ihren Anteil unbezahlt einbringen, wäre der Aufbau geeigneter Strukturen machbar.

Am Ausbau einer Kultur des Engagements und der Dankbarkeit mitwirken

Ich möchte dafür plädieren, das Thema „Matching“ nicht mit der moralisch gefärbten Forderung abzutun, die Leute sollten sich gefälligst selbst um ihr Engagement kümmern und nicht darauf warten, dass man sie bittet. Denn sie würden sich doch selbst schaden, wenn sie es nicht tun, und es sei doch eigentlich ihre Pflicht, der Gesellschaft etwas zurückzugeben. Dass man zurückgeben möchte, formulieren die Akteure selbst.

> „Ich erwarte, dass jeder der Gesellschaft etwas zurückgibt oder sich engagiert. Das halte ich für eine Art Bürgerverantwortung, um nicht zu sagen Bürgerpflicht. Aber das kannst du nicht jedem sagen. Dann heißt es: Das sehe ich völlig anders, ich habe so viel Steuern gezahlt, habe genug getan. Ich will jetzt das Leben genießen.“ (Andreas de Maizière)

Ich teile die Position. Man kann an den richtig verstandenen Eigennutz appellieren, an die persönliche Bereicherung durch soziales Engagement und alle anderen genannten Argumente. Man sollte sogar einen Schritt weiter gehen. Man sollte im Subsystem Wirtschaft selbst, unter Generationsgenossen vor allem, dafür sorgen, dass nicht der sich zu rechtfertigen hat, der sich engagiert, sondern der, der es nicht tut. Wer nur genießen will, kann das tun, aber es sollte seinen Status beeinträchtigen. Die Interviews belegen, dass diese Transformation stattfindet. Generationsgenossen wissen, die eigene Generation, man selbst eingeschlossen, hat Zukunftslasten in einem eigentlich nicht vertretbaren Ausmaß auf die Schultern der nächsten Generation gelegt. Davon ist noch einiges rückholbar.

Der Hinweis von Alt-Bischof Wolfgang Huber auf eine Moral der Dankbarkeit, fällt (zumeist) auf fruchtbaren Boden:

„Man könnte das Motiv der Dankbarkeit ins Spiel bringen, also die Idee, etwas von dem zurückzugeben, das unsere Generation nun auch nicht einfach aus eigenem Verdienst geschaffen hat, sondern das mit den Zeitumständen zu tun hatte, mit den Vorgaben, in die wir hineinwachsen konnten. Eine Moral der Dankbarkeit finde ich einen der besten Ansatzpunkte, damit es auch nicht dieses Überanstrengte hat ‚Jetzt will ich mal zeigen, was ich alles leisten kann', sondern ‚Ich habe etwas empfangen, und von dem will ich auch jenseits der Grenze der beruflichen Tätigkeit etwas zurückgeben'. Ich trete für eine etwas entspanntere Grundhaltung ein als die eines Menschen, der meint, er müsse auch jetzt noch sich und anderen etwas beweisen. Das ist eine innere Haltung, die man unseren Generationsgenossen vermitteln sollte." (Wolfgang Huber)

Nochmals: Diese Position ist weitgehend unbestritten. Wenn sie in Frage gestellt wird, dann mehr aus Widerspruchsgeist. Denn auch in diesem Fall wird in der Praxis von der hier vorgestellten Position deutlich abgewichen. Rolf Homann, engagiert u.a. in der Steuben-Gesellschaft, fragt:

„Was soll ich zurückgeben? Ich dachte eigentlich, ich hätte noch was gut. Ich habe nie den Solidarpakt mit seinen vielfältigen Leistungen in Anspruch genommen. Staat und Gesellschaft haben sich nie um mich und meine Kinder kümmern müssen; denn Kinder habe ich keine. Ohne Murren habe ich meine Steuern und Abgaben entrichtet. Einen pflegeleichteren Bürger als mich kann sich kein Staat wünschen. Ich fühle mich in keiner Weise im Obligo. Bis jetzt bin ich der Gesellschaft nichts schuldig geblieben. Das kann sich vielleicht ändern, wenn ich noch 30 Jahre lebe und die Gesellschaft mir so lange meine Rente bezahlen muss, wie ich meine Beiträge gezahlt habe."

Wer mag, kann die moralische Kraft, die eingefordert wird, auch eine „Kultur des Engagements" nennen, die es gilt, wieder zu erwecken oder, je nach Einschätzung, zu verstärken oder zu begründen. Manager Hasso Kaempfe sieht für Deutschland insgesamt und bei seiner Berufsgruppe Entwicklungsbedarf:

Henning von Vieregge: Gibt es in unserem Land ausreichend Bürgerhilfe?

Hasso Kaempfe: Ob und wie viel gemacht wird, das ist auch eine Frage der Tradition im Land. Eine meiner Töchter ging mehrere Jahre in Kanada zur Schule. Sie war dort angehalten, ihre Sozialstunden zu machen, und dies geschah vollkommen unverkrampft.

Es war wie ein Teil des Stundenplans. Man musste eben 100 Stunden absolvieren, ganz normal. Das ist wie Zähneputzen, man bekommt nichts dafür, aber man weiß, dass es einem gut tut, wenn man es regelmäßig macht.

HvV: Haben wir keine solche Kultur?

HK: Die gibt es in Deutschland nur partiell. Meine Frau beispielsweise ist an vielen Fronten engagiert, übrigens weniger aus der Verpflichtung heraus, sondern weil es ihr einfach Spaß macht. In der Tradition des Staates ist bürgerschaftliches Engagement bei uns unterbelichtet.

HvV: Auch bei den Managern?

HK: Dass sich bei Topmanagern ein Selbstverständnis entwickelt hat, etwas zurückzugeben, das sehe ich nicht, jedenfalls nicht generell, das ist sehr unterschiedlich ausgeprägt.

Hasso Kaempfe hat es gesagt: Es gibt heute beachtliche Unterschiede im Bürgerengagement. Das betrifft Institutionen, zum Beispiel Hochschulen[66], aber auch Regionen und Orte. Hansestädte zum Beispiel sind traditionell Bürgerstädte. Sie überlebten im Kampf gegen die Fürsten auch deswegen, weil die „oben" denen „unten" beistanden: durch Stiftungen und sonstigen persönlichen Einsatz. Daran wird heute angeknüpft. Wenn in einer Stadt Engagement also traditionell als schicklich gilt, sind Anwerbungsversuche dort aussichtsreicher als anderswo.

„Das macht man mit. Das ist in Hamburg auch üblich, das ist nicht nur eine Eigenart von mir, dass man auch das eine oder andere Ehrenamt übernimmt." (Karl Dietrich Seikel)

Da, wo diese Tradition oder Kultur ausgeprägt ist, ist auch der Social Entrepreneur besonders angesehen. Fehlt diese Tradition oder Kultur, sind Fantasie und Tatkraft auf beiden Seiten, also beim Anbieter von Engagement und beim Abnehmer, deutlich weniger ausgeprägt. Dann bleiben Möglichkeiten ungenutzt – zum allseitigen Nachteil.

Immer wieder wird auf die ansteckende Wirkung guter Beispiele verwiesen, so auch von Arno Mahlert aus Hamburg:

Henning von Vieregge: Wie kann man Generationsgenossen gewinnen?

Arno Mahlert: Durch Anstecken. Indem man Beispiele gibt, was solch praktisches Tun für eine Erfüllung, für ein Glück und für neue spannende Situationen bringen kann. Ich kenne manche, die mich um diese Aufgabe bei Betterplace oder um andere Ehrenämter beneiden. Die sagen, wenn da mal Bedarf besteht, würde ich gern mitmachen. Viele, von denen ich gar nicht wusste, dass sie dazu Lust haben, haben Lust. Das sind nicht alles CEOs, die noch im Amt sind, aber auch die hören schon sehr genau hin und finden unseren Weg ganz spannend.

HvV: Was hat Sie angesteckt?

AM: Der Durchbruch war unser erstes Projekt bei der Addy von Holtzbrinck Stiftung, die ich leitete. Wir wollten mit relativ bescheidenen Mitteln etwas tun, das Vorbildcharakter haben sollte und damit große nachhaltige Auswirkungen für Menschen in schweren Lebenssituationen. Wir finanzierten eine Mitarbeiterin beim Stuttgarter Hospiz, die das dort über lange Jahre gewonnene Know-how für die Begleitung Sterbender in die vielen Altersheime, Krankenhäuser etc. weitertragen sollte. Dorthin, wo es Menschen ähnlich ergeht. Mit diesen für andere nutzbar gemachten Erfahrungen konnte vielen Menschen geholfen werden. Inzwischen ist aus diesem Projekt die auch international bekannte Elisabeth-Ross-Kübler-Akademie geworden. Unsere Idee und ein überschaubarer Mitteleinsatz haben gewaltig etwas nach vorn gebracht. Das hat mich begeistert."

Das gute Beispiel funktioniert auch bei der Spende, wie Nils Abel weiß. Er berichtet, warum er eine Geldspende seiner Gäste bei seinem runden Geburtstag öffentlich übergibt:

„Und morgen gehe ich hin und übergebe den Scheck symbolisch. Dabei erzähle ich meine Gründe der Zeitung. Ich wollte es eigentlich so nicht tun, aber der Krankenhausdirektor bat darum, es namentlich zu machen. Menschen wollen sich identifizieren. An alle Gäste, die zu meinem Geburtstag zugesagt hatten, hat meine Frau einen Brief geschrieben, aber erst nach einer gewissen Zeit, weil ewig Anrufe kamen: ‚Was wünscht sich eigentlich dein Mann?' Eigentlich gar nichts, hat sie gesagt. Er möchte anderen Leuten eine Freude machen und dazu beitragen, dass unser Krankenhaus im Dorf weiter Bestand hat."

Vergessen wir nicht: Es sind heutzutage mehr Menschen als je zuvor in der Menschheitsgeschichte von ihrer Ausbildung her besser und von ihrer Lebenserwartung her länger dafür geeignet, sich einzubringen. Und da, wo wohlverstandenes Eigen- und Gemeinwohlinteresse zusammengebracht werden können, kann auch die Berechtigung, das richtige Handeln einzufordern, als politisch legitimiert gelten. In den Worten von Johann C. Lindenberg:

> „Viele Menschen haben heute andere Fähigkeiten als ein 63-Jähriger vor 100 Jahren und haben auch noch andere Perspektiven vor sich. Dies ist aus verschiedenen Gründen wichtig: Erstens können diese Menschen viel beitragen, zweitens kann man ihnen auch helfen, dass sie wirklich eine sinnstiftende Tätigkeit ausüben. Es ist drittens auch für deren persönliches Wohlbefinden gut. Wer mit 62 aussteigt und nur noch Golf spielt, bei dem sieht man den Unterschied zu demjenigen, der andere Aktivitäten hat, mit 63 vielleicht noch nicht, aber sicher mit 70."

Empfehlung 23 (an alle):
Die Kultur des Engagements, verknüpft mit der Kultur der Dankbarkeit, ausbauen und zum nationalen gesellschaftlich verpflichtenden Leitmotiv machen.

Einzelaktionen auf die Vision hin bündeln

Ich bin in den Interviews immer wieder auf das Phänomen gestoßen, dass die Gesprächspartner ihren eigenen Beitrag unterbewerteten. Erst auf Nachfrage stellte sich in vielen Fällen nämlich heraus: Da wird viel mehr getan, es wird aber häufig nicht unter gesellschaftlichem Engagement gebucht. Manager sind Strategen. Sie sind darauf trainiert, Zusammenhänge herzustellen. Sie haben einen Blick für Synergieeffekte. Sie sind immer auch gewohnt, Trends zu setzen und dafür Menschen (bis dato begrenzt auf Mitarbeiter, Eigentümer und Kunden) zu begeistern. Sie können ihren Ideen Sprache geben, die fasziniert und antreibt. Auch wenn die Vision einer „Bürger- und Zivilgesellschaft" bisher nur wenigen vertraut ist, so sind Manager eigentlich geradezu berufen, mitzuhelfen, die mannigfaltigen Einzelaktionen, immerhin entstanden als Ergebnis einer Gründerwelle, also von gesellschaftlichen Trends, zu einem Megatrend zusammenzuführen[67].

Empfehlung 24 (an Manager und deren Sprachrohre): Den spezifischen Beitrag der Manager am Ausbau der Bürger- und Zivilgesellschaft herausarbeiten.

Marktwirtschaftliches Handeln zur Verbesserung zivilisatorischer Qualität

Managementerfahrungen kann bei allen Institutionen und Projekten im gesellschaftlichen Raum angewendet werden, ohne die „Seele“ der Institution zu gefährden. Eine Steigerung der Effizienz ist kein Angriff auf die zivilisatorische Qualität. Das Gegenteil ist richtig. Der Manager kann sich zum Helfer verwandeln, Hand anlegen, sich in den Dienst stellen. Er kann aber auch mit dem, was ihn bisher beruflich auszeichnete, Verwendung finden, und er kann Initiator, Träger oder Mit-Träger neuer Institutionen werden. Führungsmanager haben einen weltweiten Horizont, auch Beziehungsnetze, die sich weit über die nationalen Grenzen spannen. Beides können sie einbringen.

Was sich bei uns erst allmählich herumspricht, hat in der Armutsbekämpfung in Entwicklungsländern schon Furore gemacht und beeinflusst das Denken und vereinzelt das Handeln auch hierzulande. Ein Ideentransfer der ungewohnten, weil umgekehrten Art, nämlich von Bangladesch in die USA und nach Europa: Nobelpreisträger Muhammad Yunus hat mit verschiedenen Projekten bewiesen, dass dieser Ansatz tragfähig sein kann. Die ehemalige Weltbank-Managerin Maritta Koch-Weser, jetzt Gründerin der NGO „Earth 3000“, verdeutlicht diesen Ansatz:

> **Maritta Koch-Weser**: „Senior Retired Managers“ stellen ihre Zeit gratis zur Verfügung, zum Beispiel im Waschpulver- und Margarinebereich. Das ist phantastisch für Leute, die ein kleines Margarine- und Waschpulverunternehmen in Indien oder Afrika aufbauen. Wenn einer will, kann er in genau seinem Fachgebiet – man muss sich gar nicht neu erfinden – sein Können unter völlig anderen Bedingungen beweisen.
>
> **Henning von Vieregge**: Geschieht das im Rahmen von Corperate Social Responsibility?
>
> **MKW**: Es kommt auch drauf an, wie CSR gelebt wird. Da gibt es einerseits die ein bisschen aufgesetzte Zuckerguss-Caritas: Man fördert irgendwo eine Schule oder einen Fußballclub oder die Kinderstiftung der Königin Sylvia in Schweden. Ist alles gut. Aber ein Senior Manager, könnte ich mir vorstellen, der vorher in einem Unternehmen etwas ganz Wichtiges war und sich nun um eine

Kinderstiftung kümmert, fühlt sich zwar nützlich, aber doch auch ein wenig abgeschoben. Ist es hingegen ein Social Business, wie Mohammed Yunus das vorantreibt, dann ist das doch etwas ganz anderes. Yunus folgend, könnten diese Manager mal in einem der ärmsten Winkel der Welt versuchen, eine Fabrik aufzubauen, die mit bester Effizienz lokal arbeitet. Diese Fabrik soll Geld für gute Zwecke verdienen, muss aber im Sinne des Social Business keinen Profit an Aktionäre ausschütten. Das ist eine beste, herausfordernde Art von CSR. Hier gilt es hochprofessionell zu helfen. Das ist kein extra Geld, das wir verschenken, sondern da gehen wir rein und wollen eine Margarinefabrik aufbauen, die sich rechnet und die lokalen Fortschritt bringt.

HvV: Beispiel Danone?

MKW: Ja. Und wenn die eine Joghurtfabrik, wie die in Bangladesch, sich rechnet und amortisiert hat, dann kann man die nächste für weitere arme Kinder, die auch Vitamine und Joghurt brauchen, bauen. Adidas fertigt Schuhe für einen Dollar. Oder: Es gibt Computer für 100 Dollar, es gibt das Wind-up-Radio, das mit Solar- und Aufziehen funktioniert, Und wenn sich jemand dort als gerade „Retired Manager" oder altgedienter Chemiker einsetzt, dann muss er das mit mindestens derselben Ernsthaftigkeit tun wie bisher gewohnt, weil der neue Betrieb profitabel sein soll.

HvV: Ist nicht, anders als oft geunkt, in den vergangenen 20 Jahren an zivilgesellschaftlichem Engagement viel entstanden? Gerade auch durch Unternehmen und Manager?

MKW: Ja. Aber Vorsicht: Es gibt die Individuen, die sich je nach Engagement sozial oder kirchlich oder technisch engagieren. Manche vielleicht auch in einer Art Corporate Social Responsibility, die sie auch als Pensionäre noch ausüben können. Zum Beispiel hat Percy Barnevik von ABB eine NGO gegründet, „Hand in hand", und versucht, auf diesem Weg Unternehmerinnen unter den ärmsten Frauen in Tamil Nadu in Südindien auszubilden. Aber: Es entstehen so lauter kleine Organisationen nebeneinander. Was fehlt, ist eine Strukturierung und größere Synergiebereitschaft des zivilgesellschaftlichen Sektors. Zum Beispiel müssten sich Unternehmen im Mikrofinanzbereich zusammentun, statt zu konkurrieren. So bleibt das Ganze oft unbefriedigend, auch für den Manager, der sich engagiert. Der Kontext ist nicht schlüssig.

HvV: Wie lassen sich konkretes Engagement und Kontextarbeit verbinden?

MKW: Meiner Ansicht nach muss man zivilgesellschaftliches Engagement sehr unternehmerisch gestalten, damit es etwas bringt. Es kommt beim Manager darauf an, wie er sich mit seinen Management-Skills am besten einbringt, auf der direkten oder der strukturellen Ebene. Zum Beispiel direkt: In Berlin-Kreuzberg, wo Schulen nicht so gut funktionieren und Schüler sehr aggressiv sind, kann es befriedigend sein, wenn es in einer Schule Extra-Unterricht gibt oder das Dach repariert wird, kurzum: sich das Klima so verbessert. Beispiel 2: Ein Bekannter in Berlin, gerade pensioniert, will hinbekommen, dass alle Familien, die sich das leisten können, eine Patenschaft für ein türkisches Kind oder wer immer Schwierigkeiten mit der deutschen Sprache hat, übernehmen. Beispiel 3, das mir sehr imponiert hat: Durch die New Foundation for Teaching Entrepreneurship (NFTE) bekommen Kinder zwischen 14 und 16 ein Stipendium für ein Ferienlager und werden von engagierten Wirtschaftsprofessoren – aktiven oder ehemaligen – ausgebildet, um unternehmerisch tätig werden zu können. Sie lernen, ein Projekt durchzurechnen, in eine Powerpoint-Präsentation zu verwandeln und zu verkaufen. Das ist ein flächendeckender Ansatz, deutschlandweit und international. Alles macht Sinn.

HvV: Muss man weitergreifende Projekte nicht in einer Mischung von bezahlten, teilbezahlten und unbezahlten Jobs machen? Also zum Beispiel jungen Leuten Geld geben, wenn die mitmachen wollen? Die müssen ihren Lebensunterhalt davon bezahlen können.

MKW: Genau. Ich will ja, dass selbst das Waisenhaus zumindest bis zu einem bestimmten Punkt lernt, sich selbst zu tragen und zu finanzieren. Wenn ich Waisenkinder versorgen oder Schulen verbessern will, dann muss ich ein Selbstfinanzierungssystem mit in die Strategie bringen.

Zum Bespiel die Geschichte von den Mobiltelefonen in Bangladesch: Da hatten die Yunus-Leute die Idee, es sollte in jedem Dorf mindestens ein Telefon geben, um zum Beispiel einen Arzt rufen zu können oder auch um festzustellen, was die Kartoffeln auf dem Markt kosten, um vom Zwischenhändler nicht so leicht betrogen werden zu können. Also wurde vorgeschlagen: Finanzieren wir doch mit Mikrokrediten ein Telefon pro Dorf, dann können alle Leute bei der Frau telefonieren, die kriegt Geld dafür, und das Telefon finanziert sich selbst. Das System wollte aber keine Telefongesellschaft aufbauen. Dann hat Grameen, aus Profiten der Yunus Mikrofinanzbank, selbst ein Telephonie-Sozialunternehmen gegründet. Inzwischen ist dieses Telefonunternehmen das größte von Bangladesch, bei 150 Millionen Einwohnern gibt es 50 Millionen

Mobiltelefone. Die Gewinne werden für den Aufbau einer Internet- und Computerinfrastruktur genommen, hinein in die nächste Welle von sozialunternehmerischen Investitionen. Man darf jedoch das Konzept des Social Business nicht verallgemeinern oder versimplifizieren: Es gibt Dörfer mit Leprakranken, die kosten immer Geld und die brauchen Spenden. Aber daneben gibt es eben ganz viele Bereiche, in denen man solche sozial agierenden Wirtschaftsunternehmen aufbauen kann.

HvV: Kann man auch etwas aus Amerika lernen?

MKW: Ich glaube, ja. Eines vor allem: gute Ideen nicht in Top-down-Hierarchien abzufangen und zu sagen „Sie 16-Jähriger sind viel zu jung, um eine gute mathematische Formel zu erfinden". In den USA wird gefragt: „Wie haben Sie Ihre Innovation geschafft?" Es ist völlig egal, ob jemand einen Titel hat oder nicht, ob er sein Studium abgeschlossen hat oder nicht.

HvV: Läuft zivilgesellschaftliches Engagement immer über Institutionen?

MKW: Nein. Beispiel George Soros. Es gibt zivilgesellschaftliches Engagement, das sich auch individuell ausdrücken kann – er ist heute einer der größten Philanthropen der Welt. Götz Werner, den DM-Gründer, der sich für bedingungsloses Grundeinkommen einsetzt, braucht keinen Verein zu gründen. Der geht herum und sagt, es gibt genug Vereine, und die will ich mit meiner Idee anstecken. Und gleichzeitig kann auch ein Soros sagen, für bestimmte Themen brauche ich einen Verein, da gründe ich das Open Society Institute. Kurzum: Dieser ganze Sektor Zivilgesellschaft ist komplexer und facettenreicher, als man gemeinhin denkt.

HvV: Wie kommen Projekte und zu einem Engagement bereite Senior Retired Managers zusammen?

MKW: Eigentlich ist es gar nicht schwer, im Internet Anbieter von qualifizierter Spezialistenarbeit pro bono und Leute, die das brauchen, zusammenzubringen. Auch gibt es eine ganze Reihe von Kanzleien und Beratungsunternehmen, die etwas Pro-bono-Arbeit machen. McKinsey, Roland Berger und Boston Consulting: Sie alle haben Programme, mit denen sie ihre jungen, spezialisierten Leute für bestimmte Zeitfenster zur Verfügung stellen. Zivilgesellschaftliche Projekte, die sich dort bewerben, können so unterstützt werden. Das rechnet sich auch für die Ressourcengeber, weil die so solche Felder kennenlernen.

Kapitel 6: Was wir tun können

Fazit, Gespräche, Vision

Das Buch kann nicht die Antworten auf alle Fragen zum Übergang liefern. Der Erfahrungshorizont der Gesprächspartner, aus dem geschöpft werden konnte, ist breit, aber natürlich nicht unendlich, und nicht alle Fragen, die interessieren und zu denen etwas hätte gesagt werden können, wurden auch erörtert. Ich habe beispielsweise nicht gezählt, wie viele der Interviewten neuerdings im Sportstudio sind, und nicht nachgefragt, was dort die empfehlenswertesten Übungen sind. Obschon ich, wenn ich das jetzt hinschreibe, merke: Es hätte mich interessiert. Und den Leser, die Leserin vielleicht auch. Dafür wurden Themen behandelt, die nicht zum alltäglichen Gesprächsfundus zählen, und auch Fragen aufgeworfen, zu denen die Antworten in diesem Kontext unzulänglich blieben. Vertiefende Hinweise fehlen aber nicht. Im ersten Teil dieser Schlussbilanz steht ein Resümee der Interviews.

Im zweiten Teil können Sie drei Gespräche im (redigierten) Wortlaut lesen. Die Entscheidung, diese Passagen mit aufzunehmen, fiel bei der Schlussredaktion des Gesamttextes, und ich bin meinen Gesprächspartnern sehr dankbar, dass sie sich kurzfristig zur Verfügung gestellt haben. Das Thema Freiwilligenarbeit/Bürgerschaftliches Engagement rief nach Vertiefung. Nun ist die Reflektion hierüber kein durchgängiges Erfahrungsfeld meiner Gesprächspartner, obwohl sie indirekt mehr dazu beigetragen haben, als ihnen zunächst gewahr wurde. Aber zur Beleuchtung einzelner Aspekte von Engagement habe ich mir drei Spezialisten (Gronemeyer, Rutt, Wiedekind) gesucht, so wie ich mir zur Einordnung der Interviews ein Jahr zuvor drei Generalisten gesucht hatte, deren gewichtige Aussagen in den Text einflossen (Huber, Staudinger, Walter).

Der dritte Teil ist der tapfere Versuch, gegen alle Schreckensszenarien der Zukunft ein positives Zukunftsbild zu entwerfen, und ich nehme meinen 100. Geburtstag im Jahr 2046 zum Anlass, in Form einer persönlichen Dankesrede diese Zukunft in der Rückblende zu schildern. Am Ende erheben wir die Gläser und stoßen auf eine weitere glückliche Zukunft an.

6.1 Zwischen Aufbruch, Statusangst und Silberlust

So viel ist klar: Die Silberjahre sind kein reines Vergnügen. Auch für den Privilegiertesten nicht. Sie sind durch den Übergang von der letzten Festanstellung in den Ruhestand geprägt, der ein Unruhestand ist, ein Suchen nach neuen Lebenswegen rund um bezahlte und unbezahlte Arbeit, Weiterbildung, Familie und Freizeit. Etwas anders funktioniert der Übergang in seiner ausatmenden Form, wie ihn freie Berufe und Unternehmer kennen, oder bei vorhergehender Arbeitslosigkeit. Dabei ist jeder bei allem Individualismus ein Angehöriger seiner Welt, seines Volkes, seiner Generation seiner beruflich positionierten Kohorte und aller anderen Rollenausübungen und -prägungen.

Der neue Zustand beschäftigt den Betroffenen und sein Umfeld. Die gängige Formulierung lautet: „Der Pensionierungsschock sitzt tief." Aber dies ist nicht die Quintessenz meiner Gespräche. So eindeutig ist der Befund nicht. Gewiss, es ist wie bei Veränderungen aller Art wie Umzug, eine Krankheit, Trennungen oder andere starke Lebensveränderungen: Sie lösen Reaktionen aus. Man bleibt nicht ungerührt. Das gilt auch bei dieser Veränderung für alle Befragten, ob sie nun vorbereitet oder von ihrem Ausscheiden überrascht waren. Ein Grund der Unruhe ist die Sache mit dem Status. Der Glamour von Arbeit spiegelt sich in ihm. Geht die Arbeit verloren, beginnen Statusirritationen, die in Statusangst münden können. Statusfragen sind unter Generationsgenossen ein weitgehend tabuisiertes Thema. Allerdings wird es bei Dritten wahrgenommen und präzise beschrieben. Irritationen sind offenbar umso stärker, je ausgeprägter der Betreffende sich mit seiner Arbeit identifizierte.

Verschiedenes kann verunsichern. Das beginnt mit dem Entlassungsalter. Wer früher entlassen wird als Crewkollegen, nimmt dies persönlich; es macht ihm zu schaffen.

Unter welchen Umständen jemand ausgeschieden ist, lässt sich oft nicht eindeutig feststellen. Vorzeitiges Ausscheiden wegen Restrukturierung? Oder weil ein Nachfolger bereitsteht und loslegen soll? Oder war es ausschließlich die Entscheidung des Ausscheidenden? War die Entscheidung frei oder hat er sich gegen seinen ursprünglichen Willen vergraulen lassen? Ist die freiwillige Entscheidung dann womöglich von jener Art, die man auch aus Paartrennungen kennt: Einer will gehen, der andere kommt ihm zuvor und merkt später, dass sein Handeln in Wirklichkeit der Wunsch des Partners war. Der, der den Abschied nahm, kann sich dann damit trösten, dass er zur rechten Zeit ging und nicht wie andere „vom Hof gejagt" wurde – eine Formulierung, die häufiger fällt. Die präventive Strategie lautet: Gehen, bevor man gegangen wird.

Die meisten Gesprächspartner erinnern sich an eine grandiose oder doch mindestens befriedigende Verabschiedung und haben nach eigener Bekundung zumeist zufriedenstellende bis hervorragende finanzielle Regelungen verhandelt. Sie sind mithin sozusagen ehrenvoll verabschiedet worden. Sie haben jetzt in Erinnerung, dass es eigentlich ihre Entscheidung war, vorzeitig zu gehen. War es das? Es kann verschiedene Wahrheiten geben. Man hat es geahnt, als Betroffener erlebt, wie harsch dieses Aussteigen aus der Führungsrolle empfunden wird. Die Berichte zeigen es oder deuten es an. Der Ausstieg aus der Vollbeschäftigung ist wie ein schwerer Unfall. Eigentlich willst du danach voll durchstarten. Aber du bist verunsichert und willst um Himmels Willen nicht gleich wieder ein neues Verunsicherungserlebnis. Und die neue Strecke kennst du nicht.

Rollenwechsel ist notwendig

Ob der notwendige Rollenwechsel bewältigt wird und der Betreffende fähig ist, bezahlt oder unbezahlt als Teilzeiter (Vollzeit ist die große Ausnahme) zu agieren, wird unter Generationsgenossen häufig angezweifelt: Der? Der ist nicht bereit, als echter Berater, also Experte ohne Statusmacht, zu agieren. Der ist nicht bereit, auf seine Geschichten von früher zu verzichten. Der ist nicht bereit oder auch nicht fähig, mit deutlich bescheideneren Hilfen zu arbeiten. Und auf Geld verzichtet der bestimmt nicht. Und wenn er verzichtet? Dann muss er es nötig haben. Selbst das unentgeltliche Arbeiten eines Generationsgenossen, so wurde berichtet, wird von manchen Managern auch aus der ersten Reihe als befremdlich angesehen. „Warum machen Sie das?", werde durchaus nicht mit anerkennendem Unterton gefragt. Oder, fragt sich der Berichterstatter, schwingt eher Neid mit, weil der Nachfrager selbst keinen Anruf bekam?

Wolfgang Hubers Verdikt an seine Altersgenossen, es gebe

> „eine ungeheure Disparität zwischen der Einsicht, dass Nachhaltigkeit das Gebot der Stunde ist – übrigens nicht nur ökologisch, sondern sozial und kulturell genauso, auch religiös –, und der Tatsache, dass man sich eingerichtet hat in Abläufen, die genau das Gegenteil bewirken",

bringt ihn zu dem Urteil:

> „Man soll einzelne Bemühungen auch würdigen, aber in der Hinsicht muss man sagen: Das Leben fängt nicht erst mit dem Ruhestand an."

Es ist die Unruhezeit nach dem Abschied und vor dem Ankommen. Diese Einteilung in trennbare Phasen ist ein idealtypisches Bild. Die

Wirklichkeit ist komplizierter. Es gibt Vor- und Rückwärtsbewegungen unterschiedlicher Intensität und zu unterschiedlichen Zeitpunkten.

Woher kommt die Unruhe? Veränderung bringt Unruhe. Die Hauptveränderung ist ein Wechsel im Rollenfach. Es ist nun nicht gerade der Wechsel vom Liebhaber- ins Schurkenfach, schon eher aber der Wechsel vom jugendlichen Liebhaber zum älteren Charakterdarsteller. In dieser Metapher steckt eine positive Beurteilung: Es gibt weiterhin Beschäftigung, tragende Rollen sogar. Der Betroffene, der seine Hauptrolle in der Arbeitswelt fand, bangt um zweierlei: Welche Rollen wird er bekommen? Werden es noch Hauptrollen sein?

Statusangst entscheidender Faktor

Der Manager in der Führung identifiziert sich besonders stark mit seiner beruflichen Position. Sie bietet ihm Status. Wirft ihn der Verlust seiner beruflichen Position aus dem Statusrennen? Der entscheidende Knackpunkt ist: Die Statushöhe wird ganz überwiegend vom Ansehen der erreichten beruflichen Position bestimmt. Es gibt andere Faktoren, aber sie sind nachrangig. Unter Statusgesichtspunkten könnte es besser sein, vom Nachglühen der bisher erreichten Berufsposition zu leben, als sich der Gefahr auszusetzen, sich mittels erfolgloser Neu-Aktivitäten im Status zügig selbst abzuwerten. Besser, man fährt bei knapperem Einkommen weiter den alten großen Daimler als einen neuen japanischen Kleinwagen.

Einer, der Beschäftigung sucht, wird abgestraft, mindestens wird es nicht goutiert. Suchen macht einen schlechten Eindruck, man sollte sich dabei nicht erwischen lassen. Von „Suchen“ darf man überhaupt nicht sprechen. Man wird „gebeten“, „bedrängt“, „aufgefordert“. Man konnte sich der Anfrage nicht entziehen, hat dem Drängen nachgegeben.

Und: Sage nie, dass du Zeit hast. Das weiß doch jeder Mittelmanager, wie wichtig das ganze Getue mit den Kalendern ist. Dass du jetzt, wo du Zeit hast, ja nicht sagen darfst, du hättest jetzt Zeit und freutest dich darüber und stündest Gesprächen offen gegenüber: tödlicher Fehler. Wer Zeit hat, ist nicht wichtig, und wer es auch noch zugibt, verstößt gegen die Regeln der Bedeutsamkeit. Zeithaben ist nicht das Ergebnis effizienter Aufgabenplanung und glücklicher oder gar gesuchter Lebensumstände, sondern ein Zustand, der, wenn er nicht abgeschafft oder mindestens geleugnet wird, einen auf der Statusrutsche flugs nach unten befördert. Leben in Balance? Das ist noch ein Thema für

Sonntagspredigten, im Alltag der Statuseinordnung ist dieses Thema noch nicht wirklich angekommen.

Unwissenheit über Marktchancen

Wer den Rollenwechsel gut meistert und Statusängste überwindet, steht gleichwohl vor der großen Unwissenheit, was Möglichkeiten außerhalb des Subsystems Erwerbswirtschaft angeht. Wer hat schon Kontakt zum Bürgermeister des Ortes, so dass der Bürgermeister auf die Idee kommt, da sitzt ein Verkehrsfachmann, warum schnappen wir uns den nicht? Oder gibt es jemanden, der einen beim Neujahrsempfang mit dem Planungsdezernenten bekanntmacht? Oder im Vereinsring ein Signal setzt? Wer aus der Wirtschaft kennt schon Vereinsvorsitzende, Verantwortliche der Kirchen, Hochschullehrer, Direktoren der Wohlfahrtsverbände, NGO-Repräsentanten, Stiftungsgeschäftsführer?

Zudem korrespondiert die Unwissenheit und Unsicherheit des Managers, der gern etwas tun würde, in vielen Fällen mit der Phantasielosigkeit, Interesse- und Ahnungslosigkeit der potentiellen Ansprechpartner. Sie haben sich kein Instrumentarium aufgebaut, das ihnen erfolgversprechendes Vorgehen beim Menschenfischen ermöglicht, vergleichbar der Researchabteilung des Headhunters. Vielleicht hemmt auch mitunter die Scheu vor „großen Tieren“. Das alles mindert die Chance zusammenzufinden. Objektiv wird der erfahrene Manager gebraucht, aber subjektiv gescheut.

Fehler in der Beziehungspflege

Und dann erschweren die Schwächen in der Kontaktpflege in den Jahren zuvor den Start in den Unruhestand. Beziehungspflege muss man können, und man muss dazu die Haltung haben. Es gibt berufliche Kontakte im engeren Sinne, und es gibt eine zweite Stufe, ich nenne sie „Berufskontakte über den Tellerrand“ Und die muss man besonders pflegen. Man muss sie sozusagen privatisieren. Wer das nicht getan hat, hat Schwierigkeiten, vom Startblock wegzukommen. Denn wie viel schwerer ist es nun, das Versäumte nachzuholen. Man kann nicht sagen: „Lieber Paul, wie besprochen: Ich bin jetzt frei und kann was für Euch tun.“ Nein, man muss Sätze drechseln wie: „Sie werden sich erinnern ...“ oder: „Ich wollte doch mal fragen, ob ...“ oder: „Nicht dass ich mich aufdrängen möchte, aber ...“

Ursula Staudinger, Psychologin, Alternsforscherin und Professorin an der Jacobs University Bremen, hat es in einem Gespräch, das ich mit ihr geführt habe, so formuliert:

> „Wer sich in der beruflichen Phase primär über die berufliche Existenz definiert, ist in dem Moment, wo diese berufliche Existenz durch Übergangsprozesse, durch Verrentung, wegfällt, in seinem Selbstkonzept gefährdet. Wenn ich mich auch als Vortragender außerhalb des engeren beruflichen Zusammenhangs erlebe, in meiner Kirchengemeinde aktiv bin usw., dann habe ich nach dem Ausscheiden aus dem Beruf nicht mehr fünf Standbeine, aber ich habe noch vier. Wer kein Standbein hat, fällt um. Das ist einfach so. Und die Welt ist grausam, weil durch den Wegfall der Rolle auch eben der Status und die Wahrnehmung wegfallen."

Verlängerung selten sinnvoll

Dort, wo es im gleichen Unternehmen Anschlussverträge gibt, wird der Übergang von den Betroffenen als rumpelig und überwiegend unerfreulich empfunden. Zwar ist fast die Hälfte meiner Interviewpartner nach ihrem Ausscheiden als Vollzeiter zunächst noch beratend für ihren Arbeitgeber tätig. Aber in der Regel sind die Aufgaben in ihrer Verantwortung überschaubar, und der verabredete Zeitraum ist terminiert.

Empirisch scheint es so zu sein, dass das Zusammensein gegenüber der ursprünglichen Verabredung eher verkürzt als über den verabredeten Zeitraum hinaus fortgesetzt wird. Ich habe aus den Gesprächen den Eindruck gewonnen, dass diese Form der Verlängerung in den meisten Fällen nicht als besonders sinnvoll angesehen wird. Typisches Zitat: „Das hätte ich besser gelassen." Natürlich gibt es Ausnahmen. Interessant, dass dabei zumeist kein Vorwurf an den bisherigen Arbeitgeber formuliert wird, eher Verständnis. Kritisiert wird eher die eigene Fehleinschätzung über den Nutzen einer solchen Übergangsvereinbarung.

Der irritierende Nächste – oder: Was die anderen wohl denken?

Und danach? Hier gibt es einen Widerspruch zwischen Wollen und Tun, zwischen Absicht und Handeln. Einerseits wollen die Betroffenen in ihrer großen Mehrheit etwas tun, und zwar anspruchsvolle Aufgaben mit Status mindestens auf bisheriger Höhe. Andererseits unternehmen sie wenig, um ihrem Wunsch Nachdruck zu verleihen. Das gilt auch für unbezahlte Aufgaben, auch solche mit hohem Prestigewert.

Für diese Zurückhaltung gibt es auch generationsspezifische Gründe; sie betreffen die 68er/Babyboomer-Generation, wahrscheinlich aber weniger stark deren Nachfolger: Man möchte sich gegenüber Generationsgenossen und Familie nicht als jemand darstellen, der Beschäftigung sucht, aber nicht findet. Denn man beäugt sich innerhalb der Generation: Der sitzt da im Büro und tut immer noch so, als wenn er was tut. Und hockt am Mittag im Lokal mit Bürogenossen, die auch nichts zu tun haben, wie man hört.

Diese Generation hat zwar durch ihre historisch unbestreitbare Privilegierung – nicht zuletzt die materielle Absicherung – eine große Entscheidungsfreiheit. Die Privilegierung könnte sie besonders anspornen. Sie kann es sich damit aber auch leisten, sich vor möglichen Enttäuschungen zu schützen. Ex-Bankvorstand Andreas de Maizière, selbst in mehreren Aufsichtsräten, hat bei ehemaligen Kollegen beobachtet, wie so ein Prozess abläuft:

> „Nehmen wir mal an, du bist pensioniert. Jetzt kommt einer an, so headhuntermäßig, und sagt: ‚Herr XY, wir sind gebeten worden, Kandidaten für den Aufsichtsrat der Firma XYZ zu suchen. Der Aufsichtsratsvorsitzende will den Aufsichtsrat in zwei bis drei Positionen neu besetzen. Sie würden in das Profil passen. Dürfen wir Sie da benennen?' Hin und her geredet – Antwort: Ja. Nach zwei Monaten liest du in der Zeitung, dass es zwar einen neuen Aufsichtsrat bei XYZ gibt, aber du bist es nicht. Beim zweiten Mal ruft dich wieder einer an, selbe Story, klappt wieder nicht. Mit dieser Art an Schmach musstest du schon im Berufsleben umgehen. Wenn der zum dritten Mal anruft, sagst du: , Wissen Sie was, ich will gar nicht in mein Hamsterrad zurück, ich will jetzt ganz was anderes tun.' Noch eine dritte Ablehnung willst du dir nicht antun. Das gibt es natürlich auch."

Und so entscheidet mancher, dann lieber die Fahne nicht rauszuhängen, als sich der Blamage auszusetzen, jetzt unter Wert zu agieren oder sichtbar zu suchen und sichtbar nicht zum Zuge zu kommen. Wenn das einer von den früheren Kollegen rausbekäme, wäre das so schlimm wie mit der Lidl-Tüte oder beim Betreten des Arbeitsamtes gesehen worden zu sein.

Wolfgang Huber bringt diese Vorsicht auf den Punkt:

> „Es soll sich an eine erfolgreiche Zeit nicht eine Phase anschließen, für die man irgendetwas behauptet oder angekündigt hat, was sich nicht realisiert. Dann hat man die doppelte Enttäuschung, was am eigenen Selbstwertgefühl nagt, und gleichzeitig ein Stück von einem Renommee verspielt, oder man denkt, man habe es verspielt."

Die Rückseite der Privilegierung macht zu schaffen

Diese Generation der 68er/Babyboomer ist in besonderer Weise geschützt und privilegiert. Eigentlich jeder hat zu keiner einzigen Sekunde seines Lebens, schon gar nicht am Ende des Studiums, daran gezweifelt, dass irgendwo eine angemessene berufliche Position auf Besetzung wartet. Dass diese Stellen dann unkündbar sind, war klar, alles andere kannte man zu diesem Zeitpunkt, in dem die meisten meiner Generation in das Berufsleben eingetreten sind, noch gar nicht. Erst Praktikant, Hospitant, Volontär? I wo! Der Einstiegsjob hieß „Juniormanager", hatte außer Probezeit keine Trennungsklauseln und war auf der Karriereleiter die erste Stufe.

Die 68er-Generation hat ihren beruflichen Aufstieg in mehrfacher Privilegierung genommen: gegenüber der Generation ihrer Väter und Mütter in der Gnade der späten Geburt und beflügelt vom allgemeinen wirtschaftlichen Aufschwung und im Unterschied zur nachfolgenden Generation weitgehend frei von Karriereängsten und -brüchen und materiell überdurchschnittlich abgesichert.

Kehrseite der Privilegierung eines als arbeitsintensiv beschriebenen, materiell auch nach eigener Einschätzung ertragreichen Lebens ist oft die Unsicherheit über den eigenen beruflichen Wert. Die Manager fühlen sich außerhalb ihrer bisherigen berufsbezogenen Machtposition nicht praxissicher. Sie kennen ihren Marktwert nicht. Sie haben keinen aktualisierten Lebenslauf. Sie mussten sich, zumindest in den letzten Berufsjahren, zumeist nicht am Markt behaupten. Sie sind in der Selbstvermarktung und im Anbieten einer freien projektweisen Tätigkeit unerfahren. Die Wirklichkeit ist intransparent: Wie sind meine Chancen? Wo? Zu welchen Konditionen?

Was Interims-, Teilzeit und Projektaufgaben angeht, so wird im Urteil Dritter häufig nicht realisiert, dass sich die Rahmenbedingungen auch für Manager verändert haben und weiter verändern. Zurzeit gibt der Arbeitsmarkt weniger her, als öffentlich suggeriert wird. Die Vorstellung, mit weniger Zeitaufwand mehr Geld zu verdienen, erweist sich als illusorisch. Das Unwissen allerdings überrascht nicht angesichts der ausgeprägten Intransparenz bis Desinformation über Ausmaß und Vergütung der freien Tätigkeit unter Generationsgenossen.

Auch wissen die altgedienten Manager aus einem weiteren Grund nicht genau einzuschätzen, was ihre Erfahrung wirklich wert ist. Sie sind sich zwar überwiegend sicher, ihre beruflichen Aufgaben bis zuletzt gut erfüllt zu haben, berichten aber häufig, dass ihre Nachfolger einen völlig anderen Arbeitsstil hätten, dass das Unternehmen während der letzten Berufsjahre oder nach ihrem Ausscheiden erheblich umstrukturiert worden sei und sie auch insoweit zum für sie richtigen Zeitpunkt ausgeschieden seien. Wie überholt ist ihre Erfahrung? Was ist sie außerhalb des bisherigen Arbeitgebers wirklich wert? Das Thema stellt sich insbesondere für Manager von Großunternehmen, die sich nun als Hilfe für Mittelständler anbieten wollen.

Von Trends überrollt

Die teilweise als sehr weitgehend beschriebene Umstrukturierung der Unternehmen hat verschiedene Ursachen, die mit Begriffen wie Globalisierung, Zentralisierung oder Technisierung beschrieben werden. Im Kern ist die digitale Revolution Auslöser der meisten Veränderungen. Die altgedienten Manager wurden in den letzten Jahren ihrer Berufstätigkeit von der Digitalisierung der Kommunikation überrollt. Mit Ignoranz kamen nur die früheren Jahrgänge der Manager, die bis Anfang der 90er Jahre ausschieden, durch. Das ist passé, auch im Weltbild der jetzt oder demnächst Ausscheidenden. Zu „Digital Natives" kann diese Generation aber nicht mehr werden, bestenfalls zu „Digital Immigrants". Das verunsichert in Zeiten, wo die jüngeren Managerkollegen den Smalltalk im Aufzählen von Handyfunktionen und machtvollen Demonstrationen der Apps ihres iPad bestreiten. Sagen zu können, ob der 92er Bordeauxwein ein brauchbarer Jahrgang war und warum man seinen BMW in einen Audi umtauschte, reicht nicht länger beim Statusgebürzel.

Rechne nicht damit, dass man dich kennt

Altgediente Manager müssen – nicht selten zu ihrer eigenen Enttäuschung – immer wieder die Erfahrung machen, dass sie, losgelöst aus ihren bisherigen beruflichen Strukturen, namenloser als gedacht sind. Wer im Unternehmen achtungsvoll begrüßt wurde und auch in der Branche einen Namen hatte, hat vielleicht vergessen, dass in Politik und Gesellschaft ihre Namen wie Schall und Rauch sind, ohne jeden Nachhall. Und selbst in der Wirtschaft sind Namen, denen ja die mediale Überhöhung meistens fehlt, schnell vergessen. Vielleicht weiß man noch den Namen des langjährigen Porsche-Chefs, der den Kampf mit Volkswagen wagte und verlor, aber die Namen der langjährigen Spitzenleute von Nestlé oder Henkel, um herausragende Beispiele zu nennen, kennt man nicht mehr.

Diejenigen, die angeben, einen nach Quantität und Qualität für sie voll erfüllenden Lebens- und Arbeitsmix gefunden zu haben, führen dies umgekehrt wesentlich darauf zurück, dass sie sich ihr ganzes berufliches Leben immer auch breit und tief vernetzt hätten. Mit „tief" ist die

Offenheit gegenüber Nachfragen aus dem Nachwuchsfeld gemeint, die sich später oft wundersam ausgezahlt habe, wie zwei Interviewpartner, Hasso Kaempfe und Arno Mahlert, berichteten. Denn wer damals Nachwuchs gewesen sei, sei nicht selten heute an entscheidenden Machthebeln.

Das verunsichernde Altersgerede und falsche Bilder

Was die altgedienten Manager weiterhin irritiert und wohl auch verunsichert, ist das Altersgerede der nachfolgenden Generation, die eigenen Kinder eingeschlossen. Die altgedienten Manager fühlen sich deutlich jünger, agiler als ihre Väter im gleichen Alter, sehen sich aber in diesem Selbstbild von den Jüngeren nicht bestärkt. Wir Älteren machen uns dabei nicht klar, dass wir uns mit Altvorderen vergleichen, die die Jüngeren nicht kennen. Sie kennen uns und finden, dass so alte oder ältere Menschen aussehen. Sie können unsere Selbsteinschätzung nicht nachvollziehen.

Oft überdauern Bilder von der Wirklichkeit lange Zeit noch die veränderte Wirklichkeit. Markenbilder sind ein gutes Beispiel: Bugatti ist ein feines edles Auto. Das wissen wir vom Markenbild her. Und das, obwohl der letzte Bugatti in den sechziger Jahren des vorigen Jahrhunderts gebaut wurde. 42 Jahre später, 2005, wurde an diese Tradition durch den neuen Bugatti angeschlossen. Man wusste, das muss ein großartiger Sportwagen sein. Die Marke stand nicht nur ein halbes Jahrhundert Produktionsunterbrechung durch, sondern wirkt überdies als Imagetransfer auf verschiedene Lifestyle-Produkte. Deswegen sind Marken oft mehr wert als die dazugehörigen Unternehmen. Immer wieder gibt es Versuche, teilweise erfolgreiche, untergegangene Marken neu zu beleben.

Was für positive Bilder gilt, gilt freilich auch für negative: Altersbilder beispielsweise halten sich hartnäckig, zumal sie bis zur Jahrtausendwende immer wieder aufgeladen wurden. Mindestens zwei Jahrzehnte lang priesen Politiker, Unternehmer und Gewerkschaftler einträchtig den Älteren die angeblichen Segnungen des Vorruhestands (was für ein Wort!) an und nannten deren vorzeitiges Abtreten aus der Arbeitswelt solidarisches Verhalten. Sie garnierten ihr Angebot, weil sie den Eigennutz der Betroffenen selbst nicht glaubten, mit einem goldenen Handschlag. Die Älteren wurden als arbeitsmarktpolitische Verfügungsmasse gehandelt. So verhinderte man den individuellen und gesellschaftlichen Paradigmenwechsel, zu dem schon Ende der 80er Jahre die Alternsforschung (Verdienst von Ursula Lehr) die fundierten Fakten lieferte. Die demographische Herausforderung, die sich in eindeutigen, kaum mehr zu beeinflussenden Fakten schon damals abzeichnete, hätte einen solchen Paradigmenwechsel eigentlich erforderlich gemacht. Aber die Bremsspur beim Umsteuern politischer Projekte ist sehr lang; so wurde in der evangelischen Kirche in Hessen und Nassau (EKHN) in den ersten Jahren des neuen Jahrtausends gleichzeitig über den Pfarrermangel geklagt und das Programm vorzeitiger Pensionierung fortgesetzt. Niemand wird behaupten, dies sei ein Ausnahmefall. Es ist schon kurios, wenn sich heute die Nachfolger jener Funktionsträger aus Politik, Wirtschaft und Gewerkschaften über die Hartnäckigkeit beklagen, mit der falsche Altersbilder in den Köpfen seien. Dabei haben sie oder doch ihre unmittelbaren Vorgänger sich aktiv daran beteiligt, dass sich die überkommenen Altersbilder nochmals kräftig einbrannten. Da reicht ein halbes Jahrhundert veränderte Faktenlage mit Umkehraufrufen nicht zur Halse. Bugatti grüßt.

Warum auch also sollte eine jüngere Generation überhaupt ein Interesse daran haben, sich an differenziertere Altersbilder zu gewöhnen und somit aufzuwerten, was lange abgewertet wurde? Die Veränderung eines Image, unterbleibt, wenn die Korrektur nicht im Interesse der Zielgruppe liegt, unabhängig davon, ob die Wirklichkeit überzeugende Belege für die Richtigkeit einer solchen Korrektur liefert.

Es könnte freilich mit dem Bilderwechsel schneller gehen, wenn zwei Voraussetzungen gegeben wären: Erstens, wenn sich die Arbeitsmarktrealität wandelt, also ältere Menschen in der Wirtschaft wieder dringend gesucht werden, und wenn – damit zusammenhängend – zweitens, wenn die Jüngeren einen Vorteil darin sehen, ihre Urteile zu überprüfen und zu verändern.

Brucherfahrung fehlt

Die 68er-Generation hat wenig Übung mit dem beruflichen Wechsel. Die wechselseitige Loyalität zwischen Arbeitgeber und Arbeitnehmer war ausgeprägter als heute, und Zeiten des Wachstums sind sonnige Zeiten. Es gab das Glück des Aufstiegs, von ganz unten nach weit oben. Wer abgeworben wurde, wechselte zumeist zeitlich fugenlos, es gab keine Zeit für Erschütterungen und Infragestellungen. Das machte stark. Aus der Stärke erwuchs neue Stärke, schier unerschütterlicher Optimismus. Die von den 68ern im Umgang mit ihrer angeschlagenen und historisch diskreditierten Elterngeneration trainierte Stärke konnte im Umgang mit den nachfolgenden Generationen angewendet werden. Deren Forderungen wurden ausgebremst. Umso stärker ist die Erschütterung der Unerschütterlichen am vermeintlichen oder tatsächlichen Ende ihrer Karriere. Die Langzeitsieger fragen sich: Waren es Pyrrhussiege? Wer soziale, ökonomische und ökologische Nachhaltigkeit nicht in sein Handeln eingebaut hat, geht nun als geschlagener Sieger vom Platz.

Nichts und niemand kann die 68er/Babyboomer verunsichern, sie selbst ausgenommen. Und das passiert nun. In der Formulierung Ursula Staudingers:

> „Redefinition, Neudefinition, sich wirklich fundamental in Frage zu stellen. Und das ist dann das erste Mal, dass das auf sie zukommt."

Es ist die Charakterisierung eines Mangels an klaren Rollenvorgaben. Dies reicht bis hin zur Bezahlung, bis hin zum Aufwand, der dann erwartet wird, und erzeugt komplette Definitionsunsicherheit. Und dann ist jeder gefragt, selbst mit zu definieren.

Doch wie geht man vor, wenn man über Jahre hinweg gewohnt war, mit diesen Insignien der Macht und in diesen klaren, mit Status versorgten Rollen zu agieren? Wenn man es gar nicht gewohnt ist, sich selbst zu Markte zu tragen und nicht weiß, wie viel man denn jetzt in diesem neuen Umfeld wert ist? Und dabei ist es fast einerlei, ob es sich um die Anschlussfelder Wirtschaft, Staat oder Gesellschaft handelt. Bezahlte oder unbezahlte, aber interessante und honorige Tätigkeit – wer gut aufgestellt ist, hat den Nutzen überall. Wer etwas versäumt hat, hat überall das Nachsehen.

Das Potential ist da

Um es nochmals zu unterstreichen: Das Potential ist da, die Bereitschaft auch, nicht bei jedem, aber, so möchte ich vermuten und behaupten, bei mindestens zwei Dritteln der altgedienten Manager: die Bereitschaft zu einem Silver Patchwork-Life aus bezahlter und unbezahlter Arbeit, Weiterbildung und Sonstigem (Familie, Freunde, Sport, Hobbys). Die Anteile unbezahlter Arbeit könnten erhöht werden. Nach meiner Einschätzung würde sich der überwiegende Anteil dieser Führungspersönlichkeiten (stärker) engagieren. Die materielle Absicherung erleichtert die Transformation der Lebens- und Arbeitsausrichtung auf ein Mehr an Sinn.

Potential abrufen heißt nicht nur, die Zeitangebote zu nutzen, sondern vor allem die intellektuellen Kapazitäten in richtiger Weise zum Einsatz zu bringen. Wer Zeit seines Berufslebens in größeren Zusammenhängen dachte und agierte, würde gern weiter herausgefordert werden. Aber die Umsetzung, sich wirklich einbringen zu können, ist nicht ganz einfach und erfordert auch von den Managern, die sich dafür einsetzen, Avantgarde-Zähigkeit.

Die Nachfrage nach Engagement wächst, auch wenn noch längst nicht alle Einsatzmöglichkeiten erschlossen sind. In allen drei Arenen, der staatlichen, wirtschaften und der zivilgesellschaftlichen, stecken noch riesige Wachstumspotentiale. Der Staat hat dies erkannt und bildet in Schnellkursen Engagementmanager aus, die Suche und Einsatz in ihren Organisationen steuern sollen. Auf der Seite der Anbieter sollen neben den Freiwilligenagenturen[68] sogenannte Engagementlotsen[69] Potentiale erschließen. Wenn es also gelingt, die Potentiale zu heben und damit den Imagewechsel weg von einem negativen Bild des Alters hin zu einem positiven Bild zu vollziehen, dann gilt für die nächste Managergeneration nicht mehr, was der ehemalige Chefökonom der Deutschen Bank, Norbert Walter, für Teile der aktuellen Managergeneration feststellt:

> „Es gibt nach meiner Einschätzung bei denen, die mit 62 ausscheiden, immer noch eine falsche Vorstellung von Länge dessen, was danach kommt. Und dass die dann nach drei Jahren sagen: ‚Mist! Das hätte ich mir nicht so gedacht.'"

Auch Ursula Staudinger meint, dass es die nächste Führungsgeneration einfacher hat:

> „Es wird mehr Rollenbeispiele geben, man kann sich dann identifizieren."

Aber werden Nachfrage und Angebot dann besser zueinander finden? Zweifel sind an den beiden Enden des Potentials der 68er/Babyboomer-Generation angebracht. Herr E. und Herr R. gehen mir durch den Kopf. Herr E. ist ein Praktikus, mit seiner Frau aus Osteuropa vor Jahren zugewandert. Nun hat er ein Rückenleiden, das ihn, Anfang 60, seinen Arbeitsplatz gekostet hat. Er würde sich gern nützlich machen. Für ihn wäre ideal eine Mischung aus bezahlt und freiwillig, beides mit viel Wertschätzung, um sein durch Krankheit und Entlassung mitgenommenes Selbstwertgefühl wieder aufzubauen. Ihm könnte eine Freiwilligenorganisation helfen, und er könnte helfen. Auch Herr R. ist nicht voll einsatzfähig. Der Frührentner kann wegen eines chronischen Darmleidens seine Wohnung immer nur für ganz kurze Zeit verlassen. Er müsste, sagt seine Frau, unter die Leute. Auch er ist ein Beispiel für beides: Er braucht Hilfe und könnte, richtig eingesetzt, helfen. Hilfe und Selbsthilfe in einem.

Beide Beispiele zeigen, dass man nicht nur die Topfitten im Blick haben darf. Beide könnten nur durch aufsuchende Engagementberatung, bei der Engagement- und Beschäftigungslotsen im Quartier zusammenarbeiten oder eine Person sind, aufgefunden und in Engagement gebracht werden. Auf der anderen Seite des Potentials sind unter anderem die

Führungsmanager. Wir haben ausgeführt, welche persönlichen und strukturellen Hemmnisse eine bessere Potentialausschöpfung verhindern. Es ist überfällig, dass die staatlichen Instanzen ihre künstlichen Ab-Teilungen zwischen Beschäftigung und Engagement auflösen und Gesamtpakete schnüren. Die Betroffenen leben die Trennung nicht, und wenn, dann gegen ihren Willen.

Eine Vision, die den Weg freimacht

Der grundsätzlichere Blick auf die Zukunft der Bürgerengagements erlaubt keine unkritische Erfolgsprognose. Was gefördert ist, ist auch erfolgreich, denn keiner der Beteiligten, weder Geldgeber noch Empfänger, ist an Negativmeldungen ernsthaft interessiert. Und bis man Nachhaltigkeit prüfen könnte, sind längst schon neue Pilotprojekte im gleichen Themenfeld am Start. Aber geht es insgesamt vorwärts? Man fühlt sich an die Diskussion um Entwicklungshilfe erinnert. Auch dort weiß man: Einzelbeispiele können versanden. Pioniere können zu Apologeten angeblich notwendigen Scheiterns werden, Enthusiasmus kann in Zynismus umschlagen. Der Ruf nach einer Vision ertönt. Eine Vision soll den Weg freimachen, soll bisher Unverbundenes verbinden. Beispiele richten sich auf die Vision aus und werden exemplarisch, Vernetzung sichert den Bestand. Was passiert, braucht immer wieder Sprache. Sind wir auf einem solchen Weg?

Die Liverpool-Rede[70] des englischen Premiers David Cameron vom Juli 2010 enthält einen solchen Visionsanspruch. Problemlösung soll zukünftig nicht ausschließlich top-down erfolgen. Die Bürger sollen „sich frei und mächtig genug fühlen, sich selbst und ihren Kommunen zu helfen". Cameron nennt das „building the ‚big society'" und spricht von einem mächtigen kulturellen Wandel, der anstehe. Denn: „We need to turn government completely on its head."

Wünschbar wäre eine Übertragung der Diskussion mit aus der Spitze von Politik und Wirtschaft formuliertem Gestaltungsanspruch, die der allfälligen Reflexkritik widersteht. Wahrscheinlich ist der Druck von unten heute in Deutschland noch zu schwach für eine solche Weichenstellung der grundsätzlichen Art.

Politik und Administration wissen (aufgefrischt seit Stuttgart 21), dass Zivilgesellschaft eben nicht harmlos unverbunden neben Markt und Staat entstehen wird, sondern die bisherige Machtverteilung angreift und an den Schnittstellen erhebliche Sortierungskonflikte auslöst. Andernfalls werden die Hoffnungen auf gesteigerte Lebensqualität trotz sinkender staatlicher Ressourcen bitter enttäuscht werden.

Was ist mit meiner, der 68er/Babyboomer-Generation, die jetzt langsam aus der Vollzeitbeschäftigung herauswandert? Ist sie nicht noch frisch und tatendurstig genug? Politisch durchsetzungstrainiert ist sie, um die Idee der Bürgergesellschaft theoretisch und vor allem praktisch voranzubringen. Sie hat zudem begriffen, dass die vielfach angewendete Ausrede aus den 70er Jahren, erst müsse das System verändert werden, dann denke man über sich und sein Leben nach, nicht mehr zieht. Der Bürger weiß heute: Abwarten hilft nicht, Protestbriefe verändern nichts, man muss schon selbst zulangen. Man kann in jede Initiative vor Ort das gesamte globale Know-how reinpacken. Also Graswurzelbewegung im großen Zusammenhang.

Noch nie war eine Generation für diese Aufgabe so gut ausgebildet, verfügte über eine derart lange Erfahrung in Veränderungsprozessen und hatte ein so langes Leben vor sich wie die meine. Nun ist sie gefordert. Es bedarf strategischer und taktischer Raffinesse, dazu Ausdauer und Konfliktbereitschaft. Zivilgesellschaft muss oben und unten, lokal, national und international in Gang gesetzt werden und darf keine Bewegung der Privilegierten zugunsten der Privilegierten werden. Ob dieses Gegenhalten innerhalb der zivilgesellschaftlichen Bewegung gelingen kann, wie die Community Organizing Philosophie es nahelegt, oder ob hier die wichtigste Aufgabe des somit keineswegs veralteten Repräsentativsystems liegt, ist eine offene Frage. Die Bürger- und Zivilgesellschaft stellt massive, aber reizvolle Herausforderungen.

Was zuversichtlich stimmt, ist der Hinweis, dass wir alle Rollenwechsel gewohnt sind, wenn auch selten zwischen den Subsystemen Staat, Wirtschaft und Zivilgesellschaft. Rollenwechsel sind ein Teil des Lebens. Auch wenn ich an anderer Stelle vor allzu optimistischen Prognosen zur Ausweitung von Zivilgesellschaft warnte, automatisch geht nichts, so kann man anderseits konstatieren, dass in Staat und Wirtschaft die Befürchtungen abnehmen, zivilgesellschaftliche Prozesse könnten die Stabilität der beiden anderen Systeme gefährlich lockern.

Eine Vision braucht Moral, eine Moral braucht Moralisten.

Bürgergesellschaft, Zivilgesellschaft – es ist kein Zufall, dass weitere Begriffe assoziiert werden: Bürgersinn, Bürgerpflicht, Zivilcourage, Bürgerhilfe. Die Individualisierung der vergangenen Jahrzehnte hat diese Begriffe ausgehöhlt. Dazu beigetragen hat das auf reinen Konsum ausgerichtete Freizeitverhalten, Fernsehen vor allem. Die Passiven in dieser Gesellschaft drohen passiver zu werden. Das Vertrackte ist, dass die Aktiven und ihre staatlichen, aber auch von Engagement getragenen Aktivitäten häufig die Passivität der Schwachen verstärken, anstatt sie in Frage zu stellen.

Ohne ausgeprägte Sekundärtugenden ist die Wende nicht zu schaffen. Bürgergesellschaft braucht einen Kern von Moralisten. Sie müssen nicht völlig uneigennützig agieren, aber doch aus einem stabilen Wertekorsett heraus. Zivilgesellschaft entsteht nicht auf Kuschelkurs und ist keine reine Wohlfühlveranstaltung. Anders lässt sich Zivilgesellschaft nicht auf feste Beine stellen.

Das gilt nicht nur für autoritäre Regime, wo bürgerschaftliches Engagement lebens-, mindestens existenzbedrohlich sein kann. In abgeschwächter Form gilt dies auch in hiesigen Systemen. Wer Staat und Wirtschaft abverlangend gegenübertritt, braucht Durchsetzungsvermögen. Es reichen eben nicht Vision, guter Wille und einige ermutigende Beispiele, um uns in die anvisierte Richtung zu bringen. Wer im Kleinen anfängt, hat den ersten Schritt getan, der dann richtig ist, wenn die Richtung bestimmt und der Kontext, in dem gehandelt wird, reflektiert ist. Fehlt auch nicht die Bereitschaft, gegen alle Widerstände dicke Bretter zu bohren? Gerade wenn Staat und Wirtschaft keine Gegensysteme sind, ist die Richtung der Zivilgesellschaft schwerer zu bestimmen, weil der Kurs sich nicht aus der bloßen Negation ergibt (wie 1981 im Polen des Wortbrechers Wojciech Jaruzelski gegenüber der Solidarnosc des Lech Walesa). In unserem System gibt es auch die Innenseite der Zivilgesellschaft, die die Innenseite von Staat und Wirtschaft ist. Manche wollen Anzeichen sehen oder spüren, dass die Borniertheit der Machtträger abflaut. Selbst wenn, wäre dies noch kein Durchbruch. Wer auf das wachsende Miteinander von freiwilligem Bürgerengagement und sich freiwillig entwickelnder Engagement-Professionalität in Institutionen setzen möchte, muss die Arbeit für sich und jenseits von sich strukturieren.

Man sollte die Drift weg vom Ehrenamt nicht als bedeutungslos abtun und Sportvereine, Gesangvereine, freiwillige Feuerwehren, Parteien, Gewerkschaften, Kirchengemeinden als altbacken qualifizieren, mit geheimer Schadenfreude registrieren, dass diese Institutionen Schwund leiden, und wohlfeil raten, doch auf Projektorientierung und Mitgliederoffenheit umzuschalten, dann werde es schon. Es wird eben nicht. Richtig ist, dass es neue Organisationsformen und eine Fülle neuer Initiativen und Aktionen gibt, Stiftungen eingeschlossen, die beachtlich sind. Aber noch einmal: Reicht das, vor Ort und in der Welt im Wettlauf mit brechenden und bröckelnden Strukturen?

Was ist mit dem Argument „Pflicht als Bürger?“ Ist das auch altbacken und ersetzlich? Aus der Sicht eines altgedienten Managers, der sich bewusst und somit politisch reflektiert an einer Stelle der Gesellschaft engagiert, hat ein solcher Beitrag auch mit Pflichterfüllung zu tun.

> „Es ist relativ leicht, sich an den Spielfeldrand zu stellen und über das zu meckern, was auf dem Spielfeld stattfindet. Man muss selbst auch mal bereit sein, mitzuspielen. Es ist nicht so, dass man dann hofiert wird oder mit Orden und Ehrenzeichen überhäuft wird – das ist ja in Hamburg sowieso degoutant –, ganz und gar nicht. Es ist vor allen Dingen Pflicht und Arbeit." (Johann C. Lindenberg)

Gesellschaftliches Engagement ist systemüberschreitend. Das vertraute Terrain wird verlassen. Engagement zielt gegen die Neigung, sich damit zu begnügen, aus dem jeweiligen Teilsystem (Politik, Wirtschaft, Kultur, Journalismus oder Wissenschaft) den anderen Sektoren Mangel an Kooperation vorzuwerfen, um hernach denjenigen, die mitmachen wollen, fehlenden Stallgeruch zu attestieren; Dilettantismus und Amateurismus. Dieser Diffamierungsmechanismus, obschon er sich eigentlich gegen die Betreiber wenden müsste, funktioniert allerdings immer wieder erfolgreich und schließt ehrenamtliches Engagement mit ein. Hausfrauen als Lehrer? Da schüttelt sich die Lehrergewerkschaft. Manager als Bauberater? Da entrüstet sich das Baudezernat. Politiker als Wirtschaftsmanager? Da rümpfen die Wirtschaftsmenschen die Nase. Manager in die Parteien? Bei keinem meiner Gesprächspartner steht ein parteipolitisches Engagement auf der Agenda. Es war aber wohl auch nicht einer gefragt worden. Eine Parteimitgliedschaft, eine „stille", wie sie mitteilt, ist mir bekannt, Maritta Koch-Weser ist Mitglied der Grünen.

Einigt man sich auf den großen Wert eines „Projekts Zivilgesellschaft", das sich durch Support aus dem staatlich-politischen Sektor einerseits und dem wirtschaftlichen Sektor andererseits noch entscheidend durch das Abschöpfen der Potentiale ausbauen und festigen ließe, dann wären für die altgedienten Manager zusammen mit akademischen Berufseinsteigern wichtige Aufgaben zu verteilen. Der Bürger muss seine Leistung als Bürger formulieren, und es muss Maßstäbe der Erwartung geben. Je höher positioniert einer war oder ist, desto eindeutiger und nachdrücklicher sollte er etwas als Bürger leisten. Privatvermögen kann dabei eingesetzt werden, aber nicht ohne die persönliche Leistung.

> „Mein Anspruch wäre, dass jemand, der ordentlich geleistet hat in seinem Beruf und 60 ist, zu zwei Drittel seiner Zeit ehrenamtliche Dinge macht, wenn sie denn an ihn herangetragen werden." (Andreas de Maizière)

Wer nicht mehr in der Volllast von 12 bis 15 Stunden täglich arbeitet, so der Anspruch, sollte zu einem Drittel bezahlte, zu zwei Dritteln nicht bezahlte Arbeit anstreben. Oder, mildert man den Anspruch ein wenig ab, doch mindestens einen gewichtigen Teil der Arbeitszeit für den Gemeinsinn einsetzen, ein bis zwei Tage pro Woche, wie auch immer auf das Jahr verteilt.

Im Zitat von Andreas de Maizière, der dies fordert, gibt es eine Einschränkung: „Wenn sie denn an ihn herangetragen werden." Gemeint sind die Angebote zu ehrenamtlicher Mitarbeit. Man sollte die Formulierung nicht auf die Goldwaage legen. Die von Entrüstung getragene Frage liegt ja nahe: Kann sich so jemand nicht selbst darum kümmern? Die Antwort lautet: ja, im Prinzip schon. Aber es gibt Gründe, weswegen dies oft nicht passiert, und die Entrüstung hilft niemandem weiter. Denn richtig ist, dass viel Potential verlorengeht, wenn Angebot und Nachfrage nicht zusammenkommen. Wer das Thema zur reinen Bringschuld reduziert, überfordert die potentiellen Zeitmäzenaten, auch wenn man Sinnsehnsucht und das Wissen um den Eigenwert von Engagement unterstellen darf.

Möglicherweise ist die Zurückhaltung der potentiellen Anbieter sogar noch größer. Wer ohne Entgelt tätig wird, kann größere Anforderungen an die Qualität der Arbeit stellen. Wer bezahlt wird, nimmt mehr Verdruss in Kauf. Wer sich unentgeltlich engagieren will, legt außerdem stärker Wert auf die Gewissheit, dies nur in abgesteckten Grenzen zu tun. Wer sich so engagieren will, fürchtet, dass er in moralische Klemmen kommen kann. Hört man nicht immer wieder von Menschen, die den kleinen Finger geben wollten und am ganzen Körper gezogen wurden? In aufnehmenden Institutionen weiß man um diese beiden Ansprüche an Qualität und an Begrenzung. Aber nur wenige Institutionen haben sich in ihren Regeln und ihrem Management darauf eingerichtet. Institutionen beteiligungsoffen zu machen, das ist eine herausfordernde Aufgabe. Manager sollten sich ihr verschreiben. Personal- und Organisationsentwicklung ist doch eine ihrer Haupterfahrungsfelder. Jeder Geschäftsmann weiß, dass es einfacher ist, alte Kunden zu halten und mit ihnen die Geschäfte auszudehnen als neue zu finden. Genauso ist es beim Engagement. Häufiger als neues ist die Fortsetzung alten Engagements. Hat sich einer zuvor berufspolitisch engagiert, weiß er wenigstens, wie Engagement funktionieren kann, aber es hilft ihm nichts, diese Aufgaben laufen aus. Hat er sich zuvor in Vereinen, Freundeskreisen oder Parteien engagiert, hat er Anknüpfungspunkte, kann eventuell seinen Einsatz verstärken. Das gilt auch für die Lehre an Hochschulen.

> „Ich bin schon ziemlich früh an die Lehre gekommen, seit 1985, seit 25 Jahren halte ich nebenbei Vorlesungen an der Uni, immer unentgeltlich. An der Uni habe ich mich schon sehr früh engagiert

und mich immer verbunden gefühlt. Ein Uni-Prof lernte mich kennen, fragte mich, ob ich Vorlesungen halten wollte, aber sie könnten nichts bezahlen. So fing es an. Ich habe gesagt, mach ich nebenbei, brauche kein Geld, bin von meinem Unternehmen genügend gut bezahlt. Und dann haben sie nach zehn Jahren gesagt, dass sie mich jetzt zum Honorarprofessor machen wollten. War nicht nötig, aber nett." (Walter Tayer*)

Wenn der Suchende das Gefühl nicht loswird, dass er an der Berufs- und Bezahlfront keine Chance mehr hat, er aber für sich diese Phase noch nicht abgeschlossen hat, wird ihm nicht bezahlte Arbeit weniger attraktiv erscheinen. Je mehr er bezahlte Nachfrage spürt, desto freudiger kann er sich auch für unbezahlte Arbeit, die, richtig ausgewählt, ein Mehr an Sinn stiften kann, entscheiden.

Empfehlung 25 (an die Öffentlichkeit):
Bei jedem Politiker, der wohlwollend übers Ehrenamt redet, sollte geprüft werden, wie viel er in seinem Verantwortungsbereich an Bürgerengagement zulässt und aktiv fördert.

Empfehlung 26 (an die Parteien):
Es sollte bei Mandatsträgern ein Kriterium für die Wiederwahl sein, wie viel zivilgesellschaftliches Engagement er/sie aktiviert hat.

Empfehlung 27 (an die Generationsgenossen):
Notfalls ohne Auftrag loslegen und damit die staatlichen Institutionen unter Zugzwang setzen.

Veränderungen geschehen immer in Ungleichzeitigkeit. Die ersten Veränderungstendenzen laufen je nach Einstellung und Beurteilungstoleranz unter „spinnert", „avantgardistisch", „gewöhnungsbedürftig". Dann, in der zweiten Stufe, wollen Beobachter einen neuen Trend erkennen. In der dritten Stufe ist derjenige, der so handelt, schon mittendrin, und in der vierten Stufe ist der, der sich verweigert, Nachzügler, Beharrungskünstler oder Ewiggestriger. Beim Thema „Ruhestand" gewinnt die Fraktion der Unruheständler, so vermuten wir, an Boden.

Die Arbeitsgesellschaft und die Zivilgesellschaft, so wie sie hier in ihren Konturen, Chancen und Widersprüchen, Unzulänglichkeiten und Dynamiken skizziert wurden, können verhindern, dass weiterhin in großem Maße Wissen und Goodwill der ausscheidenden Manager versickern. Wenn man es richtig anpackt, profitieren davon vier Parteien: die Betroffenen, ihre Nachfolger, die Unternehmen und die gemeinnützigen Institutionen.

Unternehmen gehen auf die Gesellschaft zu. Auf Seiten der Unternehmen gibt es Anzeichen für eine stärkere Öffnung gegenüber gesellschaftlichen Anliegen. Milton Friedmans berühmtes Diktum, der Zweck von Unternehmen sei es, Gewinne zu machen, dabei erfüllten sie ihren Auftrag am besten, hat sich mit Blick auf die steigende Abhängigkeit der Unternehmen vom Zustand und von der Zukunft der Welt als nicht mehr haltbar erwiesen. Die „Good Citizen"-Debatte, auf die insbesondere Bernd Kundrun und Maritta Koch-Weser hinweisen, geht mittlerweile tiefer als Tünche, aber sicher noch nicht tief genug. Maritta Koch-Weser spricht kritisch von der „aufgesetzten Zuckerguss-Caritas", die Unternehmen vielfach unter dem Siegel CSR betrieben. Dass „heute nicht mehr einst mächtigste Akteure wie Regierungen, Militärs oder Kirchen, sondern oft nur Unternehmen die notwendigen Mittel, das heißt das Know-how, die Macht und die Reichweite besäßen, um die von ihnen selbst verursachten Menschheitsprobleme in den Griff zu bekommen", wie Frank Trümper formuliert[71], ist mittlerweile weithin unbestritten. Der Wandel zum vollen Akteur vollzieht sich allerdings erst dann, wenn die Unternehmen ihr gesellschaftliches Engagement, wie Trümper schreibt, „nicht länger defensiv formulieren, das heißt als moralische Sondersteuer für tatsächliche oder vermeintliche Sünden", sondern als „eine Art Kuppelproduktion von unternehmerischem und gesellschaftlichem Nutzen."[72] Und genau diese Entwicklung kann durch NGOs im Dialog mit Unternehmen vorangebracht werden. Die Begründung der Bertelsmann Stiftung für ihr 2011 begonnenes Programm „Unternehmen für die Region, Neue Wege der Unternehmens- und Standortentwicklung durch gesellschaftliches Engagement[73]", das in zunächst sieben Modellregionen geplant ist, liegt auf der gleichen Argumentationslinie. Zielgruppe sind hier Klein- und Mittelbetriebe. ahrene Manager können Brückenbauer sein: zum Staat und zur Gesellschaft und, wo sich die Bereiche verschränken, auch zu beidem.

Bürgerland nicht abgebrannt

Ob Krisen Momente der besonderen Gefährdung oder der besonderen Chancen sind, entscheidet sich auch in den kommenden Jahren. Zu den Chancen hat der langjährige Chefredakteur und jetzige Herausgeber der Zeitungen „Die Welt" und „Welt am Sonntag", Thomas Schmidt, unter der Überschrift „Bürgerland ist lange noch nicht abgebrannt!" im Spätsommer 2011 einen bemerkenswerten Essay[74] geschrieben. Am Beispiel der Heidelberger Gaststätte „Zum Roten Ochsen", die seit 1839 von der Familie Spengel geführt wird, entwickelt Schmidt seine Argumentation:

> „Alles hier ist auf Dauer angelegt, von den Lieferanten bis zu den Bedienungen. Bürgertum at its best: Beharrlichkeit, Cent auf Cent, harte Arbeit, dabei durchaus Lebensfreude, Lebensgenuss. Dazu der Stolz, in einer langen Reihe zu stehen, sie ruhig und bestimmt fortzusetzen."

Daraus schließt der Autor, „dass dieses Land wohlgeordnet ist, dass es [...] ein Unterholz der Verlässlichkeit, der Kontinuität und der Fortdauer und des Wiederblühens bürgerlicher Lebensweise gibt". Schmidt zitiert zustimmend den Heidelberger Politologen Dolf Sternberger, der 1949 indirekt die Utopie der Zivilgesellschaft beschreibt, als er fragte:

> „Können wir denn nicht Bürger werden, ohne den verrosteten Panzer des bürgerlichen Charakters anzulegen? Der Kämpfer findet allenfalls Gefolgschaft, aber keine Gesellschaft. Die bürgerliche Gesellschaft aber ist ein gutes Ziel, die obendrein den Vorzug der Neuheit für sich hat: Sie ist bei uns noch nie hergestellt worden. Sie ist ein politisches Ziel. Das wahre Ziel aller Politik. Je mehr wir Bürger werden, die in Gesellschaft und Geselligkeit ihr Geschick selber leiten und ihren Staat bilden, desto weniger bedarf es jener römischen Attitüden des streitbaren Charakters, desto ziviler kann es zugehen."

Halten wir fest: Silver Patchwork-Life eröffnet zwei Karrierewege, die sich bestens ergänzen. Alte und neue Aufgaben im Arbeitsmarkt sichern finanzielle Unabhängigkeit, sozialen Status und Eigenwertschätzung und öffnen den Raum für aktive Mitwirkung am Ausbau der Zivilgesellschaft. Hier kann sich der Manager als Macher mit Marktverstand einbringen und dafür sorgen, die Welt ein bisschen besser zu machen und seine Alterszeit sinnerfüllter.

6.2 Drei Gespräche über Engagement

Folgende drei Gespräche können auf Engagement neugierig machen.

Gespräch mit Reimer Gronemeyer[75]: „Den Versuch machen, die Welt etwas gastfreundlicher zu verlassen, als wir sie vorgefunden haben.“

Prof. Dr. Dr. Reimer Gronemeyer, Jahrgang 1939, ist Theologe und Soziologe, kommunikativ und streitbar, publizierend und agierend. Er lebt Zivilgesellschaft.

Henning von Vieregge: Auf welchem Pfad sind Sie zu Ihren Engagements gekommen?

Reimer Gronemeyer: Afrika ist eine ganz alte Leidenschaft. Ich wollte mal ein kleiner Albert Schweitzer werden. Daraus hat sich ein Engagement entwickelt: Im Sudan habe ich in einem Flüchtlingslager für das Rote Kreuz gearbeitet, dann für Forschungsprojekte in Simbabwe, in Namibia und Botswana über soziale Folgen zum Thema HIV und Aids. Die Epidemie ist ja dort am stärksten. Ich wollte wissen, was das eigentlich mit der Gesellschaft und insbesondere mit den Kindern macht, die als Aids-Waisen aufwachsen. Und daraus ist dann ein Engagement in einem Aids-Waisenhaus in Namibia entstanden. Das ist ein Pfad. Jeden Tag sterben 6.800 Menschen in Afrika an Aids. Das ist die Brücke zu den Themen Hospiz und Lebensende, mit denen ich mich seit langem befasse. Die Robert Bosch Stiftung ist auf mich zugekommen. Man wolle Kommunen in Deutschland dabei unterstützen, sich mit dem Thema Demenz zu befassen. Das ist ja auch ein Lebensende-Thema. Und so berühren sich in gewisser Weise die letzten Afrika-Forschungsprojekte mit der Frage der Demenz.

HvV: Ihr Beispiel zeigt, wie man weltweit vorrangige Themen in einzelne Projekte einbringt, so dass die Projekte eben nicht vereinzelt sind, sondern eingebunden in eine große Bewegung.

RG: Ja. Meine Arbeit kreist um das Thema „soziales Engagement“. Ich denke, gerade wir Älteren sollten den Versuch machen, die Welt etwas gastfreundlicher zu verlassen, als wir sie vorgefunden haben.

HvV: Könnte die Formulierung „die Welt gastfreundlicher verlassen, als sie war“ das Ziel der Zivilgesellschaft umschreiben?

RG: Wenn wir übermorgen noch in Ruhe auf einem Platz sitzen und unseren Cappuccino trinken wollen, dann darf das, was im Moment in Großbritannien passiert, wo ganze Straßenzüge brennen, nicht passieren. Und die Frage ist: Wie ist das rechtzeitig zu verhindern? Dazu brauchen wir einen zivilgesellschaftlichen Aufbruch. Nicht nur in

Bereichen, in denen Bürger ihre unmittelbaren Interessen vertreten, wie bei Stuttgart 21, sondern auch mit dem Blick auf andere, auf Migranten, arbeitslose Jugendliche etc. Ich glaube, dass wir in einer gesellschaftlichen Situation leben, die dadurch gekennzeichnet ist, dass eine wachsende Zahl von Menschen an der gesellschaftlichen Sinnerfahrung nicht mehr beteiligt ist. Die Jugendlichen, die keine Arbeit finden oder die Erfahrung machen, dass sie nicht gebraucht werden, haben keinen Anteil an der zentralen Sinnsuche in dieser Gesellschaft. Und dann wird es gefährlich.

HvV: Sind wir der Zivilgesellschaft in den vergangenen Jahrzehnten näher gerückt oder weiter davon weg geraten?

RG: Seit den 80er Jahren gibt es einen Wandel. Die Hospizbewegung zum Beispiel ist die vielleicht bedeutendste soziale Bewegung in den vergangenen 30 Jahren in Deutschland. Sie ist explizit nicht politisch. Sie ist aber ein Ausdruck dessen, was uns unterscheidet von den 70er Jahren, der Zeit der Bürgerinitiativen. Wir können zwei gesellschaftliche Entwicklungen registrieren: Erstens ist der Wohlstand der Älteren noch mal deutlich gewachsen. Aber wir ahnen, dass ein Punkt gekommen ist, wo das nicht mehr so weitergeht. Zweitens: Das Individuum ist heute die Kernfigur der Gesellschaft. 50 Prozent aller Wohnungen in innerstädtischen Bereichen sind Singlewohnungen. Es wird allmählich schmerzlich spürbar, dass etwas fehlt, die alten Nachbarschaftsmilieus zum Beispiel. Die Zivilgesellschaft ist, wenn man es positiv deuten darf, ein Versuch, eine Antwort zu finden auf eine ziemlich radikal individualisierte Gesellschaft, die bemerkt, dass sie im Begriff ist, an die Grenzen ihres Wachstums zu stoßen.

HvV: Die Grenzen der Nützlichkeit der Individualisierung werden spürbar?

RG: Innerlich und äußerlich. Die Zahlen der Burn-out- und Depressionsphänomene wachsen. Was bedeutet das? Ich denke, da kommt die Erfahrung zum Ausdruck, nicht geliebt zu werden, sich in keinen stabilen Beziehungen wiederzufinden. Und die Frage nach dem Sinn des Lebens. Ich als uralter Mann empfinde mich manchmal im Vergleich zu vielen Jüngeren immer noch als lebenskräftiger. Die Psychiatrie hier in Gießen ist voll von 30-/40-jährigen Frauen, die das Leben nicht bewältigen. Was geschieht da?

HvV: Und wenn ich Ihre theologische Herkunft bemühe und auf die Idee komme: Das Bemühen um Zivilgesellschaft sei so etwas wie eine säkulare Sinnsuche?

RG: Es ist vielleicht eine säkularisierte Antwort auf diese Defizite. Und da würde ich im Kern und heimlich den Verdacht haben, dass Zivilgesellschaft die Defizite nicht ersetzen kann. Sie kann ein Stück weit jemanden füttern, aber der große Hunger, die große Sehnsucht nach Sinn kann so nicht zufriedengestellt werden.

HvV: Zivilgesellschaft auf Augenhöhe neben Staat und Wirtschaft oder Zivilgesellschaft als neue Nachbarschaft zwischen Familie und Staat? Das sind doch zwei verschiedene Anschauungen. Oder ist das eine?

RG: Es ist diffus, und es gibt eine Verschwisterung. Es wird empfunden, dass etwas verschwunden ist. Die Rede von der Zivilgesellschaft ist ein Versuch, das wieder herbeizuholen. Ob das klappt, ist die Frage. Wenn man sich in der Demenzthematik die Zahl der freiwillig Engagierten anschaut, so ist die nicht sehr groß. Auf der anderen Seite gibt es ein Phänomen, das ich bisher nicht verstehe: Es gibt in der Hospizarbeit 80.000 Freiwillige in Deutschland, 95 Prozent Frauen. Eine Freundin arbeitet im Kinderhospiz in Gießen, die haben dort keine Schwierigkeit, Ehrenamtliche zu finden. Die Themenbereiche in der Zivilgesellschaft haben also eine stark unterschiedliche Attraktivität.

HvV: Erst hieß es, Individualisierung sei das Ende der sozialen Bewegungen, nun heißt es, wir seien in einer Renaissance der Empathie. Was soll man da glauben?

RG: Die Krisen ermöglichen manches, was zuvor undenkbar schien. Und die Menschen könnten das Empfinden für sich entdecken, dass es schöner ist zu leben, wenn man den Nachbarn wahrnimmt. Allerdings gibt es Unterschiede. Der 30-jährige Bungeespringer ist in einer Lebensphase, wo das Mitmenschliche vielleicht nicht so eine große Rolle spielt. Aber die Älteren haben das ausgeprägte Gefühl, dass Golfspielen allein es nicht bringt. Ein Bekannter von mir, der mal Direktor in der Bundesbank war, hat sich jetzt sehr stark für Afrika-Projekte engagiert. Müsste er nicht, aber es ist der Versuch, etwas auf die Beine zu stellen.

HvV: Spielt die wachsende Erkenntnis eine Rolle, dass Protestnoten bei staatlichen Stellen Überstände nicht beseitigen, sondern Handeln gefragt ist?

RG: Das würde ich so sehen. Solches Engagement hat ja in den USA eine lange Tradition.

HvV: Wir haben als 68er damals gemeint, bevor sich hier die Verhältnisse nicht ändern, brauchen wir uns schon mal gar nicht zu ändern ...

RG (lacht): Wenn ich Vorträge zum Thema Hospiz oder Demenz halte, sind die Säle gerammelt voll. Ich höre, wie man fragt: Was mache ich noch mit meinem Leben? Die Kinder sind weg. Nur den Rasen mähen, das kann es nicht sein. Und das empfinde ich als etwas sehr Schönes und Zukunftsträchtiges.

HvV: Ehrenamt, Bürgerengagement, Freiwilligkeit – das sind bekannte Größen. Aber Zivilgesellschaft? Brauchen wir nicht mehr Politisierung, damit man auch Sinn für Zusammenarbeit, Koordination, gemeinsames Wirken und handfeste Interessenvertretung entwickelt?

RG: Wir haben eine etwas apokalyptische Krisenstimmung. Nicht nur im Zusammenhang mit der Finanzkrise gibt es das grummelige Gefühl, dass wir irgendwo an einer Kante stehen, dass etwas wegbricht. Das ist das eine Element. Das andere Element ist die Vorstellung, wie es weitergeht: Man hat eine grüne Modernisierung des Kapitalismus vor Augen. Die meisten würden das nicht so nennen, aber das ist es, worum es im Moment geht. Und diese ist mit der Vorstellung verbunden, dass uns das vor der Krise rettet. Das ist es, was die Gemüter bewegt.

HvV: Dagegen Ihr Optimismus: Wenn ich lese, was Sie in der Aktion Demenz fordern, die demenzfreundliche Stadt nämlich, dann sagt man sich: Das was dabei rauskommt, ist eigentlich für jeden gut und offenbar für einige überlebensnotwendig. Es ist rundum vernünftig.

RG: Es geht darum zu begreifen, dass die Demenz symbolisch und faktisch für eine Phase des Lebens steht, der wir alle ausgeliefert sein können. Gibt es nur die Antwort darauf, die Kranken weg zu institutionalisieren, was vor allem für die lange Zeit, in der man mit der Demenz gut leben kann, eine dramatische Fehleinschätzung wäre? Es muss nach Alternativen gesucht werden, und einige haben sich bereits erfreulicherweise auf den Weg gemacht.

HvV: Wofür Sie plädieren, das ist Integration statt Wegschluss – sozusagen wie bei dem „Dorfdepp", der die Straße fegt und von jedermann freundlich behandelt wird. Muss man nicht aufpassen, dass man nicht die Gewinne der Individualität zugunsten einer nicht mehr realisierbaren Dorfidylle eintauschen möchte?

RG: Wir werden begreifen müssen, dass eine neue Form von Gemeinschaft auch ein Stück Einschränkung sein muss. Die radikale Individualisierung verträgt sich einfach nicht gänzlich mit den Notwendigkeiten gemeinsamen Lebens. Und das Thema Demenz ist in Zukunft nicht mehr als ein rein familiäres Thema abzuhandeln, weil das soziale Milieu nicht mehr da ist. Meine Generation kommt vielleicht noch einigermaßen ungeschoren davon, aber schon für die nächste Generation ist ganz klar: Die Familie wird es nicht sein, das Geld wird nicht da sein.

HvV: Ist die Zivilgesellschaft auf der Basis reiner Freiwilligkeit nicht überfordert? Brauchen wir Pflichtjahre im Zivildienst?

RG: Das wird vielleicht der Notausgang sein. Aber solange es geht, sollte man dem eigenen Aufbruch und nicht der Verordnung das Wort reden.

In Baden-Württemberg gab es hier und da ein Punktesystem, das lokal auch funktioniert hat. Da hat man Punkte erhalten, wenn man einen Älteren gepflegt hat, und die Punkte konnte man später wieder einlösen. Das ist aber eine Ökonomisierung der Zivilgesellschaft, und ich glaube, das tut uns nicht gut. Meine Hoffnung ist immer noch, dass das notwendige und wünschenswerte Mehr an Zivilgesellschaft aus der Freiwilligkeit kommt.

HvV: Lässt sich Bürgerengagement bei voller Freiwilligkeit entscheidend ausweiten, oder brauchen wir Pflicht zum Engagement, also Zivildienst im wahrsten Sinne des Wortes, bei Freiwilligkeit der Art des Engagements?

RG: Das ist ein ganz schwieriger Punkt. Vielleicht wird es gar nicht anders gehen. Es sei denn, es gibt den überraschenden Aufbruch in der Gesellschaft. Und das ist das, wovon wir reden und was auch hier und da passiert. Aber wenn man sich die Pflegesituation in 20 Jahren vorstellt, dann ist klar, dass die Modelle, mit denen wir jetzt arbeiten, überhaupt nicht funktionieren werden.

HvV: Brauchen wir nicht für das bessere Zusammenspiel von Freiwilligkeit und Hauptberuflichkeit eine Art zivilgesellschaftliche Gesinnung bei allen Beteiligten ?

RG: Bei der Pflegesituation ist die Belastung des Personals so groß, dass sie für Zuwendung keine Zeit mehr haben. Und deswegen mischen sich Freiwillige ein. Und die mögen die Profis oft auch nicht, weil die natürlich den Ablauf stören.

HvV: Es gibt das Argument der Arbeitsplatzverdrängung und das Argument der fehlenden Ressourcen zur Steuerung. Die Präsenz von Bürgern stört, weil die über die Schulter gucken.

RG: Es muss ja keine Kontrolle sein, sondern Aufmerksamkeit. Ich glaube, dass wir ohne Freiwilligkeit nicht über die Runden kommen.

HvV: Sie wenden sich gegen Dämonisierung, Ausgrenzung und Verharmlosung von Demenz. Was ist am schlimmsten?

RG: Da läuft im Moment ein Prozess der Verharmlosung. Es wird nicht gesehen, was für ein ungeheures soziales Drama Demenz ist.

HvV: Besteht nicht eine Gefahr bürgerlichen Engagements, beim Entdämonisieren der Demenz an ihrer Verharmlosung mitzuwirken?

RG: Das meine ich auch. Ich bin gerade dabei zu versuchen, Forschungsgelder zu bekommen für das Thema: Was wissen wir eigentlich darüber, wie der Alltag für einen Menschen mit Demenz verläuft? Es gibt viele Studien über Demenz im Pflegeheim. Aber was in der Familie passiert, wie sich die Rollen der Beteiligten verändern, wie viel Befreiung und Knechtung etc. es gibt, das alles ist noch ein weißer Fleck. Wir müssen darüber mehr wissen, um verändern zu können. Wir müssen uns auch darüber klar sein, dass es auch Stimmen geben wird, die nach radikalen Lösungen suchen wie in den Niederlanden: Da gibt es die Euthanasie. Ich war neulich in einem Pflegeheim, einer sogenannten Pflegeoase, wo zwölf Frauen über Jahre im Endstadium der Demenz liegen, für nichts mehr ansprechbar. Und mein erstes intensives Empfinden war: Das will ich für mich nicht! Und gleichzeitig würde ich mich davor fürchten, diese Situation öffentlich zu beschreiben, weil die Gefahr sehr groß wäre, dass gesagt wird: Nun macht doch mal Schluss mit denen. Ich würde ein solches Leben für mich vielleicht nicht wollen, aber es ist fundamental festzuhalten, dass wir daraus nicht die Konsequenz ziehen, diese Menschen aufzugeben. Aber die Frage ist auch: Was bedeutet es eigentlich, dass wir Mittel in die Hand bekommen haben, so ein Leben aufrechterhalten zu können?

HvV: Sie haben auf der anderen Seite selbst geschrieben oder zitiert am Beispiel von Walter Jens, es sei doch durchaus offen, ob er heute mit einem Teddybär oder vormals mit einem Buch glücklicher ist.

RG: Diese Diskussion vor ein, zwei Jahren, in der es hieß, das seien doch nur noch lebende Hüllen, war falsch. Wer so redet, bereitet den Weg für Gewalt. Aber die Frage bleibt, ob und wie wir es ertragen können, dass uns das, was uns das Wichtigste erscheint, unsere Autonomie nämlich, genommen wird.

HvV: Wie haben wir eine Chance, eine bürgerfreundliche, der Zivilgesellschaft aufgeschlossene Gemeindeentwicklung in Gang zu setzen? Wie kommen wir auf den Weg, der irgendwo zwischen neuer Stadt und altem Dorf verläuft?

RG: Hier in X, einem kleinen Dorf bei Gießen, steht ein Einfamilienhaus neben dem anderen, alle in derselben Zeit gebaut. Überall gibt es ältere Ehepaare, die Kinder sind weg, die Häuser sind viel zu groß. Und die Bewohner sagen, dass sie eigentlich zusammenziehen müssten. Aber die architektonische Struktur erschwert das. Die kann man nicht einfach und automatisch herstellen.

Es ist für jeden erkennbar, der bereit ist nachzudenken, dass wir ganz dringend solche Strukturänderungen beim Bauen und beim Wohnen brauchen. Und gleichzeitig taucht die Frage auf, ob wir Freundschaften hinbekommen, die stabil sind und die uns auch nicht aufgekündigt werden, wenn es uns schlecht geht.

HvV: Der Begriff der Wahlverwandtschaft?

RG: Ganz genau. Im schönsten Sinne!

HvV: Wenn Sie jetzt, was Sie ja nicht gern tun, der eigenen Generation die Leviten lesen würden: Wie würde sich das anhören?

RG: Wir brauchen keinen Alten-Lobbyismus, sondern es geht darum, dass die Alten den Blick auf die jüngeren Generationen werfen müssten und fragen: Können wir etwas für euch tun, oder sind die Abgründe zwischen uns so tief, dass da nichts mehr passiert? Aber da wäre auch die Frage: Was haben wir eigentlich zu bieten? Wann, wenn nicht jetzt in dieser langen Phase zwischen dem Beginn des Ruhestands und vielleicht einer Pflegebedürftigkeit, müssten die Alten entdecken, dass dies eine Phase ist, in der sie zwar auch auf ihrem Fitnessrad sitzen dürfen. Aber wenn das Einzige ihr eigenes Wohlergehen ist, dann ist das zu wenig. Wir ahnen, dass uns ein Auszug aus dem Ägypten der Wachstumsgesellschaft bevorsteht. Den müssen Alt und Jung wohl gemeinsam bewältigen. Das ist das, was ich mir erhoffe, und wo man versprechen kann, dass es zwar ein schwieriger Weg ist, an dessen Ende aber, um im Bild zu bleiben, das gelobte Land wartet. Eine andere Lebensfreude. Der Aufbruch beschenkt einen auch reich. Wenn das nicht passiert, dann fällt es uns als Älterwerdenden oder schon Alten natürlich auf die Füße, weil wir das hart und schmerzhaft spüren werden. Es sei denn, wir haben sehr, sehr viel Geld.

Gespräch mit Anke Wiedekind, Andreasgemeinde Eschborn-Niederhöchstadt: „Die Bereitschaft, sich zu engagieren, ist besonders groß an den Lebensübergängen."

Bürgerengagement flickt die Löcher, die Staat und Wirtschaft reißen. Und verbessert Lebensqualität. Das ist die Hoffnung. Lässt sich dieser hoffnungsvolle Ansatz auch auf Kirche, hier die evangelische, übertragen? Oder andersherum: Lässt sich von kirchlicher Arbeit für gesellschaftliche Arbeit lernen? Das Stichwort heißt „Beteiligungsgemeinde". Kann sie mindestens lokal den Abwärtstrend der Volkskirche stoppen und die Löcher bei Finanzen und Personal an der Basis ausgleichen? Entsteht bei diesem Modell eine neue Glaubensqualität? Darüber sprach ich mit der Theologin und Psychologin Anke Wiedekind, Jahrgang 1970. Sie ist vom Gemeindeaufbauverein finanzierte Pastorin und Geschäftsführerin der evangelischen Andreasgemeinde in Eschborn-Niederhöchstadt vor den Toren von Frankfurt am Main.[76, 77]

Henning von Vieregge: Eines Ihrer Bücher heißt „Entdecke Dein Potenzial". Sie wissen also, dass falsch eingesetztes Engagement verschenktes Engagement ist. Am Beispiel Ihrer Gemeinde: Wenn dort alles ideal liefe, wie wäre es dann?

Anke Wiedekind: Es wäre optimal, wenn man Mitarbeiter, bevor sie einsteigen, hinsichtlich ihres Potentials abfragte. Ob sie dazu ein Seminar machen müssen, wie wir eines anbieten, kann man im Einzelfall entscheiden. Viele Menschen bringen auch schon genügend Erfahrung und Selbstwissen mit, um einschätzen zu können, was sie nicht gut können und was sie gut können. Wichtig ist, dass man prüft, wie groß das Zeitreservoir ist – das kann sehr unterschiedlich sein – und wie es zur Verfügung gestellt wird. Es gibt Leute, die über einen längeren Zeitraum eine bestimmte Zeit pro Woche investieren wollen. Immer häufiger kommt es vor, dass Menschen sich über kurze Distanzen engagieren wollen, eher im Sinn einer Projektarbeit, ganz intensiv, und dann aber auch ein sichtbares Ende ihres Engagements haben wollen, um wieder frei zu sein für etwas Neues.

Geklärt werden muss aber auch noch, wie der oder die Neue arbeiten will: von zu Hause aus und lieber allein oder eingebettet in eine Gruppe. Viele suchen auf diesem Weg Sozialkontakte, wollen in der Gruppe auch ein Stück weit aufgefangen sein. Und dann gilt es, die passende Aufgabe zu finden. Wenn das gelingt, sind die Leute sehr glücklich mit dem ehrenamtlichen Engagement.

HvV: Kann man den Niedergang der Volkskirche so aufhalten?

AW: Es geht darum, dass man nicht nur Menschen betreut, sondern ihnen aktiv die Möglichkeit gibt, sich zu engagieren, mitzugestalten und zu helfen. Viele bei uns in der Gemeinde waren bereit, bevor sie sich mit Glaubensfragen auseinandersetzten, an einer Stelle mitzuhelfen, zum Beispiel als Musiker oder Techniker oder in unserem Buchladen „7. Himmel". Sie sind oft über die Mitarbeit zum Glauben und der Kirche ein Stück näher gekommen.

HvV: Beteiligung als eine Brücke zum Inhalt? Ich muss also nicht erst eine Prüfung bestehen, ob ich auch ordentlich glaube, sondern man sagt: „Wenn du mitmachen willst, mach das, und dann schaust du mal." Ist das so bei Ihnen?

AW: Ja. Die Bereitschaft, sich zu engagieren, ist besonders groß an den Lebensübergängen. Frauen in der Phase, in der sie Kinder bekommen und aus dem Beruf aussteigen, haben eine kleine Möglichkeit, etwas darüber hinaus zu tun. Oder beim Übergang ins Rentenalter, wo sich eine Lücke auftut. Oder auch in der Midlife-Crisis, wenn Menschen merken, sie haben wichtige Ziele in ihrem Leben erreicht, aber es fehlt noch etwas. Dann eröffnen wir die Möglichkeit, sich zu engagieren, etwas zu gestalten und dabei Bestätigung und Sinnerfüllung zu finden.

HvV: Viele wollen etwas tun, wissen aber nicht, wie sie starten sollen oder trauen sich einfach nicht.

AW: Es gibt schon eine Aufmerksamkeit für diese Phasen, aber genau hier ist auch bei uns noch enorm viel Steigerungspotential. Was aber in der Gemeinde vermittelt wird, ist eine große Offenheit gegenüber allen mitzumachen. Es gibt immer wieder Stellenangebote, immer wieder Projekte, wo man anheuern kann. Und gerade diese Möglichkeit, sich mal punktuell zu engagieren, ist für viele Leute die Eintrittskarte, die sie suchen.

HvV: Man sagt: „Mach erst mal mit, du verpflichtest dich nicht für alle Zeiten." Ist es so?

AW: Genau. Und – ganz wichtig – beim Einstieg muss der Ausstieg schon mit angeboten werden. Und beim Ausstieg muss auch der Einstieg wieder mit angeboten werden. Also eine Art Kreislauf.

HvV: Manche Leute haben gar keine Phantasie, wie sie helfen könnten. Sie denken, ich habe ganz was anderes gemacht, ich kann ja gar nichts. Andere – gerade bei Älteren gibt es diesen Typus – denken, sie können alles. Sie haben den Rollenwechsel nicht begriffen, wenn man nicht mehr der Chef im Ring ist. Was machen Sie bei so unterschiedlichen Engagement-Offerten?

AW: Man braucht unterschiedliche Ansprechmethoden. Die sehr Selbstbewussten brauchen das Gefühl: Ja, sie haben die Möglichkeit, was darzustellen, aber sie müssen sich auch ein Stück weit einordnen. Und für eher Zurückhaltende ist eine Art Selbstbewusstseinstraining notwendig. Ich nenne als Beispiel eine Mitarbeiterin in unserem Buchladen. Sie hat sich am Anfang überhaupt nichts zugetraut, weil sie aus einer depressiven Verstimmung heraus kam. Nach ihrem ehrenamtlichen Engagement hat sie dann im Buchhandel als Sekretärin angefangen. Da hat das ehrenamtliche Engagement geholfen, auch beruflich gute Wege zu gehen.

HvV: Wie ist die Rolle der Hauptberuflichen in diesem Spiel? Kommen nicht manchmal Menschen, die mehr Probleme als Lösungen mit sich bringen? Erfordert die Bereitschaft, diese dann mitzunehmen, nicht eine grundsätzliche Offenheit zugunsten von Engagement, aber auch Ressourcen?

AW: Es bedeutet, dass man als Hauptberuflicher wie ein Trainer funktioniert, also nicht nur die kurzfristige optimale Zielerreichung im Auge hat, sondern auch bereit ist, in Menschen zu investieren, damit sie wachsen und gedeihen. Ein gutes Beispiel sind Jugendliche, die als Konfirmanden einsteigen, aber natürlich nicht wissen, was es bedeutet, ein Team zu führen, eine Gesprächsgruppe zu leiten usw. Wenn das Investment gut läuft, hat man eine Kaderschmiede mit überdurchschnittlich begabten Leitern, von denen einige so ihre Berufung finden.

HvV: Wie stimmt man eine Kirchengemeinde auf Beteiligung ein?

AW: Es ist ganz wichtig, dass die Leitung den Mut zur Lücke hat. Sie muss Dinge liegen lassen können, sich selbst auf eigene Gaben konzentrieren. Sie muss bereit sein, Macht und Kontrolle abzugeben. So kommen andere in Funktion und Verantwortung. Es muss sehr genau formuliert werden, was man sucht, welche Stellen besetzt werden müssen oder sollen. Die Gemeindeleitung muss auf Menschen zugehen und sie einladen, ermuntern und trainieren mitzumachen.

HvV: Ich vermute, dass 95 Prozent der Pfarrer Ihr Statement unterschreiben würden. Aber Beteiligungsgemeinde ist doch mehr Vision einiger als Realität vieler ...

AW: Ich denke, Ihre Einschätzung stimmt so nicht. Ich glaube, dass die meisten Pfarrer sich nicht als Verteiler des Ehrenamtes verstehen, sondern als die Verkünder des Wort Gottes, Repräsentanten ihrer Kirche usw. Wenige Pfarrer teilen das kybernetische Verständnis, das wir favorisieren: das Verständnis, dass der Gemeindepfarrer auch dazu da ist, immer wieder neue Dienstbereiche aufzubauen, Ehrenamtliche zu integrieren.

HvV: Ist es auch Teil des Gemeindekonzepts, dass vorrangig in über den Gemeindeaufbauverein geführtes Personal investiert wird und damit auch ein Kreislauf des Spendeneinstiegs in Gang kommt?

AW: Genau. Ehrenamtliche Mitarbeit ist eine Form von Personal Fundraising, die letztendlich auch finanzielles Fundraising zur Folge hat. In beiden Fällen geht man ziemlich gleich vor. Wir sind eine wachsende Gemeinde und wollen weiter wachsen. Dazu brauchen wir Spender von Zeit und Geld. Man weiß, dass eine hauptamtliche Kraft 20 bis 30 Ehrenamtliche binden kann. Dann ist ein weiterer Hauptamtlicher nötig, der weitere Ehrenamtliche binden kann.

HvV: Hauptamtlich heißt aber nicht notwendigerweise 100 Prozent, oder?

AW: Nein. Wir haben fast keine 100-Prozent-Stelle, wobei wir davon ausgehen, dass es gut ist, wenn Menschen hier ein Standbein haben, aber darüber hinaus ein Spielbein haben, das sie mit dem Rest der Welt verbindet.

HvV: Wie viel Personal gibt es, und wie wird es finanziert?

AW: Aus Kirchensteuern haben wir einen bezahlten Pfarrer, zwei Sekretärs- und Buchhaltungsstellen, eine halbe Stelle Organist/Chorleiter sowie eine halbe Küsterinstelle. Das ist es für rund 1.200 Haushalte. Der Gemeindeaufbauverein, also aus Eigenmitteln, finanziert zwei pastorale Mitarbeiter zu 65 und 70 Prozent. Und dann haben wir noch für die verschiedenen Altersgruppen jeweils einen hauptamtlichen Mitarbeiter sowie einen Theaterpädagogen, der die kreative Arbeit leitet, sowie kleine Projektstellen. Und eine Geschäftsführung, die gleichzeitig installiert ist. Das sind in Summe um die 15 Hauptamtliche auf aktuell acht Stellen.

HvV: Wenn also, wie Sie sagen, ein Hauptamtlicher 20 Ehrenamtliche bindet, dann haben Sie ungefähr 200 Ehrenamtliche. Wie trainiert man die Hauptamtlichen, dass die das Beteiligungskonzept kapieren und in ihrem Verantwortungsbereich auch machen wollen?

AW: Erstens ist es eine Frage der Personaleinstellung. Wir haben schmerzhaft gelernt, dass wir Menschen einstellen müssen, die per se ein multiplikatives Verständnis haben. Wir brauchen einen Typus, dem klar ist, dass er seine Arbeit nicht selbst machen soll, und der auch vor einem großen Aufgabenkatalog nicht zurückschreckt, weil er verstanden hat, dass er das zusammen mit vielen Ehrenamtlichen leisten soll. Bringt die Bewerberin, der Bewerber genügend Erfahrung in der Zusammenarbeit mit Ehrenamtlichen mit? Wir haben beim Auswählen Fehler gemacht, hatten auch die eine oder andere Trennung, und haben so gelernt, dass das ein existentieller Punkt für uns ist. Wir wollen Hauptamtliche, bei denen 51 Prozent ihrer Arbeit multiplikativ sind, wir haben es aber nicht immer nachgeprüft und durchgehalten.

HvV: Wie merkt man, dass man die richtige Person vor sich hat?

AW: Durch Erfahrung der Auswählenden und Nachweise durch den Kandidaten. Man kann es manchmal durch Fragen zur Führungsfähigkeit feststellen, ob Menschen einen antizipativen Leitungsstil oder eher einen autoritären Führungsstil haben. Und man kann es auch sehen an konkreten Maßnahmen der Mitarbeiterförderung, der Wertschätzung, ob Menschen ein System haben, wie sie Mitarbeiter anleiten.

HvV: Was sind die drei wichtigsten Merkpunkte und die drei heftigsten Fehler im Umgang mit Ehrenamtlichen?

AW: Ein wichtiger Punkt ist die Mitarbeiterkompetenzübertragung, die durchgehalten wird. Wertschätzung ist ein weiteres ganz wichtiges Thema; Einschätzung, was sie leisten können und sie nicht überfordert. Fehler: Sie für den Papierkorb arbeiten zu lassen, ihre Arbeit nicht zu sehen, sie Hiwi-Dienste machen zu lassen.

HvV: Der Hauptamtliche ist nicht in jedem Fall der Häuptling?

AW: Das war für mich der Clou im „7. Himmel", unserem Kultur-, Informations- und Buchladen: Wir hatten anfangs eine Buchhändlerin eingestellt, und sie hat als Fachfrau das ehrenamtliche Team wirklich nur als Hilfsmitarbeiter verstanden. Als sie dann gegangen ist, war es so, dass jeder Mitarbeiter einen Aufgabenbereich bekommen hat, für den er selbst verantwortlich war, mit den entsprechenden Kompetenzen. Das hat dem Team einen enormen Motivationsschub gegeben und auch ein großes Verständnis.

HvV: Braucht man nicht aber doch eine Kraft, die so einen Laden zusammenhält?

AW: Ja. Aber wir haben gelernt, dass dazu nicht unbedingt eine Fachleitung vonnöten ist, sondern eher eine Leitung, die die Menschen motiviert, die Visionen vermittelt und die wertschätzt. Die Fachkompetenz lässt sich häufig über ganz andere Wege hereinholen.

HvV: Ist es nicht gerade in einer Kirchengemeinde, in der es ja im Kern um Glaubensverkündung und Glaubensfragen geht, kaum zu verhindern, dass diejenigen, die predigen, von allen Seiten gleichzeitig als die Häuptlinge angesehen werden? Also doch pastorale Zentrierung und damit Fixierung auf das Hauptamt?

AW: Gottesdienste haben bei uns eine Doppelleitung, in der Regel ein Ehrenamtlicher und ein Hauptamtlicher. Es gibt aber auch Gottesdienste nur durch Ehrenamtliche, Liturgie und Predigt. Aber grundsätzlich ist es manchmal schwer, den Ehrenamtlichen die Hauptverantwortung zu geben, obwohl es eigentlich gut wäre – nicht allein, um die Pastoren zu entlasten, sondern um ihnen damit auch die Möglichkeit zu geben, wieder was Neues starten zu können. Die Schwierigkeit ist auf beiden Seiten: bei denen, die abgeben, und bei denen, die annehmen. So etwas wächst Schub um Schub. Was hilft, ist eine fortdauernde Verständigung innerhalb der gesamten Gemeinde über die gemeinsamen Ziele bis hin zu einer verbindlichen Corporate Identity. Und die gemeinsame Kultur, wir sind eine Gemeinde, in der man per Du ist.

HvV: Ist das, was hier läuft, ein Beitrag zur Zivilgesellschaft?

AW: Eindeutig. Was wir tun, lässt sich, so würde ich auf jeden Fall sagen, auf den allgemeinen zivilgemeindlichen Kontext übertragen.

HvV: Täuscht der Eindruck, dass ein solches Modell nur funktioniert, wenn die Akteure beim Start weitgehend unabhängig vom Wollen und Grollen des Umfelds handeln? Kann man erst, nachdem eine gewisse Stabilität erreicht ist, riskieren, sich in der politischen Gemeinde und in der verfassten Kirche jeweils abzustimmen?

AW: Bei uns ist es so, dass wir aus einer Abgrenzung heraus Integration starten. Das führt natürlich hin und wieder zu Irritation. Eine Kirchengemeinde, die sich jahrelang eher abgekapselt hat, also beispielsweise deutlich gemacht hat, dass sie am hiesigen Vereinsleben nicht teilnimmt, irritiert, wenn sie sich jetzt beteiligen will, sogar über das hinaus, was bisher eingeübt ist. Die katholische Schwestergemeinde, die traditionell und von ihrer Führung her im Vereinsleben und in der Kommunalpolitik stark eingebunden ist, unterstützt uns nun.

HvV: Anders als bei einer freikirchlichen Gemeinde soll das, was geschieht, zudem im Einklang mit der Amtskirche geschehen. Ist das nicht eine zusätzliche Schwierigkeit?

AW: Schwierigkeit und Chance. Eine freikirchliche Bewegung, die natürlich nicht eine Integration in die Amtskirche leisten muss, mit wenigen engagierten Pionieren startet, sukzessive gemeindliche Strukturen aufbaut – übrigens als Gegenmodell zu uns oft direkt ausgerichtet an Besonderheiten im regionalen Raum –, hat einige Probleme nicht, die wir haben, aber andererseits auch nicht den Resonanzboden und den Support einer Amtskirche.

HvV: Aber Freikirchen sind schon eine Konkurrenz, von der zu lernen ist?

AW: Unbedingt. In vielen Freikirchen ist der Unterschied „Bin ich drin oder bin ich draußen" spürbar. Das ist eine Chance, aber auch ein Problem sowohl für Leute, die eintreten, da sind die Barrieren hoch, als auch für diejenigen, die rausgehen. Für die ist der Verlust häufig überdeutlich. Uns gab die Abgrenzung anfangs ein Avantgarde-Gefühl. Heute haben wir Normalitätsprobleme.

HvV: Wie vermeidet man den Abstieg beim Erfolg?

AW: Da ist die emotionale Komponente. Erste Liebe mündet in eine langfristige Gewohnheit und stellt sich nicht mehr ein. Die Anfangseuphorie – langjährige Mitarbeiter erinnern sich daran und möchten sie wieder herbeisehnen – ist nicht konservierbar oder wiederherstellbar. Zu Anfang waren alle Feuer und Flamme, jetzt sind es nur noch Einzelne. Gleichzeitig hat sich Routine auf hohem Niveau eingespielt. Änderungen erhalten den Markenkern. Bei uns ist dies die Arbeit der Kirche mit glaubensdistanzierten Menschen. Dafür ist unsere Gemeinde bekanntgeworden. Menschen, die der Kirche fern sind, aber glaubensmäßig interessiert sind, sollen bei uns leicht Zugang finden.

HvV: Das heißt, dass man sich möglicherweise sehenden Auges in ein Spannungsverhältnis begibt, nämlich einerseits Angebote für gegenüber der Kirche Distanzierte bis weit ins Rhein-Main-Gebiet hinein macht und sich andererseits stärker gegenüber der hiesigen Gemeinde öffnet.

AW: Genau. Im Grunde ein dreifaches Wachstum, weil wir eine Dependance in der sogenannten Zweidrittelwelt aufgemacht haben. Der Kirchenvorstand hat das so definiert: Es gibt einen lokalen, einen regionalen und einen globalen Schwerpunkt der Gemeinde. Man hat das auch mit Prozentzahlen versehen: 50, 30, 20. Der globale Schwerpunkt ist mit 20 Prozent die Gemeinde in Kenia.

HvV: Müssen wir aufpassen, dass wir den Schwachen nicht das Wenige, das sie können, auch noch wegnehmen, weil wir ja so hilfsbereit sind? Wird das als Thema gesehen, und wie geht man damit um?

AW: Wir sind eine Gemeinde der Schönen, Reifen und Guten, ich meine das ein bisschen spöttisch. Eine solche Gemeinde tut sich schwer, schwache Mitglieder, die nicht so viel leisten können, zu ertragen, vor allem wenn sie in verantwortlichen Positionen sind, zum Beispiel Kundenkontakt haben. Wir haben hier ein hohes Leistungsniveau in der Gemeinde. Das ist erfreulich und problematisch. Menschen mit niedrigem Bildungsstand sagen, wir kommen da gar nicht mit. Meine persönliche Meinung ist, dass es die Qualität einer Gemeinde definiert, ob sie in der Lage ist, soziale Grenzen zu überschreiten.

HvV: Was muss eine Kirchengemeinde tun, um den Übergang von leistungswilligen, wertschätzungsbedürftigen Älteren zu bedürftigen, kranken Älteren zu schaffen? Muss man nicht Beteiligung so lange durchbuchstabieren, wie es irgendwie geht? Ist das ein Thema auch für diese Gemeinde?

AW: Auf jeden Fall. Wir verstärken unsere Seniorenarbeit, indem wir Senioren auch für Senioren arbeiten lassen. Auch Menschen, die alt und gebrechlich sind, können sich an irgendeiner Stelle beteiligen, zum Beispiel am Beten.

HvV: Gibt es auch Hospiz-Überlegungen?

AW: Aktuell nicht. Aber wir überlegen, ob wir als Gemeinde Gemeindemitgliedern eine Form von Sterbebegleitung angedeihen lassen. Sechs bis sieben Leute haben eine Hospiz-Ausbildung gemacht. Im Gespräch ist, mit der Eschborner Nachbargemeinde einen Verein zu gründen, so dass eine Basis da ist. Das ist keine pflegerische Begleitung, sondern eher eine geistige, geistliche, menschliche. Vernetzt mit den professionellen Anbietern, wollen wir Menschen dabei unterstützen, dass sie zu Hause sterben können.

Gespräch mit Claudia Rutt, Geschäftsführerin Generationennetzwerk Deutschland[78]: „Dem Engagement eine Stimme geben."

Claudia Rutt ist Vorstand des Generationen Netzwerk Deutschland e.V. (GND) in Bonn. Dieser noch junge Verein bietet seinen Mitgliedern – nicht nur, aber vor allem den über 50-Jährigen – umfassende Informationen und Beratung rund um die Themen Pflege, Finanzen, Vorsorge,

Gesundheit, Beruf und Freizeit. Mit der Zeit soll daneben ein bundesweites Freiwilligennetzwerk entstehen. Ich habe mit ihr über dieses Modell und ihre Vision gesprochen.

HvV: Der GND ist etwas Neues. Was ist der GND?

CR: Der GND ist ein Hybridmodell: Zum einen sind wir eine Anlaufstelle. Die Menschen, unsere Mitglieder, können uns anrufen, und wir helfen ihnen, alltägliche Situationen zu meistern. Zum anderen bauen wir ein Freiwilligennetzwerk auf: GND lokal. Wir suchen dabei nicht Menschen für eine vorgegebene Agenda, sondern Menschen mit Agenda. Wir versuchen jene, die sich bis jetzt noch nicht intensiv mit dem Ehrenamt beschäftigt haben, anzusprechen.

HvV: Das Hybridmodell besteht also aus einer Beratungsorganisation und einer freiwilligen Selbsthilfeorganisation. Kann man sagen: Das Beratungsmodell ist ein ganzheitliches Beratungsmodell, das der Lebenssituation einer 50plus-Generation dient?

CR: Es ist fast etwas vermessen, das so zu behaupten. Wir haben uns gefragt: Was treibt die Menschen am meisten um, was sind deren Hauptthemen? Und das sind unsere fünf Ressorts: Beruf und Bildung – es kann ja sein, dass ich bis 70 arbeiten muss und mich als erfahrener Arbeitnehmer noch einmal verändern will. Wir wollen die Menschen motivieren, aktiv etwas zu tun, wenn sie sich im Job unwohl fühlen; wir bieten Beratung in diesem Feld (wie bewerbe ich mich, wenn ich älter bin; wie bekomme ich noch eine Fortbildung u.Ä.). Dann Vorsorge und Finanzen mit dem Schwerpunkt: Wie kann man finanziell unabhängig sein bis ins hohe Alter? Natürlich der Bereich Gesundheit und Pflege mit solchen Fragen: Was passiert, wenn ein naher Angehöriger plötzlich zum Pflegefall wird, was ist dann zu tun? Und schließlich Freizeit und Lifestyle sowie Liebe und Freundschaft.

HvV: Und das Ganze in der Rechtsform eines Vereins?

CR: Ja, und ab Januar 2012 als ein gemeinnütziger Verein.

HvV: Warum in dieser Konstruktion?

CR: Weil wir das Hybridmodell sind. In der Freiwilligenwelt ist die Gemeinnützigkeit ein Siegel dafür, dass man keine Profit-Organisation ist, sondern dass es darum geht, etwas für das Gemeinwohl zu tun. Was wir auf der Beratungsseite anbieten, ist dabei nicht hinderlich. Im Gegenteil, denn auch dies geschieht zum Wohl der Mitbürger.

HvV: Pate ist der ADAC?

CR: Der Verein wurde vom ADAC gegründet, der ADAC leistet auch die Anschubfinanzierung, das heißt, auch die Gründungsmitglieder kommen aus den Reihen des ADAC. Vorbildfunktion hat die berühmte AARP – American Association for Retired People.

HvV: Der Verein hat einen Vorstand, nämlich Sie. Um an eine Beratung zu kommen, wird man bei Ihnen Mitglied. Heißt das, ich als Mitglied könnte Sie dann wählen?

CR: Sie als Privatperson können Einzelmitglied werden. Dann haben Sie bei der Mitgliederversammlung Antrags- und Rederecht. Der Vorstand wird vom Beirat bestellt. Die Anlaufstelle für eine Mitgliedschaft finden Interessierte bei den GND Lokal-Büros und natürlich über unsere Zentrale in Bonn.

HvV: Ist das ähnlich wie beim ADAC?

CR: Die ADAC-Struktur ist sehr viel komplexer, weil es eben ein Verein mit 17 Millionen Mitgliedern ist.

HvV: Man kann für den Beratungsservice nicht einzeln bezahlen, sondern wird Mitglied, zahlt einen Beitrag und hat dafür die Möglichkeit, sich zu Fragen der Generation 50plus zu informieren. Warum sind Sie diesen Weg gegangen?

CR: Das Vorbild AARP und die anderen Organisationen dieser Art wählten genau die gleiche Konstruktion. Es soll verdeutlichen: Hier kann ich mitmachen, kann kommentieren, vorschlagen, fordern, etwas bewegen. Also Interaktion, das ist mehr als nur die reine Beratung. Selbstverständlich ist aber auch „nur“ die Beratung abrufbar.

HvV: Sie sagten, der ADAC leistet die Anschubfinanzierung. Soll sich zunächst die Beratungsseite finanziell tragen?

CR: Nein, das ganze Hybridmodell soll sich tragen. Da wir gemeinnützig werden, haben wir auch die Möglichkeit, über GND Lokal, also bei der Freiwilligenarbeit, Spendenaufrufe vor Ort zu machen oder Organisationen einzubinden, die lokal ein Interesse haben, unsere Organisation zu unterstützen. Langfristig werden wir Einnahmen aus Mitgliedsbeiträgen, aus Unternehmenskooperationen und aus Kooperationen mit Vereinen haben. Die Einnahmen nutzen wir, um die Mitgliederleistungen weiter auszubauen.

HvV: Was meinen Sie mit Unternehmenskooperationen?

CR: Wir wollen auch für Unternehmen ein Partner sein, insbesondere für den Mittelstand, deren kleine Personalabteilungen gar nicht so spezialisiert sein können. Aber es kommen immer mehr neue Themen auf: neben Elternzeit oder Kinderbetreuung zum Beispiel die Pflege der Eltern. Und dann stellt sich im Unternehmen die Frage: Wie geht man solche Themen an, wie kann man beraten, wie kann man neue

Arbeitszeitmodelle entwickeln? Betriebe wollen Facharbeitskräfte länger halten – dabei wollen wir Partner für Unternehmen werden und Kooperationen schließen. Wir bieten an, dass die Mitarbeiter bei uns Vereinsmitglied werden und damit auf unsere Beratungskompetenzen zurückgreifen können

HvV: Noch reden wir weitgehend über Ihre Pläne. Wie lange sind Sie jetzt am Markt?

CR: Unsere Website haben wir im April 2011 geschaltet, unsere Start-Pressekonferenz war Mitte Mai 2011.

HvV: Das heißt, Sie sind sehr am Anfang. Das Problem bei solchen Gründungen ist ein Kreislauf: Habe ich genug Mitglieder, um interessant zu sein; bin ich interessant genug, um genug Mitglieder zu bekommen?

CR: Richtig. Wir haben sehr viel Vorarbeit geleistet. Aber man muss auch nicht alles neu erfinden. Die Themen, die nachgefragt werden, ändern sich laufend. Ich bin schon lange davon überzeugt, dass das Thema Pflegeversicherung ein Topthema werden wird. So muss man aufmerksam beobachten, was zu unseren Themenbereichen gerade aktuell auf dem Markt ist und wo die Leute Interesse an Unterstützung haben.

HvV: Sie haben sicher durch Ihre Forschung recherchiert, wann gewissermaßen der Sog, GND-Mitglied werden zu wollen, übermächtig wird.

CR: Da gibt es schon Studien. Am meisten interessieren sich die Leute zwischen 45 und 60 für Vereine, wer das bis dahin nicht gemacht hat, wird es auch nicht mehr tun.

HvV: Haben Sie dann als GND nicht ein doppeltes Problem? Generell ist die Vereinsfreude der Deutschen im Zuge der Individualisierung etwas gesunken, und Ihre Zielgruppe sind die Älteren. Was macht Sie optimistisch?

CR: Ich glaube, dass wir die Themen gut erfasst haben. Je stärker sich der demographische Wandel auswirkt, desto mehr rutschen die Leute in diese Falle, nicht mehr alles allein managen zu können. Sie brauchen Unterstützung. Uns wird es gelingen, klar zu machen, dass wir für sie ein Service sind. Man muss nicht im Internet surfen, nicht viele unterschiedliche Servicetelefone anrufen und sich durchhecheln, sondern das Mitglied ruft bei uns an und bekommt von uns die Unterstützung. Zunächst müssen wir aber noch bekannter werden, damit unser Unterstützungsangebot überhaupt abgerufen wird. Der GND muss den Menschen mit dem richtigen Thema zum richtigen Zeitpunkt erwischen. Darum ist Öffentlichkeitsarbeit ganz wichtig. Wir stellen die Breite des

Angebots dar, und es macht bei den Leuten klick: Es sind Themen, bei denen wir unseren Mitgliedern helfen können.

HvV: Geben Sie eine Zielzahl bekannt, bei der Sie sicher sind, dass Sie den Durchbruch haben?

CR: Ich denke, eine schlagkräftige Relevanz haben wir ab 50.000, das wäre schon eine starke Gemeinschaft. Und über 100.000 geben wir den Menschen mitten im Leben auch eine gewaltige Stimme. Zwischen 50.000 und 100.000 kann man sich sicher sein, dass man auf dem richtigen Weg ist.

HvV: Wird der GND vor allem durch Empfehlungen wachsen?

CR: Ja, weil wir sehr stark verdrahtet sein werden.

HvV: Bringt die Freiwilligenarbeit vor Ort mehr oder zusätzliche Qualität gegenüber klassischer Öffentlichkeitsarbeit?

CR: Zwei wichtige Gründe für diesen Ansatz sind: Erstens erreichen wir so die Menschen in der Mittelschicht, die nicht unbedingt auf Information und Beratung in den neuen Medien zurückgreifen. Zweitens wissen wir aus Studien, dass die Menschen gerne freiwillig tätig werden wollen. Sie haben vielleicht auch die Sorgen und Nöten des Alters, aber sie wollen aktiv bleiben. Viele suchen eine sinnvolle Tätigkeit, die Spaß macht. Wir bieten ihnen eine Perspektive, wie man engagiert auch über den Beruf hinaus tätig sein kann. Und das, wenn man will, schon zu einem frühen Zeitpunkt, so dass man sich auf später vorbereiten kann.

HvV: Auf lokaler Ebene werden die Projekte definiert?

CR: Das sind eigene Projekte, die zentral von Bonn gesteuert werden. Vor Ort arbeiten wir mit der Kommune oder Gemeinde zusammen, damit wir wissen, was eigentlich gebraucht wird. Das wird mit den Wünschen der Freiwilligen verzahnt. Auch soll das, was wir national oder zentral anbieten, vor Ort erlebbar sein. Aber primär sind es die Freiwilligen, die ihre Themen einbringen. Und wir steuern das Ganze.

HvV: Sie meinen also, dass trotz aller Bemühungen verschiedener Institutionen und Vermittleragenturen es immer noch ungehobene Schätze in dieser Generation gibt?

CR: Ja, absolut. Wir sind überrollt worden von Anfragen. Es kommen viele konkrete Angebote: Ich habe gute Kontakte, ich möchte mich engagieren und bei uns in der Gemeinde etwas bewegen. Zum Beispiel der Verein in Mainz (Ambiente, Wohnen und Leben e.V.), der die Demenz-Wohn-WG eingerichtet hat und betreut.

HvV: Was bieten Sie dann an?

CR: Der Verein hat sich bei uns gemeldet – und jetzt kooperieren wir und eröffnen in dessen Haus ein GND Lokalbüro.

HvV: Und was ist Ihr Punkt, und was ist deren Punkt?

CR: Für den Verein ist es interessant, dass wir qualifizierte Beratung für die Demenzerkrankten beziehungsweise deren Angehörige anbieten können. Für uns ist interessant, dass wir damit jemanden haben, der lokal gut vernetzt in einem für uns wichtigen Themenfeld arbeitet. So bauen wir ein nationales Netzwerk auf. Klassisches Beispiel: Man lebt in München und die Eltern leben in Mainz. So kann man auch bei dieser Distanz etwas organisieren.

HvV: Ihr Konzept setzt auf Freiwilligkeit. Brauchen Sie für die Büroleitungen nicht jenen Typus Freiwilligen, der zunehmend schwerer zu bekommen ist, nämlich den Ehrenamtler, der verlässlich über einen längeren Zeitraum zur Verfügung steht?

CR: Wir machen die Erfahrung, dass es Menschen gibt, die gerne organisieren und strukturieren. Die melden sich ja auch bei uns – sie haben Spaß, so etwas zu machen. Die anderen sollen das tun, wozu sie Lust haben. Es gibt ja auch Menschen, die sagen: Ich würde ja gerne was tun, aber ich weiß nicht, was. Das kann man in einem Gespräch sehr schnell herausbekommen: „Ach, Sie interessieren sich für Kunst, Sie haben sogar eine Ausbildung. Warum machen Sie nicht Vorträge, oder beschreiben Sie mal Bilder?“ Es ist erstaunlich, was Leute leisten, wenn sie sich mit einer Idee identifizieren. Natürlich brauchen wir Verbindlichkeit. Aber man kann auch nur dreimal im Jahr etwas machen. Man kann auch sagen, ich mache immer drei Monate Urlaub. Drei Monate bin ich da, und dann wird das in diesem Rhythmus eingeplant. Man kann auch sagen, ich backe einmal im Jahr zu Weihnachten Plätzchen, das ist auch in Ordnung. Aber das ist dann verbindlich.

HvV: Was ist der Job der Zentrale beim Aufbau dezentraler Büros?

CR: Der GND stellt den Kontakt zur Kommune her, wenn er nicht schon vorhanden ist. Er bittet den Bürgermeister um Hilfe bei der Vernetzung, um Unterstützung, auch was Büroräume angeht, auch um Mithilfe bei der Werbung weiterer Freiwilliger. Der GND stimmt auch ab, was es vor Ort schon gibt und was nicht. Wir versuchen, die Ideen der Freiwilligen mit den Bedürfnissen vor Ort zu koordinieren, und zwar so, dass die Leute zufrieden sind, wenn sie tolle Ideen haben. Aber man muss auch sehen, dass es zum Gemeinwohl passt und was in der Region gebraucht wird.

HvV: Bezogen auf den Beratungsbedarf: Was passiert vor Ort, was durch die Zentrale?

CR: Der Beratungsbedarf ist vorhanden, das wissen wir ja. Vor Ort finden die Menschen einen persönlicher Ansprechpartner. Und wenn jemand eine Spezialberatung will, wird das an GND national an den entsprechenden Mitarbeiter weitervermittelt.

HvV: Es gibt also neben den speziellen lokalen Projekten ein gewisses Basisangebot an Informationen, das dann alle Büros in gleicher Weise haben – kann ich es mir so vorstellen?

CR: Wir können zwar nicht sicherstellen, dass wir in jedem Büro jemanden für Vorsorge und Finanzen haben. Das kann sich zufällig ergeben. Aber die Büros können immer auf die Kompetenz der Zentrale zurückgreifen.

HvV: Also hat der GND lokal viele Gesichter, ist aber immer der GND?

CR: Ja. Aber das ist auch das, was die Leute eigentlich treibt. Wir haben im Moment fünf Büros, wir eröffnen jetzt aber zügig weitere. Interessant ist, dass die Freiwilligen auch an den Vernetzungen untereinander, also von Büro zu Büro, interessiert sind. Was macht ihr, wie macht ihr das? Dieser Erfahrungsaustausch ist auch total wichtig.

HvV: Freiwilligkeit braucht Hauptamtlichkeit. Reicht es, die Hauptamtlichen nur in der Zentrale zu haben?

CR: Unsere Abteilung GND Lokal hält eine enge Verbindung zu den Freiwilligen vor Ort. Wir richten die Büros ein, wir suchen auch vor Ort Büros, es sei denn, wir bekommen zum Beispiel einen Raum von der Gemeinde gestellt. Wir richten die Büros im GND-Look ein – man erkennt immer, dass es ein GND-Büro ist. Die Freiwilligen können immer auf die Kompetenz in der Zentrale zurückgreifen, sie bekommen bei uns auch eine Schulung. Dabei geht es um Fragen wie: Was heißt es, freiwillig tätig zu sein, im Team zu arbeiten, mit Konflikten, Sorgen und Nöten umzugehen, auf was lasse ich mich ein? Und: Wer ist der GND, was macht er?

HvV: Woran merke ich als Freiwilliger, dass ich mit meinen Anliegen und meinem Engagement ernst genommen werde und dass es lohnt, ohne Geld das zu tun, während andere dafür bezahlt werden?

CR: Zum einen ist es die Freiheit, das zu tun, was man will. Die Freiwilligen können sich ja auch Themen aussuchen, die sie unterstützen wollen, wenn zum Beispiel die Gemeinde darauf aufmerksam gemacht hat, dass dort eine Notwendigkeit besteht. Es ist ja nicht so, dass wir hinkommen und sagen: „Wir verdonnern Sie jetzt dazu, unser Vereinsblättchen oder den Newsletter zu schreiben.“ Sondern ein Freiwilliger kommt und sagt: „Am liebsten spiele ich Klavier.“ Und dann überlegt man gemeinsam, was man aus dem Klavierspielen machen kann. Und dann ist es seine Idee, sein Baby. Wir sind im Grunde nur der Service, damit es funktioniert. Oder wir helfen ihnen, ihr Talent umsetzen zu können. Der Lohn – und das ist ja immer gleich beim Ehrenamt – ist letztlich das, was man an Anerkennung vor Ort bekommt.

HvV: In die Zukunft geschaut, was ist Ihre Wunschvorstellung?

CR: Dass wir mit den Freiwilligenbüros bundesweit präsent sind. Wir haben dieses Jahr 20 Büros geplant, im nächsten Jahr wollen wir bei rund 100 stehen. Wenn wir in fünf Jahren 500 hätten, wäre das genial. Aber ich finde, 100 wäre schon mal eine ganz gute Abdeckung.

HvV: Was bedeutet GND für die Vision einer starken Zivilgesellschaft?

CR: Der GND kann mit einer relevanten Zahl von Mitgliedern helfen, Engagement der Bürger aufzubauen und zu vertreten Der GND kann diesem Engagement eine Stimme geben. Wir sind eine Gesellschaft, die immer vieles von oben bekommen hat. Ich glaube, man muss die Leute dazu führen, umzudenken, wieder aktiv zu werden, sich für Dinge einzusetzen. Denn wenn kein Geld da ist oder keine Arbeitskräfte, muss man umdenken. Der Bürger ist wieder viel mehr gefordert. Über die lokalen Büros kann man auch eine nationale Stimme werden.

HvV: Der ADAC ist die Stimme des Autofahrers. GND wäre dann die Stimme der Generation 50plus mit Zukunftsperspektive?

CR: Der ADAC ist die Stimme der Mobilität in Bezug auf das Auto, der GND ist die Stimme der Mobilität der anderen Aspekte: Geist, Seele, Körper, Mobilität bis ins hohe Alter.

HvV: Bedeutet diese Ausrichtung, dass der GND in seinem Tätigkeitsfeld verdeutlicht, wenn politisch falsche Weichenstellungen drohen?

CR: Absolut! Durch diese Struktur mit den Lokalbüros wissen wir zum einen, was die lokalen Themen der Menschen sind. Das sind meistens auch nationale Themen. Durch die Freiwilligen und deren Arbeit wissen wir, was die Menschen bewegt, weil sie nah am Bürger sind. Wir sind damit weg von der Anonymität. Auf der nationalen Ebene sind wir anonymer, vielleicht sieht man mal einen Mitarbeiter im Bild oder im Interview. Aber vor Ort sind wir greifbar. So kann man uns seine Stimme geben, und das können wir national auch vehement vertreten.

HvV: Zu einem Zeitpunkt, zu dem viele Großorganisationen – ich nehme mal die Kirche – Mühe haben, sich in der Region und auch lokal zu halten und auch oft unter Sparzwängen aus der Region herausgehen, vor allen Dingen aus der ländlichen Struktur, da fangen Sie an, so etwas aufzubauen. Ist das nicht erstaunlich?

CR: Vielleicht hat die Kirche es verpasst, vor Ort noch diese Heimat zu sein wie früher. Dabei hat die Kirche sehr stark familiäre Strukturen aufgebaut und sie auch gelebt. Aber vielleicht hat sie zu wenig auf die neuen Strukturen in der Gesellschaft, auf die Entwicklung der modernen Familien reagiert. Ich glaube, das können wir zum Teil schon auffangen.

HvV: Sie sagen, wir versuchen, eine Organisation aufzubauen, die sich selbst trägt und lokale Strukturen schafft. Das heißt, dass ins Zivilgesellschaftliche ein marktwirtschaftlicher Ansatz eingefügt wird.

CR: Ich drücke es mal anders aus: Wir sind zu einem Zeitpunkt gegründet worden, zu dem mehr und mehr öffentliche Mittel versiegen. Es gibt unglaublich spannende, interessante Organisationen, die sich auch schon mit Teilsegmenten dessen beschäftigen, was der GND anbietet. Aber viele sind abhängig von der öffentlichen Hand. Wenn das Geld nicht mehr da ist, müssen sich die Organisationen umstellen. Und es ist nicht immer wirtschaftlich gedacht worden. Unser Vorteil ist, dass wir gar nichts von der öffentlichen Hand haben wollen. Das heißt, wenn wir überleben und groß werden wollen, müssen wir andere Wege gehen. Ich finde das auch richtig. Ich finde es toll, wenn der Staat Anschubfinanzierungen gibt. Ich finde es beeindruckend, was schon alles auf den Weg gebracht wurde. Darüber weiß man eigentlich viel zu wenig.

HvV: Zum Beispiel?

CR: Die infrastrukturellen Hilfen, die für zivilgesellschaftliche Organisationen wie Seniorenliga, Seniorenbüros, Freiwilligenagenturen usw. aufgewendet werden. Aber vieles haben die Bürger nicht wirklich in der Breite wahrgenommen, sondern nur die, die zufällig da gelandet sind. Und viele Organisationen haben es nicht geschafft, eigenständig zu werden. Und dann wird geklagt, weil nicht mehr viel Geld da ist. Ich komme auch aus einer Organisation, in der lange geklagt wurde, aus der Deutschen Knochenmarkspenderdatei DKMS. Die Schwester meines Mannes hatte Leukämie. Da gab es keine Spenderdatei, es gab nichts, aber wir haben nicht gejammert, sondern haben die DKMS gegründet. Mit Geldspenden. Wir haben dann auch mal eine Anschubfinanzierung vom Bund bekommen, aber wir haben die Organisation letztlich auf eigene Beine gestellt. Das geht. Und die Menschen sind auch bereit, dafür etwas zu geben.

HvV: Im Unterschied zur DKMS hat der GND aber eine große Themenbreite, nicht ein Thema. Ist es nicht schwieriger, eine solche Organisation aufzubauen, Mitglieder und Unterstützer zu gewinnen?

CR: Die meisten Organisationen wie unsere mit einem bestimmten Anliegen entstehen aus einer Not. Das gibt ihnen auch die größte Dynamik. Wenn Sie sich vergleichbare Organisationen in Europa ansehen, hat es immer einen Grund für die Gründung gegeben. Die Menschen sind auf die Straße gegangen und haben einen Verein gegründet. Man kann natürlich sagen, die Not des demographischen Wandels ist auch verdammt groß, und man muss den Menschen sagen: Dir muss klar sein, du wirst nicht mehr so leben wie deine Eltern oder Großeltern, du musst dich umstellen. Aber letztlich rede ich immer über etwas, was sich nicht heute, sondern erst in einiger Zeit auswirkt. Wenn dieses Schmerzhafte, das Problem, erkannt wird, bekommen wir ganz schnell viele Leute hinter uns. Durch Betroffenheit. Aber man kann es ja auch positiv sehen. Bei uns ist Mitgliedschaft vor allem eine rationale Entscheidung.

HvV: Das macht Ihre Aufgabe nicht einfacher! Wenn man an Verbände und Interessenorganisationen denkt – was ist das, was, wenn das GND-Modell läuft, auf diese Organisationen abstrahlen könnte?

CR: Dass man solche Modelle heute noch entwickeln kann, dass sie lebensfähig sind. Dass man Menschen etwas zurückgibt. Dass man es auch heute noch schafft, eine Organisation zu bilden, die sich zum Sprachrohr der Bürger formiert. Das könnte schon abstrahlen. Ich glaube schon, dass die eine oder andere Organisation die Chancen hat, sich modern aufzustellen, auch wenn es oft heißt, die Menschen hätten immer weniger Interesse und engagieren sich nicht. Wir machen da andere Erfahrungen.

HvV: Interessenorganisationen könnten lernen, dass in einer neuen Form doch wieder Interessen organisiert werden können?

CR: Genau.

HvV: Braucht man, um diese Idee ganz stark in den Köpfen zu verankern, nicht doch so eine Art großer Idee? Die große Idee einer nachbarschaftlich-freundlichen Gesellschaft – Sie haben vorhin den Begriff Heimat gewählt –, wäre das so eine?

CR: Wenn Sie jetzt nach meinem Wunsch oder meiner Vision fragen, dann ist das natürlich das Aufbrechen klassischer Strukturen und das Bilden von Heimat. Wir wollen dieses Gefühl vermitteln: Wir lassen dich nicht alleine, wir sind für dich eine Heimat. Das, was dir die Großmutter früher gegeben hat, findet nun auf einer anderen Ebene statt.

6.3 Vision 2046: Was ich an meinem 100. Geburtstag zu meinen Freunden sagen möchte

Empfang Henning von Vieregge

Wann? Freitag, 28.12.2046, 11 Uhr

Wo? Bürgerhaus Mainz-Gonsenheim

Wer? Freundeskreis Gonsenheim mit Stiftung „Freunde für Freunde Rhein-Main"

Liebe Freundinnen und Freunde,

wie erfreulich, dass Ihr zu meinem runden Geburtstag gekommen seid. 100 wollte ich werden, und ich bin es geworden. In meinem Alter liegt die Chance, einen klaren Kopf zu behalten, mittlerweile bei 75 Prozent, und ich freue mich in diesem Fall, zur Mehrheit zu gehören. Ich lebe mit Angela immer noch daheim, und so soll es bleiben bis zum Tod. Sich regen bringt Segen, heißt es zu Recht, schützt aber nicht vor dem Tod. Meine Generation, die Babyboomer oder 68er, die zwischen 1938 und 1963/64 Geborenen, lichtet sich.

Hätte ich nicht die 100 erreicht, hätte ich verpasst, wie sich die demokratisch verfassten Gesellschaften am eigenen Schopf aus dem Sumpf zogen. Ökonomische und ökologische Krisen, Über- und Unterbevölkerung, Energie- und Nahrungsmittelengpässe, Wasserknappheit und andere Unerfreulichkeiten waren zu einem schier nicht zu bewältigenden Brei zusammengeflossen. Fast alle Politprognostiker sagten uns finstere Zeiten voraus, denn wir seien strukturell gegen die robusten Regime Chinas und der arabischen Ölländer unterlegen. Selbst Russland sei uns langfristig voraus. Und was hat uns gerettet? Die Transformation von der parlamentarischen zur partizipatorischen Demokratie. Karl Popper hatte schon in den 50er Jahren des 20. Jahrhunderts die „Offene Gesellschaft" beschrieben, Jeremy Rifkin über ein halbes Jahrhundert später „Die empathische Zivilisation". Nun war beides wahr geworden. Was 1989 wie ein fernes Rufen klang, „Wir sind ein Volk!", wurde zur Gewissheit. „Der emphatische Mensch", im Zivilisationsprozess so geworden – das klingt doch ganz anders als die bis dato konkurrierenden Menschenbild-Angebote. Hieß es einst, dass der Mensch nicht gut sei, verdorben durch Zivilisation und Konsum, oder dass der Mensch eigentlich böse sei, vor sich und seinem Nächsten geschützt werden müsse, heißt es heute: Der Mensch ist gut geworden, verwandelt im Zivilisationsprozess.

Die erste Hälfte meines Lebens endete nach den sieben turbulenten Jahren 1989 bis 1996. Wäre ich 1996 mit 50 gestorben, hätte ich immerhin noch mitbekommen, dass der Ost-West-Konflikt seinen entscheidenden Antrieb verloren hatte und sich technisch etwas Neues mit Macht nach vorn drängte.

Wäre ich nur 60 geworden, also 2006 verstorben, hätte ich noch die erste Entfaltung der neuen digitalen Technik erlebt: Handy, Laptop, Mail, Bürorevolution, Wissensrevolution (Beispiel Wikipedia), Beziehungsrevolution (Beispiele Facebook und Xing), Relevanzrevolution (Beispiel Google). Und ich hätte das spektakuläre Fanal des Nord-Süd-Kulturkampfes mit dem Zusammensturz der World-Trade-Center-Türme 2001 erlebt.

Wäre ich 70 geworden, also hätte ich bis 2016 gelebt, hätte ich noch erlebt, wie immer mehr Menschen dämmerte, dass es, wenn die Lebensqualität weltweit nicht bedrohlich zusammenbrechen sollte, erheblich mehr Anstrengungen von allen bedurfte, als die Politik national und über die EU den Menschen zumuten wollte.

Wäre ich 80 geworden, hätte ich bis zum Todesjahr 2026 immerhin die entscheidenden Umsteuerungen in Europa und den USA erlebt. Wir hatten in Deutschland das Glück, in diesem Zeitraum an der Spitze eine Politikerin zu haben, die – als „Eiserne Ursula" geliebt und gefürchtet zugleich – die Transformation von der parlamentarischen zur Bürgerrepublik gegen alle Widerstände mit Erfolg betrieben hat. Sie hat die Strömungen der Zeit richtig erkannt und benannt. Ihr visionärer Pragmatismus hat uns, als es Kippe auf Kante stand, entscheidend vorangebracht. Sie hat mobilisiert, in dem sie zum Egoismus ermunterte: Wer für sich das Beste tut, ist sozial. Das war ein neuer Ton, der ängstigte nicht, sondern half. Ihr Satz „Kein Tag ohne gute Tat, sonst alterst du zu schnell" wurde sprichwörtlich.

Das Interesse im Gemeinwesen am Können des Einzelnen wuchs in diesen Jahren ernsthaft. Nur so ließen sich Einschnitte vornehmen, die ein neues Verständnis eines guten sinnerfüllten Lebens nicht tangierten. Im Gegenteil: Der Anteil der Engagierten wuchs bei uns zwischen 2010 und 2030 von einem auf zwei Drittel aller Menschen, bei den Rentenbeziehern stieg der Wert der unbezahlten Arbeit in Relation zu ihren Altersbezügen von 20 Prozent auf über 50 Prozent. Aktuelle Berechnungen kommen auf 70 Prozent.

Aber nicht nur die kostenlose, auch die bezahlte Arbeit der Älteren nahm zu. Die demographischen Lücken konnten so geschlossen werden, was allein durch die seit 2017 eingerichtete qualifizierte Zuwanderung nicht gelungen war. Die Zahl der Selbständigen in der EU hat sich vervielfacht.

Für viele Menschen gab es lange Zeit nur eine sehr geringe Chance auf ein arbeitsgefülltes Leben nach der Vollbeschäftigung. Heute ist die „Senior-Karriere“ der Normalfall. Und zwar im Mix von bezahlt und unbezahlt. Fast jeder von uns ist, wenn nicht Geldmäzen, so doch Zeitmäzen geworden. Und er oder sie bekommt dafür viel zurück: Wertschätzung und Status im Alter bestimmen sich heute entscheidend von der Art und Weise des Zivilengagements des Einzelnen. Das war, glaubt es mir, noch vor 30, 40 Jahren anders.

Und wie viele Unternehmer sind Sozialunternehmer geworden, haben Stiftungen gegründet!

Die Grenzen zwischen Wirtschaft, Politik, Kultur und Wissenschaft sind durchlässig geworden, das Beschäftigungssystem flexibel und porös, auch zur früher getrennten Ehrenamtsseite hin. Für mich ist diese neue Durchlässigkeit zwischen diesen lange ungut abgeschotteten Sektoren eine der wertvollsten Entwicklungen der vergangenen Jahre.

Wäre ich 90 geworden, hätte also bis 2036 gelebt, nun, dann hätte ich immerhin im Bewusstsein sterben können, dass das neue Gebäude mit den vier Säulen Staat, Wirtschaft, Wissenschaft und Zivilgesellschaft trägt. In Deutschland, Europa und, wenn der nächste Schub gelingt, weltweit. Wenn wir sagen, dass es in keiner Zeitepoche so vorwärts gegangen sei, so wäre das vermessen. Das werden erst Historiker in den kommenden Jahrzehnten, wenn nicht Jahrhunderten beurteilen können. Aber es lässt sich dennoch schon feststellen, dass die Veränderung von unten kam und eine zweite Gründerwelle ausgelöst hat: nach 1880 bis 1910 also jetzt zwischen 2010 bis in unsere Tage ungebrochen.

Hand aufs Herz, findet ihr diesen Geburtstagsempfang ungenügend? Vor 50 Jahren hätte man groß aufgefahren. Heute definiert man Wohlstand anders, weniger materiell. Not lehrt nicht nur beten. Die Brezeln sind von mir, der Apfelwein von Euch. Hundertjährige sind ja auch bei uns keine Ausnahme mehr. Da muss die Clubkasse vor teuren Präzedenzfällen bewahrt werden. Um es nochmals klar zu sagen: Ich habe die Entwicklung der vergangenen fünf Jahrzehnte, besonders aber der vergangenen 30 Jahre, die sicher materiell für uns alle schwierig waren, als Gewinn erlebt. Als Zugewinn an gemeinsamer Lebensqualität.

Ich nenne Euch ein Beispiel: Ich darf heute reden, und ihr hört mir zu. Das ist immer etwas Besonderes, im Alter erst recht. Wann haben wir eigentlich in unserem Freundeskreis, der sich über drei Generationen bis zu unseren Enkeln erstreckt, die Tradition der fortgesetzten Lebensberichte zum Anlass von runden und halbrunden Geburtstagen ab 70 eingeführt? Ich war jedenfalls vom Start weg dabei und dann alle fünf Jahre, mit 70, 75, 80, 85, 90, 95 und heute. Das ist also heute schon mein siebter Bericht. Eine gute Investition in unser Zusammenleben. Lebensberichte sind für mich die spannendsten Vorträge von allen. Denn sie öffnen die Türen der Herzen.

Gäbe es diesen Freundeskreis nicht, so müsste er erfunden werden. Diesen Satz sage ich heute mit noch mehr Überzeugung als vor 30 Jahren bei Gründung. In den vergangenen drei Jahrzehnten sind uns eine Fülle nachbarschaftlicher Freundeskreise gefolgt. Sie ergänzen oder ersetzen Rotary, Lions usw. Sie sind viel direkter, „next door" eben und sozial weniger homogen, gelebte Diversität. So ein Freundes- und Nachbarschaftskreis gefällt mir und ist im Alter ein Jungbrunnen in dreierlei Hinsicht: Er sorgt für volle geistige und hin und wieder körperliche Beweglichkeit und vor allem für fortdauernde, sich stetig erneuernde soziale Kontakte – also alles, was das Leben lebenswert macht und im Alter abnimmt.

Liebe Freunde und Nachbarn: **Ihr seid meine Wahlverwandten.** Diese Sicht ist nicht neu, hat aber an Aktualität gewonnen. Denn die Familien dünnen aus und wohnen zumeist, auch in meinem Fall, weltweit verstreut. Umso wichtiger ist es für die Lebensqualität, am Ort an der Verwurzelung zu bauen mit allen, die wollen. Und es gibt kaum einen, der nicht will. Warum auch?

Die Zeiten sind lange her, als Kinder ihre Eltern siezten. In der Verwandtschaft ist das Du selbstverständlich. Mir hat immer gefallen, dass es auch bei uns selbstverständlich ist. Ich nenne es das **Arbeits- oder Vorschuss-Du.** Wir sind positiv voreingenommen. Es ist eine faszinierende Vision, sich das Miteinander aller Menschen so zu denken, wie wir es praktizieren. Aber es gilt auch für unseren Kreis: Um das Eigentliche zu erhalten und auszubauen, muss man sich in einer verändernden Welt selbst dauernd verändern. Und zwar in die richtige Richtung.

So ein Nachbarschaftskreis lebt **nicht nur aus einer Generation.** In seiner Kohorte sitzen, das kann jeder. Er lebt auch **nicht nur aus einer sozialen oder kulturellen Gruppierung.** Es ist oft nicht einfach, zu den Freuden der Vielfalt vorzustoßen. Der Kreis muss überschaubar sein und sich nicht zu viel vornehmen. Das war und ist eine wichtige Regel.

Wir sind für alle Generationen da, auch für die Älteren und die Alten. Das allmähliche Versiegen der staatlichen Renten zwang uns zum solidarischen Handeln. Es geht aber nicht nur um finanzielle Nothilfefonds. Es geht um Freundschaft lebenslang. Und nicht alle sterben gesund.

Ein lebenslanger Freundeskreis kommt zum Freund, wenn dieser nicht mehr kommen kann. Auch dieser Gedanke brauchte einige Jahre, bis er angenommen wurde und der guten Absicht konkrete Taten folgten. Heute ist jeder von uns an ein Nottelefonsystem angeschlossen, das Teil eines telefonischen Kontaktsystems ist. Und den ergänzt ein nachbarschaftlicher Besuchsdienst, der diejenigen von uns im Leben hält, die es von sich aus nicht mehr schaffen. Es ist ja nicht nur die reine Nächsten- und Freundesliebe, die dieses in unserer ganzen Region agierende Besuchs- und Betreuungssystem vital hält. Es wird durch die Gewissheit getragen, dass ich morgen bekomme, was ich heute gebe. So, und nur so, können wir leben und sterben, wo wir daheim sind.

Einige von uns haben in Ergänzung des Freundes- und Nachbarschaftskreises die Stiftung „Freunde für Freunde Rhein-Main" gegründet. Den organisatorischen Rückhalt sichern Hauptamtliche. Man braucht Hauptamtlichkeit, wenn sich Ehrenamtlichkeit optimal entfalten soll. Auch dieser Gedanke war verständlicherweise gewöhnungsbedürftig. Die einen mögen sich nicht an die Ehrenamtlichen, die anderen nicht an die Hauptamtlichen und viele nicht an das Ineinandergehen mit Übergängen gewöhnen. Das ist aber notwendig. Manches können nur die Profis, manches geht nur mit Hilfe von Profis und vieles geht ohne. Manche arbeiten ehrenamtlich bis zu einem gewissen Grad und werden darüber hinaus bezahlt. Das Grundeinkommen für alle gibt es nicht ohne Gegenleistung. Unser Hilfesystem ist offen und vernetzt mit anderen Nachbarschaftsnetzen und allen Organisationen im Raum. Das ist doch nur konsequent bei einem keineswegs als exklusiv verstandenen Freundesverständnis.

Im Alltag sieht man Veränderungen, wenn sie nicht revolutionär, sondern evolutionär passieren, oft kaum. So ist es auch bei unserem Verständnis und unserer Praxis von Nachbarschaftsprojekten. So wie wir Nachbarschaft definieren, reicht das von der nächsten Tür bis zu einer Tür in Afrika. Das muss man lernen. Richtig verstandener Egoismus denkt in großen Dimensionen, und dazu gehört die Nachhaltigkeit. Wir müssen lokal und global denken und handeln.

„Aus Egoismus nützlich", dieser Slogan leitete auch uns beim Aufbau einer Datenbank für Patchworker und bei der Schaffung eines Nachbarschaftlichen Advisor-Services (NAS). Die Verschwendung von Potential älterer Freunde für das Gemeinwesen war in den Zeiten der großen ökonomischen Krisen, die uns ab 2010 im Fünfjahresabstand trafen, nicht mehr länger hinnehmbar.

So hat sich unser kleiner Freundeskreis immer als Teil einer größeren Bewegung verstanden. Wir sind schließlich „in der Wolle gefärbte 68er". Ob wir nun damals als rechts oder links galten, die Sozialisation war gleich.

Auch wir haben in den vergangenen Jahrzehnten mit für einen intelligenten Ausbau der Dankeskultur in unserem Lande gesorgt. Wenn Geld nicht immer die Währung des Entgeltens sein kann, müssen Ersatzwährungen her für diejenigen, die Geld nicht unbedingt benötigen. Zuneigung, Dankbarkeit, Wertschätzung – davon kann niemand genug haben.

Unser aller Lebensqualität hat einen Qualitätssprung nach oben erlebt. Und das in schwierigen materiellen Zeiten. Wir, die Babyboomer, haben in der zweiten Hälfte unseres Lebens für die gute erste Hälfte zurückgezahlt und zu guter Letzt doch noch einen wesentlichen Beitrag zur besseren Zukunft der Welt geliefert.

Die ersten 40, 50 Jahre meiner Generation waren geglückte Langeweile. Man soll Leben unter friedlich-erfolgreichen Umständen nicht kleinreden. Aber auch wenn wir es subjektiv anders erlebten, so werden Historiker diese Zeit doch als eine, je nach Blickwinkel, seltene Zeit von Frieden und Wohlstandsmehrung oder als eine bleierne Zeit einordnen. Von 1945 bis 1975 nur Wachstum. Und Blockdenken. Es gab die Guten und die Bösen. Die Post schloss das Telefon mit der runden Wählscheibe an, und im Büro gab es als große Innovation die elektrische IBM-Schreibmaschine mit dem Kugelkopf. Sie machte das Durchschlagpapier nicht überflüssig.

Die Zukunft stellten wir uns als Fortsetzung der Gegenwart vor oder, wie die Pessimisten, als eine kommunistische, wenn es gutging, eurokommunistische nach italienisch-jugoslawischem Vorbild. Vielleicht spürten die 68er die Risse in der heilen Welt des rheinischen Kapitalismus. Ihr Protest war laut, frech, aber ziellos. Obschon im neomarxistischen Gewand, waren die Visionen Kopfgeburten. Sie hatten keine Fühlung zum technischen Wandel. Abstrakt wusste man: Technik ist der Treiber. Konkret gab es daraus keine Schlussfolgerungen.

Ihre Mitmenschen hielten die 68er für verführt oder unbelehrbar egoistisch. Das sollte überwunden werden. Kollektiv rechtfertigt dieser Ansatz allemal den Tugendterror, von der RAF bis nach Kambodscha. Oder man ging individualistisch vor. Mit verheerender Prognose durch die Bekümmerer: Selbstverwirklichung, Ende der mitmenschlichen Solidarität, Krise der Vereine, Parteien, Gewerkschaften. Und kein Ausweg, keine Veränderung zum Besseren.

Und dann, nach 1953, 1956, 1968 und 1981, kippte 1989 plötzlich der Kommunismus.

Auch technisch ging es Schlag auf Schlag. Die Ergebnisse ließen kaum einen Stein auf dem anderen: Ende des Industrialismus, Parallelaktion von Globalisierung und Dezentralisierung. Ende des Wachstums, Nachhaltigkeit kein Hobby von Spinnern mehr, Klima- und Geldkatastrophenstimmung, Erdöl geht zu Ende, Atomkraftwerke werden abgeschaltet. Die USA kraftlos, neue Staaten, die asiatischen vor allem, werden zu neuen Kraftfeldern. Wir standen vor der Wende. Alles vorbei: der große Nanny-Staat, die Rente ist sicher, warum sind nicht alle beamtet, die Macht der Gewerkschaften, 36 Stunden.

Lange hatte meine Generation Risiko beredet, aber nichts riskiert. Andere riskierten, die Generation der „First Globals" und die Generation der „Digital Natives". Sie haben das Steuer herumgerissen. Wir, die 68er oder Babyboomer, haben mit unserem Geld und unserem Wissen mitgemacht. Immerhin. So sind wir vorwärtsgekommen. Alle wurden aktiver, besonders die Älteren. Sie hatten die größten Reserven, zeitlich und materiell. Und sie wollten schließlich etwas gegen unnötiges Altern tun und hatten gelernt, was da zu tun ist. Sie wurden aus Egoismus immer nützlicher. Einer steckte den anderen an. Dass ich dabei sein konnte, hat mir sehr gefallen.

Nun, endlich, bin ich lebenssatt. Es hat lange gedauert, und das war gut so. Ich bin dann demnächst mal weg. Dazu sind die Jüngeren unter uns aber noch nicht befugt. Ob wir uns dann später noch sehen werden, wissen wir nicht. Aber hier gibt es noch so viel zu tun.

Vom Durchbruch zu einer echten Weltgesellschaft sind wir noch weit entfernt, aber wir haben uns in den Krisenzeiten nicht zur randalierenden Kleinstaaterei zurückentwickelt. Das gemeinsam vermieden zu haben, das ist keine kleine Leistung. Unsere neuen Netze haben gehalten. Wir durften aus Egoismus nützlich sein. Was für ein Glück. Liebe Freundinnen und Freunde, hebt die Gläser!

Anhang

Literatur

Man kann unterscheiden zwischen Ratgeber- und Ermutigungsliteratur einerseits und einordnende Literatur anderseits. Hier finden sich nicht sämtliche im Text verwendeten Materialien, die sind in den Anmerkungen ausgewiesen, teilweise dort mit Erläuterungen. Ich konzentriere mich hier auf wenige Literatur, die sämtlich empfehlenswert ist:

Die Ratgeberliteratur geht davon aus, dass das Ausscheiden aus dem Beruf und der Einstieg in das sogenannte dritte Lebenszeitalter als persönliche Chance genutzt werden sollte. Wie und wozu, das variiert. Nachdrücklich möchte ich aus diesem großen Buchsegment zwei Bücher empfehlen: Das Buch von **Bettina von Kleist „Wenn der Wecker nicht mehr klingelt: Partner im Ruhestand" (Berlin 2006)** beschäftigt sich, wie der Untertitel verdeutlicht, insbesondere mit der Frage, wie sich die Partnerbeziehung durch den Wegfall des Berufs ändert. Die Autorin schreibt anhand von recherchierten Fällen. Das macht das Buch nicht widerspruchsfrei, weil das Leben dies nicht bietet, sondern glaubwürdig und bunt. Das Buch von **Dagmar Giersberg „Und dann? 101 Ideen für den Ruhestand (Bielefeld 2008)** listet übersichtlich auf, was man so alles tun könnte.

Ermutigungsliteratur sucht Beispiele, die anstecken. Das Buch von **Hajo Schumacher „Kopf hoch, Deutschland: Optimistische Geschichten aus einer verzagten Republik (München 2005)** hat dem langjährigen Berliner Wirtschaftssenator und Unternehmer Elmar Pieroth so gut gefallen, dass er den aufgeführten Beispielen nachreiste und als Ergebnis die Stiftung Bürgermut gründete (www.weltbeweger.de). Besonders herausstellen möchte ich das kürzlich erschienene Buch von **Roland Krüger und Loring Sittler „Wir brauchen Euch! Wie sich die Generation 50plus engagieren und verwirklichen kann" (Hamburg 2011)**. Der Optimismus, der sich durch das Buch zieht, hat etwas wunderbar Ansteckendes. Von der Verzagtheit zu den Leuchttürmen ermutigender Einzelfälle, was wäre der nächste Schritt? Den Avantgardisten sollen die Normalos einer ganzen Generation folgen, meinen die Autoren. Es geht nicht um Tröstung der Verzagten, sondern um das Ingangsetzen der (schon halb) Entschlossenen. Die Doppelbotschaft an die Generation 50plus lautet: Tut was, das ist gut für Euch (jeden Einzelnen) und für alle! Der demographische Wandel kann durch die Bürgergesellschaft, die sich mit ihren aktiven Alten entscheidend verstärkt, zu „gewonnenen Jahren" werden.

Die Fülle von aufgezeigten Handlungsbeispielen zeigt eindrucksvoll, was in den Köpfen vieler Bürger noch gar nicht so präsent ist: Es hat eine Wende in Deutschland gegeben. Die Bürgergesellschaft nimmt Formen an. Der Habitus, wie ihn Schumacher eingangs seines Buches plastisch schildert, war einst gang und gäbe: „Herren mittleren und fortgeschrittenen Alters erzählen dem Nachwuchs, wie fürchterlich die Welt ist, frei von Zukunft und Perspektive." Was heute immer mehr üblich wird, wurde noch vor wenigen Jahren als naiver Aktionismus abgekanzelt. Aber diese Masche zieht heute nicht mehr. Raushalten, Meckern und Schwarzmalen sind Disziplinen, die immer weniger Teil der Leitkultur sind. Krüger/Sittler: „Wir möchten Sie (alle Leserinnen und Leser) dafür gewinnen, die alternde Gesellschaft ein Stück weit mitzugestalten." Und damit den Jüngeren ein Beispiel an Tatkraft und Engagement geben.

Das Buch liefert eine Fülle von Belegen: Man kann etwas tun, und dann tut sich auch was. Die 230 Seiten sind journalistisch aufgemacht und pendeln zwischen Grundsatz und konkreten Handlungsbeispielen quer über die Themenfelder bürgerschaftlichen Engagements. Von allen Angeboten auf dem Buchmarkt bietet das Buch den besten aktuellen Überblick über alle Formen und Möglichkeiten. Vorsichtig schlagen die Autoren den Bogen von der Kür zur Pflicht: Krüger/Sittler: „Wer selbst einmal auf Hilfe angewiesen sein wird, sollte heute schon selbst Hilfe erbringen – auch wenn es keine Garantie auf ‚Rückzahlung' gibt." Die ganz individualistische Nutzenargumentation führt, das machen die Autoren klar, nicht an die Ufer der Zivilgesellschaft.

Weiterführende Literatur zum Thema Alter, Zivilgesellschaft

Alain de Botton, StatusAngst, Frankfurt am Main 2006 (Original: Status Anxiety, London 2004)

Uschi Backes-Gellner, Stephan Veen (Hrsg.), Altern in Deutschland Band 3: Altern, Arbeit und Betrieb, Halle (Saale) 2009

Klaus Dörner, Leben und sterben, wo ich hingehöre: Dritter Sozialraum und neues Hilfesystem, Neumünster 2007

Holm Friebe, Sascha Lobo, Wir nennen es Arbeit. Die digitale Boheme oder: Intelligentes Leben jenseits der Festanstellung, München 2006

Sylvia Kade, Alternde Institutionen – Wissenstransfer im Generationenwechsel, Bad Heilbrunn/Recklinghausen 2004

Jürgen Kocka/Ursula Staudinger (Hrsg.), Altern in Deutschland Band 9: Gewonnene Jahre – Empfehlungen der Akademiegruppe Altern in Deutschland, Halle (Saale) 2009

Dieter Otten, Die 50+ Studie: Wie die jungen Alten die Gesellschaft revolutionieren, Hamburg 2008

Jeremy Rifkin, Die empathische Zivilisation: Wege zu einem globalen Bewusstsein, Frankfurt 2010 (Original: The Empathic Civilization, 2009)

Ich selbst habe verschiedene Beiträge zum Thema geschrieben (unter anderem im „Rotary Magazin" 2/2010: „Rotary wird älter"; im „Verbändereport" 06/2010: „Auch Verbände werden älter"; und im „mittelweg info" Nr. 10/2011, herausgegeben von der Gemeinnützigen Treuhandstelle Hamburg: „Die Zivilgesellschaft kommt nicht auf Kuschelkurs"), die in den Text eingegangen sind. Erweitert erschien dieser Beitrag auch unter gleichem Titel im Rotary Magazin Nr./0/2011 S.55–57.

In dem im September 2011 erschienen beeindruckenden Bildband von Karsten Thormaehlen, „Mit Hundert hat man noch Träume", findet sich unter Textbeiträgen auch als Vorabdruck mein Schlusskapitel „Vision 2046", hier inklusive englischer Fassung. Thormahlens Fotos von Hundertjährigen sind geeignet, die im Text immer wieder kritisierten so hartnäckig haftenden Altersbilder durch reale Gegenbilder subversiv in Frage zu stellen. Weitere Meinungsbeiträge, Zu Alter, Zivilgesellschaft, Übergang finden sich auf meiner Homepage www.vonvieregge.de aufgeführt habe. Diese kann auch als weiterführende Plattform dienen.

Methodisches Vorgehen

Auswahl der Gesprächspartner

Man kann den Wert von Aussagen besser bemessen, wenn man weiß, wie sie zustande gekommen sind. 21 mehrstündige Interviews habe ich entlang von Leitfragen geführt (siehe Interviewleitfaden), transkribiert und ausgewertet – ausreichend Material für eine qualitative Studie, zumal wenn alle Interviewten einer Altersgruppe (zwischen 55 und 65) angehören und aus vergleichbarer beruflicher Stellung kommen. 20 waren zuletzt Angestellte in Führungsposition, davon 18 in Wirtschaftsunternehmen, einer in einem Verband, einer in einer internationalen Organisation, der 21. war und ist noch Unternehmer. Von den 21 waren drei weiblich. Neun waren in der Kommunikations- und Medienbranche tätig, das war ein Schwerpunkt.

Ich muss mich sicher der Frage stellen, ob die Auswahl der Gesprächspartner nur begrenzte Schlüsse rechtfertigt. So habe ich bei meiner Auswahl der Interviewpartner die Gruppe der freien Berufe und Unternehmer mit einer Ausnahme bewusst herausgelassen, weil zum Ausgangspunkt meines Interesses und der Gespräche, nämlich dem

Übergang aus der Vollbeschäftigung in die Zeit danach, diese Gruppe grundverschiedene Erfahrungen hat. Die Gruppe der Beamten hätte ich, das wurde im Quervergleich mit Ministerialbeamten deutlich, einbeziehen können. Die Ergebnisse wären wohl vergleichbar gewesen.

Die Gesprächspartner habe ich also nicht unter repräsentativen Gesichtspunkten ausgewählt, sondern nach Opportunität. Von den 21 pflege ich zu 17 eine teilweise langjährige Bekanntschaft oder gar Freundschaft, die restlichen vier Interviews kamen über Empfehlungen zustande. Die Interviews waren also doppelt auf Augenhöhe: zum einen durch Vertrauen, das durch die gleiche Lebensabschnittssituation unterstrichen wurde, zum anderen durch oft recht gute Kenntnis beruflicher Zusammenhänge und Hintergründe.

Diese Beziehungssituation zwischen Interviewten und Interviewer hat Vor- und Nachteile. Der Nachteil kann in gemeinsamen Scheuklappen bestehen, der Vorteil liegt in der durch die Gegebenheiten entspannten, konzentrierten und damit inhaltsdifferenzierten Gesprächschance. Die Gespräche fanden in vielen Fällen in der Wohnung des Interviewten statt, in allen Fällen aber in ruhiger, störungsfreier Atmosphäre.

Neben 21 Interviews habe ich sechs weitere Experteninterviews geführt. Sie fanden am Ende der Interviews statt und sollten helfen, die Eindrücke einzuordnen. Zudem sind die Ergebnisse von Gesprächen mit vielen anderen Experten und Betroffenen in den Text eingeflossen.

In der ersten Jahreshälfte 2009 hatte ich meine Fragen formuliert, Hypothesen aufgestellt und meine Gesprächspartner angefragt. Ich besuchte Kongresse und suchte wissenschaftliche Unterstützung. Die Interviews selbst fanden dann zwischen August 2009 und Januar 2010 statt. Nach Abschluss aller Interviews, zwischen Februar und Mai 2010 und im August 2011, führte ich die Expertengespräche.

Zum Zeitpunkt der Interviews ging ich von einer Verwendung der Gespräche als Hintergrund aus. Bei Auswertung und Aufschreibung wurde mir die außerordentliche Bedeutung der Zitate für die Untermauerung und Farbigkeit der Argumentation so deutlich, dass ich meine Gesprächspartnerinnen und Gesprächspartner um die Möglichkeit namentlicher Nennung bat. Mit einer Ausnahme schlossen sich alle Gesprächspartner meiner Argumentation an. Bei der Ausnahme verwende ich einen Fantasienamen und veränderte und kürzte biografische Zuschreibungen. Dies ist im Text ausgewiesen. Die Zitate sind Originalzitate. Allen Gesprächspartnern bin ich zu großem Dank verpflichtet. Sie sind Mitautoren geworden.

Interviewleitfaden

Einstieg: Der Übergang

1. Fangen wir mit dem Tag Ihres Ausscheidens an sowie den Wochen und Monaten davor und der unmittelbaren und weiteren Zeit danach. Wie war das? Bitte erzählen Sie.
2. Wann hatten Sie das erste Mal über das Ausscheiden nachgedacht? (Gab es auch Pläne zum vorzeitigen Ausscheiden?) Wären Sie gern länger oder gern kürzer geblieben?

Der Arbeitgeber

3. Wie beurteilen Sie das Verhalten des Unternehmens Ihnen gegenüber? Ist Ihr Ausscheiden so verlaufen, wie Sie es sich gewünscht haben? Was war gut, was hätten Sie sich anders gewünscht?
4. Hat sich Ihrer Beobachtung nach im Unternehmen die Einstellung zum Ausscheiden seit damals geändert? Gibt es so etwas wie eine Traditionslinie? Wird sich an Form und Zeitpunkt des Ausscheidens ihrer jüngeren Kollegen, ihres Nachfolgers, etwas ändern? Würden Sie Änderungen empfehlen? Wie beurteilen Sie das Spannungsverhältnis von Erfahrungssicherung und Neuanfangschance?
5. Welche Bindungen und Kontakte (offiziell, offiziös, inoffiziell) bestehen heute?
6. Mancherorts werden Überlegungen diskutiert, ältere Manager später zu entlassen und sie im Unternehmen umzusetzen, zum Beispiel vom Chairman an der Seite des Neuen zum Non-Executive Chairman zu machen. Ist so etwas realistisch? Empfehlenswert?
7. Andere Vorschläge zielen auf eine Verbindung von Corporate Social Responsibility und New Placement: Der Ausscheidende wandert in Phasen aus dem Unternehmen in gesellschaftliche Verantwortungsfelder. Halten Sie solche Vorschläge für wünschenswert und realisierbar?
8. Empfanden Sie sich in den letzten Jahren stärker oder schwächer im Beruf, bezogen auf Kompetenz, Erfahrung, Klima, Durchsetzungsvermögen?

Der Übergang: Statusangst?

9. Ich komme zu einem Thema, über das man nicht so gern spricht. Und doch möchte ich Sie um eine ehrliche Antwort bitten. Der englisch-französische Essayist Alain de Botton schreibt in seinem Buch „Statusangst“: Arbeitsverlust sei Statusverlust, und der sei wie Liebesverlust. Und deswegen sei der Statusverlust das Schwerste beim Ausscheiden. Da fällt doch neben dem Gehalt so viel weg: Dienstwagen, Handy, E-Mail-Adresse, Miles and More, BahnCard, Zeitung, Parkplatz, Clubgebühren. Und die Zuwendung der Mitarbeiter. Wie ging es Ihnen mit dieser großen Veränderung?
10. Finanzielle Absicherung im Alter: sehr gut, gut, zufriedenstellend, ausreichend, etwas beunruhigend oder unzureichend?
11. Hatten Sie in Ihrem Berufsleben Erfahrungen mit Brüchen, mit Selbständigkeit?
12. Martin Luther sagt: „Was für den Vogel das Fliegen ist, ist für den Menschen die Arbeit.“ Wie war, wie ist das bei Ihnen?
13. Was bedeutet der Beruf? Zeitlich? Inhaltlich? Hatte sich da etwas verschoben in der Karriere? Als was bezeichnen Sie sich eigentlich heute?

Engagement

14. Ich möchte zu einem anderen Themenkomplex kommen. „Geben gibt.“ Was löst dieser Spruch einer aktuellen Kampagne der Bundesregierung bei Ihnen aus?
15. Pro bono, Ehrenamt, One-Dollar-Man (-Woman): Was haben Sie da in ihrem Leben gemacht, angefangen als Schüler und Student, und was machen Sie heute? Sind Sie Mitglied in einem Serviceclub?
16. Wie sind Sie an die Aufgaben gekommen? Kann oder muss man Ehrenamtlichkeit trainieren? Beobachten Sie einen Trend zur Professionalisierung? Hatten Sie persönlich mal mit Freiwilligenagenturen zu tun?
17. Bürger- und Zivilgesellschaft: Sind das Begriffe, die Ihnen etwas sagen?
18. Glauben Sie, dass Alterskolleginnen und -kollegen in diesem Bereich des Bürgerengagements mehr machen könnten und sollten (empirischer Befund: ein Drittel/ein Drittel/ein Drittel)? Was müsste geschehen, um die zu gewinnen? Sollte der Staat Anreize

schaffen oder verpflichten (den Gegenwert eines Freiwilligenjahres für Ältere)?

Altersbilder

19. Wissenschaftler, die sich mit der Alternsforschung beschäftigen, fordern eine neue Sprache, die deutlich macht, dass der demographische Wandel nicht erlitten, sondern als Chance genutzt wird. Dann gehörten Begriff wie kollektive Vergreisung auf den Index. Ist das ein Thema, das Sie beschäftigt?

Persönliche Zwischenbilanz

Kommen wir zu den Schlussfragen. Es sind gewissermaßen bilanzierende Fragen:

21. Was erzählen Sie Dritten von Ihrem jetzigen Leben? Ist das nicht das Entscheidende: Erzählen können (wie Gabriel Garcia Marquez sagt)?
22. Was würden Sie aus heutiger Kenntnis Kollegen „ihrer Flughöhe“ raten: Kann man sich auf diese Situation vorbereiten? Wenn ja, wie?
23. Wenn Sie zurückschauen: Unterscheiden Sie Phasen seit Ihrem Ausscheiden? Wenn ja, wie würden Sie die überschreiben?
24. Machen Sie Pläne?

Hypothesen

Hypothese 1: Führungskräfte bereiten sich zumeist auf die Zeit nach der Vollbeschäftigung nicht systematisch vor. Das Thema wird eher verdrängt. Das Thema „Ausscheiden“ wird auch vom Arbeitgeber gern vermieden, und, wenn der konkrete Fall dann eintritt, mit Tröstungsphrasen ummantelt, an denen sich der Auszuscheidende aktiv zu beteiligen hat. Damit sind die individuell-psychologischen Voraussetzungen für ein ungebrochenes Aktivsein eher ungünstig. Wahrscheinlicher ist ein Übergangsstadium, das der Orientierung dient.

Hypothese 2: Beim Übergang geht es um finanzielle Fragen, Gewöhnung an helferlose Selbständigkeit und vor allem um Statusangst. Die Verarbeitung von Statusverlust spielt beim Übergang eine entscheidend Rolle. Generationskollegen, Nachfolgende und Familie verstärken die Sicht vom eintretenden Statusverlust. Je stärker die Identifikation mit und über Arbeit, je abrupter der Ausstieg, desto stärker sind die Probleme danach.

Hypothese 3: Die überlieferten Altersbilder erschweren die Orientierungssuche. Sie kommen im Regelfall über das Leitbild des aktiven Seniors nicht hinaus. Der ausscheidende Manager findet in seinem Bekanntenkreis nur selten Vorbilder für einen aus seiner Sicht gelungenen Übergang.

Hypothese 4: Nachfolger beherzigen in der Regel den Ratschlag, zu ihren Vorgängern Distanz zu halten, und nutzen die Chance, reinen Tisch zu machen, für einen Neuanfang. Die Nutzung des Erfahrungswissens des Vorgängers hat dagegen nachgeordnete Bedeutung. Die „geregelte Übergabe" enthält zumeist kein Unternehmensangebot auf weitere Abschöpfung der Erfahrung im Tausch gegen statuserhaltenden Maßnahmen. Es gibt, von der obersten Spitze abgesehen (Aufsichtsrat), vom abgebenden Unternehmen her betrachtet kein „ausatmendes" Aufhören.

Hypothese 5: Seitens der abgebenden Unternehmen gibt es kein Angebot im Kontext der Corporate Social Responsibility (CSR). Die Ausfädelung der Führungskräfte wird ganz überwiegend nicht mit CSR-Aufgaben des Unternehmens verbunden. Eine systematische Überprüfung der Fähigkeiten des Ausscheidenden unter diesem Gesichtspunkt findet nicht statt.

Hypothese 6: Die altgedienten Manager wollen nach ihrer Verabschiedung aus der angestellten Vollbeschäftigung auf einen Mix aus bezahlter Arbeit, Weiterbildung, Ehrenamt und Sonstigem (Familie, Freunde, Freizeit, Gesundheit) nicht verzichten. Er soll sich aber vom bisherigen nach Sinn, Ausmaß und Verbindlichkeit unterscheiden.

Hypothese 7: Bezahlte Arbeit rangiert in der Wertschätzung vor unbezahlter.

Hypothese 8: Es gibt Potential bei Führungskräften für den Einsatz in ehrenamtlichen Führungsaufgaben der Zivilgesellschaft, das nicht abgerufen wird, weil es nicht erreicht wird. Es ist größer, als für die Alterskohorte der 55- bis 65-Jährigen in der Engagementumfrage insgesamt geschätzt.

Hypothese 9: Auch dort, wo es Mittleragenturen zwischen potentiell Engagierten und Institutionen, die suchen, gibt, ist man nach Form und Inhalt heute (noch) unzureichend auf die Gruppe der Spitzenmanager eingestellt.

Hypothese 10: Die Unternehmen haben den vielerorts angekündigten Paradigmenwechsel weg vom Verjüngungskurs überwiegend (noch nicht) vollzogen.

Dank

Mein größter Dank geht an Dr. Angela Westerburg.
Ihr widme ich das Buch.

Herzlichen großen Dank an meine Interviewpartner:

Nils Abel (Interviewtermin: 21. November 2009)

Reinhard Behrens (13. August 2009)

Ernst von Bismarck (11. Oktober 2009)

Margret Buhse (20. August 2009)

Marc-Aurel von Dewitz (9. Oktober 2009)

Dr. Wolfgang Fischer (26. November 2009)

Rolf Homann (13. August 2009)

Dr. Hasso Kaempfe (12. November 2009)

Dr. Maritta Koch-Weser (28. November 2009)

Dr. Bernd Kundrun (14. September 2009)

Johann C. Lindenberg (25. August 2009)

Dr. Arno Mahlert (14. September 2009)

Andreas de Maizière (13. Januar 2010)

Luise Müller (13. Januar 2010)

Michael Müller (16. Oktober 2009)

Karl Dietrich Seikel (26. August 2009)

Manfred Schüller (21. Dezember 2009)

Joachim Strate (12. August 2009)

Walter Tayer (Pseudonym) (22. September 2009)

Rolf Wickmann (25. August 2009)

Dr. Georg Wronka (3. September 2009)

Ich danke folgenden Persönlichkeiten, die als Experten aus verschiedenen Lebens- und Arbeitsbereichen ebenfalls zu einem Interview bereit waren:

Prof. Dr. Reimer Gronemeyer (11. August 2011)

Prof. Dr. Wolfgang Huber (6. Mai 2010)

Ulrike Rutt (31. August 2011)

Prof. Dr. Ursula M. Staudinger (10. Mai 2010)

Prof. Dr. Norbert Walter (29. März 2010)

Anke Wiedekind (16. August 2011)

Prof. Dr. Ursula M. Staudinger, Jacobs University Bremen, danke ich für ihre Begleitung und Ermutigung. Es ist alles andere als selbstverständlich, eine Privatperson mit wieder erwachtem forscherisch-publizistischem Ehrgeiz zu beraten. Sie gab mir zudem die Möglichkeit zum Vortrag in der Universität und schrieb das Vorwort. Über Loring Sittler, Generali Zukunftsfonds, dem ich viele Kontakte verdanke, bekam ich auch Zugang zum CSI Heidelberg (Centrum für soziale Investitionen und Innovation der Universität Heidelberg). Hier gab mir Dr. Georg Mildenberger guten Rat, und ich konnte im CSI meine Thesen vortragen. Unterstützung gaben mir auch Prof. Dr. Hans Fleisch, Generalsekretär Bundesverband Deutscher Stiftungen, Dr. Adrian Reinert, VHS Bonn (früher Stiftung Mitarbeit), Ansgar Wimmer, Vorstandsvorsitzender der Alfred Toepfer Stiftung F.V.S., und Karin Haist, Körber-Stiftung.

Dankbar bin ich auch vielen Freunden und Freundinnen für ihre Anregungen und ihre Unterstützung, insbesondere Jan Eberwein, Christian Hagen, Rolf Homann, Uli Schulte-Döinghaus, Viktoria von Vieregge und Albrecht Villinger, Ingrid Otto als „Versuchskaninchen“, meinem Rotary Club Frankfurt am Main – Alte Oper als „Probierbühne“, insbesondere Clemens Jochum, Wolfgang Majer, Richard Speich, Klaus-Henning Usadel und Christoph Woermann. aber insbesondere Annette Schulte-Döinghaus als kluger, anteilnehmender Protokollantin der Interviews.

Und schließlich bedanke ich mich bei Danja Hetjens, Verlagsleiterin von „Frankfurter Allgemeine Buch“, die mich mit ihrem Team professionell und wohlwollend begleitet hat, sowie bei meiner Lektorin Juliane Streicher, die mich vor manchen Irrtümern und Abwegen bewahrte. Aber sicher nicht vor allen – und die gehen dann selbstverständlich auf meine Kappe.

Anmerkungen

1 Interview mit Jochen Rack in der Zeitschrift „Aufklärung und Kritik", Sonderheft 11/2006, S. 68 ff.)

2 München 2006

3 Altern in Deutschland Band 9: Gewonnene Jahre – Empfehlungen der Akademiengruppe Altern in Deutschland, herausgegeben von Jürgen Kocka und Ursula M. Staudinger, Halle 2009

4 Manfred Spitzer, Lernen: Gehirnforschung und die Schule des Lebens, Heidelberg 2007, S. 283

5 Dank an Gerd Placke, Bertelsmann Stiftung, der das Waggerl-Zitat an die Spitze eines Thesenpapiers setzte.

6 Interview mit „Hannoverscher Allgemeinen Zeitung", 27.05.2011, S.16

7 Frankfurt 2006

8 Dieter Otten, Die 50+ Studie: Wie die jungen Alten die Gesellschaft revolutionieren, Reinbek bei Hamburg 2008, S. 32

9 Otten, S. 33

10 Martin Rupps, Wir Babyboomer, Freiburg 2008

11 Es ist nicht ohne Reiz, die hier vorgeschlagene Generationseinordnung auf die eigene Familie anzuwenden: Zwei meiner vier Kinder (1975, 1976, 1978 und 1989 geboren) sind, ausgelöst durch Studium und Praktika, international verheiratet und leben dauerhaft außerhalb Deutschlands in wechselnden Ländern. Das ist in unserer mecklenburgischen Familie ein Novum. Der Landadel heiratete, anders als der Hochadel – jedenfalls im 19. und Anfang des 20. Jahrhunderts –, fast ausschließlich rund um die eigene Scholle. Nur wer sich bei Ehrverlust nicht umbringen mochte, wanderte aus.

12 Harald Martenstein, Heimweg, München, 2009, S. 16

13 Katja Thimm, Vaters Zeit. In: Der Spiegel, Nr.15/2011, S. 134

14 Robert D. Putnams Buchtitel „Bowling alone", erstmals erschienen 1995 als Aufsatz im Journal of Democracy, damals mit dem Untertitel „America's Declining Social Capital", wurde als „meistzitierter Artikel in der heutigen Sozialwissenschaft" (Warnfried Dettling) fast sprichwörtlich. Putnams fünf Jahre später publiziertes gleichnamiges Buch hatte einen anderen Untertitel als der Aufsatz. „The Collapse and Revival of American Community". Mit dem Stichwort „Revival" reagierte Putnam auf eine Trendwende, die er freilich selbst nie ausgeschlossen hatte.

15 In einem F.A.Z.-Interview vom 1.10. 2010 mit Frank Schirrmacher

16 Kocka, Staudinger, S. 23

17 Rupps, S. 220

18 Henning Scherf, Grau ist bunt, Freiburg 2008, S. 27 f.

19 Doris Wolf, Wenn der Partner geht: Wege zur Bewältigung von Trennung und Scheidung, Mannheim 2007

20 Wolf, S. 15 f.

21 Bettina von Kleist, Wenn der Wecker nicht mehr klingelt, Partner im Ruhestand, München 2008

22 Eine ungewohnte Begrifflichkeit, zugegeben, aber ich wollte sie nicht vorenthalten. Sie ist entstanden aus weiser Kinderlogik meines damals fünfjährigen Sohnes,

der nicht glauben mochte, dass eine von mir angekündigte Abkürzung tatsächlich schneller ans Ziel führte. So ist der Begriff „Abverlängerung" gleichermaßen lebenspraktisch und lebensphilosophisch einsetzbar.

23 Handelsblatt, Ausgabe vom 4. April 2009

24 Das Gespräch fand vor der Wahl Wulffs zum Bundespräsidenten statt.

25 Manager Magazin vom 14. Februar 2008

26 Pseudonym, die Zitate sind autorisiert

27 US-Forscher haben herausgefunden, dass derjenige, der mit dem Altern positive Assoziationen verbindet, im Durchschnitt 7,5 Jahre länger lebt als derjenige, der eine negative Einstellung hat. Näheres bei Cornelia Werner, Das gefühlte Alter. In: Hamburger Abendblatt, 5. August 2010, S. 22.

28 In www.buergergesellschaft.de

29 Vgl. zum Beispiel das ddn (http://demographie-netzwerk.de/) mit 250 Firmen-Mitgliedern, gefördert vom Bundesarbeitsministerium

30 Das Beispiel liefert Dierk von Drigalski, Ökologie und fairer Handel. Erfahrungen mit einer Bananengenossenschaft indigener Kleinproduzenten. In: Rafael Sevilla, Alberto Acosta (Hrsg.), Ecuador: Welt der Vielfalt, Bad Honnef 2005, S.235–244. Drigalski arbeitete bis zur Pensionierung bei der Bayer AG Leverkusen, zuletzt als Mitglied des Vorstands und Leiter der Abt. Agrochemie der Bayer Benelux.

31 Herausgegeben von der Prognos AG und der AMB Generali Holding AG.

32 Ein aktuelles Beispiel liefert der Gesamtverband Kommunikationsagenturen GWA, der einen früheren Präsidenten, Lothar Leonhard, mit nun 69 Jahren im Oktober 2011 nochmals in das Amt wählte. Die Durchschnittsalter der Mitarbeiter in den Agenturen liegt ziemlich exakt bei der Hälfte. Man kann die Wahl als Beleg für die immer wieder beklagte Schwierigkeit ansehen, allseits akzeptierte aktive Führungspersönlichkeiten aus den Mitgliedsunternehmen an die Verbandsspitze zu bekommen. Dann müssen erfahrene und erprobte Manager einspringen; auch in Verbänden kommt der Ruhestand dann eben später, jedenfalls beim Ehrenamt. Das Beispiel GWA ist kein Einzelbeispiel. Welche Konsequenzen für die Schlagkraft und Reputation der Verbände dieser mögliche Trend hat, lässt sich noch nicht absehen.

33 So Stephan Veen/Uschi Backes-Gellner, Betriebliche Altersstrukturen und Produktivitätseffekte. In: Uschi Backes Gellner/Stephan Veen (Hrsg.), Altern in Deutschland Band 3: Altern, Arbeit und Betrieb, Halle (Saale) 2009, S. 29–64

34 Der SES arbeitet zunehmend auch innerhalb Deutschlands und auch in Einzelfall-Hilfe im Ausbildungssektor an den Nahtstellen Schule/Berufsausbildung und Berufsausbildung/Arbeitsmarkt. Mehr zu diesen Projekten bei www.ses-bonn.de. Hinweisen möchte ich ergänzend auf einen privaten Webanbieter, der Unternehmen und Silver Worker zusammenbringen will. www.acumeo.de

35 Handelsblatt 30.9./1.10.2011 S.78

36 Botton S.7

37 ebd.

38 Botton, S. 8

39 Botton S.15 und S. 142

40 Botton, S.18

41 Rhein-Zeitung, Ausgabe vom 11.1.2011

42 Birgit Riess, Gerd Placke, Corporate Citizenship Strategien zur Förderung von Beschäftigungsfähigkeit auf dem Arbeitsmarkt, in André Habisch, René Schmidt-

peter (Hrsg.) Handbuch Corporate Citizenship Management, (im Erscheinen, hier zitiert nach Manuskript Riess,Placke)

43 Jürgen Deller, Leena Maren Maxin, Zukunft der Arbeit. In: Personal, Nr.6/2010, S. 9–11

44 Uschi Backes-Gellner, Beschäftigung älterer Arbeitnehmer im Spiegel bisheriger Forschung. In: Uschi Backes-Gellner, Stephan Veen (Hrsg.), Altern in Deutschland Band 3: Altern, Arbeit und Betrieb, Halle (Saale) 200, S.15

45 Vgl. Jürgen Deller, Leena Maren Maxin, Silver Work: Zum Stand der beruflichen Aktivitäten im Ruhestand in Deutschland. In: Informationsdienst Altersfragen 37 (2), 2010

46 Ebd., S. 7

47 Deutsche Bank Research, Deutschland im Jahr 2020: Neue Herausforderungen für ein Land auf Expedition, 23.4.2007; ähnlich zur Projektarbeit: Sven Gábor Jánsky, 2020: So leben wir in der Zukunft, Wien 2009

48 Das ist auch der Befund von Frank W. Heuberger u.a., Topmanagement in gesellschaftlicher Verantwortung, Ergebnisse einer qualitativen Studie, herausgegeben vom Zentrum für Corporate Citizenship Deutschland CCCD Berlin 2009

49 Bericht zur Lage und zu den Perspektiven des bürgerschaftlichen Engagements in Deutschland, Wissenschaftszentrum Berlin für Sozialforschung, herausgegeben vom Bundesministerium für Familie, Senioren, Frauen und Jugend, Berlin 2009, S. 34

50 Dazu Näheres ebd. Überblickstabelle S.25–27

51 Wer Genaueres wissen will, findet auf den Webseiten des Bundesfamilienministeriums einen Überblick über die nicht wenigen Studien.

52 Berlin Institut für Bevölkerung und Entwicklung mit Generali Zukunftsfonds, Die demografische Lage der Nation, Was freiwilliges Engagement für die Regionen leistet, Berlin 2011, zitiert aus der Einleitung S.5

53 Was ist mit dem Nachwuchs der Bürgergesellschaft? Sollte nach Wegfall der Bundeswehrpflicht und des Zivildienstes ein Dienstjahr, wählbar je nach Neigung und Kompetenz in einem der Freiwilligendienste für beide Geschlechter eingeführt werden? In jedem Fall müssen Attraktivität und Reputation der Freiwilligendienste erheblich gesteigert werden. Die nach der überhastet eingeführten faktischen Abschaffung der Wehrpflicht ebenso überhastet neu eingeführte Bundesfreiwilligendienst hat bisher der Reputation der Freiwilligendienste geschadet, weil er in der Sache fast identisch mit dem Angebot des FSJ (Freiwilliges Soziales Jahr) anders organisiert ist, nämlich wie der Zivildienst, und deswegen heilloses Durcheinander bei allen Beteiligten schuf. Warum das? Er wurde eingeführt als Geldrettungs- und Personalsicherungsaktion. Das bisherige Budget für den Zivildienst hätte, so die Begründung, nicht auf die bestehenden Freiwilligendienste übertragen werden können. Es ist ein weiterer Paradefall von angeblich alternativloser Sachzwangpolitik. Interessant ist die Öffnung des BFD für Ältere. Zwanzig Prozent der knapp 20.000 (Stand Ende 2011) sind über 27 Jahre alt, der älteste Freiwillige ist 79. Diese Gruppe arbeitet mindestens 20 Stunden pro Woche für ein Taschengeld von maximal 330 Euro, ein weiteres Beispiel für Mischstruktur in der (Nicht)Bezahlung von Freiwilligkeit. Ein Teil dieser Freiwilligen setzt auf den Einstieg in den ersten Arbeitsmarkt auf diesem Weg. Grundsätzlich gilt für Absolventen von Freiwilligendiensten: Sie müssen durch ihren Dienst verbesserte Ausbildungs- und Berufschancen bekommen. Arbeitgeber sollten Freiwilligendienstler bei gleicher Qualifikation bevorzugen können. Der Öffentliche Dienst kann hier Vorreiter sein.

54 So wurde 2011 der Plan, auch mit Hilfe von Johann C. Lindenberg und der Humboldt-Viadrina School of Governance Berlin (Initiator u.a. Prof. Stephan Breidenbach) ein Multiplikationsprojekt „Altgediente Manager in Verantwortung bei staatlichen Projekten" zu starten, mangels Durchsetzungschance fallen gelassen. Es gibt zu wenig Beispiele und geradezu ein Nichtbedürnis der Angezielten.

55 Das Gegenstück zum One-Dollar-Man ist der Ein-Euro-Mann. Jedenfalls, was Einsatzbereiche und vielleicht auch was das Selbstbewusstsein betrifft. Der Ein-Euro-Jobber soll durch seine Tätigkeit wieder auf den ersten Arbeitsmarkt vorbereitet werden, darf aber nichts tun, was Konkurrenz zum ersten Arbeitsmarkt darstellt. Wer beispielsweise in einem Behindertenheim dadurch hilft, dass er auch mal eine Wand streicht, bekommt eine Abmahnung und der Träger auch. Denn die Wand zu streichen ist Aufgabe des ersten Arbeitsmarktes. Die Geschichte ist Realsatire, und man kann feststellen: dieses Paradoxon teilt der Ein-Euro-Jobber mit dem One-Dollar-Man, denn der soll ja schließlich auch nur dort etwas tun, wo Staatsverwaltung und Politik nicht tätig werden, und dies im öffentlichen Raum. Motto: Sei nützlich, ohne zu stören.

56 Lagfa Bayern, Standards zum freiwilligen Engagement, (Folder o.J.) Darin heißt es: „Bürgerschaftliches Engagement ergänzt und unterstützt die berufliche Arbeit, tritt zu ihr aber nicht in Konkurrenz. Sie unterscheidet sich von ihr im Kern nicht durch Kompetenz und Wissen, sondern durch Kontinuität." Mit anderen Worten: Das Gleiche, nur diskontinuierlicher und ohne eigenen Anspruch. Die Chancen von Wissen und Erfahrung von außen und Veränderungsanspruch aus Bürgersicht werden nicht formuliert.

57 Das Beispiel verdanke ich Stephan Würz, Landesehrenamtsagentur Hessen.

58 Klaus Dörner, Jg. 33, ist in seiner Mischung aus Theorie und Praxis einer der einflussreichsten Wegbereiter des dritten Sozialraums zwischen Familie und Staat. Vgl. sein Buch: Leben und sterben, wo ich hingehöre, Neumünster 2007, und zahlreiche weitere Veröffentlichungen.

59 In: Wegweiser Bürgergesellschaft, Newsletter 10/2010 vom 28.5.2010, abrufbar im Web.

60 Ebd., S.5

61 Mathias Schütt, Wann sind Projekte erfolgreich, in Rotary Magazin Nr.3/2011

62 So wunderbar anschaulich bei Renate Feyl, Das sanfte Joch der Vortrefflichkeit, TB-Ausgabe, Köln 2002, S. 206f.

63 Jeremy Rifkin, Die emphatische Zivilisation: Wege zu einem globalen Bewusstsein, Frankfurt 2010

64 Rifkin, S. 395

65 Rifkin., S.350ff.

66 Mittlerweile beginnt – noch recht zaghaft – eine Debatte um die Praxis von Service-Learning an und durch Hochschulen. Dabei geht es darum, wissenschaftliche Inhalte mit gemeinnütziger Praxis zu verknüpfen. Gleiches kann auch in abgewandelter Form an Schulen stattfinden, auch hier sind Privatschulen Vorreiter. Wenn die Standardausrede bei allen Beteiligten lautet, man bekomme dies nicht im Lehrplan unter, dann hilft nur eines: es in den Lehrplan hineinzuschreiben.

67 Beispiele solcher Bemühungen gibt es, sie sind bisher nur noch nicht wirksam geworden. Als eindrucksvolles Beispiel einer weltumspannenden Initiative nenne ich die Global Marshall Plan Initiative, gestartet im Rahmen des Deutschen Evangelischen Kirchentags 2005 in Hannover, publiziert in dem von der Initiative herausgegebenen Band „Impulse für eine Welt in Balance", Hamburg 2005. Einen

neueren, auf Klimaschutz ausgerichteten Ansatz hat der WBGU, der Wissenschaftliche Beirat der Bundesregierung Globale Umweltveränderungen, 2011 unter dem Titel „Welt im Wandel, Gesellschaftsvertrag für eine Große Transformation" vorgelegt (online abrufbar unter www.wbgu.de). Typischerweise ist das erste von zehn sogenannten transformativen Maßnahmebündeln mit „Den gestaltenden Staat mit erweiterten Partizipationsmöglichkeiten ausgestalten" überschrieben.

68 Einen guten Überblick geben Holger Backhaus-Maul, Karsten Speck, Freiwilligenagenturen in Deutschland, Potenziale auf kommunaler Ebene, in NDV Juli 2011, S.302–308. Demnach haben sich die Agenturen in den letzten zehn Jahren verdoppelt auf knapp 400, bleiben aber fragil. Nur jede vierte hat einen Etat über 50.000 Euro.

69 Die Begriffe für die gleiche Sache sind unterschiedlich – Engagementlotsen gibt es z.B. in Hessen und Niedersachen – und die Programme sind zumeist Kurzzeiter im Gewand von Pilotprojekten, denn Engagementförderung ist auch Ländersache und verlässliche Strukturförderung ist die Ausnahme.

70 Die „Big Society Rede" hielt Premierminister David Cameron am 19. Juli 2010 in Liverpool, s. http://www.number10.gov.uk/news/big-society-speech/. Den Gedanken hat er schon in der Opposition formuliert.

71 Frank Trümper, Perspektive Zivilgesellschaft, Gesellschaftliche Verantwortung als kollektiver Lernprozess, in Michael Wedell (Hrsg.), Die Bank in der Gesellschaft, Das Engagement der Dresdner Bank, Frankfurt 2009, S.43 Trümper weist darauf hin, dass es Harvard-Professor John Ruggie war, langjähriger Mitarbeiter des UN-Generalsekretärs Kofi Annan und Vater des „Global Compacts", von dem dieses „ironische Paradox" stammt. Trümper war bei der Deutschen Bank für CSR verantwortlich, dann Geschäftsführer von Common Purpose Deutschland. Seit 2011 ist er Geschäftsführer der Baden-Badener Unternehmergespräche.

72 Ebd. S.45. Der Shared-Value-Ansatz stammt von den Harvard-Wissenschaftlern Michael Porter und Mark Kramer.

73 „Sichtbares Engagement rückt Ihr Unternehmen in den Blick des Menschen, und Sie profitieren von der positiven Wirkung einer starken Region", heißt es im Folder der Stiftung zum Projekt „Unternehmen für die Region." Es gibt zum Projekt auch eine Broschüre, die bei der Bertelsmann Stiftung abgerufen werden kann.

74 In der Welt am Sonntag Nr. 34/2011 vom 21.8. 2011,S.44

75 Mehr über Reimer Gronemeyer auf seiner Homepage www.reimergronemeyer.de. Mehr zur NGO Aktion Demenz e.V., deren Vorsitzender Gronemeyer ist, unter www.aktion-demenz.de. Literatur: Rüdiger Dammann, Reimer Gronemeyer. Ist Altern eine Krankheit? Wie wir die gesellschaftlichen Herausforderungen der Demenz bewältigen, Frankfurt 2009, und: Reimer Gronemeyer, Sterben in Deutschland: Wie wir dem Tod wieder einen Platz in unserem Leben einräumen können, Frankfurt 2007.

76 Georges Morand, Kai Scheunemann, Anke Wiedekind, Entdecke dein Potenzial: Das Geheimnis begeisterter Mitarbeiter, Asslar 2002.

77 Mehr unter www.andreasgemeinde.de und auf der Homepage von Dr. Klaus Douglass, www.douglass.de unter „Die Andreas-Story". Douglass war von 1989 bis 2009 Pfarrer der Andreasgemeinde.

78 Mehr Informationen zum GND – Generationen Netzwerk Deutschland e.V. unter www.gndev.de.

Der Autor

Henning von Vieregge, Dr., M.A., Sozialwissenschaftler, war bis 2009 Geschäftsführer eines großen Verbands. Demographischer Wandel und die Zukunft der Zivilgesellschaft sind jetzt seine Forschungsthemen. Er ist freiberuflich und ehrenamtlich als Berater, Referent und Coach aktiv.

Kontakt: www.vonvieregge.de